# 特色林木资源化研究及其潜在价值分析

彭万喜 岳肖晨 李依阳 等著

化学工业出版社

·北京·

## 内容简介

本书以豫西山区的山茱萸、灵宝杜鹃和七叶树三种特色林木为研究对象，通过对豫西特色林木潜在价值的发现与挖掘，探索三种特色林木高附加值资源化潜在途径，旨在有效提高森林林木有效利用率，促进豫西山区经济发展。同时，为豫西山区林木的全资源化利用、林木产业可持续发展、河南山区农村经济振兴提供了科学依据和技术支撑。

本书具有较强的技术性和针对性，可供从事林木资源化及价值分析等领域的工程技术人员、科研人员和管理人员参考，也可供高等学校林业工程、生态工程、环境科学及相关专业师生查阅。

**图书在版编目（CIP）数据**

特色林木资源化研究及其潜在价值分析/彭万喜等著． —北京：化学工业出版社，2021.4
ISBN 978-7-122-38953-4

Ⅰ．①特…　Ⅱ．①彭…　Ⅲ．①林木-资源利用-豫西地区　Ⅳ．①S722

中国版本图书馆 CIP 数据核字（2021）第 066508 号

责任编辑：刘　婧　刘兴春
文字编辑：刘兰妹
装帧设计：刘丽华
责任校对：李雨晴

出版发行：化学工业出版社
　　　　　（北京市东城区青年湖南街 13 号　邮政编码 100011）
印　　装：北京建宏印刷有限公司
787mm×1092mm　1/16　印张 16¼　字数 369 千字
2021 年 9 月北京第 1 版第 1 次印刷

购书咨询：010-64518888
售后服务：010-64518899
网　　址：http://www.cip.com.cn
凡购买本书，如有缺损质量问题，本社销售中心负责调换。

定　　价：148.00 元

# 《特色林木资源化研究及其潜在价值分析》

著者： 彭万喜　岳肖晨　李依阳　杨　俊　张党权　杨亚峰
　　　　杨红旗　赵　勇　郑东方　杨喜田　高　阳　董帅伟
　　　　李项群　韩军旺　王海亮　张亚芳　毕会涛　闫双喜
　　　　李建奇　李　城　桑玉强　王　献　闫东峰　王　婷
　　　　顾海萍　袁同琦　岳华峰　欧阳辉　李全平　张仲凤
　　　　王　飞　李含因　郭丽敏　陈香萌　张　鹏　刘二冬
　　　　张宝庆　张江波　姚冠忠　张　凯　李东伟　刘海宁
　　　　张　莹　韩增强　王　超　姜帅成　葛省波　王丽姝
　　　　胡　哲　邓和平　李年存　娄军委　赵付安　刘润强
　　　　钟加腾

# 前言

特色林业产业是当前一种新兴的朝阳产业，通过发展特色林木，带动相关产业发展，可实现生态增效、经济增收的双赢价值。对特色林木的潜在价值进行发现与挖掘，是提高森林林木有效利用率，促进河南省西部（豫西）山区经济发展的有效措施。同时，发展特色林木，也为豫西山区林木的全资源化利用、林木产业可持续发展、河南山区农村经济振兴提供了科学依据和技术支撑。

本书以豫西山区的山茱萸、灵宝杜鹃和七叶树三种特色林木为研究对象展开论述。豫西山区主要由小秦岭、伏牛山和熊耳山等组成，豫西山区林木资源丰富且数量巨大，是我国重要的可持续利用的天然林木资源。其中，山茱萸是我国传统的滋补中药药材，历史悠久。目前，山茱萸果主要用于六味地黄丸等中成药的加工，消耗量有限，呈现产大于销的局面；另外，山茱萸果采摘成本持续上涨，导致了山茱萸林区出现大面积遗弃的现象，极大地浪费了林木资源。灵宝杜鹃，分布于河南省西部，主要集中在小秦岭国家级自然保护区内，目前仅作为一种美丽的观赏植物，其资源量非常少，且有减少趋势，这不利于灵宝杜鹃的保护和繁殖。七叶树外形美观，能够涵养水源。在国储林项目实施中，河南省已大面积种植七叶树纯林或混交林，每年需要大量经费用于抚育，且长期不产生效益，导致林场或企业经营困难。由于七叶树属于小树种，目前研究成果甚少，导致大量的七叶树果实被遗弃在林区，造成严重的资源浪费。

本书通过傅里叶红外光谱分析（FTIR）、气相色谱/质谱联用分析（GC-MS）、热裂解-气相色谱/质谱联用分析（PY-GC-MS）、热重分析（TGA-DTG）、核磁共振（NMR）等多种现代分析方法，对豫西三种特色林木山茱萸、灵宝杜鹃和七叶树进行了全方位解析。分析了三种特色林木多部位提取物分子成分，探索了三种特色林木的热解规律，解析了它们的热裂解产物成分，确定了三种特色林木的活性成分。同时，总结了三种特色林木的纳米催化特性及规律，探寻了三种特色林木高附加值资源化潜在途径，为豫西山区特色林木资源保护性开发提供了科学依据，促进豫西山区林木规模化种植，切实做到林木物种的保护。

本书在撰写过程中，得到了河南农业大学和西峡县林业局、小秦岭国有林场等单位的帮助，杨喜田、郑东方、张党权、杨红旗、赵勇对实验进行了整体设计与修改，毕会涛、闫双喜、李建奇、桑玉强、王献、闫东峰、王婷、杨亚峰、顾海萍、李城等对样品进行了鉴定和采集；本书撰写分工如下：岳肖晨主要参与了第 1 章和第 2 章的撰写以及相关实验的完成，李依阳主要参与第 4 章的撰写以及相关实验的完成，杨俊主要参与了第 3 章的撰写以及相关实验的完成，葛省波和姜帅成在本书的数据处理与分析总结等方面提供了帮助。在图书修改方面，得到宋美荣、樊素芳、杨国玉等对化学分子式的校对。同时，本书的撰写和出版得到中原学者获资助项目计划（项目编号：212101510005）、河南省高校科技创新团队支持计划（编号：21IRTSTHN020）、国有三门峡河西林场 2018 年林木种质资源原地保存项目（三财采购【2018】第 312 号总第 3541 号，三公资采【2018】241 号）等项目的资助。至此，对为本书的出版做出贡献的老师与同学们表示衷心的感谢！

在对特色林木潜在价值的研究过程中，由于著者学识水平不深，加之时间较为紧迫，书中存在一些疏漏与不足之处，恳请各位专家与读者提出意见并批评指正。

**著者**
**2021 年 3 月**

# 目——录

# 第**1**章

## 绪论

# 1.1 特色林木概论

特色林业产业是当前一种新兴的朝阳产业,通过发展特色林木,带动相关产业发展,可实现生态增效、经济增收的双赢价值。特色林木的树种一般选用生长状态好、经济价值高的新、优品种。开发、利用特色林木对林业产业体系建设有重大作用,开发特色林木资源不仅关系到国家的生态可持续发展,更关系到人类的生存条件和经济利益,是为子孙后代造福的重大工程。特色林木的开发不仅对林区保护林木良种资源,选育新的林木良种,加速林木良种化进程,实现林木事业的可持续发展起到积极的促进作用,还为当地及周边地区林业工程建设、培育和生产优良种质繁殖材料提供良好条件,同时可产生巨大的经济效益。

特色林木资源丰富,苗木市场竞争力强,销售渠道稳定、畅通,市场需求旺盛,实施特色林木利用在财力、物力和技术力量上都有一定保障。特色林木工程是集科研、生产、示范、推广为一体,融生态效益、社会效益、经济效益为一体的工程。通过对特色林木分类保护和科学管理,促进社会积极开发特色林木资源,以实现资源的可持续利用。特色林木作为生物经济发展的一个重要基础,保护利用特色林木资源有利于提高林地生产力和森林质量,满足社会经济发展对木材和林产品的优质、高效和多样化的需求,带动林业产业可持续发展。

本书选择了豫西山区三种特色林木——山茱萸、灵宝杜鹃和七叶树为研究对象,深度挖掘特色林木的潜在价值,为积极响应、正确处理"国家要生态、地方要发展、农民要增收"三者之间的战略关系提供科技支撑。

山茱萸（*Cornus officinalis* Sieb. et Zucc.）在国内主要分布在河南、浙江、安徽、湖南、江苏、陕西等地,国外日本和朝鲜也有少量分布[1]。生长习性方面,山茱萸为暖温带类型的树种,在 20℃ 左右的环境下生长最好,超过 36℃ 就可能导致其发育不良。在生长地方面,山茱萸常生长于山坡的中下地段,耐阴而又喜光。山茱萸分布在国内的 11 个省份多达 50 多个县中,但主要是分布在"两山一岭",即伏牛山的南阳和洛阳,天目山的杭州和徽州以及秦岭的汉中与宝鸡两地[2]。目前每年山茱萸果年产量 6000 余吨,仅河南省山茱萸果年产量就有近 3000t[3]。

灵宝杜鹃（*Rhododendron lingbaoense*）是一种河南省特有的杜鹃花科杜鹃属植物,是仅生长在中国河南省西部的小秦岭国家级自然保护区中的一种独特的高山杜鹃。在保护区内,适宜灵宝杜鹃生长的地方是海拔 2000m 以上,老鸦岔垴、西长安岔和东长安岔等地区的山顶上成片分布着很多灵宝杜鹃树林,其中,最大的一株灵宝杜鹃,被当地人称为"杜鹃王",其树根直径达 60cm,树高有 5m 左右,长势极好[4]。作为河南杜鹃的一个亚种,它与河南杜鹃的区别在于叶片较薄,形状长圆形,长约 5~8cm,宽约 2.5~8cm,花冠长约 2.5cm。灵宝杜鹃的花和叶最优美,且有较高的耐热性能,但是大多数惧怕烈日暴晒而较喜欢半阴湿的生长环境,耐寒能力也较强,其花呈簇状生长,树形十分美观,开花繁茂,每年到了花期时节会吸引大量的游客纷纷前来游玩观赏,有良好的观赏价值[5]。

七叶树（*Aesculus chinensis Bunge.*）为七叶树科七叶树属，又名梭锣树、婆罗树、菩提树等。它属于落叶高大乔木，属于无明显变异的品种，简称原变种，是世界公认的四大优美行道树之一。七叶树成树较为高大，能达 25～40m，树干是直的，树皮呈灰褐色，并在冬天会脱落成薄片。枝条交替对生且较粗壮，叶痕和冬芽呈三角形，顶芽肥厚且外层覆盖有许多鳞片。蒴果，果期 9～10 月，种子一般为 1～2 粒，圆形或扁球形，形如栗子，直径在 1～3cm 且顶端稍扁呈褐黄色，皮孔突出，表面润滑有光泽。花期通常在 5 月，到 11 月中下旬时开始落叶，树龄至少需要 10～20 年才能开花结果[6,7]。因此培育该树种应该选择地势较为平坦的地方，且树体生长健康，无病虫害。采果时选择结果较多的中年树进行。近年来，在河南省南阳市西峡县发现了七叶树资源的优势，并按照品种特色化、发展规模化、质量标准化、经营市场化的原则，县政府决定倾力打造"七叶树之乡"，并取得较好成绩。到目前为止，全县已发展七叶树苗圃基地 4000 亩，存苗量 6200 万株，年销售 300 多万株，总效益 6000 万元，已成为全国知名的七叶树苗木集散地，初步形成了以七叶树为主打特色的苗木产业体系，对扩大林业产业链，提高林业综合效益具有十分重要的作用。

## 1.2 特色林木的资源价值

**（1）山茱萸**

山茱萸作为我国大宗名贵地道药材，素有"红衣仙子"的美称。药理学的试验研究表明，山茱萸果属于无毒物质，对于动物体没有任何的遗传毒性和蓄积毒性，具有非常安全的食用性。在老龄化社会逐渐严重的今天，山茱萸果作为抗老防衰名药也会越来越受到人们的喜爱。山茱萸果肉入药历史悠久，是我国传统的中药材，在李时珍的《本草纲目》中就记载了大量关于山茱萸果的药理作用，历代医家应用山茱萸果入药，传承至今，已经是补血补肾、调气补虚、明目强身的良药[8]。临床上都是以山茱萸果肉入药，对缓解和改善阿尔茨海默病有一定的治疗效果[9]，山茱萸环烯醚萜苷通过保护神经元和促进胆碱乙酰基转移酶表达可以改善血管性的认知功能障碍[10]。山茱萸总苷可以降低血糖水平，且高剂量组的作用更加明显[11]。同时医学研究表明，山茱萸多糖对于大肠杆菌具有很强的抑菌效果，对链球菌等多种细菌有较强的抑菌效果[12]。而山茱萸果核可以充当饲料，研究发现，通过在饲料中添加山茱萸果核，发现奶山羊血清中谷草转氨酶活性与总蛋白含量显著升高，从而提高了奶山羊的产奶量[13]。

对于山茱萸果产品化的生产前景，目前主要有以下几个方面。

① 作为药酒。700 多年前河南省就已经有了山茱萸酒的记载，目前在河南西峡县生产的养生酒，就是以山茱萸为主要原材料，已经远销国外，获得良好的口碑。

② 作为保健饮料。山茱萸中含有丰富的矿物元素和维生素，味道可口，药用价值可观，是老少皆宜的保健饮料。

③ 作为中药丸。以山茱萸为原料生产的六味地黄丸、知柏地黄丸等多种丸、汤等目

前也是市场中的常见药。

④作为甜点。山茱萸味道酸且甜，颜色新鲜，可以加工成罐头蜜饯等甜食。

⑤作为食品添加剂。山茱萸可以提取出单宁、油脂等，可以在工业和食品行业发挥其作用。

⑥作为观赏树种。山茱萸也具有较高的园林观赏价值，一年四季都有可观赏之处。并且由于它极其浓厚的历史文化韵味，对于丰富城市绿化和提高园林观赏价值都有极大的促进作用。

**(2) 灵宝杜鹃**

灵宝杜鹃作为河南省特有的高山杜鹃花科属植物，大多数是常绿的灌木或乔木，有的在野生状态下能生长达到10m以上的高度，花开繁盛，非常壮观，并拥有百年的育种历史。灵宝杜鹃种类繁多，花团锦簇，抗逆性强，观花观叶均可，因其有很好的观赏价值而远近闻名，被众人喜爱。在欧洲，高山杜鹃常被种植于大多数家庭的庭院中，作为贵族花卉，被视为是一种地位的象征，并有"无高山杜鹃不能称为园"的说法。而在国内，自唐代开始就将杜鹃花作为观赏植物，著名诗人白居易十分喜爱杜鹃花，曾多次将其移栽入自己的庭院中观赏，而在明朝，李时珍在《本草纲目》中也对杜鹃花的药用功能进行了描述。近年来，高山杜鹃作为一种优质珍贵的花卉资源，越来越受到人们的青睐，在中国盆花市场、生态公园及主题花展中逐渐兴起。

近年来，由于国家大力发展生态旅游，一些野生杜鹃林景观区正被积极开发，如江西井冈山地区的"十里杜鹃长廊"风景区，贵州毕节的百里杜鹃风景名胜区等，以及著名的香格里拉、苍山、峨眉山、色拉季山等地均以观赏野生高山杜鹃林为主题，是绝好的生态旅游之地；在园林景观中，杜鹃属植物常被成片种植于树林、小溪边、池畔以及景观岩石旁，因其较喜阴湿环境，也常被作为散状植物素材栽植于疏林之下，因其耐修剪能力强，常被修剪成各种形态，作为优美的具有观赏性的园林植物景观小品置于庭院或公园中，同样也可作为美观的植物素材应用于花丛、花境、花篱中。经许多学者研究发现，杜鹃属植物的药用价值也非常广泛，有些杜鹃花和果实均可以作为药物使用，大多浸泡成药酒，有很好的镇静疗效[14]；而杜鹃的枝和叶常晒干入药，对治疗慢性气管炎以及各种关节、风湿痛等均有很好的缓解效果[15]；同时，杜鹃属植物中的一些活性成分在抗菌、抗癌及治疗心血管疾病等方面也有良好的效果[16]。除此之外，杜鹃属植物还有很多其他用途，如大白花杜鹃经处理后可作蔬菜食用；有些杜鹃属植物的树皮、树叶富含丰富的鞣质类化合物，可加工提取栲胶；有些树叶具有芳香味，可加工提炼芳香油；有些乔木类可经加工制成木碗、木盘等手工艺品；此外，由于高山杜鹃根系十分发达，能耐受非常恶劣且极端的高山气候，还具有保持水土的作用。

**(3) 七叶树**

河南省西峡县是七叶树的适生区，分布着许多七叶树古树林，其中最大的一株树龄具有1000多年，高28m，胸径2.2m，年产果1000余斤，有"中原娑罗第一树"之称。在东部浅山丘陵区的丹水等乡镇，目前七叶树总规模已达到2000多亩（1亩＝666.7m²，下同），其中七峪村育苗基地200亩。在其他地区总数量预计达到200多万株。在2017年的生态水源涵养林项目中，七叶树栽植比例达到20%，在通道绿化、美丽乡村建设中栽植比例达到 40％以上。目前，全县七叶树基地面积已达到 1 万多亩。全县已组建七叶树合作社 26 个，搭建电商等平台 17 个，在互联网上发布大量的销售信息，拓展了销售空间，使七叶树走出了岸山，走向市场，变成大产业，取得较好效益。2016 年，全县通过合作社与电商等平台，销售七叶树 260 万株，种植七叶树面积达 3 万亩。本书研究七叶树主要是其果实、花、树皮等部位的有价值成分，为综合利用打好基础。可在将来开发七叶树三大类系列产品：

① 以提取七叶皂甙为重点，开发药用系列产品。

② 以提取淀粉为重点，开发食用淀粉、花茶、叶茶等系列产品。

③ 以挖掘文化价值为重点，利用七叶树"佛门宝树"的历史传统，开发七叶树果佛珠、七叶树手杖、茶台等系列产品，提高木材的综合利用价值。

## 1.3 特色林木潜在价值分析方法

在开发利用过程中，不同植物部位、不同提取溶剂、不同提取方法对植物提取物均有不同程度的影响。自然界中，大多数植物提取物中含有丰富的生物活性成分，具有消除炎症、抵抗病菌和病毒的侵害、良好的抗氧化活性以及杀虫杀螨等多种生理或药理学功能，尤其在药理方面具有十分重要的应用，对各种有害疾病的防治和调控起到了良好的作用，具有非常广阔的开发利用及市场应用前景。除此之外，其他方面的开发和利用，如食品保健、病虫害防治、饲料添加剂、日用化妆品等充分而全面地发挥了植物提取物的作用，开发时还应注意其是否有毒性，以便于能开发出安全、健康、天然、绿色的植物提取物产品。

植物提取物是指使用有机溶剂如甲醇、乙醇、乙醚、丙酮、苯或石油醚以及水溶液等从植物产品提取出来的物质的总称[17]。植物提取物中含有大量的有效活性成分，如有机酸类，植物多酚、多糖类，黄酮类，植物色素类，生物碱类等，大多数具有抗炎、抗菌、抗病毒、抗氧化、杀虫杀螨等生理或药理活性，广泛应用于生物医药、食品保健、病虫害防治、饲料添加剂、日用化妆品以及化工等方面。通过研究植物提取物的成分，不仅可以对植物的色香味以及耐久性有更直接的了解，还可以对植物加工利用提出合理的建议。除此之外，植物提取物得到的有效成分在工业、食品行业以及医药行业也有着不可忽视的作用。目前，国内外通常采用紫外吸收光谱法、傅里叶红外吸收光谱法、气相色谱质谱联用法、液相色谱质谱联用法以及核磁共振波谱法等现代分析方法，对植物提取物进行定性定量的鉴定与分析[18]。

**（1）FTIR 红外光谱分析**

FTIR 红外光谱分析是通过对样品干涉后的红外光谱进行傅里叶变换后，得到化合物的红外光谱吸收峰，从而可以对样品进行定量与定性分析。例如，辛东民等[19]通过采用 FTIR 技术研究了卤醇脱卤酶的催化活性和催化作用机制，为后续 FTIR 技术在酶催化过程的结构动力学研究上提供了参考。侯文锐等[20]采用 FTIR 技术对纤维成分进行了定性分析与鉴别。王香婷等[21]采用 FTIR 技术通过对采集到的 40 种面粉样品的红外谱图进行比较，分析了多种类型面粉中糖类、脂肪、蛋白质等的营养成分，从而达到对面粉品质进行检测的作用。气相色谱质谱联用仪是使样品中的成分被离子源电离，被分成不同质核比的离子，通过电场作用进入质谱端来测量离子的质核比，从而确定化合物的类型与名称。徐硕等[22]采用 GC-MS 分析技术对不同舌苔胃癌患者的血清代谢组进行检测，从而研究患者血清代谢组学的差异性。郭向阳等[23]通过采用 GC-MS 分析方法，确定黄玫瑰乌龙茶中的挥发性香气成分。张剑霜等[24]通过使用 GC-MS 分析技术对冬虫夏草和蝉花进行了比较，发现两者的化学成分差异较大。

**（2）热重分析法**

热重分析法是在程序温度控制下，显示实时重量与温度关系变化的热分析技术。热重分析法常用于鉴定物质的热稳定性，分析物质的分解过程和热解机理以及高分子材料中挥发性物质的测定等。宋春财等[25]采用热重分析技术对玉米秸秆和稻秆进行研究，揭示了生物质秸秆热解中分子键断裂的复杂反应过程。余芬等[26]等通过热重分析技术模拟了中间相沥青纤维的氧化和炭化过程，对今后氧化工艺的判断与分析具有指导意义。热裂解-气相色谱-质谱分析过程是对样品在高温下快速热解后、变成低沸点的小分子物质进入色谱端进行分离，最后进入质谱端进行检测与鉴定。龙永双等[27]通过采用 PY-GC-MS 分析对沥青的挥发性成分进行检测，发现热解时间越长，沥青的挥发性产物对人体毒害越大。许永等[28]通过 PY-GC-MS 研究了黄芩浸膏裂解特性，发现裂解产物主要是醛类、酮类和酯类物质，能够有效应用在卷烟行业。

### 参考文献

[1] 管康林，葛惠华．山茱萸研究现状与发展 [J]．经济林研究，1990（01）：14-18.
[2] 陈延惠，冯建灿，郑先波，等．山茱萸研究现状与展望 [J]．经济林研究，2012，30（01）：143-150.
[3] 吴玉洲．豫西伏牛山区山茱萸丰产栽培技术 [J]．北方园艺，2010（10）：84-85.
[4] 任茜，陈国联，李万波．30 种杜鹃属植物抗菌作用的试验研究 [J]．中国园艺文摘，2012，28（3）：3-4.
[5] 韩军旺，张莹，袁志良，等．河南小秦岭国家级自然保护区野生灵宝杜鹃的引种及开发 [J]．安徽农业科学，2008，36（34）：14954-14955.
[6] 路强强，石新卫，胡浩，等．中华七叶树种子化学成分及生物活性研究进展 [J]．西北药学杂志，2016，31（6）：651-654.
[7] 李鹏丽，时明芝，王绍文．珍稀观赏树种七叶树的研究现状与展望 [J]．北方园艺，2009（9）：115-118.
[8] 张聪，金德庄．山茱萸的研究进展 [J]．上海医药，2008（10）：464-467.
[9] 杨翠翠，邵学先，张丽，等．山茱萸环烯醚萜苷对冈田酸拟阿尔茨海默病细胞模型 PP2A 催化亚基 C 磷酸化及其调节酶 Src 的影响 [J]．药学学报，2018，53（07）：1036-1041.
[10] 孟敏，杨翠翠，张丽，等．山茱萸环烯醚萜苷对血管性痴呆大鼠学习记忆能力及脑组织病理变化的影响 [J]．中国中医药信息杂志，2018，25（06）：56-60.
[11] 刘薇，朱晶晶，徐志猛，等．山茱萸总萜对 KKay 糖尿病小鼠的治疗作用研究 [J]．药物评价研究，2016，39（06）：947-952.
[12] 赵艳艳，张晓虎，王晨霏，等．山茱萸多糖抑菌活性研究 [J]．陕西农业科学，2016，62（10）：57-60.
[13] 李君，权凯，杨文卓，等．山茱萸果核对奶山羊血液生化指标和产奶性状的影响 [A]．2018 年全国养羊生产与学术研讨会论文集 [C]．中国畜牧兽医学会养羊学分会：中国畜牧兽医学会养羊学分会，2018：1.
[14] 戴胜军，陈若芸，于德泉．烈香杜鹃中的黄酮类成分研究 [J]．中国中药杂志，2004，29（1）：44-47.
[15] 田萍，付先龙，庄平，等．美容杜鹃花挥发油化学成分气相色谱-质谱分析 [J]．应用与环境生物学报，2010，

16 (5)：734-737.

[16] 梁俊玉，杨强，马小梅，等 . 甘肃三种杜鹃属植物挥发油含量及其抑菌活性研究 [J]. 中国野生植物资源，2014, 33 (4)：9-10.

[17] 彭万喜，朱同林，郑真真，等 . 木材抽提物的研究现状与趋势 [J]. 林业科技开发，2004 (05)：6-9.

[18] 翟阳洋 . 木材抽提物分布规律的研究 [D]. 南京：南京林业大学，2017.

[19] 辛东民 . 应用红外光谱检测卤醇脱卤酶催化活性及初步研究其催化过程的结构基础 [D]. 成都：电子科技大学，2017.

[20] 侯文锐，李瑶，周丽 . FTIR 及 XRF 技术在纤维成分定性鉴别中的应用比较 [J]. 中国纤检，2017 (12)：74-76.

[21] 王香婷，金振国，李倩 . FTIR 技术在面粉品质检测中的应用 [J]. 商洛学院学报，2016, 30 (04)：27-31.

[22] 徐硕，向春婕，朱振华，等 . GC-MS 分析不同舌苔胃癌患者的血清代谢组学差异 [J]. 南京中医药大学学报，2019 (02)：194-198.

[23] 郭向阳，宛晓春 . 黄玫瑰乌龙茶挥发性香气成分的 GC-MS 分析 [J/OL]. 中国食品添加剂，2019 (02)：152-161.

[24] 张剑霜，喻浩，钟欣，等 . 基于 GC-MS 代谢组学技术比较冬虫夏草与蝉花的质量 [J]. 中国实验方剂学杂志，2018, 24 (18)：23-29.

[25] 宋春财，胡浩权，朱盛维，等 . 生物质秸秆热重分析及几种动力学模型结果比较 [J]. 燃料化学学报，2003 (04)：311-316.

[26] 余芬，陈雷，费又庆 . 热重分析仪研究中间相沥青纤维的炭化 [J]. 矿冶工程，2016, 36 (04)：100-103, 108.

[27] 龙永双，吴少鹏，肖月，等 . 基于 PY-GC-MS 的沥青 VOCs 挥发规律研究 [J]. 武汉理工大学学报（交通科学与工程版），2018, 42 (01)：1-6.

[28] 许永，刘巍，张霞，等 . 裂解气相色谱-质谱法对黄芩浸膏热裂解产物分析 [J]. 理化检验（化学分册），2011, 47 (08)：906-910.

第 **2** 章

# 山茱萸果资源化利用

# 2.1 山茱萸果资源化研究背景

山茱萸在民间又叫蜀枣、萸肉、药枣、山萸肉等，属于山茱木属的落叶小乔木。山茱萸果是我国传统的中药材，在李时珍的《本草纲目》中就记载了大量关于山茱萸果的药理作用，历代医学家应用山茱萸果入药，传承至今，已经是补血补肾、调气补虚、明目强身的良药[1]。市场上以六味地黄汤成药的药丸，都是以山茱萸果为主药，例如六味地黄丸、知柏地黄丸、金匮肾气丸和左归丸等。

目前全国每年山茱萸果年产量 6000 余吨，仅河南省山茱萸果年产量有近 3000t[2]。然而，近几年来山茱萸果每年的陈货库存都有 3000 余吨，山茱萸果的产大于销态势日趋明显，再加上人工采摘成本增加，导致山茱萸果成熟后无人愿意管理而被遗弃，造成山茱萸果资源浪费。除此之外，市场上仅靠六味地黄丸等药用企业消化不了大量山茱萸果，特别是山茱萸仅果肉用于六味地黄丸等生产，山茱萸果核却作为废料被遗弃，这不仅造成巨大的资源浪费，而且还给周边的环境带来了污染。

## 2.1.1 山茱萸资源分布现状

山茱萸在国内主要分布在河南、浙江、安徽、湖南、江苏、陕西等 11 个省份 50 多个县中，在国外也有少量分布[3,4]。山茱萸目前还属于半野生的状态，产量不是非常稳定，而且种内变异较多。许多种植的农民从山茱萸的色、性质和成熟期对其进行了划分，但这种方法还比较原始，且对于良种的选育也不够科学，因此造成了现在山茱萸的外观、产量和成品率都不乐观，抗灾能力也欠缺。除此之外，山茱萸的栽培管理主要是对野生的年龄大的树通过割藤去蔓、刮老翘皮等较原始方法进行管理，而没有对植株开展系统性的剪、裁、拉、抹等整体修剪，同样造成了果实成果晚产量低的现状，并且给采摘的农民也带来了困难[5]。

随着生活条件的改善，人们的健康意识也在不断增强，"绿色林药"越来越受到人们的青睐。中药材凭借着其神奇的功效，也逐渐打开了国外市场的大门。而在市场上，山茱萸的价格波动十分频繁。1994～1997 年，山茱萸价格曾经跌到不足 20 元/kg。正是因为这种长期的价格偏低，导致农民对山茱萸的种植兴趣下降，对其放弃采摘甚至砍伐[6]。因此，在 1998～2000 年 3 年间，由于供不应求，山茱萸价格多次突破 200 元/kg 的高价。2002 年之后，价格又再次跌破 30 元/kg 而进入了长达几年的低谷。2002～2010 年，8 年间山茱萸被商家追逐，行情也是在不断变化动荡，价格从 2002 年的 13～15 元/kg 到 2004 年的 28 元/kg 左右；从 2006 年的 11～13 元/kg 到 2009 年的 25～28 元/kg，如此循环的周期[7]。而 2013～2014 年内，山茱萸价格又上涨至 35～39 元/kg，2015～2016 年市场价格又回跌到了 23～25 元/kg。2017 年，价格在 30～50 元/kg 之间不断浮动，2018 年山茱萸价格基本维持在 50 元/kg 左右。而通过对山茱萸的供需情况分析得知，2018 年山茱萸仍然是供大于求，依旧还存在着大量的囤积。

### 2.1.2　山茱萸果肉药理研究现状

山茱萸果肉入药历史悠久，而在国内对于山茱萸化学成分系统性研究开始于 20 世纪 80 年代，前期主要是对山茱萸果中的有效化学成分进行鉴定与分离。到了 21 世纪，国内学者主要针对果肉入药后的药理具体作用展开系统性研究。首都医科大学杨翠翠等[8]研究发现，从山茱萸中提取出来环烯醚萜苷能够调节催化蛋白磷酸酯酶，从而抑制冈田酸和人神经母细胞瘤细胞株，对缓解和改善阿尔茨海默病有一定的治疗效果。孟敏等[9]研究发现，山茱萸环烯醚萜苷通过保护神经元和促进胆碱乙酰基转移酶表达而改善了血管性痴呆大鼠的认知功能障碍。广州中医药大学李绍烁等[10]研究发现山茱萸总苷可以调节骨质疏松大鼠骨组织内的 TRPV5 和 TRVP6 通路蛋白的表达，从而影响了骨细胞和破骨细胞的功能，促进了骨代谢的转变，提高了骨密度。而郑州人民医院的肖鹏等[11]研究发现，通过对原发性肝癌大鼠注射山茱萸提取液，染色观察大鼠内肝癌结节数明显少于其他组，从而发现了山茱萸提取物可以通过改善癌细胞组织里蛋白的表达，而起到抑制肝癌细胞生长的作用。

南京中医药大学的皮文霞等[12]研究发现，山茱萸-山药对于糖尿病小鼠的心肌具有一定的保护作用。陕西中医药大学南美娟等[13]研究发现，山茱萸果的提取物对于醋氨酚所导致的急性肝损伤小鼠具有保护作用，并且其发挥作用的机制与抗氧化应激反应有关。刘薇等[14]研究发现，通过对给药山茱萸总苷数周后的 KKay 糖尿病小鼠进行观察，发现山茱萸总苷可以降低小鼠内体血糖水平，且高剂量组的作用更加明显，从而发现山茱萸总苷在治疗 KKay 型糖尿病上有不错的应用前景。在抑菌作用方面的研究上，赵艳艳等[15]研究发现，山茱萸多糖对于大肠杆菌和链球菌等多种细菌有较强的抑菌效果，而对于黑曲霉菌和酵母菌等真菌没有抑菌活性。南华大学的曹喻灵等[16]研究发现，山茱萸总皂苷能够抑制白血病 K562 细胞的生长，促进了 K562 白血病骨髓细胞的凋亡，且在一定剂量范围内，山茱萸的作用随着给药时间与浓度的增加而增强。并且，山茱萸总苷诱导其细胞发生凋亡的原因可能与 Bax、Caspase3 的表达增加有关。

而在国外，对于山茱萸的研究开始较早。20 世纪 30 年代，在研究治疗夜盲症的方法时，外国学者 Peter 发现了山茱萸的果肉中含有维生素 A 类物质[17]。到了 20 世纪 80 年代，日本学者通过对山茱萸入药的药丸拆方，发现山茱萸对于某类病菌诱发的大鼠糖尿病有明显的抑制作用，并对其进行进一步的阐述发现起作用的成分是山茱萸里的熊果酸和齐墩果酸[18]。Miyazawa 等[19]研究发现，通过对山茱萸果实的提取物进行生物测定引导分级，分离出苹果酸二甲酯和 5-羟甲基糠醛，并进一步证实了其对黑腹果蝇 1 号和 2 号幼虫的杀虫活性。Lee 等[20]通过使用山茱萸果乙醇提取物处理肝损伤小鼠发现，山茱萸果提取物抑制了脂质的过度氧化，改善了超氧化物歧化酶 SOD、CAT 活性和谷胱甘肽的水平，从而起到了预防、减轻乙酰氨基酚诱导的小鼠肝脏氧化过激而造成的肝损伤。Wu 等[21]研究了山茱萸果实提取物对大肠杆菌的抑制作用，通过试验对比显示添加山茱萸果实的苹果汁具有明显的抗菌作用，是潜在的具有健康益处的饮料。Kang 等[22]研究发现，从山茱萸果实中分离得到一种葡萄糖苷化合物，通过改善内表皮依赖性一氧化氮（NO）/cGMP 信号传导从而扩张了血管平滑肌。Yue 等[23]通过山茱萸果生物测定分级分离得到四种单宁化合物，且经过鉴定，这四种化合物在体外具有高效抑制丙型乙肝病毒 NS3 丝氨酸蛋白酶的作用。

### 2.1.3　山茱萸果核研究现状

由于临床上一般都是使用山茱萸果肉入药，因此对于果肉的研究层出不穷，而对于山茱萸果核的研究却少之又少。目前我国每年生产的山茱萸总量有 6000 多吨，其中果肉占有 1000 多吨，而占到总量 80% 的果核却被丢弃，造成了极大的浪费[24]。除此之外，如果只有果肉入药，山茱萸的去核加工也需要大量的人力和加工成本，非常不经济。因此，对于山茱萸果核的开发利用，寻找其新用途是十分必要的。

河南科技大学的胡志红等[25]在研究中通过对小鼠注射山茱萸果核的水提取液，采用 Morris 水迷宫检测其学习能力，测定小鼠血浆中的酶活性，得出山茱萸果核水提取物可以提高超氧化物歧化酶活性，从而提高脑组织的抗氧化能力，对小鼠学习能力的改善和延缓衰老都具有良好的作用。李君等[26]研究发现，通过在饲料中添加山茱萸果核，发现奶山羊血清中谷草转氨酶活性与总蛋白含量显著升高，从而提高了奶山羊的产奶量；山茱萸果核通过促进脂肪酸的合成，调控乳腺中 ACC、SCD1 和 ATG L 基因的表达，改善了奶山羊的乳品质。方伟进等[27]通过试验研究发现，山茱萸果核醇提取物能够显著降低试验中大鼠左心室中的 P47phox 和 Nox4 酶的表达，从而改善了大鼠心肌细胞肥大，心肌纤维排列紊乱的病症。

赵建龙等[28]研究发现，山茱萸果核的醇提取物能够促进 Caspase-3 的表达，抑制了 Bcl-2 的表达，从而诱导了肝癌细胞 HepG2 的凋亡。杜景霞等[29]在对山茱萸水提取物研究时发现，水提取物可显著降低大鼠肾性高血压，通过 NO-鸟苷酸环化酶途径和环氧酶途径舒张了血管而发挥作用。李永瑞等[30]研究发现，注射了高剂量山茱萸果核水溶性成分的实验组小鼠，室颤发生率下降，心律失常的时间有了明显的缩减。从而发现山茱萸果核的水溶性成分对于实验性心律失常有对抗作用，其作用机理可能是改善了钠通道与钙通道的阻滞。李晓明等[31]在研究中通过采用核磁共振和薄层色谱技术对山茱萸果核提取物进行了鉴定，发现山茱萸果核中含有大量的有效成分，且这些活性成分在体外有很好的抗氧化活性。

### 2.1.4　山茱萸果的研究趋势

山茱萸作为我国大宗名贵地道药材，素有"红衣仙子"之美称。药理学的试验研究表明，山茱萸果属于无毒物质，对于动物体没有任何的遗传毒性和蓄积毒性，具有非常安全的食用性。在社会老龄化逐渐严重的今天，山茱萸果作为抗老防衰名药也会越来越受到人们的喜爱。

山茱萸果产品化的生产前景广阔，其可作为药酒、保健饮料、中药丸、甜点等，也可提取出单宁、油脂等，并具有较高观赏价值[32]。

### 2.1.5　植物提取物研究现状

植物提取物是指使用有机溶剂从植物产品提取出来的物质[33]。通过研究植物提取物的成分，不仅可以对植物的色香味以及耐久性有更直接的了解，还可以对植物加工利用提出合理的建议[34]。

东北农业大学的金钟[35]研究发现，从沙棘叶中得到的黄酮提取物显著降低了谷草转氨酶和谷丙转氨酶的表达，从而对 Gal-N 诱导的肝损伤大鼠具有明显保护作用。并且，中剂量的沙棘叶提取物可以提高大鼠肠道黏膜免疫水平，从而提高其机体免疫水平。哈尔滨工业大学的苏晓雨[36]研究发现，从红松种壳中提取得到的多酚类物质，可以使动物血清内乳酸脱氢酶及醛缩酶活性降低，抑制了肿瘤细胞的糖代谢过程，从而起到了抗肿瘤的作用。谢家骏等[37]在柘木提取物的研究发现，通过对肠癌小鼠给药柘木提取物数日后，其对胃肠道肿瘤细胞具有抑制作用。王瑛[38]研究发现，山楂树的叶提取物具有一定的抗抑郁作用。胡生辉等[39]研究发现，樟树的水提取物对于木材腐朽菌和霉菌具有抑制作用。钟振国等[40]研究发现，猕猴桃的根部提取物对人体胃癌细胞 SGC-7901 等 6 种肿瘤细胞都具有抑制增殖的作用，并且可以导致部分发生细胞死亡。

何晓燕等[41]研究发现，牛皮杜鹃叶的乙醇提取物具有一定的抗炎镇痛的作用，在一定浓度范围内，给药剂量越多，作用效果越强。王新军等[42]研究发现，杜仲提取物可以提高力竭性运动大鼠的激素水平，从而改善代谢水平，增强其运动能力。童东锡等[43]通过对女贞树研究发现，女贞叶的醇提取具有一定的抗炎镇痛作用。杜文娟等[44]研究表明，山核桃果皮的提取物对人肝癌 SMMC-7721 细胞和人宫颈 Hela 细胞具有一定体外增殖抑制作用，是一种安全有效的抗肿瘤活性物质。张锦宏等[45]研究发现，马尾松树皮的提取物通过增强免疫功能和诱导细胞凋亡抑制了 S180 腹水瘤细胞的生长。金桂兰等[46]研究发现，香椿子的醇提取物具有抗凝血作用，且其作用的机理是由于香椿子的提取物提高了血浆中抗凝血酶Ⅲ的活性。李玥等[47]调查研究发现，苦木提取物汤剂通过改善肝癌病人血清中相关酶活性的表达，从而对肝癌患者病情有较好的治疗效果。

### 2.1.6 林木热裂解研究现状

林木热裂解技术始于 1959 年，是指林木产品在没有氧化剂（空气、氧气）存在或只提供有限氧的条件下进行加热，通过热化学的反应方式，将大分子物质分解成为可挥发的小分子物质，小分子进入质谱端，最后经过气相色谱的特征图来鉴定样品的组成、机构和反应的过程。通过对裂解产物的定性与定量分析，从而得出原样品的组成以及其他的物理化学性质。

朱友飞等[48]采用热裂解-气相色谱质谱联用仪对降香黄檀进行研究时发现，降香黄檀的心材与边材热裂解均得到了大量的小分子醛、酮和酸类物质，脱水糖类物质以左旋葡萄糖为主。田丽梅等[49]通过热裂解技术分析了金银花的裂解产物，结果鉴定出 80 余种含量较高的裂解产物，其中有 30 余种化学成分与卷烟感官品质有关。潘萌娇等[50]通过对燕山山脉四种典型木材进行热裂解试验分析，结果表明热解温度对产物产率影响最大，黄栌和火炬木材的产气率较大，而桑树和酸枣的产炭和产油率较高。蒋国斌等[51]采用 PY-GC-MS 法对银杏叶热裂解产物进行分析与比对，为考查黄酮类物质以及植物提取物在卷烟燃烧转化过程上作用，及银杏树叶在卷烟中的应用提供了依据。郭林林等[52]通过对樟树根材裂解产物的鉴定，发现其产物富含多种名贵医药、香料成分，其副产品同样也可以用于化妆品、生物医药以及食品和工业加工领域。董长青等[53]采用快速热解技术对杨木和松木进行了试验研究，考查了两种木材化学成分组成差别对裂解产物的影响。

Kim 等[54]使用 PY-GC-MS 技术对废弃木屑的催化热解进行了研究，通过使用良种中孔材料，分析由热解产生的生物油的组成以评估催化改质的效果。José 等[55]使用 PY-GC-MS 方法分析了一组不同来源和不同生长条件的桉树木材，对两者中的碳水化合物和木质素单元的化合物进行了检测，检测结果表明，木质素组合物比例是影响纸浆产率的重要参数。Xing 等[56]使用热解-气相色谱/质谱方法检测了预处理的松木的非催化和催化热解反应，结果表明，温度和催化剂负载量是松木催化快速热解的重要因素。Vinciguerra 等[57]通过立式炉热解器的热解-气相色谱/质谱方法确定木材内木质素热解产物紫丁香基和愈创木基的比值，从而揭示了悬铃木内部木材降解的表征。Mun 等[58]通过热解-气相色谱质谱方法对毛竹、橡树和松树木材老化过程中形成的焦油成分进行了检测，结果显示，焦油的热解产物几乎相同，主要由酚类化合物和芳烃组成。除此之外，酚类化合物主要促进木材和竹子老化过程中焦油的形成。衍生自氨基酸的主要热解产物、含氮裂解物和两者的吡咯也在老化期间部分参与了焦油的形成。

针对山茱萸果资源化单一的现状，本章以山茱萸果为对象，采用 GC-MS、FTIR、PY-GC-MS 等现代分析仪器，解析山茱萸果肉、果核抽提物分子组分，探索山茱萸果肉与果核热裂解规律与热裂解产物，揭示山茱萸果资源化新途径，拓展山茱萸果在食品、生物医药等领域中的应用途径。

本章以山茱萸果为研究对象主要阐述了：

① 采用 FTIR 与 GC-MS 等分析方法解析山茱萸果肉、果核有机溶剂抽提物中的分子组分；

② 采用 TGA-DTG 与 PY-GC-MS 等现代分析仪器探索山茱萸果肉与果核热裂解规律与热裂解产物；

③ 经纳米催化的作用，探讨山茱萸果核能否用于制备生物能源。

从而揭示山茱萸果资源化新途径，拓展山茱萸果在生物医药、化妆品、保健品等领域中的应用途径，为实现山茱萸果资源利用最大化、经济效益最大化提供科学依据。

## 2.2　山茱萸果提取物的研究

FTIR 红外光谱分析是通过对样品干涉后的红外光谱进行傅里叶变换后，得到化合物的红外光谱吸收峰，从而可以对样品进行定量与定性分析。许多研究均利用 FTIR 技术进行分析，并得出了科学的成果[59~61]。

气相色谱质谱联用仪是通过使样品中的成分被离子源电离，从而被分成不同质核比的离子。通过电场作用进入质谱端来测量离子的质核比，从而确定化合物的类型与名称。许多研究均利用 GC-MS 方法进行了分析[62~64]。

基于以上研究与应用，采用傅里叶红外光谱、气相色谱质谱联用技术对山茱萸果肉与果核的乙醇、甲醇、苯/乙醇和甲醇/乙醇四种提取液进行检测与分析，解析山茱萸果肉、果核抽提物的分子组分，拓展山茱萸果在食品、生物医药等领域中的应用途径，为实现山茱萸果资源利用最大化、经济效益最大化提供科学依据。

### 2.2.1 材料与方法

#### 2.2.1.1 试验材料

山茱萸果，采集于河南省西峡县，由西峡县林业局提供。手工将山茱萸果分成果肉、果核，其中果肉直接存放于冰箱中备用；果核晾干后，采用植物粉碎机（型号：FW-400A，北京中兴伟业仪器有限公司生产）粉碎至呈 20～60 目粉末，放置于干燥箱中备用。

甲醇、无水乙醇、苯，分析纯购买于天津市富宇精细化工有限公司；定性滤纸，采用苯/醇溶液浸泡 24h，晾干。苯/乙醇溶液是苯和乙醇按照体积比 1:1 均匀混合而成；甲醇/乙醇溶液是甲醇和乙醇按照体积比 1:1 均匀混合而成。

#### 2.2.1.2 试验方法

**(1) 抽提物制备**

分别称取山茱萸果肉、果核粉末 20g/份，然后采用有机溶剂提取方法获得提取液，再利用旋转蒸发仪浓缩至 30mL 左右，制备出果肉（果核）乙醇提取物、甲醇提取物、苯/乙醇提取物、甲醇/乙醇提取物。有机溶剂用量为 300mL，提取时间为 4h，提取温度为 78℃（乙醇提取）、64℃（甲醇提取）、80℃（苯/乙醇提取）、70℃（甲醇/乙醇提取）。

**(2) 试验检测方法**

① 傅里叶红外光谱检测。使用 KBr 盘在 FTIR 分光光度计（IR100）上获得样品的 FTIR 光谱，所述 KBr 盘含有 1.00% 精细研磨的样品[65,66]。

② 气相色谱-质谱检测。GC-MS 仪（型号：安捷伦 7890B-5977A）采用 30mm×0.25mm×0.25μm 的石英毛细管柱。升温程序从室温开始，然后以 8℃/min 的速率升温至 250℃ 保留 2min，再以 5℃/min 的速率升温至 300℃ 不保留。进样口端的温度为 250℃，柱流速为 1.0mL/min，分流比为 20:1，采用的载气为高纯度氦气。电离模式为 EI，电子能量为 70eV，离子源温度为 230℃，四极杆温度为 150℃，扫描范围 30～600amu（质子数和电荷数的比值），使用 wiley7n 标准频谱和定性计算机搜索[67-69]。

### 2.2.2 结果与分析

#### 2.2.2.1 傅里叶红外光谱分析

根据有机化合物的红外光谱与官能团之间的关系，分析了山茱萸果肉和果核的红外光谱。图 2-1 显示了山茱萸果肉的四种提取液的红外光谱对比图，图 2-2 显示了山茱萸果核的四种提取液的红外光谱对比图。

根据图 2-1 所示，吸收峰在 $3030cm^{-1}$ 处形成的原因可能是—CH 基团的伸缩振动引

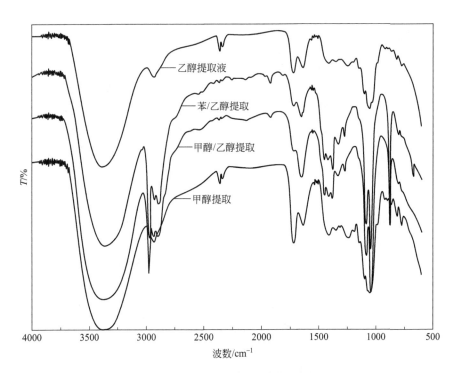

图 2-1　山茱萸果肉红外光谱吸收峰图

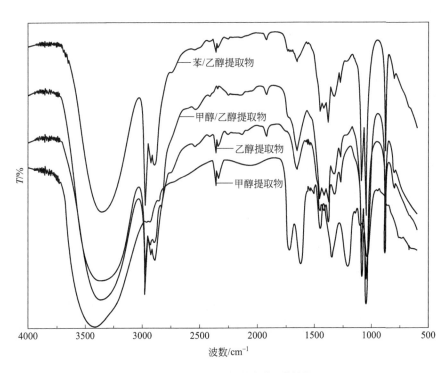

图 2-2　山茱萸果核红外光谱吸收峰图

起的[70]。在 $2380\sim2300cm^{-1}$ 处的吸收峰是 $CO_2$ 反对称拉伸的形成。通过基团 COO— 的反对称伸缩振动形成 $1550\sim1500cm^{-1}$ 处的吸收峰。在 $1060cm^{-1}$ 和 $1050cm^{-1}$ 处有一个明显的峰值，该基团的存在可能是 P—O—C 键的不对称伸展或 $NO_3$— 的对称拉伸。根据图 2-2，通过饱和 C—H 键的拉伸振动形成 $3030cm^{-1}$ 处的吸收峰。通过 $CH_2$ 基团的反对称拉伸形成 $2925cm^{-1}$ 处的吸收峰。通过 $CO_2$ 的反对称拉伸形成 $2380\sim2300cm^{-1}$ 处的吸收峰。$1750\sim1650cm^{-1}$ 处的吸收峰归因于 C=O 双键伸缩振动。在 $1450cm^{-1}$ 处的吸收峰是由于 —$CH_3$ 的不对称对角振动形成。在 $1200cm^{-1}$ 处的吸收峰是酯类物质的 C—O—C 反萘烷基拉伸。$1100cm^{-1}$ 处的红外吸收峰的形成，归因于酯类和醚类中的 C—O—C 的对称和反对称伸展。在 $940cm^{-1}$ 处的吸收峰可能是通过 —COH 键的面外弯曲形成的。

纤维素（$2940cm^{-1}$），半纤维素（$1730cm^{-1}$）和木质素（$1639cm^{-1}$，$1432cm^{-1}$ 和 $816cm^{-1}$）吸收峰略微变弱，表明化学成分略有减少，这些成分发生了部分水解[71,72]。从图 2-1 中可以看出，山茱萸果实提取物吸收峰主要集中在 $3500\sim3200cm^{-1}$、$3100\sim2700cm^{-1}$ 和 $1150\sim850cm^{-1}$。经分析，主要化学成分可能是醛类、酮类、酯类和酸类等。从图 2-2 中可以看出，山茱萸果核提取物的吸收峰主要集中在 $3700\sim3000cm^{-1}$、$3000\sim2850cm^{-1}$ 和 $1690\sim870cm^{-1}$ 的条带中。此外，特征吸收峰减少，表明化学成分被部分的提取出来。对比两组数据中的四种提取物的红外吸收峰谱图，甲醇/乙醇提取物的数据相比于其他三组数据峰值更为明显，且下降的更多。这个现象说明甲醇/乙醇（1∶1）的混合溶剂对于山茱萸果肉与果核的部分化合物的提取更加适合。

#### 2.2.2.2 气相色谱-质谱分析

**（1）果肉 GC-MS 分析**

采用气相色谱质谱联用仪检测分析提取物的离子色谱如图 2-3～图 2-6 所示。采用计算机和 wiley7n.1 标准光谱对每个峰的光谱进行检索。采用峰面积归一化法计算各组分的相对含量，结果见表 2-1～表 2-4。

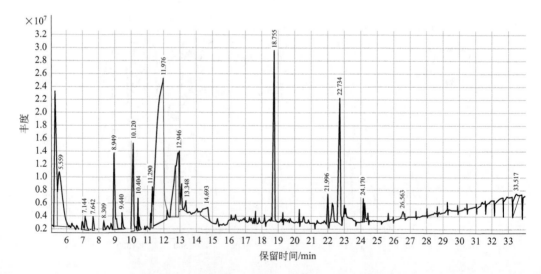

图 2-3　山茱萸果肉乙醇提取物 GC-MS 离子流色谱图

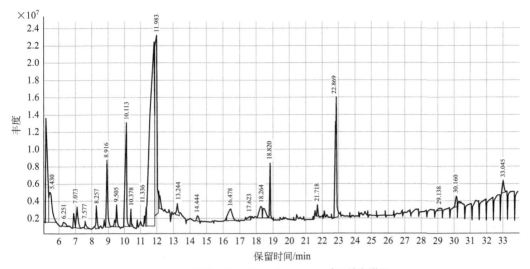

图 2-4　山茱萸果肉甲醇提取物 GC-MS 离子流色谱图

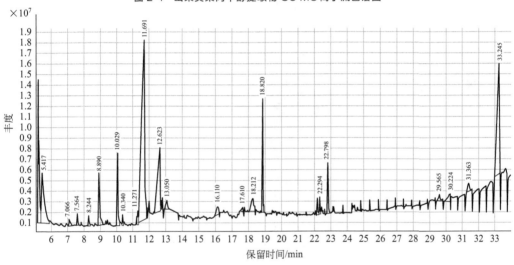

图 2-5　山茱萸果肉苯/乙醇提取物 GC-MS 离子流色谱图

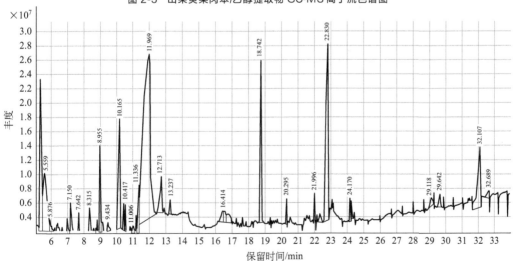

图 2-6　山茱萸果肉甲醇/乙醇提取物 GC-MS 离子流色谱图

表 2-1　山茱萸果肉乙醇提取物的 GC-MS 检索结果

| 序号 | 保留时间/min | 面积百分比/% | 物质名称 |
|---|---|---|---|
| 1 | 5.29 | 7.36 | 糠醛 |
| 2 | 5.56 | 8.74 | 马来酸酐 |
| 3 | 6.95 | 0.42 | 1-甲基-1$H$-吡唑-4-甲醛 |
| 4 | 7.14 | 0.80 | 1-萘基-$B$-$D$-甘露糖苷 |
| 5 | 7.64 | 0.45 | $N$-3-丁烯基-$N$-甲基-环己胺 |
| 6 | 8.31 | 0.36 | 6-乙酰基-$\beta$-$d$ 甘露糖 |
| 7 | 8.95 | 3.37 | 2-糠酸甲酯 |
| 8 | 9.44 | 0.56 | 左旋葡萄糖酮 |
| 9 | 10.12 | 4.58 | 2,3-二氢-3,5 二羟基-6-甲基-4$H$-吡喃-4-酮 |
| 10 | 10.40 | 0.99 | 脱氢甲酰胺内酯 |
| 11 | 10.47 | 0.48 | 2-氨基-5-(2-羧基)乙烯基-咪唑 |
| 12 | 11.29 | 1.38 | 二己烷-1-羧酸乙酯 |
| 13 | 11.98 | 35.74 | 5-羟甲基糠醛 |
| 14 | 12.71 | 4.42 | 3-羟基癸酸 |
| 15 | 12.90 | 5.26 | DL-苹果酸 |
| 16 | 12.95 | 1.60 | DL-苹果酸 |
| 17 | 13.09 | 0.91 | DL-苹果酸二乙酯 |
| 18 | 13.35 | 0.49 | 松三糖 |
| 19 | 14.69 | 2.29 | 丁 2-烯二酸 |
| 20 | 18.76 | 7.09 | 2-乙酰氧基-3,3-二甲基-2-(3-氧代-1-丁烯基)-环丁烷羧酸甲酯 |
| 21 | 22.00 | 0.83 | 美雌醇 |
| 22 | 22.28 | 1.32 | 4-(1,5-二羟基-2,6,6-三甲基-2-烯基)-3-丁烯-2-酮 |
| 23 | 22.73 | 6.76 | 4-[3-(4-氟苄氧基)丙基]-1$H$-咪唑 |
| 24 | 24.17 | 0.83 | 油酸 |
| 25 | 24.26 | 0.54 | 异己酸乙酯 |

表 2-2　山茱萸果肉甲醇提取物的 GC-MS 检索结果

| 序号 | 保留时间/min | 面积百分比/% | 物质名称 |
|---|---|---|---|
| 1 | 5.20 | 7.02 | 糠醛 |
| 2 | 5.43 | 4.34 | 2-乙基-4,5-二氢-1$H$-咪唑 |
| 3 | 6.25 | 0.48 | 3,3-二甲基-4-(1-氨基乙基)-氮杂环丁烷-2-酮 |
| 4 | 6.88 | 0.88 | 1-甲基-吡唑-4-甲醛 |

| 序号 | 保留时间/min | 面积百分比/% | 物质名称 |
|---|---|---|---|
| 5 | 7.07 | 1.31 | 2,3-二氢-3,5-二羟基-6-甲基-4$H$-吡喃-4-酮 |
| 6 | 7.58 | 0.57 | N-3-丁烯基-N-甲基-环己胺 |
| 7 | 8.26 | 1.13 | 4,5-二甲基-1,3-二噁烷-5-甲醇 |
| 8 | 8.92 | 4.56 | 2-糠酸甲酯 |
| 9 | 9.40 | 0.39 | 4,8,12-三甲基-4-十三烷内酯 |
| 10 | 9.51 | 0.96 | 3-羟基辛酸甲酯 |
| 11 | 10.11 | 7.13 | 2,3-二氢-3,5-二羟基-6-甲基-4$H$-吡喃-4-酮 |
| 12 | 10.38 | 0.65 | 脱氢甲酰胺内酯 |
| 13 | 11.34 | 0.60 | 5-乙酰氧基甲基-2-糠醛 |
| 14 | 11.84 | 35.69 | 5-羟甲基糠醛 |
| 15 | 11.98 | 16.53 | 5-羟甲基糠醛 |
| 16 | 12.11 | 0.58 | 2-丙基-噻吩 |
| 17 | 12.16 | 0.67 | 2-丙基-噻吩 |
| 18 | 13.24 | 0.77 | 松三糖 |
| 19 | 14.44 | 0.48 | 松三糖 |
| 20 | 16.48 | 2.07 | 松三糖 |
| 21 | 17.62 | 0.40 | N-甲基-N-[4-(3-羟基吡咯烷基)-2-丁炔基]-乙酰胺 |
| 22 | 18.26 | 1.25 | 松三糖 |
| 23 | 18.46 | 1.24 | 3-羟基-十二烷酸 |
| 24 | 18.82 | 1.50 | 2-乙酰氧基-3,3-二甲基-2-(3-氧代-丁-1-烯基)-环丁烷羧酸甲酯 |
| 25 | 21.72 | 0.46 | 乙酸 |
| 26 | 22.87 | 6.49 | 1-甲基-吡唑-4-甲醛 |

表2-3 山茱萸果肉苯/乙醇提取物的 GC-MS 检索结果

| 序号 | 保留时间/min | 面积百分比/% | 物质名称 |
|---|---|---|---|
| 1 | 5.18 | 7.47 | 糠醛 |
| 2 | 5.42 | 7.72 | 马来酸酐 |
| 3 | 7.07 | 0.62 | 2-氨基-5-[(2-羧基)乙烯基]-咪唑 |
| 4 | 7.56 | 0.71 | 2,3-二甲基富马酸 |
| 5 | 8.24 | 0.60 | 松三糖 |
| 6 | 8.89 | 3.65 | 4-咪唑甲酸甲酯 |
| 7 | 10.03 | 4.09 | 2,3-二氢-3,5-二羟基-6-甲基-4$H$-吡喃-4-酮 |
| 8 | 10.34 | 0.48 | 2-氨基-5-[(2-羧基)乙烯基]-咪唑 |

| 序号 | 保留时间/min | 面积百分比/% | 物质名称 |
|---|---|---|---|
| 9 | 11.27 | 0.78 | Acetic · acid,2-oxa-7-thia-tricyclo[4.3.1.0(3,8)]dec-10-yl · ester |
| 10 | 11.69 | 33.71 | 5-羟甲基糠醛 |
| 11 | 12.62 | 10.05 | DL-苹果酸 |
| 12 | 12.77 | 0.44 | 3-羟基-4-甲基戊酸乙酯 |
| 13 | 13.05 | 0.82 | 松三糖 |
| 14 | 16.11 | 1.13 | 松三糖 |
| 15 | 17.61 | 0.37 | N-甲基-N-[4-(3-羟基吡咯烷基)-2-丁炔基]-乙酰胺 |
| 16 | 18.21 | 1.87 | 3-羟基十二烷酸 |
| 17 | 18.82 | 4.21 | 2-乙酰氧基-3,3-二甲基-2-(3-氧代-1-丁烯基)-环丁烷羧酸甲酯 |
| 18 | 22.15 | 0.72 | N-2,4--DNP-L-精氨酸 |
| 19 | 22.29 | 0.65 | 2,3-二甲基-5-三氟甲基-苯-1,4-二醇 |
| 20 | 22.80 | 2.23 | 4-(1,5-二羟基-2,6,6-三甲基环己基-2-烯基)丁-3-烯-2-酮 |
| 21 | 33.25 | 15.20 | 4-(3,4-二甲氧基苄基)-3-(4-羟基-3-甲氧基苄基)-二氢呋喃-2-酮 |

表 2-4 山茱萸果肉甲醇/乙醇提取物的 GC-MS 检索结果

| 序号 | 保留时间/min | 面积百分比/% | 物质名称 |
|---|---|---|---|
| 1 | 5.29 | 6.86 | 糠醛 |
| 2 | 5.56 | 6.66 | 马来酸酐 |
| 3 | 5.88 | 0.51 | N-(1-环己基乙基)-2-丙烯酰胺 |
| 4 | 6.95 | 0.63 | 1-甲基-4-吡唑甲醛 |
| 5 | 7.15 | 1.43 | 2,3-二氢-3,5-二羟基-6-甲基-4H-吡喃-4-酮 |
| 6 | 7.64 | 0.58 | 1,3,2-氧杂硼杂环戊烷-4-羧酸 2-丁基-甲酯 |
| 7 | 8.32 | 1.09 | 4,5-二甲基-1,3-二噁烷-5-甲醇 |
| 8 | 8.77 | 0.41 | 6-甲基-2-吡嗪基甲醇 |
| 9 | 8.96 | 2.82 | 2-糠酸甲酯 |
| 10 | 9.43 | 0.38 | 6-乙酰基-β-D-甘露糖 |
| 11 | 10.17 | 5.77 | 2,3-二氢-3,5-二羟基-6-甲基-4H-吡喃-4-酮 |
| 12 | 10.42 | 0.80 | 脱氢甲酰胺内酯 |
| 13 | 10.48 | 0.66 | 2-氟氯甲基苯 |
| 14 | 11.01 | 0.37 | 2-氨基-5-[(2-羧基)乙烯基]-咪唑 |
| 15 | 11.34 | 1.64 | 5-乙酰氧基甲基-2-糠醛 |
| 16 | 11.97 | 36.35 | 5-羟甲基糠醛 |
| 17 | 12.71 | 2.36 | 3-羟基癸酸 |
| 18 | 13.24 | 0.41 | 松三糖 |
| 19 | 16.41 | 0.69 | 松三糖 |
| 20 | 16.50 | 0.77 | 松三糖 |

| 序号 | 保留时间/min | 面积百分比/% | 物质名称 |
|---|---|---|---|
| 21 | 16.72 | 0.91 | 松三糖 |
| 22 | 18.74 | 4.84 | 2-乙酰氧基-3,3-二甲基-2-(3-氧代-1-丁烯基)-环丁酸甲酯 |
| 23 | 20.30 | 0.54 | 3-(2-呋喃基亚甲基)-1,2,5-三甲基-哌啶-4-酮 |
| 24 | 22.00 | 0.47 | 雌甾-1,3,5(10)-三烯-17$\beta$-醇 |
| 25 | 22.34 | 0.54 | 巴龙霉素 |
| 26 | 22.83 | 13.14 | 4-[3-(4-氟苄氧基)丙基]-1$H$-咪唑 |
| 27 | 24.17 | 0.74 | 异己酸乙酯 |
| 28 | 24.26 | 0.37 | 异己酸乙酯 |
| 29 | 29.64 | 0.61 | 维生素 E |

根据图 2-3 与表 2-1 结果显示，在山茱萸果肉乙醇提取液中检测到了 25 个峰，鉴定出 23 种化学成分，其中，相对含量较高的物质含量如下：5-羟甲基糠醛（35.74%），马来酸酐（8.74%），糠醛（7.36%），2-乙酰氧基-3,3-二甲基-2-(3-氧代-1-丁烯基)-环丁烷酸甲酯（7.09%），DL-苹果酸（6.86%），2,3-二氢-3,5-二羟基-6-甲基-4$H$-吡喃-4-酮（4.58%），3-羟基癸酸（4.42%），2-糠酸甲酯（3.37%）。

根据图 2-4 与表 2-2 结果显示，在山茱萸果肉甲醇提取液中检测到 26 个峰，鉴定出 21 种化学成分，其中，相对含量较高的物质含量如下：5-羟甲基糠醛（52.22%），2,3-二氢-3,5-二羟基-6-甲基-4$H$-吡喃-4-酮（8.44%），1-甲基-吡唑-4-甲醛（7.037%），糠醛（7.02%），松三糖（4.57%），2-糠酸甲酯（4.56%），2-乙基-4,5-二氢-1$H$-咪唑（4.34%）。

根据图 2-5 与表 2-3 结果显示，在山茱萸果肉苯/乙醇提取液中检测到 21 个峰，并鉴定了 18 种化学成分，其中，相对含量较高的物质含量如下：5-羟甲基糠醛（33.71%），4-(3,4-二甲氧基苄基)-3-(4-羟基-3-甲氧基苄基)-二氢呋喃-2-酮（15.20%），DL-苹果酸（10.05%），马来酸酐（7.72%），糠醛（7.47%），2,3-二氢-3,5-二羟基-6-甲基-4$H$-吡喃-4-酮（4.09%），2-乙酰氧基-3,3-二甲基-2-(3-氧代-1-丁烯基)-环丁烷羧酸甲酯（4.21%）和 4-(1,5-二羟基-2,6,6-三甲基环己基-2-烯基)丁-3-烯-2-酮（2.23%）。

根据图 2-6 与表 2-4 结果显示，在山茱萸果肉甲醇/乙醇提取液中检测到 29 个峰，鉴定出 24 种化学成分，其中相对含量较高的物质含量如下：5-羟甲基糠醛（36.35%），4-[3-(4-氟苄氧基)丙基]-1$H$-咪唑（13.14%），糠醛（6.86%），马来酸酐（6.66%），2-乙酰氧基-3,3-二甲基-2-(3-氧代-1-丁烯基)-环丁酸甲酯（4.84%），2-糠酸甲酯（2.82%），3-羟基癸酸（2.36%），异己酸乙酯（1.11%）和维生素 E（0.61%）。

表 2-5 显示了山茱萸果肉提取物中检测得到的各类物质的分子数量及含量，其中醛酮类物质在提取液中占比最大，在乙醇提取液中醛酮类有 6 种，占比 49.98%，在甲醇提取液中有 8 种，含量多达 76.13%，在苯/乙醇中有 5 种，占比 62.7%，在甲醇/乙醇提取液中有 6 种，占比 53.22%。其次酸类物质在乙醇提取液中有 4 种，占比 14.4%，在甲醇提取液中有 2 种，占比 2.2%，在苯/乙醇中 4 种，占比 13.35%，在甲醇/乙醇提取液中有 1 种，占比 2.36%。酯类物质在乙醇提取液中有 6 种，占比 14.2%，在甲醇提取液中 5 种，

占比 7.56%，在苯/乙醇中有 4 种，占比 9.08%，在甲醇/乙醇提取液中有 5 种，占比 10.05%。而酚类与醇类物质在山茱萸果肉提取液中只有小部分存在。

表 2-5　山茱萸果肉提取物 GC-MS 数据统计

| 类别 | 乙醇提取物 | | 甲醇提取物 | | 苯/乙醇提取物 | | 甲醇/乙醇提取物 | |
| --- | --- | --- | --- | --- | --- | --- | --- | --- |
| | 分子数量 | 相对含量/% | 分子数量 | 相对含量/% | 分子数量 | 相对含量/% | 分子数量 | 相对含量/% |
| 醇/酚类(R—OH) | 1 | 0.83 | 1 | 1.13 | 1 | 0.65 | 3 | 1.97 |
| 醛酮类(R—O—H,R—O—R) | 6 | 49.98 | 8 | 76.13 | 5 | 62.7 | 6 | 53.22 |
| 酸类(R—OH) | 4 | 14.4 | 2 | 2.2 | 4 | 13.35 | 1 | 2.36 |
| 酯类(R—COO—R) | 6 | 14.2 | 5 | 7.56 | 5 | 9.08 | 5 | 10.05 |
| 其他类 | 6 | 20.59 | 5 | 12.98 | 4 | 14.22 | 9 | 32.4 |

糠醛在保留时间为 5.2min 左右被检测到，在乙醇提取液中相对含量占 7.36%，在甲醇提取液中相对含量占到 7.02%，在苯/乙醇提取液中相对含量占到 7.47%，在甲醇/乙醇提取液中占到 6.86%。马来酸酐在乙醇提取液中相对含量占 8.74%，在苯/乙醇提取液中相对含量占到 7.72%，在甲醇/乙醇提取液中占到 6.66%。5-羟甲基糠醛是所有到的检测物质中含量最高的成分，在乙醇提取液中相对含量占 35.74%，在甲醇提取液中相对含量占到 52.22%，在苯/乙醇提取液中相对含量占到 33.71%，在甲醇/乙醇提取液中占到 36.35%。由此得出，如果要从山茱萸果肉中提取得到 5-羟甲基糠醛，甲醇溶液更适合于提取。DL-苹果酸在乙醇提取液中相对含量占 6.86%，在苯/乙醇提取液中相对含量占 10.05%。另外，在甲醇/乙醇提取液也得到了少量的维生素 E。

**（2）果核 GC-MS 分析**

采用气相色谱联用仪检测分析提取物的总离子色谱图见图 2-7～图 2-10，采用峰面积归一化法计算各组分的相对含量，见表 2-6～表 2-9。

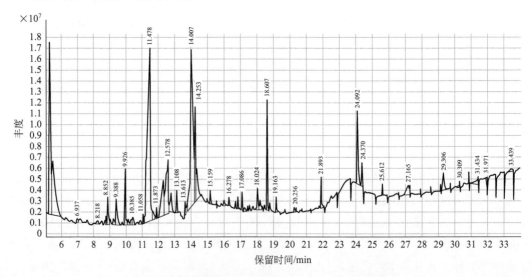

图 2-7　山茱萸果核乙醇提取物 GC-MS 离子流色谱图

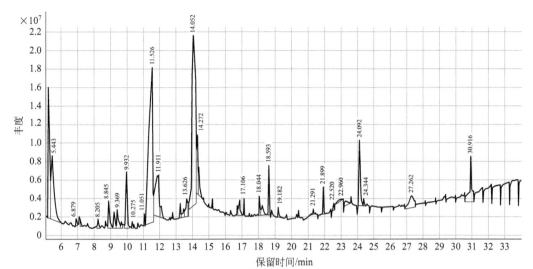

图 2-8　山茱萸果核甲醇提取物 GC-MS 离子流色谱图

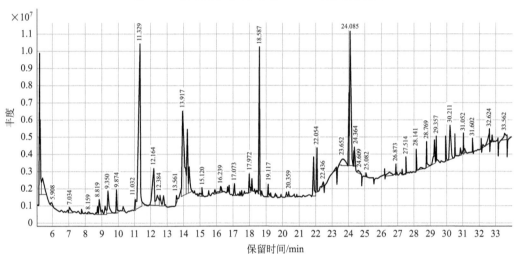

图 2-9　山茱萸果核苯/乙醇提取物 GC-MS 离子流色谱图

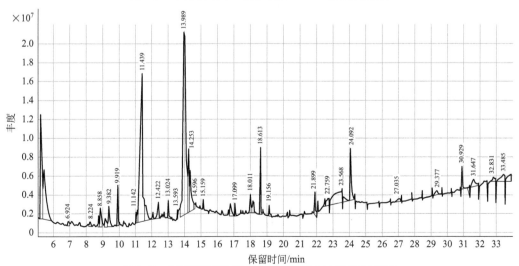

图 2-10　山茱萸果核甲醇/乙醇提取物 GC-MS 离子流色谱图

表 2-6 山茱萸果核乙醇提取物的 GC-MS 检索结果

| 序号 | 保留时间/min | 面积百分比/% | 物质名称 |
|---|---|---|---|
| 1 | 5.251 | 9.21 | 3-糠醛 |
| 2 | 5.466 | 4.44 | 马来酸酐 |
| 3 | 6.902 | 0.19 | 5-甲基-2-呋喃甲醛 |
| 4 | 7.11 | 0.18 | 2,4-二羟基-2,5-二甲基-3(2$H$)-呋喃-3-酮 |
| 5 | 8.757 | 0.19 | 胸腺嘧啶 |
| 6 | 8.85 | 0.91 | 3-呋喃甲酸甲酯 |
| 7 | 9.378 | 0.93 | 左旋葡萄糖酮 |
| 8 | 9.923 | 1.46 | 2,3-二氢-3,5-二羟基-6-甲基-4$H$-吡喃-4-酮 |
| 9 | 10.276 | 0.23 | Dehydromevalonic lactone |
| 10 | 10.389 | 0.30 | 2-丁烯二酸单乙酯 |
| 11 | 11.056 | 0.19 | 4-甲基苯甲醛 |
| 12 | 11.216 | 0.52 | 3-甲基-2-氧代-2$H$-吡喃-6-羧酸 |
| 13 | 11.475 | 16.48 | 5-羟甲基糠醛 |
| 14 | 11.873 | 0.19 | DL-苹果酸二乙酯 |
| 15 | 12.284 | 2.73 | DL-苹果酸 |
| 16 | 12.488 | 0.23 | 醋酸 TBDMS 衍生物 |
| 17 | 12.58 | 4.35 | DL-苹果酸 |
| 18 | 12.768 | 0.36 | 1-(2-羟基-5-甲基苯基)-乙酮 |
| 19 | 13.107 | 0.85 | 1-丙氨酸,N-异丁氧基羰基-丁酯 |
| 20 | 13.611 | 0.37 | 3-氯-4-甲酰苯基丙酸酯 |
| 21 | 13.926 | 2.93 | 4-乙基联苯 |
| 22 | 13.951 | 0.46 | 4-氟苄醇,TBDMS 衍生物 |
| 23 | 14.01 | 16.61 | 邻苯三酚 |
| 24 | 14.257 | 1.82 | 香兰素 |
| 25 | 14.345 | 0.56 | 3,5-二甲基-1-二甲基硅氧基苯 |
| 26 | 15.157 | 0.25 | 2-甲氧基-4-丙基苯酚 |
| 27 | 15.982 | 0.18 | 4-羟基苯甲酸 |
| 28 | 16.145 | 0.53 | 氨基甲酸铵 |
| 29 | 16.277 | 0.17 | 1-4-羟基-3-甲氧基苯基-2-丙酮 |
| 30 | 16.315 | 0.22 | 三环[3.3.1.1(3,7)]癸烷-2-醇-1-羧酸甲酯 |
| 31 | 16.391 | 0.21 | 高香草酸 |
| 32 | 16.836 | 0.29 | 3-羟基-4-甲氧基苯甲酸 |
| 33 | 17.089 | 0.31 | 香草酮 |
| 34 | 18.025 | 0.43 | 高香草酸 |

| 序号 | 保留时间/min | 面积百分比/% | 物质名称 |
|------|--------------|--------------|----------|
| 35 | 18.449 | 0.19 | 十二烷酸,1,1-二甲基丙基酯 |
| 36 | 18.61 | 2.58 | 1,8-二甲基-8,9-环氧-4-异丙基-螺环[4.5]癸烷-7-酮 |
| 37 | 18.776 | 0.25 | 3-4-甲氧基苯基-2-丙烯酸 |
| 38 | 19.16 | 0.31 | 1-羟基-3-4-羟基-3-甲氧基苯基-2-丙酮 |
| 39 | 21.893 | 0.66 | 正十六烷酸 |
| 40 | 22.818 | 0.17 | 1-苄基-2-2-吡啶基-咪唑并[4,5-$c$]吡啶 |
| 41 | 22.842 | 0.47 | 2-甲硫基吩嗪 |
| 42 | 22.948 | 0.31 | 1,4,6,7-四氢-[1,2,3]三唑并[4,5-$e$][1,4]二氮杂-5,8-二酮 |
| 43 | 23.47 | 0.56 | 12,13-环氧-11-羟基十八碳-9-烯酸-甲酯-三甲基甲硅烷基醚 |
| 44 | 23.575 | 0.71 | 6-硫吡唑-[3,4-$d$]嘧啶-4,6(5$H$,7$H$)-二酮-3-甲酰胺 |
| 45 | 23.652 | 1.88 | $N,N$-二庚基-2-(2-噻吩基)-乙胺 |
| 46 | 23.663 | 0.55 | 3-环戊基丙酸,4-联苯酯 |
| 47 | 23.806 | 0.69 | 三苯基铋 |
| 48 | 23.846 | 1.53 | 4-丁氧基-1,1-联苯 |
| 49 | 24.089 | 2.30 | 亚油酸 |
| 50 | 24.125 | 0.87 | 5-十四烷基二氢-2(3$H$)-呋喃酮 |
| 51 | 24.371 | 0.47 | 亚油酸乙酯 |
| 52 | 24.564 | 0.62 | 2,2,2,8,8-四甲基-2,8-二氮环[7.3.0.0(3.7)]十二烷-4,6,10,12-四烯 |
| 53 | 25.205 | 0.19 | 乙醇 |
| 54 | 25.367 | 0.26 | 4-丁氧基-1,1-联苯 |
| 55 | 25.611 | 0.22 | 乙酰柠檬酸三丁酯 |
| 56 | 25.919 | 0.23 | 乙醇 |
| 57 | 26.057 | 0.23 | $N$-苯基-噻唑并[4,5-$c$]吡啶-2-胺 |
| 58 | 26.602 | 0.28 | 乙醇 |
| 59 | 27.165 | 0.47 | $N$-(3-乙酰苯基)-1-十六烷磺酰胺 |
| 60 | 27.182 | 0.37 | ($z$)-13-二十二碳烯酸,TBDMS 衍生物 |
| 61 | 27.271 | 0.35 | 乙醇 |
| 62 | 27.521 | 0.29 | $N,N$-二庚基-2-苯硫基乙胺 |
| 63 | 27.812 | 0.24 | 3-氨基-4-氯苯磺酸 |
| 64 | 27.921 | 0.38 | 乙醇 |
| 65 | 28.309 | 0.25 | $N,N$-二庚基-2-2-噻吩基乙胺 |
| 66 | 28.433 | 0.17 | $N$-三氟乙酰基-O,O,O,O-四烷基(三甲基硅基)衍生物 |
| 67 | 28.549 | 0.41 | 乙醇 |
| 68 | 28.939 | 0.19 | $N,N$-二庚基-2-苯硫基乙胺 |

| 序号 | 保留时间<br>/min | 面积百分<br>比/% | 物质名称 |
|---|---|---|---|
| 69 | 29.119 | 0.32 | 2-氯苯胺-5-磺酸 |
| 70 | 29.142 | 0.42 | 乙醇 |
| 71 | 29.304 | 0.86 | 维生素 E |
| 72 | 29.539 | 0.19 | L-丙氨酸,$N$-[$N$-[$N$-[(2-羟基-1-萘基)亚甲基]-L-缬氨酰]-L-异亮氨酰]-乙酯 |
| 73 | 29.726 | 0.45 | 1-[2,4-双(三甲基硅氧基)苯基]-2-[(4-三甲基甲硅烷基)苯基]丙-1-酮 |
| 74 | 29.741 | 0.42 | 乙醇 |
| 75 | 30.301 | 0.48 | 2,6-双(1,1-二甲基乙基)-4-[(4-羟基-3,5-二甲基苯基)甲基]-苯酚 |
| 76 | 30.323 | 0.41 | 乙醇 |
| 77 | 30.826 | 0.32 | 1,3-二苯基-1-(三甲基甲硅烷氧基)-1-庚烯 |
| 78 | 30.894 | 0.38 | 乙醇 |
| 79 | 31.448 | 0.35 | 乙醇 |
| 80 | 31.968 | 0.47 | 6,7-二甲氧基-3-苯基-4$H$-1-苯并吡喃-4-酮 |
| 81 | 31.988 | 0.30 | 乙醇 |
| 82 | 32.376 | 0.17 | 碳酸 4-{[(4-甲氧基苯基)亚甲基]氨基}苯基戊酯 |
| 83 | 32.492 | 1.01 | 4-甲基-2,4-双(对羟基苯基)戊-1-烯 |
| 84 | 32.514 | 0.27 | 乙醇 |
| 85 | 32.863 | 0.37 | 4-苯甲酰基-$N$-(4-甲氧基-苯基)-苯甲酰胺 |
| 86 | 32.905 | 0.20 | 邻苯二甲酸,3,5-二甲基苯基 4-甲酰基苯基酯 |
| 87 | 32.993 | 1.37 | 八甲基环四硅氧烷 |
| 88 | 33.035 | 0.23 | 乙醇 |
| 89 | 33.419 | 0.22 | 4-乙酰基苯基-5-乙酰基-2-甲氧基苯基醚 |
| 90 | 33.506 | 0.42 | $N$-(4-甲氧基-苯基)-4-苯甲酰基-苯甲酰胺 |
| 91 | 33.572 | 1.04 | 5-羟基-7-甲氧基-2-甲基-3-苯基-4-苯并吡喃 |
| 92 | 33.598 | 0.22 | 乙醇 |
| 93 | 33.686 | 0.22 | 4-甲基-2,4-双(对羟基苯基)戊-1-烯 |

表 2-7　山茱萸果核甲醇提取物的 GC-MS 检索结果

| 序号 | 保留时间/min | 面积百分比/% | 物质名称 |
|---|---|---|---|
| 1 | 5.218 | 7.29 | 3-糠醛 |
| 2 | 5.461 | 5.25 | 马来酸酐 |
| 3 | 6.879 | 0.33 | 5-甲基-2-呋喃甲醛 |
| 4 | 7.081 | 0.33 | 2,4-二羟基-2,5-二甲基-3(2$H$)-呋喃-3-酮 |
| 5 | 8.845 | 1.03 | 3-呋喃甲酸甲酯 |
| 6 | 9.156 | 0.34 | 乙酸 1-(2-甲基四唑-5-基)乙烯基酯 |

| 序号 | 保留时间/min | 面积百分比/% | 物质名称 |
|---|---|---|---|
| 7 | 9.188 | 0.38 | (E)-2-甲基-2-丁烯酸己酯 |
| 8 | 9.363 | 0.52 | 左旋葡萄糖酮 |
| 9 | 9.931 | 1.95 | 2,3-二氢-3,5 二羟基-6-甲基-4H-吡喃-4-酮 |
| 10 | 11.05 | 0.25 | 对甲基苯甲醛 |
| 11 | 11.3 | 0.66 | DL-苹果酸 |
| 12 | 11.537 | 17.34 | 5-羟甲基糠醛 |
| 13 | 11.8 | 0.76 | 5-羟甲基糠醛 |
| 14 | 11.917 | 4.29 | DL-苹果酸 |
| 15 | 12.074 | 0.62 | 2-丙氧基-琥珀酸二甲酯 |
| 16 | 13.233 | 0.54 | O,O-二乙酰基乙基二乙醇胺 |
| 17 | 13.444 | 0.33 | β-萘基肉豆蔻酸酯 |
| 18 | 13.624 | 0.27 | 3-氯-4-甲酰基苯基丙酸酯 |
| 19 | 13.657 | 0.28 | 4-甲酰基-苯甲酸甲酯 |
| 20 | 13.919 | 5.25 | 4-乙基联苯 |
| 21 | 14.058 | 23.46 | 邻苯三酚 |
| 22 | 14.274 | 1.25 | 香兰素 |
| 23 | 14.353 | 0.84 | 3,5-二甲基-1-硅氧基-苯 |
| 24 | 16.802 | 0.74 | 1,6-脱水-β-D-葡萄糖 |
| 25 | 16.84 | 0.26 | 3-羟基-4-甲氧基苯甲酸 |
| 26 | 17.104 | 0.31 | 香草酮 |
| 27 | 18.04 | 0.38 | 4-羟基-3-甲氧基苯丙醇 |
| 28 | 18.23 | 0.41 | 丁酸 2-乙基己酯 |
| 29 | 18.596 | 1.58 | 1,8-二甲基-8,9-环氧-4-异丙基-螺环[4.5]癸-7-酮 |
| 30 | 18.772 | 0.28 | 3-4-甲氧基苯基-2-丙烯酸 |
| 31 | 19.179 | 0.29 | 1-羟基-3-4-羟基-3-甲氧基苯基-2-丙酮 |
| 32 | 21.163 | 0.34 | 10-甲基苯并[b]-1,8-萘啶-5(1OH)-酮 |
| 33 | 21.898 | 0.54 | 棕榈酸 |
| 34 | 22.757 | 0.53 | 2-对-苯氧基苯基吲嗪 |
| 35 | 22.885 | 1.03 | 6-甲氧基-1,3-二甲基-苯并咪唑 |
| 36 | 23.264 | 1.45 | 6-甲氧基-1,3-二甲基-苯并咪唑 |
| 37 | 24.09 | 2.21 | 亚油酸 |
| 38 | 24.127 | 0.81 | 5-十四烷基二氢-2(3H)-呋喃酮 |
| 39 | 27.247 | 0.38 | 邻-4-甲基苯甲酰基-2-甲氧基苯甲酰基-1,3-苯二酚 |
| 40 | 27.261 | 0.79 | 13(Z)-二十二碳烯酸 |
| 41 | 27.486 | 0.26 | 氨基脲 |
| 42 | 28.121 | 0.29 | 氨基脲 |

| 序号 | 保留时间/min | 面积百分比/% | 物质名称 |
|---|---|---|---|
| 43 | 28.748 | 0.30 | 氨基脲 |
| 44 | 29.361 | 0.32 | 氨基脲 |
| 45 | 29.928 | 0.39 | 4-甲基-2,4-双(对羟基苯基)戊-1-烯 |
| 46 | 29.959 | 0.31 | 氨基脲 |
| 47 | 30.541 | 0.31 | 氨基脲 |
| 48 | 30.916 | 1.16 | 7,9-二羟基-3-甲氧基-1-甲基-6H-二苯并[b,d]吡喃-6-酮 |
| 49 | 31.051 | 0.37 | 3,4-二羟基苯基乙二醇 |
| 50 | 31.1 | 0.26 | 氨基脲 |
| 51 | 31.57 | 0.37 | 1,3,3-三甲基-1-(4'-甲氧基苯基)-6-甲氧基茚 |
| 52 | 31.614 | 1.02 | 六甲基环三硅氧烷 |
| 53 | 31.627 | 0.58 | 4-甲基-2,4-双(对羟基苯基)戊-1-烯 |
| 54 | 31.647 | 0.26 | 氨基脲 |
| 55 | 32.107 | 0.41 | N-叔丁基二甲基甲硅烷基-1-金刚烷胺 |
| 56 | 32.16 | 0.56 | 戊二烯基己酯 |
| 57 | 32.663 | 0.38 | 甲基乙烯基(戊-2-基氧基)十四烷氧基硅烷 |
| 58 | 32.687 | 1.77 | 4-甲基-2,4-双(对羟基苯基)戊-1-烯 |
| 59 | 33.148 | 0.30 | 三溴氟甲烷 |
| 60 | 33.186 | 1.15 | 丁基二甲基硅烷 3-甲基-4-2,2,3,3,3-五氟丙醇氧基-苯甲酸 |
| 61 | 33.236 | 1.54 | 4-甲基-2,4-双(对羟基苯基)戊-1-烯 |
| 62 | 33.732 | 0.29 | 三溴氟甲烷 |
| 63 | 33.788 | 0.75 | N-叔丁基二甲基甲硅烷基-1-金刚烷胺 |
| 64 | 33.804 | 0.53 | 丁基二甲基硅烷 3-甲基-4-(2,2,3,3,3-五氟丙醇)-苯甲酸 |
| 65 | 33.954 | 0.24 | N-叔丁基二甲基甲硅烷基-1-金刚烷胺 |

表 2-8  山茱萸果核苯/乙醇提取物的 GC-MS 检索结果

| 序号 | 保留时间/min | 面积百分比/% | 物质名称 |
|---|---|---|---|
| 1 | 5.203 | 6.88 | 3-糠醛 |
| 2 | 5.397 | 2.37 | 1,2-二甲基-1H-咪唑 |
| 3 | 5.908 | 0.25 | p,α-二甲基-苯乙胺 |
| 4 | 7.034 | 0.63 | p,α-二甲基-苯乙胺 |
| 5 | 8.159 | 0.26 | (S)-(+)-1-环己基乙胺 |
| 6 | 8.709 | 0.33 | N-3-丁烯基-N-甲基-环己胺 |
| 7 | 8.819 | 1.05 | 1H-咪唑-4-羧酸甲酯 |
| 8 | 8.987 | 0.28 | 1H-咪唑-4-羧酸甲酯 |
| 9 | 9.175 | 0.70 | (S)-(+)-1-环己基乙胺 |
| 10 | 9.35 | 2.00 | 左旋葡萄糖酮 |

| 序号 | 保留时间/min | 面积百分比/% | 物质名称 |
|---|---|---|---|
| 11 | 9.874 | 1.13 | 2,3-二氢-3,5二羟基-6-甲基-4$H$-吡喃-4-酮 |
| 12 | 10.275 | 0.26 | 内消旋-丁烷-1,2,3,4-四甲酸 |
| 13 | 11.032 | 0.60 | $N$-氯乙酰基-3,6,9,12-四氧杂戊癸-14-$yn$-1-胺 |
| 14 | 11.329 | 18.00 | 5-羟甲基糠醛 |
| 15 | 12.164 | 3.92 | DL-苹果酸 |
| 16 | 12.384 | 1.46 | 反式-1,2-环丁二酸 |
| 17 | 12.552 | 0.70 | 反式-1,2-环丁二酸 |
| 18 | 12.772 | 0.70 | 松三糖 |
| 19 | 13.561 | 0.29 | 5-叔-丁基焦酚 |
| 20 | 13.917 | 10.13 | 邻苯三酚 |
| 21 | 14.208 | 3.31 | 异香兰素 |
| 22 | 14.324 | 1.97 | 2-(4-甲氧基甲基联苯-4-$yl$)-丙二醇 |
| 23 | 15.023 | 0.20 | 2-乙酰基-1-羟基-5,5-二甲基-1-环己烯-3-酮 |
| 24 | 15.12 | 0.32 | 2,3-二甲氧基-5-甲基-2,5-环己二烯-1,4-二酮 |
| 25 | 15.883 | 0.31 | 5-叔-丁基焦酚 |
| 26 | 16.122 | 0.27 | 2-乙酰基-1-羟基-5,5-二甲基-1-环己烯-3-酮 |
| 27 | 16.239 | 0.27 | $N$-甲基-$N$-[4-(1-吡咯烷基)-2-丁基]-$N,N$-双(三氟乙酰基)-4-氨基丁酰胺 |
| 28 | 16.284 | 0.22 | $N$-甲基-$N$-[4-(1-吡咯烷基)-2-丁基]-$N,N$-双(三氟乙酰基)-4-氨基丁酰胺 |
| 29 | 17.073 | 0.50 | 3-异丙氧基-4-甲氧基苯甲酰胺 |
| 30 | 17.972 | 0.91 | NA-2,4-二硝基苯-L-精氨酸 |
| 31 | 18.141 | 0.37 | 2,4,6-三甲氧基苯丙胺 |
| 32 | 18.587 | 5.34 | 2-乙酰氧基-3,3-二甲基-2-(3-氧代-丁-1-烯基)-环丁烷羧酸甲酯 |
| 33 | 19.117 | 0.56 | ($E$)-4-己烯酸 2-乙酰基-2-(1-丁烯-3-基)-乙酯 |
| 34 | 20.224 | 0.25 | $N$-2,4-二硝基苯-L-精氨酸 |
| 35 | 20.359 | 0.25 | 7-(乙酰氧基)十氢-2,9,10-三羟基-3,6,8,8,10a-五甲基-1b,4a-环氧-2h-环戊烷[3,4]环丙烷[8,9]环戊烯[1,2-b]环氧-5(6h)-酮 |
| 36 | 21.873 | 2.30 | $N$-2,4-二硝基苯-L-精氨酸 |
| 37 | 22.054 | 1.34 | 邻苯二甲酸二仲丁酯 |
| 38 | 22.436 | 0.26 | 9-硫氰酸-雄甾-4-烯-11-醇-3,17-二酮 |
| 39 | 23.244 | 0.22 | 2,5-二甲氧基-4-乙硫基苯甲醛 |
| 40 | 23.652 | 1.87 | 3,4-二甲氧基苯酚 |
| 41 | 24.021 | 2.34 | 亚油酸 |
| 42 | 24.085 | 9.58 | 亚油酸 |
| 43 | 24.331 | 0.42 | 2,5-二甲氧基-4-乙硫基-苯甲醛 |
| 44 | 24.364 | 0.60 | 2,5-二甲氧基-4-乙硫基-苯甲醛 |

| 序号 | 保留时间/min | 面积百分比/% | 物质名称 |
|---|---|---|---|
| 45 | 24.609 | 0.43 | 2,5-二甲氧基-4-乙硫基-苯甲醛 |
| 46 | 25.082 | 0.20 | 2,5-二甲氧基-4-乙硫基-苯甲醛 |
| 47 | 26.518 | 0.81 | 9-硫氰酸-雄甾-4-烯-11-醇-3,17-二酮 |
| 48 | 26.873 | 0.24 | 1,2-亚苄基二羧酸1,2,3,5,6,7,8,8a-八氢-4-三甲基甲硅烷氧基二乙酯 |
| 49 | 27.275 | 0.18 | 乙醇 |
| 50 | 27.514 | 0.37 | 1,2-亚苄基二羧酸1,2,3,5,6,7,8,8a-八氢-4-三甲基甲硅烷氧基二乙酯 |
| 51 | 28.141 | 0.55 | 1,2-亚苄基二羧酸1,2,3,5,6,7,8,8a-八氢-4-三甲基甲硅烷氧基二乙酯 |
| 52 | 28.413 | 0.19 | 乙醇 |
| 53 | 28.769 | 0.87 | 乙醇 |
| 54 | 29.247 | 1.55 | 维生素E |
| 55 | 29.357 | 0.58 | 乙醇 |
| 56 | 29.933 | 0.75 | 1,2-亚苄基二羧酸1,2,3,5,6,7,8,8a-八氢-4-三甲基甲硅烷氧基二乙酯 |
| 61 | 31.13 | 0.31 | 1,1,1,3,5,5,5,11,11,11,11,13,13-十四烷基七硅氧烷 |

表 2-9　山茱萸果核甲醇/乙醇提取物的 GC-MS 检索结果

| 序号 | 保留时间/min | 面积百分比/% | 物质名称 |
|---|---|---|---|
| 1 | 5.242 | 6.16 | 3-糠醛 |
| 2 | 5.449 | 7.45 | 马来酸酐 |
| 3 | 6.924 | 0.33 | 1-甲基-1H-吡唑-4-甲醛 |
| 4 | 8.224 | 0.36 | 2-氨基-5-[(2-羧基)乙烯基]-咪唑 |
| 5 | 8.761 | 0.42 | N-3-丁烯基-N-甲基环己胺 |
| 6 | 8.858 | 1.26 | 1H-咪唑-4-羧酸甲酯 |
| 7 | 9.162 | 0.69 | 2,3-二甲基富马酸 |
| 8 | 9.382 | 1.31 | 左旋葡萄糖酮 |
| 9 | 9.919 | 1.44 | 2,3-二氢-3,5 二羟基-6-甲基-4H-吡喃-4-酮 |
| 10 | 11.058 | 0.34 | 4-氟苯乙炔 |
| 11 | 11.142 | 0.55 | 3-羟基癸酸 |
| 12 | 11.439 | 18.87 | 5-羟甲基糠醛 |
| 13 | 11.62 | 1.66 | 2-丙基噻吩 |
| 14 | 12.08 | 0.38 | 松三糖,水合物 |
| 15 | 12.422 | 1.07 | 3-羟基癸酸 |
| 16 | 13.024 | 0.77 | 二氢-3-硫代乙酰基-2(3H)-呋喃酮 |
| 17 | 13.593 | 0.35 | 5-叔-丁基焦酚 |
| 18 | 13.989 | 26.16 | 邻苯三酚 |

| 序号 | 保留时间/min | 面积百分比/% | 物质名称 |
|---|---|---|---|
| 19 | 14.253 | 2.98 | 邻苯三酚 |
| 20 | 14.35 | 3.49 | 邻苯三酚 |
| 21 | 14.596 | 0.33 | 2-(1-甲基丙基)硫代苯酚 |
| 22 | 15.159 | 0.29 | 2,3-二甲氧基-5-甲基-2,5-环己二烯-1,4-二酮 |
| 23 | 16.802 | 1.02 | 6-硫基鸟嘌呤 |
| 24 | 17.099 | 0.43 | 4-硫基苯甲酸 S-甲基甲酯 |
| 25 | 18.011 | 0.83 | N-甲基-N-[4-(3-羟基吡咯烷基)-2-丁炔基]-乙酰胺 |
| 26 | 18.173 | 0.87 | 2-肉豆醇酰基-酰硫基乙胺 |
| 27 | 18.613 | 2.39 | 2-乙酰氧基-3,3-二甲基-2-(3-氧代-丁-1-烯基)-环丁烷羧酸甲酯 |
| 28 | 19.156 | 0.40 | 1-丙基-3,6-二氮杂合金刚烷-9-醇 |
| 29 | 21.899 | 0.87 | α-D-吡喃葡萄糖苷,2-(乙酰氨基)-2-脱氧-3-O-(三甲基甲硅烷基)-甲基硼酸甲酯 |
| 30 | 22.08 | 0.30 | 1,2-苯二甲酸丁基辛基酯 |
| 31 | 22.514 | 0.42 | 9-硫氰酸-雄甾-4-烯-11-醇-3,17-二酮 |
| 32 | 22.759 | 0.86 | 2,5-二甲氧基-4-乙硫基-苯甲醛 |
| 33 | 23.568 | 4.97 | 2,5-二甲氧基-4-乙硫基-苯甲醛 |
| 34 | 23.646 | 0.59 | 2,5-二甲氧基-4-乙硫基-苯甲醛 |
| 35 | 24.092 | 3.06 | 亚油酸 |
| 36 | 30.929 | 0.86 | 乙酸,2,3-二氢-7-甲基-2-氧代-6-(苯基甲基)噻唑并[4,5-b]吡啶-5-基酯 |
| 37 | 31.382 | 0.41 | 1,1,3,3,5,5,7,7,9,9,11,11,13,13,15,15-十六甲基-八硅氧烷 |
| 38 | 31.647 | 1.04 | 1,1,3,3,5,5,7,7,9,9,11,11,13,13,15,15-十六甲基-八硅氧烷 |
| 39 | 32.831 | 0.46 | 1,1,3,3,5,5,7,7,9,9,11,11,13,13,15,15-十六甲基-八硅氧烷 |
| 40 | 33.485 | 1.36 | 1,1,3,3,5,5,7,7,9,9,11,11,13,13,15,15-十六甲基-八硅氧烷 |
| 41 | 33.963 | 1.27 | 1,1,3,3,5,5,7,7,9,9,11,11,13,13,15,15-十六甲基-八硅氧烷 |

　　根据图 2-7 与表 2-6 结果显示，在山茱萸果核乙醇提取物中检测到 93 个峰，鉴定出 71 种化学成分，其中相对含量较高的物质有：邻苯三酚（16.61%），5-羟甲基糠醛（16.48%），3-糠醛（9.21%），DL-苹果酸（7.08%），马来酸酐（4.44%），4-乙基联苯（2.93%），亚油酸（2.30%），香兰素（1.82%），八甲基-环四硅氧烷（1.37%）。

　　根据图 2-8 与表 2-7 结果显示，在山茱萸果核甲醇提取物中检测到 65 个峰，并鉴定出 48 种化学成分，其中相对含量较高的物质有：邻苯三酚（23.46%），5-羟甲基糠醛（18.1%），3-糠醛（7.29%），马来酸酐（5.25%），DL-苹果酸（4.95%），4-乙基联苯（5.25%），亚油酸（2.21%），香兰素（1.25%）。

　　根据图 2-9 与表 2-8 结果显示，在山茱萸果核苯/乙醇提取物中检测到 61 个峰，鉴定出 37 种化学成分，其中相对含量较高的物质有：5-羟甲基糠醛（18%），亚油酸

（11.92％），邻苯三酚（10.13％），3-糠醛（6.88％），2-乙酰氧基-3,3-二甲基-2-(3-氧代-丁-1-烯基)-环丁烷羧酸甲酯（5.34％），DL-苹果酸（3.92％），异香兰素（3.31％），$N$-2,4-二硝基苯-$L$-精氨酸（2.55％），左旋葡萄糖酮（2.0％），维生素 E（1.55％）。

根据图 2-10 与表 2-9 结果显示，在山茱萸果核甲醇/乙醇提取物中检测到 41 个峰，鉴定出 33 种化学成分，其中相对含量较高的物质有：邻苯三酚（32.63％），5-羟甲基糠醛（18.87％），马来酸酐（7.45％），2,5-二甲氧基-4-乙硫基苯甲醛（6.42％），3-糠醛（6.16％），亚油酸（3.06％），2-丙基噻吩（1.66％）和 2,3-二氢-3,5-二羟基-6-甲基-4H-吡喃-4-酮（1.44％）。

表 2-10 显示了山茱萸果核提取物中检测到的各类物质的分子数量与相对含量，醛酮类物质在果核的提取液中含量最多，其中在乙醇提取液中有 16 种，占比 34.47％；在甲醇提取液中有 14 种，占比 33.26％；在苯/乙醇中有 10 种，占比 31.99％；在甲醇/乙醇提取液中有 9 种，占比 36.01％。醇/酚类物质在乙醇提取液中有 6 种，占比 22.64％；在甲醇提取液中有 4 种，占比 24.59％；在苯/乙醇中有 5 种，占比 16.39％；在甲醇/乙醇提取液中有 6 种，占比 33.71％。酸类物质在乙醇提取液中有 10 种，占比 12.48％；在甲醇提取液中有 8 种，占比 9.92％；在苯/乙醇中有 6 种，占比 21.72％；在甲醇/乙醇提取液中有 4 种，占 5.67％。而酯类物质在乙醇提取液中有 14 种，占比 5.06％，在甲醇提取液中有 9 种，占比 4.22％，在苯/乙醇中有 5 种，占比 10.48％，在甲醇/乙醇提取液中有 5 种，占比 5.81％。

表 2-10　山茱萸果核提取物 GC-MS 数据统计

| 类别 | 乙醇提取物 | | 甲醇提取物 | | 苯/乙醇提取物 | | 甲醇/乙醇提取物 | |
|---|---|---|---|---|---|---|---|---|
| | 分子数量 | 相对含量/% | 分子数量 | 相对含量/% | 分子数量 | 相对含量/% | 分子数量 | 相对含量/% |
| 醇/酚类(R—OH) | 6 | 22.64 | 4 | 24.59 | 5 | 16.39 | 6 | 33.71 |
| 醛酮类(R—O—H,R—O—R1) | 16 | 34.47 | 14 | 33.26 | 10 | 31.99 | 9 | 36.01 |
| 酸类(R—OH) | 10 | 12.48 | 8 | 9.92 | 6 | 21.72 | 4 | 5.67 |
| 酯类(R—COO—R) | 14 | 5.06 | 9 | 4.22 | 5 | 10.48 | 5 | 5.81 |
| 其他类 | 25 | 25.35 | 13 | 28.01 | 11 | 19.42 | 9 | 18.8 |

3-糠醛在保留时间为 5.2min 被检测到，在乙醇提取液中相对含量占比 9.21％，在甲醇提取液中相对含量占比 7.29％，在苯/乙醇提取液中相对含量占比 6.88％，在甲醇/乙醇提取液中占比 6.16％。5-羟甲基糠醛则是在保留时间 11.5min 左右被检测到，在乙醇提取液中相对含量占比 16.48％，在甲醇提取液中相对含量占比 18.1％，在苯/乙醇提取液中相对含量占比 18％，在甲醇/乙醇提取液中占比 18.87％。酸类物质如 DL-苹果酸在乙醇提取液中相对含量占比 7.08％，在甲醇提取液中相对含量占比 4.95％，在苯/乙醇提取液中相对含量占比 3.92％。相比于果肉，果核提取物中检测到一定含量的亚油酸，其中在乙醇提取液中相对含量占比 2.30％，在甲醇提取液中相对含量占比 2.21％，在苯/乙醇提取液中相对含量占比 11.92％，在甲醇/乙醇提取液中占比 3.06％。

## 2.2.3　资源化途经分析

通过 GC-MS 检测方法分别对山茱萸果肉与果核的四种提取液进行了鉴定。结果显示，果肉的四种提取液分别检测到了 23 种、21 种、18 种和 24 种化合物；果核的四种提取液分别检测得到了 71 种、48 种、37 种和 33 种化合物。在果肉与果核中检测都得到的糠醛，作为重要的工业原料，它是合成树脂、电绝缘材料、尼龙、涂料等的重要原材料，还是制取药物和多种有机合成的原料和试剂[73]。据研究显示，糠醛的衍生物具有很强的杀菌能力，抑菌谱相当的广泛。例如，以糠醛为原料合成得到的呋喃西林就是一种消毒防腐药物；而作为糠醛的衍生物，5-羟甲基糠醛在医药行业发挥着巨大的作用。研究显示，5-羟甲基糠醛常应用于治疗内毒素血症以及制备因多脏器功能衰竭而导致死亡的治疗药物[74,75]。除此之外，在治疗肝硬化、胃肠道疾病、败血病、急性肝衰竭和流感病毒等疾病药物中，5-羟甲基糠醛也是重要的原材料，发挥着不可替代的作用。但摄入高浓度的 5-羟甲基糠醛也会产生毒性，可能导致发生突变以及 DNA 损伤。因此，对 5-羟甲基糠醛的药理与毒理作用要合理利用。

同样检测到的占到较大成分的另一物质马来酸酐，主要用于生产许多不饱和的树脂、农药马拉硫磷和低毒农药 4049。同时，它也是油墨和造纸行业的助剂，以及石酸、富马酸、四氢呋喃等的生产原料[76]。DL-苹果酸广泛存在于未成熟的水果中，常用作清凉饮料和冷冻食品的酸味剂，除此之外，也用于药品、化妆品、缓冲剂、荧光增白剂的原料等[77]。当用作香味增强剂与辅助药物时，规定含量不得超过 6.7%，且均不得用于婴儿食品中。邻苯三酚是在果核提取物中检测到占比最多的成分，邻苯三酚在工业上常用于毛皮毛发等的染色，电影胶片的显影剂以及医药、燃料的中间体等，在化妆品方面常用于扑粉、护发剂、染发剂等。

从结果来看，山茱萸果肉与果核通过提取均得到了大量的生物活性成分，这些有效活性成分的主要类型有醛类、酯类、酮类、酸类、糖类以及一些生物碱等，它们分别在食品、生物医药、工业加工等领域发挥着重要的作用。

FTIR 检测结果显示，山茱萸果肉的提取物的吸收峰主要集中在 $3500 \sim 3200 \mathrm{cm}^{-1}$、$3100 \sim 2700 \mathrm{cm}^{-1}$ 和 $1150 \sim 850 \mathrm{cm}^{-1}$ 波段中，山茱萸果核提取物的红外吸收峰主要集中在 $3700 \sim 3000 \mathrm{cm}^{-1}$、$3000 \sim 2850 \mathrm{cm}^{-1}$ 和 $1690 \sim 870 \mathrm{cm}^{-1}$ 的波段中，其主要化学成分可能是酮类、酯类、醇类和酸类。

经气相色谱-质谱检测分析得出了山茱萸果肉与果核提取物的分子成分，从山茱萸果肉提取液检测得到的 $21 \sim 29$ 个峰中鉴定得到了 $18 \sim 26$ 种化学成分。这些化学成分中醛酮类（$R = O—H$，$R = O—R$）（$\leqslant 76.1\%$）有 8 种，酯类物质（$R—COO—R$）（$\leqslant 14.2\%$）有 6 种，酸类（$R—OH$）（$\leqslant 14.4\%$）有 4 种。从山茱萸果核提取液检测得到的 $41 \sim 93$ 个峰中鉴定得到了 $33 \sim 71$ 种化学成分。这些化学成分中醛酮类（$R = O—H$，$R = O—R$）（$\leqslant 36.01\%$）有 16 种，酯类物质（$R—COO—R$）（$\leqslant 10.48\%$）有 14 种，酸类（$R—OH$）（$\leqslant 21.72\%$）有 10 种，醇/酚类（$R—OH$）（$\leqslant 33.71\%$）有 6 种。具体成分有糠醛、5-羟甲基糠醛、马来酸酐、DL-苹果酸、邻苯三酚、松三糖、左旋葡萄糖酮、维生素 E 等有机化合物。它们分别在生物医药、食品加工、工业生产等行业都发挥着重要的作用。

## 2.3 山茱萸果热裂解规律的研究

**（1）热重分析法**

热重分析法，是在程序温度控制下，显示实时重量与温度关系变化的热分析技术。热重分析法常用于鉴定物质的热稳定性，分析物质的分解过程和热解机理以及高分子材料中挥发性物质的测定等[78,79]。

**（2）热裂解-气相色谱-质谱分析**

热裂解-气相色谱-质谱分析，是对样品在高温下快速热解后，变成低沸点的小分子物质进入色谱端进行分离，最后进入质谱端进行检测与鉴定[80,81]。

基于以上研究与应用，采用 TGA-DTG 技术对山茱萸果肉与果核热解过程中热失重现象进行分析，揭示山茱萸果的热解机理。采用 PY-GC-MS 方法对果肉与果核热裂解产物进行检测与分析，从而探索山茱萸果资源化应用的新途径。

### 2.3.1 材料与方法

#### 2.3.1.1 试验材料

试样材料与 2.2.1.1 部分相同。

#### 2.3.1.2 试验方法

**（1）TGA-DTG 检测**

采用热重分析仪（型号：TGA Q50 V20.8 Build 34）对山茱萸果进行检测与分析。试验条件为：氮释放速率为 60mL/min，TG 的温度设置在 40℃开始并以 5℃/min 的速率升温至 300℃。

**（2）PY-GC-MS 检测**

采用热裂解-气相色谱-质谱仪（型号：CDS5000-Agilent7890B-5977A）对山茱萸果裂解产物进行检测与分析。试验条件：采用高纯度氦气为载气，热解温度为 500℃，升温速率为 20℃/ms，热解时间为 15s。热解产物传输线和注射阀温度设定为 300℃，色谱柱采用 HP-5MS，毛细管柱型号为 30m×0.25mm×0.25μm；分流模式中分流比为 1∶60，分流速率为 50mL/min。GC 程序的温度在 40℃开始保留 2min，以 5℃/min 的速率升温至 120℃，然后以 10℃/min 的速率升温至 200℃持续 15min。离子源（EI）温度为 230℃，扫描范围为 28～500amu[82-84]。

### 2.3.2 结果与分析

#### 2.3.2.1 热重 TGA-DTG 结果分析

图 2-11 是山茱萸果肉的 TGA 曲线和 DTG 曲线。10wt％和 30wt％分别代表重量损失的 10％和 30％所对应的温度，$T_{10wt\%}$ 和 $T_{30wt\%}$ 分别为 162℃和 238℃。根据山茱萸果肉的

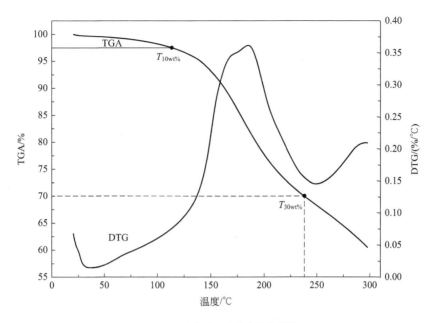

图 2-11 山茱萸果肉热失重曲线图

(注：TGA-热失重曲线图，DTG-热失重速率曲线图)

热重分析曲线，在 300℃ 温度内热损失过程总体分为两个阶段。第一阶段是 20～100℃。该阶段可能主要是由于水分分子和随着温度升高而具有较低沸点的小分子的蒸发。该阶段的质量比率从 100% 降至 98%，只有 2% 的质量丢失。同时，此阶段的 DTG 曲线从开始逐渐上升。第二阶段是 100～300℃。在这个阶段第一部分，即到温度达到 185℃，一些有机分子开始分解，质量比从 98% 下降到 82%，质量损失为 16%。此部分的 DTG 开始迅速上升并在 185℃ 达到峰值，表明其分子分解速率也在不断增加。第二阶段第二部分是185～300℃。随着温度的不断升高，有机成分继续严重开裂，有机成分继续消散。质量比率从 82% 下降到最终的 60%，质量下降了 22%。此时，DTG 曲线首先下降，在约 250℃ 时上升。裂解表现出不同的性质和现象，具有不同的动力学参数和反应机理，最终残留质量为 60%。将山茱萸果肉温度从室温提高到 100℃ 的过程中，果实中有机物质损失较少，果实内部成分保持良好。在 100～300℃ 的过程中有机物质严重损失。通过 TGA 试验，描述了山茱萸果肉在 300℃ 以下的热分解，为我们提供了参考。当果实用作食品热处理时，为了确保有机物含量不被大部分损失，应将温度控制在 100℃ 左右，以便更好地吸收和利用水果中的营养成分。

图 2-12 是山茱萸果核的 TGA 曲线和 DTG 曲线。根据图 2-12，$T_{5wt\%}$ 和 $T_{10wt\%}$ 分别为 163℃ 和 234℃。根据重量损失曲线，果核的失重过程主要分为三个阶段。第一阶段是20～106℃。在此阶段，与多数热解反应过程相同，都是水分子和低沸点的小分子随着温度升高而蒸发。此阶段的质量减少了 4.6%。第二阶段是 106～200℃，该部分重量只有略微损失，重量损失仅为 3%。第三阶段是 200～300℃。在该分解阶段，随着温度升高和其他组分的燃烧，组分的有机物质经历了严重的裂化。材料含量从 93.5% 降至 73.9%。此阶段的 DTG 曲线不断增加，表明材料重量损失率也在增加。

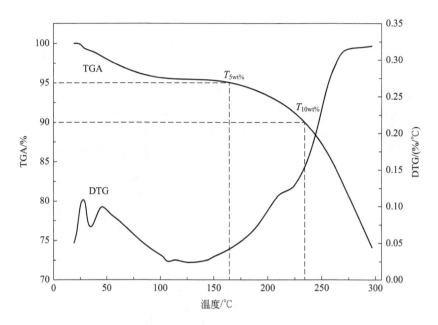

图 2-12　山茱萸果核热失重曲线图

（注：TGA-热失重曲线图，DTG-热失重速率曲线图）

三个阶段显示出不同的性质和现象，具有不同的动力学参数和反应机理，最终残留质量为 73.9%。在 20～250℃之间，山茱萸果核具有约 13% 重量损失，特别是温度在 200℃之前，重量损失仅为 6.5%，表明山茱萸果核具有良好的热稳定性。在整个 TG 试验测试中，山茱萸果核在 200℃内表现出良好的热稳定性，表明它具有优异的加工性能，并具有良好的研究和工业应用前景。

### 2.3.2.2　热裂解 PY-GC-MS 结果分析

#### （1）果肉 PY-GC-MS 分析

图 2-13 显示了果肉 PY-GC-MS 的总离子流图，利用计算机和 wiley7n.1 标准光谱对

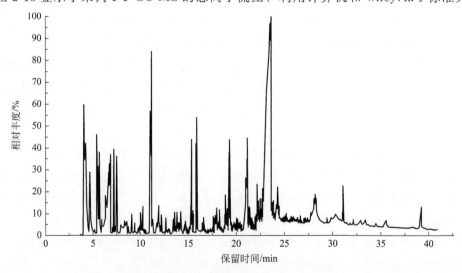

图 2-13　山茱萸果肉热裂解总离子流图

每个峰的光谱进行检索。表 2-11 列出了检测到的化合物结果数据，采用峰面积归一化法计算各组分的相对含量。

表 2-11 山茱萸果肉 PY-GC-MS 检索结果

| 序号 | 保留时间/min | 面积百分比/% | 物质名称 |
| --- | --- | --- | --- |
| 1 | 3.70 | 0.01 | 4-氟组胺 |
| 2 | 3.79 | 0.00 | 5-甲基-2-己胺 |
| 3 | 4.10 | 4.70 | DL-丙氨酸 |
| 4 | 4.29 | 3.04 | 2-辛胺 |
| 5 | 4.61 | 0.02 | 二氢-4-羟基-2(3$H$)-呋喃酮 |
| 6 | 4.72 | 1.26 | 丙酮 |
| 7 | 4.81 | 0.34 | 氯乙烯 |
| 8 | 4.95 | 0.13 | 乙酸甲酯 |
| 9 | 5.04 | 0.06 | 1,3-环戊二烯 |
| 10 | 5.13 | 0.07 | 2-甲基-2-丙烯-1-醇 |
| 11 | 5.19 | 0.08 | 3-甲基-2-己酮 |
| 12 | 5.34 | 0.04 | 环丙烷 |
| 13 | 5.45 | 1.68 | 甲酸 |
| 14 | 5.62 | 0.32 | 2-丁酮 |
| 15 | 5.70 | 1.40 | 3-甲基呋喃 |
| 16 | 5.95 | 0.28 | 羟基乙醛 |
| 17 | 6.11 | 0.15 | 醋酸 |
| 18 | 6.34 | 0.60 | 醋酸 |
| 19 | 6.41 | 0.70 | 2,3-二氢呋喃 |
| 20 | 6.49 | 0.45 | 醋酸 |
| 21 | 6.66 | 1.50 | 醋酸 |
| 22 | 6.84 | 2.40 | 醋酸 |
| 23 | 6.95 | 0.04 | $O$-3-甲基丁基羟胺 |
| 24 | 7.12 | 0.11 | 2-戊酮 |
| 25 | 7.23 | 0.77 | 1-羟基-2-丙酮 |
| 26 | 7.33 | 0.05 | 1-环氧乙烷基乙酮 |
| 27 | 7.40 | 0.14 | 2-乙基呋喃 |
| 28 | 7.54 | 0.98 | 2,5-二甲基呋喃 |
| 29 | 7.76 | 0.04 | 1-硅氧六环-2,5-二烯 |
| 30 | 7.95 | 0.16 | 1,2-乙二醇单乙酸酯 |
| 31 | 8.04 | 0.12 | 2-乙烯氧基乙醇 |
| 32 | 8.10 | 0.12 | $(S)$-$(+)$-1,3-丁二醇 |
| 33 | 8.17 | 0.07 | $(S)$-$(+)$-1,3-丁二醇 |
| 34 | 8.35 | 0.59 | 2,3-二氢-3-甲基呋喃 |

| 序号 | 保留时间/min | 面积百分比/% | 物质名称 |
|------|------|------|------|
| 35 | 8.50 | 0.13 | 2-丙烯酸 |
| 36 | 8.61 | 0.24 | 2-丙烯酸 |
| 37 | 8.77 | 0.15 | 吡咯 |
| 38 | 9.03 | 0.05 | 甲氧基乙烯 |
| 39 | 9.11 | 0.37 | 甲苯 |
| 40 | 9.31 | 0.07 | (E)-2-甲基-2-丁烯醛 |
| 41 | 9.42 | 0.14 | 1-羟基-2-丁酮 |
| 42 | 9.51 | 0.04 | 3-甲基-2-己酮 |
| 43 | 9.72 | 0.05 | 2-丙基呋喃 |
| 44 | 9.80 | 0.13 | 环戊酮 |
| 45 | 9.93 | 0.09 | 丙酸,2-氧代甲酯 |
| 46 | 10.03 | 0.30 | 2-乙基-5-甲基呋喃 |
| 47 | 10.13 | 0.13 | 四氢-4H-吡喃-4-醇 |
| 48 | 10.26 | 0.35 | 3-氨基-1,2,4-三氮唑 |
| 49 | 10.46 | 0.06 | 3,4,5-三甲基吡唑 |
| 50 | 10.60 | 0.05 | 环庚烯 |
| 51 | 10.82 | 0.01 | N-甲基-乙酸酯-吡咯烷-2-酮-5-甲醇 |
| 52 | 10.85 | 0.01 | 4,5-二氢-2-甲基咪唑-4-酮 |
| 53 | 11.18 | 6.14 | 糠醛 |
| 54 | 11.27 | 0.14 | 1,2-二甲基-1H-咪唑 |
| 55 | 11.32 | 0.11 | 2-环戊烯-1-酮 |
| 56 | 11.53 | 0.02 | 3-羟基吡咯烷 |
| 57 | 11.73 | 0.26 | 2,3-二氨基-2-烯丙腈 |
| 58 | 11.91 | 0.39 | 马来酸酐 |
| 59 | 11.95 | 0.24 | 2-呋喃甲醇 |
| 60 | 12.00 | 0.14 | 乙苯 |
| 61 | 12.20 | 0.12 | 5-甲基-2(3H)-呋喃酮 |
| 62 | 12.27 | 0.25 | 1-(乙酰氧基)-2-丙酮 |
| 63 | 12.48 | 0.02 | 1-甲基吡咯烷-3-胺 |
| 64 | 12.56 | 0.03 | (Z)-3-庚烯-1-醇乙酸酯 |
| 65 | 12.72 | 0.21 | 4-环戊烯-1,3-二酮 |
| 66 | 12.82 | 0.02 | 4-乙基-3,5-二甲基-1H-吡唑 |
| 67 | 12.86 | 0.03 | 碳酸,癸基丙-1-烯-2-基酯 |
| 68 | 12.95 | 0.06 | 双环辛-1,3,5-三烯 |
| 69 | 13.05 | 0.07 | 对二甲苯 |
| 70 | 13.13 | 0.03 | 壬烯 |

| 序号 | 保留时间/min | 面积百分比/% | 物质名称 |
|---|---|---|---|
| 71 | 13.24 | 0.01 | 氨氧基-丙酸乙酯 |
| 72 | 13.33 | 0.02 | 甲酸糠酯 |
| 73 | 13.40 | 0.01 | 2,4-二甲基-2,4-庚二烯 |
| 74 | 13.48 | 0.20 | 2-甲基-2-环戊烯-1-酮 |
| 75 | 13.60 | 0.33 | 2-呋喃基乙酮 |
| 76 | 13.69 | 0.05 | 2-乙氧基-1-丙醇 |
| 77 | 13.90 | 0.50 | 2(5H)-呋喃酮 |
| 78 | 13.96 | 0.10 | 呋喃酮 |
| 79 | 14.07 | 0.13 | 戊酸乙酯 |
| 80 | 14.15 | 0.09 | 1-乙基-1-甲基-溴哌啶 |
| 81 | 14.25 | 0.32 | 2-羟基-2-环戊烯-1-酮 |
| 82 | 14.36 | 0.06 | 二氢-3-亚甲基-2(3H)-呋喃酮 |
| 83 | 14.52 | 0.02 | 1-甲基-1-环庚烯 |
| 84 | 14.66 | 0.20 | 5,6-二氢-2H-吡喃-2-酮 |
| 85 | 14.74 | 0.12 | 二氢-3-亚甲基-2,5-呋喃二酮 |
| 86 | 14.84 | 0.01 | 2-呋喃甲醇 |
| 87 | 14.91 | 0.05 | 2-(1-羟基-1-甲基-2-氧代丙基)-2,5-二甲基-3(2H)-呋喃酮 |
| 88 | 14.99 | 0.01 | 2-糠基-2-氧代-3-丁基二硫化物 |
| 89 | 15.05 | 0.02 | 丙基苯 |
| 90 | 15.08 | 0.03 | 4,4-二甲基-2,5-环己二烯酮 |
| 91 | 15.21 | 0.12 | 6-甲基-4(1H)-嘧啶酮 |
| 92 | 15.38 | 1.64 | 5-甲基-2-呋喃甲醛 |
| 93 | 15.53 | 0.26 | 3-甲基-2-环戊烯-1-酮 |
| 94 | 15.70 | 0.02 | 3糠醛 |
| 95 | 15.92 | 1.44 | 苯酚 |
| 96 | 15.96 | 0.76 | 苯酚 |
| 97 | 16.10 | 0.05 | 2-甲基吡嗪 |
| 98 | 16.38 | 0.03 | 联三甲苯 |
| 99 | 16.43 | 0.04 | (E)-戊-2-烯-3-基乙酸酯 |
| 100 | 16.52 | 0.14 | 2-丁炔酸 |
| 101 | 16.62 | 0.17 | 2-甲基亚氨基-1,3二氢噁嗪 |
| 102 | 16.68 | 0.06 | 2,5-二氢-3,5-二甲基-2-呋喃酮 |
| 103 | 16.77 | 0.02 | 5-羟基-2-甲基-4H-吡喃-4-酮 |
| 104 | 16.83 | 0.05 | 丁-3-炔-2-基酯-2-糠酸 |
| 105 | 17.07 | 0.05 | 2-吡咯甲醛 |
| 106 | 17.23 | 0.07 | 4-丙基-1,3-环己二酮 |

| 序号 | 保留时间/min | 面积百分比/% | 物质名称 |
|---|---|---|---|
| 107 | 17.37 | 0.07 | 1-甲基-2-亚甲基环己烷 |
| 108 | 17.43 | 0.02 | 1-乙烯基-3-甲基苯 |
| 109 | 17.51 | 0.04 | D-柠檬烯 |
| 110 | 17.64 | 0.21 | 3-甲基-1,2-环戊二酮 |
| 111 | 17.83 | 0.28 | 3,4-二甲基-2,5-呋喃二酮 |
| 112 | 17.90 | 0.19 | 3,4-二甲基-2,5-呋喃二酮 |
| 113 | 17.97 | 0.29 | 2,3-二甲基-2-环戊烯-1-酮 |
| 114 | 18.05 | 0.07 | 4(1H)-吡啶酮 |
| 115 | 18.13 | 0.11 | 丁香酸甲酯 |
| 116 | 18.20 | 0.16 | 1,4-二乙酰基-3-乙酰氧基甲基-2,5-亚甲基-1-赖氨酸 |
| 117 | 18.29 | 0.28 | 2-甲基苯酚 |
| 118 | 18.39 | 0.05 | 正丁基苯 |
| 119 | 18.49 | 0.05 | 1,2-二氢-1,2,5-三甲基-3H-吡唑-3-酮 |
| 120 | 18.57 | 0.03 | 呋喃-2-羰基甲氨基乙酸 |
| 121 | 18.61 | 0.03 | 4-甲基-1-丙-1-炔基环己醇 |
| 122 | 18.75 | 0.06 | 苯乙酮 |
| 123 | 18.85 | 0.10 | 2,5-二甲基-3,4-(2H,5H)-二酮 |
| 124 | 18.96 | 0.71 | 对甲酚 |
| 125 | 19.08 | 0.40 | 2,5-呋喃二甲醛 |
| 126 | 19.17 | 0.09 | 2,6-二甲基-4(1H)-嘧啶酮 |
| 127 | 19.37 | 1.85 | 呋喃基羟甲基酮 |
| 128 | 19.43 | 0.22 | 2-甲氧基苯酚 |
| 129 | 19.57 | 0.09 | 苯甲酸甲酯 |
| 130 | 19.72 | 0.06 | 3-甲基-2-去甲卡诺酮 |
| 131 | 19.77 | 0.09 | 二环亚丁基氧化物 |
| 132 | 19.79 | 0.07 | 1,2-戊二烯 |
| 133 | 19.88 | 0.11 | 2,6-二甲基苯酚 |
| 134 | 19.98 | 0.10 | 2-甲基苯并呋喃 |
| 135 | 20.10 | 0.16 | 左旋葡萄糖酮 |
| 136 | 20.21 | 0.18 | 麦芽酚 |
| 137 | 20.27 | 0.03 | 2,4-二甲基-1,3-戊二烯 |
| 138 | 20.30 | 0.07 | 3-乙基-2-羟基-2-环戊烯-1-酮 |
| 139 | 20.41 | 0.11 | 4-(四氢-2H-吡喃-2-基氧基)-甲酯 2-丁烯酸 |
| 140 | 20.49 | 0.10 | 2-(3-丁炔氧基)四氢-2H-吡喃 |
| 141 | 20.61 | 0.05 | 2-乙基苯酚 |
| 142 | 20.68 | 0.02 | 1,3,5-苯三酚 |

| 序号 | 保留时间/min | 面积百分比/% | 物质名称 |
|---|---|---|---|
| 143 | 20.75 | 0.02 | 苄腈 |
| 144 | 20.89 | 0.16 | 3,5-二甲基苯酚 |
| 145 | 20.93 | 0.17 | 苯乙醛 |
| 146 | 21.00 | 0.41 | 2,3-二氢-3,5-二羟基-6-甲基-4$H$-吡喃-4-酮 |
| 147 | 21.21 | 3.03 | 2,3-二氢-3,5-二羟基-6-甲基-4$H$-吡喃-4-酮 |
| 148 | 21.27 | 0.14 | 2,6-二甲基-2,5-环己二烯-1,4-二酮 |
| 149 | 21.35 | 0.13 | 4-乙基苯酚 |
| 150 | 21.39 | 0.26 | 2-1-戊烯基呋喃 |
| 151 | 21.45 | 0.28 | 脱氢甲酰胺内酯 |
| 152 | 21.62 | 0.19 | 3-甲基吡啶氧化物 |
| 153 | 21.71 | 0.05 | 1-硝基环己烯 |
| 154 | 21.80 | 0.12 | 苯甲酸 |
| 155 | 21.92 | 0.07 | 2-呋喃甲酸乙酯 |
| 156 | 21.96 | 0.05 | 3,4-二甲基苯酚 |
| 157 | 22.04 | 0.18 | 2,4-二甲基-2,3-戊二烯 |
| 158 | 22.22 | 0.83 | 3,5-二羟基-2-甲基-4$H$-吡喃-4-酮 |
| 159 | 22.28 | 0.49 | 邻苯二酚 |
| 160 | 22.38 | 0.19 | 邻苯二酚 |
| 161 | 22.50 | 0.41 | 2,3-二氢苯并呋喃 |
| 162 | 22.57 | 0.34 | 邻苯二酚 |
| 163 | 22.66 | 0.14 | 二氢-4-羟基-2(3$H$)-呋喃酮 |
| 164 | 22.75 | 0.57 | 5-乙酰氧基甲基-2-糠醛 |
| 165 | 23.26 | 9.77 | 5-羟甲基糠醛 |
| 166 | 23.35 | 3.42 | 5-羟甲基糠醛 |
| 167 | 23.46 | 4.71 | 5-羟甲基糠醛 |
| 168 | 23.54 | 2.97 | 5-羟甲基糠醛 |
| 169 | 23.57 | 1.80 | 5-羟甲基糠醛 |
| 170 | 23.64 | 4.61 | 5-羟甲基糠醛 |
| 171 | 23.86 | 0.50 | 1-2,5-二羟基苯基-乙酮 |
| 172 | 24.01 | 0.32 | 2,3-二氢-1$H$-茚-1-酮 |
| 173 | 24.17 | 0.43 | 对苯二酚 |
| 174 | 24.21 | 0.21 | 对苯二酚 |
| 175 | 24.23 | 0.26 | 对苯二酚 |
| 176 | 24.32 | 0.65 | 5-乙酰氧基甲基-2-糠醛 |
| 177 | 24.40 | 0.24 | 对苯二酚 |
| 178 | 24.47 | 0.26 | 2-甲氧基-4-乙烯基苯酚 |

| 序号 | 保留时间/min | 面积百分比/% | 物质名称 |
|---|---|---|---|
| 179 | 24.57 | 0.13 | 2-戊炔醛 |
| 180 | 24.63 | 0.20 | 2-呋喃甲醇 |
| 181 | 24.73 | 0.15 | 亚甲基环丙烷羧酸 |
| 182 | 24.78 | 0.13 | 亚甲基环丙烷羧酸 |
| 183 | 24.87 | 0.16 | 2,4-己二炔-1,6-二醇 |
| 184 | 24.94 | 0.13 | 螺二环己烷-1-羧酸乙酯 |
| 185 | 25.10 | 0.24 | 1-甲氧基-2-(甲硫基)-苯 |
| 186 | 25.14 | 0.06 | 1-甲基-3-硝基-1$H$-吡啶-2-酮 |
| 187 | 25.22 | 0.37 | 7-甲氧基-苯并呋喃 |
| 188 | 25.34 | 0.11 | 1,1-二氧化物 2,2′-联吡啶 |
| 189 | 25.38 | 0.06 | 3,5-二甲基苯甲酸甲酯 |
| 190 | 25.49 | 0.15 | 1-(3-氧代-1-丁烯基)-6,6,7-三甲基-2,3-二氧杂双环[2.2.2]辛-7-烯-5-酮 |
| 191 | 25.55 | 0.08 | 3-(4-氨基-呋喃-3-基)-5-甲基-3$H$-[1,2,3]三唑-4-羧酸 |
| 192 | 25.61 | 0.08 | 1$H$-1,2,3-三唑-4-羧酸,1-(4-氨基-1,2,5-噁二唑-3-基)-5-乙基-乙酯 |
| 193 | 25.69 | 0.20 | 4-戊氧基苯酚 |
| 194 | 25.77 | 0.25 | 2-氟-1,3,5-三甲苯 |
| 195 | 25.91 | 0.18 | 1-甲基-3-硝基-1$H$-吡啶-2-酮 |
| 196 | 25.97 | 0.12 | 1-3-羟基苯基乙酮 |
| 197 | 26.01 | 0.18 | 3-苯基-2-丙烯酸 |
| 198 | 26.14 | 0.16 | 2-呋喃甲醇 |
| 199 | 26.23 | 0.15 | 1-乙炔基-2-甲硫基苯 |
| 200 | 26.38 | 0.19 | 17$\alpha$-羟基-17$\beta$-4-氰基-别孕烯-3-酮 |
| 201 | 26.47 | 0.08 | 十四烷基环氧乙烷 |
| 202 | 26.57 | 0.15 | 柠檬醛 |
| 203 | 26.65 | 0.14 | 丁子香酚 |
| 204 | 26.71 | 0.16 | 1,3-丁二烯-1-羧酸 |
| 205 | 26.84 | 0.16 | 4,5-二甲基-3$H$-1,2-二硫杂-3-硫酮 |
| 206 | 26.95 | 0.06 | 螺二环己烷-1-羧酸乙酯 |
| 207 | 27.08 | 0.16 | 十三烷基环氧乙烷 |
| 208 | 27.14 | 0.05 | 2-十二碳烯-1-基(-)琥珀酸酐 |
| 209 | 27.18 | 0.12 | 十四烷基环氧乙烷 |
| 210 | 27.31 | 0.18 | 2-羟基环十五烷酮 |
| 211 | 27.40 | 0.24 | 6-甲基-3-吡啶醇 |
| 212 | 27.53 | 0.13 | $\alpha$-甲氧基-$\beta$-苏合香烯 |
| 213 | 27.77 | 0.42 | 3-乙氧基苯甲酸 |
| 214 | 28.09 | 1.51 | 1,6-脱水-$D$-吡喃葡萄糖 |

| 序 号 | 保留时间/min | 面积百分比/% | 物质名称 |
|---|---|---|---|
| 215 | 28.20 | 0.59 | D-阿洛糖 |
| 216 | 28.26 | 1.05 | 1,6-脱水-D-吡喃葡萄糖 |
| 217 | 28.71 | 0.16 | 十一烷酸 |
| 218 | 29.17 | 0.07 | 二十烷酸 |
| 219 | 29.26 | 0.12 | 二十二烷酸 |
| 220 | 29.43 | 0.24 | 1-十九碳烯 |
| 221 | 29.54 | 0.06 | 2-羟基环十五烷酮 |
| 222 | 29.63 | 0.05 | 13-甲基氧代环十四烷-2,11-二酮 |
| 223 | 29.74 | 0.13 | 2,4-二甲基-1,3-戊二烯 |
| 224 | 29.82 | 0.17 | 十氢-2,3-二甲氧基-2$\alpha$,3$\beta$,4$a$,$\alpha$,8$a$,$\alpha$-萘 |
| 225 | 29.90 | 0.25 | 二十一烷 |
| 226 | 30.13 | 0.27 | 二十二烷酸 |
| 227 | 30.28 | 0.92 | 1-乙烯基氧基十八烷 |
| 228 | 30.60 | 0.22 | 14-甲基-(Z)-8-十六碳烯醛 |
| 229 | 30.81 | 0.25 | 十八烷酸 |
| 230 | 31.08 | 0.71 | 4,4a,5,6,7,8-六氢-1-甲氧基-2(3H)-萘酮 |
| 231 | 31.46 | 0.04 | 1-氟癸烷 |
| 232 | 31.81 | 0.06 | 5-苯基-(Z)-2-庚烯-6-酮 |
| 233 | 32.15 | 0.09 | 十四烷酸 |
| 234 | 32.82 | 0.19 | 亚油酸 |
| 235 | 32.90 | 0.18 | 亚油酸 |
| 236 | 33.37 | 0.42 | 油酸 |
| 237 | 33.69 | 0.10 | 十二碳烯基琥珀酸酐 |
| 238 | 34.00 | 0.03 | 2-羟基-环十五烷酮 |
| 239 | 34.18 | 0.02 | 十二碳烯基琥珀酸酐 |
| 240 | 34.51 | 0.12 | 十六烷基-2-氯丙酸 |
| 241 | 34.71 | 0.02 | 2-羟基-环十五酮 |
| 242 | 35.04 | 0.02 | 1-(乙烯基氧基)-十八烷 |
| 243 | 35.58 | 0.39 | 十八烷酸 |
| 244 | 36.46 | 0.02 | 十二碳烯基琥珀酸酐 |
| 245 | 36.70 | 0.02 | 氧代环十四烷-2-酮 |
| 246 | 38.15 | 0.04 | Z,E-3,13-十八碳二烯-1-醇 |
| 247 | 38.29 | 0.04 | E-2-十八烷-1-醇 |
| 248 | 38.40 | 0.04 | 顺-1-氯-9-十八碳烯 |
| 249 | 38.91 | 0.01 | 十六烷基-环氧乙烷 |
| 250 | 39.20 | 0.68 | 正十六烷酸 |
| 251 | 39.35 | 0.02 | 2-十二碳烯-1-基(-)琥珀酸酐 |

根据果肉 PY-GC-MS 分析的结果，检测到 251 个峰，并鉴定得到了 210 种化学成分。结果表明，更多物质的含量如下：5-羟甲基糠醛（27.28%），糠醛（6.14%），DL-丙氨酸（4.70%），2-辛胺（3.04%），2,3-二氢-3,5-二羟基-6-甲基-4$H$-吡喃-4-酮（3.44%），1,6-脱水-D-吡喃葡萄糖，（2.56%），苯酚（2.20%），呋喃基羟甲基酮（1.85%），甲酸（1.68%），5-甲基-2-呋喃甲醛（1.64%），3-甲基-呋喃，（1.40%），丙酮（1.26%）和正十六烷酸（0.68%）。通过分析不同化合物的主要类别和功能，可以更有效地充分利用和发挥山茱萸果的功效。

**（2）果核 PY-GC-MS 分析**

图 2-14 显示了山茱萸果核 PY-GC-MS 的总离子流图，利用计算机和 wiley7n.1 标准光谱对每个峰的光谱进行检索。表 2-12 列出了检测到的化合物结果数据，采用峰面积归一化法计算各组分的相对含量。

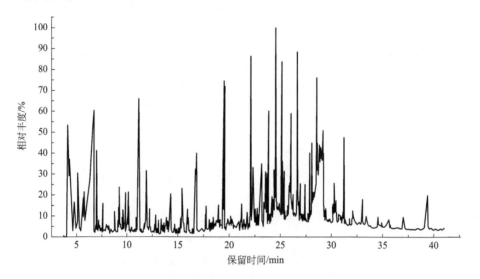

图 2-14　山茱萸果核 PY-GC-MS 的总离子流图

表 2-12　山茱萸果核 PY-GC-MS 检索结果

| 序号 | 保留时间/min | 面积百分比/% | 物质名称 |
|---|---|---|---|
| 1 | 3.70 | 0.01 | 放线菌素 |
| 2 | 4.10 | 2.82 | 4-甲基-2-己胺 |
| 3 | 4.26 | 1.33 | 缩水甘油 |
| 4 | 4.38 | 0.83 | $N,N$-二氟-乙胺 |
| 5 | 4.74 | 0.92 | 呋喃 |
| 6 | 4.93 | 0.03 | 乙硫醇 |
| 7 | 4.99 | 0.15 | 甲基乙二醛 |
| 8 | 5.06 | 1.13 | 甲酸 |
| 9 | 5.49 | 0.26 | 2,3-丁二酮 |
| 10 | 5.56 | 0.30 | 1-丙醇 |

| 序号 | 保留时间/min | 面积百分比/% | 物质名称 |
|---|---|---|---|
| 11 | 5.70 | 0.84 | 3-甲基呋喃 |
| 12 | 5.85 | 0.21 | 醋酸 |
| 13 | 6.68 | 8.72 | 醋酸 |
| 14 | 6.87 | 0.12 | 3-甲基-3-丁烯-2-酮 |
| 15 | 6.95 | 0.61 | 1-羟基-2-丙酮 |
| 16 | 7.15 | 0.21 | 甲酸甲酯 |
| 17 | 7.25 | 0.12 | N-4-氨基-3-呋喃基-乙酰胺 |
| 18 | 7.36 | 0.07 | O-3-甲基丁基-羟胺 |
| 19 | 7.39 | 0.08 | 甲酸-2-甲基丙酯 |
| 20 | 7.55 | 0.37 | 2,5-二甲基-呋喃 |
| 21 | 7.68 | 0.05 | 甲酸-2-甲基丙酯 |
| 22 | 7.75 | 0.08 | 甲酸乙酯 |
| 23 | 7.95 | 0.20 | 2-乙烯基呋喃 |
| 24 | 8.10 | 0.20 | 丙酸 |
| 25 | 8.23 | 0.11 | 2-丙烯酸 |
| 26 | 8.39 | 0.13 | 1-甲基-1H-吡咯 |
| 27 | 8.65 | 0.09 | 1-亚甲基环丙基-乙酮 |
| 28 | 8.80 | 0.27 | 2-丙烯酸,2-丙烯基酯 |
| 29 | 8.90 | 0.03 | 1,5-戊二醇 |
| 30 | 8.99 | 0.03 | 3-羟基肼丙酸 |
| 31 | 9.13 | 0.19 | 甲苯 |
| 32 | 9.24 | 0.71 | 乙酸甲酯 |
| 33 | 9.41 | 0.07 | 乙酰肼 |
| 34 | 9.48 | 0.04 | 2-甲基丙酸 |
| 35 | 9.58 | 0.29 | 丙醛 |
| 36 | 9.83 | 0.62 | 丙酮酸甲酯 |
| 37 | 10.03 | 0.22 | 缩水甘油 |
| 38 | 10.13 | 0.50 | 3-氨基-1,2,4-三氮唑 |
| 39 | 10.30 | 0.06 | 丁酸 |
| 40 | 10.43 | 0.13 | 糠醛 |
| 41 | 10.60 | 0.03 | 1,6,2,3-二脱水-4-O-乙酰基-β-D-异吡喃糖 |
| 42 | 10.64 | 0.04 | 3-甲基-2(5H)-呋喃酮 |
| 43 | 10.75 | 0.04 | 3-环庚烯-1-酮 |
| 44 | 10.90 | 0.15 | 2-氨基-2-甲基-1,3-丙二醇 |
| 45 | 11.16 | 2.78 | 糠醛 |
| 46 | 11.21 | 0.12 | 2-环戊烯-1-酮 |

| 序号 | 保留时间/min | 面积百分比/% | 物质名称 |
|---|---|---|---|
| 47 | 11.33 | 0.03 | 1-硝基戊烷 |
| 48 | 11.39 | 0.04 | 2-甲基丙酸 |
| 49 | 11.50 | 0.03 | 2-2-丙烯氧基乙醇 |
| 50 | 11.68 | 0.11 | 马来酸酐 |
| 51 | 11.83 | 0.16 | 马来酸酐 |
| 52 | 11.89 | 0.74 | 2-呋喃甲醇 |
| 53 | 12.00 | 0.06 | 乙苯 |
| 54 | 12.07 | 0.07 | 甲基(2-丙炔基)腙甲醛 |
| 55 | 12.21 | 0.22 | 1,2-乙二醇二乙酸酯 |
| 56 | 12.28 | 0.05 | 1,2-环戊二酮 |
| 57 | 12.41 | 0.01 | (Z)-14-甲基-8-十六碳烯醛 |
| 58 | 12.56 | 0.02 | 4-环戊烯-1,3-二酮 |
| 59 | 12.64 | 0.01 | 反式-1,4-环己二醇 |
| 60 | 12.68 | 0.00 | 乙酸-1,4-戊二烯-3-酯-乙酸 |
| 61 | 12.74 | 0.06 | 2-戊烯 |
| 62 | 12.79 | 0.14 | 3-丁烯-1,2-二醇 |
| 63 | 12.96 | 0.05 | 双环[4.2.0]辛-1,3,5-三烯 |
| 64 | 13.08 | 0.12 | 3-乙酰氨基-$s$-三唑 |
| 65 | 13.37 | 0.12 | 5,6-二氢-2$H$-吡喃-2-酮 |
| 66 | 13.40 | 0.09 | 甲基丙烯酸酐 |
| 67 | 13.51 | 0.08 | 2-甲基-2-环戊烯-1-酮 |
| 68 | 13.64 | 0.10 | 1-(2-呋喃基)-乙烷 |
| 69 | 13.88 | 0.40 | 2(5$H$)-呋喃酮 |
| 70 | 14.01 | 0.14 | 丙酸甲酯 |
| 71 | 14.31 | 1.06 | 丙醛 |
| 72 | 14.40 | 0.04 | 4-羟基-2-亚甲基丁酸 |
| 73 | 14.55 | 0.02 | 二羟基丙酮 |
| 74 | 14.62 | 0.04 | 5-甲基-2(5$H$)-呋喃酮 |
| 75 | 14.69 | 0.11 | 二氢-3-亚甲基-2,5-呋喃二酮 |
| 76 | 14.87 | 0.04 | 二氧化硒 |
| 77 | 14.95 | 0.01 | 6-异丙氧基四唑[1,5-$b$]哒嗪 |
| 78 | 15.04 | 0.06 | 丙基苯 |
| 79 | 15.25 | 0.19 | 2,3-戊二酮 |
| 80 | 15.39 | 0.74 | 5-甲基-2-呋喃甲醛 |
| 81 | 15.50 | 0.19 | 1-环戊基乙基酯戊酸 |
| 82 | 15.75 | 0.05 | 乙酰乙酸乙酯 |

| 序号 | 保留时间/min | 面积百分比/% | 物质名称 |
|---|---|---|---|
| 83 | 15.91 | 0.49 | 苯酚 |
| 84 | 16.14 | 0.03 | 反式-3-己烯酸 |
| 85 | 16.28 | 0.02 | 乙酸糠酯 |
| 86 | 16.41 | 0.05 | 庚酸 |
| 87 | 16.70 | 1.02 | 2,2-二乙基-3-甲基-2-唑烷酮 |
| 88 | 16.80 | 1.07 | 2-甲基亚氨基二氢-1,3-噁嗪 |
| 89 | 16.88 | 0.06 | 3,4-二羟基-3-环丁烯-1,2-二酮 |
| 90 | 17.07 | 0.03 | 1$H$-吡咯-2-甲醛 |
| 91 | 17.17 | 0.04 | 1$H$-吡咯-2-甲醛 |
| 92 | 17.29 | 0.08 | 6-羟基-4(1$H$)-嘧啶酮 |
| 93 | 17.35 | 0.08 | 6-氮杂胞核嘧啶 |
| 94 | 17.51 | 0.02 | 柠檬烯 |
| 95 | 17.72 | 0.40 | 3-甲基-1,2-环戊二酮 |
| 96 | 17.78 | 0.04 | 3,5,5-三甲基-2-环戊烯-1-酮 |
| 97 | 17.86 | 0.06 | 3,4-二甲基-2,5-呋喃二酮 |
| 98 | 17.93 | 0.05 | 2,3-二甲基-2-环戊烯-1-酮 |
| 99 | 18.04 | 0.18 | 2-呋喃基乙酮 |
| 100 | 18.19 | 0.14 | 4-甲基-5$H$-呋喃-2-酮 |
| 101 | 18.32 | 0.11 | 2-甲基苯酚 |
| 102 | 18.39 | 0.13 | 正丁基苯 |
| 103 | 18.54 | 0.12 | 4-甲基-2-己酮 |
| 104 | 18.60 | 0.15 | 二异己酯草酸 |
| 105 | 18.77 | 0.39 | 2,3-二脱氧核苷酸酮 |
| 106 | 18.95 | 0.41 | 对甲酚 |
| 107 | 19.11 | 0.23 | 2,5-呋喃二碳甲醛 |
| 108 | 19.24 | 0.15 | 2-甲氧基-3-甲基吡嗪 |
| 109 | 19.50 | 2.21 | 2-甲氧基苯酚 |
| 110 | 19.59 | 0.06 | 2-甲基-3-亚甲基环戊烷甲醛 |
| 111 | 19.66 | 0.03 | 2-甲酰基-3-甲基-$\alpha$-亚甲基环戊烷乙醛 |
| 112 | 19.73 | 0.08 | 2-甲基哌嗪 |
| 113 | 19.79 | 0.11 | 叔丁氨基丙烯腈 |
| 114 | 19.84 | 0.27 | 5-甲基嘧啶-4,6-二醇 |
| 115 | 19.99 | 0.09 | 2-甲基苯并呋喃 |
| 116 | 20.12 | 0.32 | 2,3-戊二烯 |
| 117 | 20.27 | 0.24 | 麦芽酚 |
| 118 | 20.34 | 0.11 | 3-乙基-2-羟基-2-环戊烯-1-酮 |

| 序号 | 保留时间/min | 面积百分比/% | 物质名称 |
|------|------------|-----------|---------|
| 119 | 20.45 | 0.11 | 异丁基 2-甲基戊基碳酸酯 |
| 120 | 20.53 | 0.11 | 二氢-6-甲基-2H-吡喃-3(4H)-酮 |
| 121 | 20.76 | 0.14 | 2(1H)-吡啶酮 |
| 122 | 20.85 | 0.12 | 3-吡啶 |
| 123 | 20.90 | 0.15 | 2,3-二甲基苯酚 |
| 124 | 21.16 | 0.47 | 戊基苯 |
| 125 | 21.26 | 0.05 | 2,5-二甲基-2,5-环己二烯-1,4-二酮 |
| 126 | 21.35 | 0.07 | 3-乙基苯酚 |
| 127 | 21.40 | 0.13 | 2,3-二甲基苯酚 |
| 128 | 21.47 | 0.12 | 2,3-二羟基苯甲醛 |
| 129 | 21.64 | 0.15 | 1-甲基-1-苯基肼 |
| 130 | 21.70 | 0.19 | 2-甲氧基-6-甲基苯酚 |
| 131 | 21.89 | 0.15 | N,N-二甲基甲磺酰胺 |
| 132 | 22.08 | 1.95 | 甲酚 |
| 133 | 22.28 | 1.67 | 邻苯二酚 |
| 134 | 22.52 | 0.34 | 2,3-二氢苯并呋喃 |
| 135 | 22.73 | 0.44 | 7-乙基-5-甲基-6,8-二氧杂双环[3.2.1]辛烷 |
| 136 | 22.92 | 0.37 | 1-(1H-咪唑-2-基)-2,2-二甲基-丙-1-酮 |
| 137 | 23.15 | 2.07 | 5-羟甲基糠醛 |
| 138 | 23.39 | 0.32 | E-8-甲基-7-十二碳烯-1-醇乙酸酯 |
| 139 | 23.51 | 1.05 | 正丙基-壬基酯-草酸单酰胺 |
| 140 | 23.66 | 0.76 | 3-甲氧基邻苯二酚 |
| 141 | 23.83 | 0.90 | 4-乙基-2-甲氧基苯酚 |
| 142 | 23.87 | 0.13 | 1-2,5-二羟基苯基乙酮 |
| 143 | 24.00 | 0.24 | 2-羟基-5-咪唑酸乙酯 |
| 144 | 24.15 | 0.77 | 4-甲基邻苯二酚 |
| 145 | 24.35 | 1.03 | 1-(5-乙基-1,3-二噁烷-5-基)-乙酮 |
| 146 | 24.52 | 2.55 | 2-甲氧基-4-乙烯基苯酚 |
| 147 | 24.60 | 0.43 | 2-丁氧基-2-丙基 2-甲基丁酸酯 |
| 148 | 24.71 | 0.33 | 2-甲酰基-2,3-二氢噻吩 |
| 149 | 24.79 | 0.16 | 1,3-二氢-1-甲基-2H-咪唑-2-硫酮 |
| 150 | 24.83 | 0.13 | 庚基 S-2-(二异丙基氨基)乙基异丙基硫代磷酸酯 |
| 151 | 24.89 | 0.46 | 1,3-二甲基-2-咪唑啉酮 |
| 152 | 24.98 | 0.18 | 5-氨基-1H-1,2,4-三唑-3-甲醇 |
| 153 | 25.14 | 1.87 | 2,6-二甲氧基-苯酚 |
| 154 | 25.21 | 0.64 | 2-甲氧基-3-烯丙基苯酚 |

| 序号 | 保留时间/min | 面积百分比/% | 物质名称 |
|---|---|---|---|
| 155 | 25.36 | 0.64 | 2-甲氧基-4-丙基苯酚 |
| 156 | 25.46 | 0.10 | 甲基丁二酸 |
| 157 | 25.54 | 0.24 | 甲基 4,6-癸二烯基醚 |
| 158 | 25.67 | 0.50 | 1-甲氧基-4-甲基苯 |
| 159 | 25.90 | 1.29 | 1,2,3-苯三酚 |
| 160 | 26.02 | 1.81 | 香兰素 |
| 161 | 26.22 | 0.62 | 4-羟基-6-(2-氧代丙基)-2$H$-吡喃-2-酮 |
| 162 | 26.37 | 0.19 | 3-甲基吡唑-5-羧酸 |
| 163 | 26.41 | 0.13 | 3-甲基吡唑-5-羧酸 |
| 164 | 26.45 | 0.29 | 邻苯三酚 |
| 165 | 26.64 | 1.55 | 3,5-二甲氧基-4-羟基甲苯 |
| 166 | 26.70 | 1.52 | 反式异丁香酚 |
| 167 | 26.91 | 0.68 | 2-甲氧基-4-丙基苯酚 |
| 168 | 27.01 | 0.11 | 六氢-3$a$,7$a$-二甲基-4(1$H$)-异苯并呋喃酮 |
| 169 | 27.07 | 0.21 | 4-羟基亚胺-4,5,6,7-四氢苄呋拉嗪 |
| 170 | 27.18 | 0.20 | 正十五烷 |
| 171 | 27.22 | 0.18 | 六甲基苯 |
| 172 | 27.38 | 0.59 | 4-羟基-3-甲氧基苯乙酮 |
| 173 | 27.48 | 0.25 | 3-氨基-4-甲基基苯甲酰胺 |
| 174 | 27.59 | 0.08 | $N$-3-甲基-5-异噁唑 1-甲酰胺 |
| 175 | 27.66 | 0.24 | 3-乙氧基-4-甲氧基苯甲醛 |
| 176 | 27.77 | 0.18 | 4-羟基-3-甲氧基苯甲酸 |
| 177 | 27.85 | 0.59 | 对苯二酚 |
| 178 | 27.93 | 0.18 | 3,4-Altrosan |
| 179 | 28.08 | 1.11 | 1-4-羟基-3-甲氧基苯基-2-丙酮 |
| 180 | 28.23 | 0.86 | 1,6-脱水-$\beta$-D-吡喃葡萄糖 |
| 181 | 28.55 | 3.27 | 反式-1,2 二苯乙烯 |
| 182 | 28.63 | 0.91 | 1,6-脱水-$\beta$-D-吡喃葡萄糖 |
| 183 | 28.81 | 1.95 | D-阿洛糖 |
| 184 | 28.94 | 1.54 | 1,6-脱水-$\beta$-D-葡萄糖 |
| 185 | 29.01 | 1.14 | D-阿洛糖 |
| 186 | 29.09 | 0.50 | D-阿洛糖 |
| 187 | 29.17 | 1.67 | 1,6-脱水-$\beta$-D-葡萄糖 |
| 188 | 29.28 | 0.24 | 4-正丙基联苯 |
| 189 | 29.43 | 0.63 | 2-十二烯酸 |
| 190 | 29.70 | 0.17 | 硬脂酸 |

| 序号 | 保留时间/min | 面积百分比/% | 物质名称 |
|---|---|---|---|
| 191 | 29.82 | 0.18 | 二十烷酸 |
| 192 | 29.85 | 0.20 | 4-羟基-三环[3.3.1.1(3,7)]癸烷-2,6-二酮 |
| 193 | 30.02 | 0.16 | N-乙酰基-甲酯乙酸-DL-丝氨酸 |
| 194 | 30.11 | 0.27 | (E)-2,6-二甲氧基-4-丙-1-烯-1-基苯酚 |
| 195 | 30.24 | 0.74 | 4-羟基-3-甲氧基苯丙醇 |
| 196 | 30.36 | 0.29 | 3(Z)-十七碳烯 |
| 197 | 30.44 | 0.54 | 4-羟基-3,5-二甲氧基苯甲醛 |
| 198 | 30.61 | 0.10 | 2,3,5,8-四甲基-1,5,9-癸烯 |
| 199 | 30.70 | 0.20 | 3-甲氧基-2-萘酚 |
| 200 | 30.75 | 0.16 | 4-甲基-十四烷 |
| 201 | 30.79 | 0.20 | 1-氧杂-4-噻螺菌素[4.4]壬烷 |
| 202 | 30.90 | 0.24 | 4-甲氧基-6-甲基-1H-吡唑并[3,4-b]吡啶-3-基胺 |
| 203 | 31.06 | 0.22 | 4,7-二甲氧基-1-酮 |
| 204 | 31.21 | 1.12 | (E)-2,6-二甲氧基-4-丙-1-烯-1-基苯酚 |
| 205 | 31.33 | 0.25 | 2-巯基苯并噻唑 |
| 206 | 31.49 | 0.18 | 5,10-二氢-1,3-二硝基吩嗪 |
| 207 | 31.76 | 0.29 | 3-羟基-7-甲基-4(3H)-哌啶酮 |
| 208 | 32.09 | 0.51 | 1-4-羟基-3,5-二甲氧基苯基乙酮 |
| 209 | 32.19 | 0.21 | 十四烷酸 |
| 210 | 32.28 | 0.21 | 4-乙氧基甲基-2-甲氧基-苯酚 |
| 211 | 32.43 | 0.15 | 4-仲丁基-5-甲基-2-苯基-4,5-二氢噁唑-4-羧酸甲酯 |
| 212 | 32.74 | 0.35 | 十五碳炔 |
| 213 | 33.02 | 0.65 | 1-2,4,6-三羟基苯基-2-戊酮 |
| 214 | 33.38 | 0.59 | α,α,α-2(叠氮甲基)-1,4-苯二甲醇 |
| 215 | 33.76 | 0.16 | 香茅醇 |
| 216 | 34.24 | 0.11 | (1S,15S)-二环[13.1.0]十六烷-2-酮 |
| 217 | 34.35 | 0.08 | 13-氧杂二环[9.3.1]十五烷 |
| 218 | 34.54 | 0.24 | 2-氮杂芴酮 |
| 219 | 34.62 | 0.13 | 2-氟-4,5-二甲氧基-苯甲酸 |
| 220 | 34.75 | 0.13 | 3,4,5-三甲氧基-苯甲醇 |
| 221 | 34.94 | 0.14 | 8-苯基辛酸 |
| 222 | 35.44 | 0.35 | 硬脂酸 |
| 223 | 35.59 | 0.30 | 硬脂酸 |
| 224 | 35.76 | 0.18 | 2-[(2,6-二甲基苯基)亚氨基]四氢-2H-1,3-噁嗪 |
| 225 | 36.37 | 0.12 | 橙酸 |
| 226 | 36.45 | 0.04 | 油酸 |

| 序号 | 保留时间/min | 面积百分比/% | 物质名称 |
|---|---|---|---|
| 227 | 36.98 | 0.45 | 5-3-羟基丙基-2,3-二甲氧基 |
| 228 | 37.58 | 0.04 | 18-氟十八烷酸甲酯 |
| 229 | 37.79 | 0.03 | (E)-15,16-Dinorlabda-8(17),12-二烯-14-醛 |
| 230 | 37.88 | 0.02 | (E)-15,16-Dinorlabda-8(17),12-二烯-14-醛 |
| 231 | 37.99 | 0.03 | 3a,9-二甲基四十二氢环庚[D]茚-3-酮 |
| 232 | 38.21 | 0.03 | 棕榈油酸 |
| 233 | 38.36 | 0.05 | 6-氨基-2,4-二甲基-8-甲氧基喹 |
| 234 | 38.47 | 0.04 | 油酸 |
| 235 | 38.95 | 0.04 | 棕榈油酸 |
| 236 | 39.39 | 1.31 | 棕榈酸 |
| 237 | 39.67 | 0.04 | 1-(4-甲基苯基)-2-(三甲基硅基)-二氮烯 |
| 238 | 39.71 | 0.01 | 十八烷酸 |
| 239 | 39.75 | 0.05 | 十三烷酸 |
| 240 | 40.17 | 0.03 | 十六氢芘 |
| 241 | 40.71 | 0.02 | 1-二十碳烯 |

根据果核 PY-GC-MS 分析的结果，检测到 241 个峰，并鉴定得到了 218 种化学成分。结果表明，含量较多的物质如下：醋酸（8.93%），5-羟甲基糠醛（2.07%），D-阿洛糖（3.59%），2,6-二甲氧基苯酚（1.87%），香兰素（1.81%），1,6-脱水-$\beta$-D-吡喃葡萄糖（4.98%），儿茶酚（1.67%），3,5-二甲氧基-4-羟基甲苯（1.55%），反式异丁子香酚（1.52%），缩水甘油（1.55%），正十六烷酸（1.31%），邻苯三酚（1.29%），甲酸（1.13%）。这些检测到的化合物的主要成分类型是醛酮类、醇酚类、酯类和酸类等。

图 2-15 中显示的是山茱萸果核裂解产物按照保留时间的分布情况。小分子产物保留时间小于 10min 的总含量占到 22%，裂解产物保留时间在 10～20min 的总含量达 18%，裂解产物保留时间在 20～30min 的总含量达到了 48%，而裂解产物保留时间大于 30min 的含量仅占 12%。而图 2-16 中显示的是山茱萸果核裂解产物按照物质类别的分布情况。经统计，其中醇类与酚类物质占到 23.49%，酸类物质占到了 14.9%，酮类物质占到

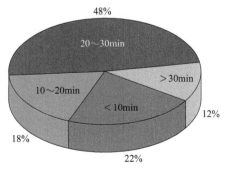

图 2-15 山茱萸果核热裂解保留时间分布图

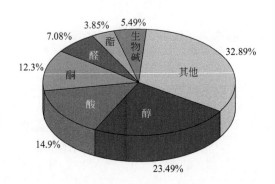

图 2-16　山茱萸果核热裂解物质种类分布图

12.3%，醛类物质占 7.08%，酯类物质占到 3.85%，生物碱占到 5.49%，其他类物质占了 32.89%。由统计结果得知，当保留时间在 20～30min 这一阶段，热裂解产物析出占到了总物质含量的接近 50%，这一过程析出产物最多。从物质分类来看，检测到的此处物质主要类别为醇类、酸类、酮类、醛类和酯类等。

### 2.3.3　资源化途径分析

从表 2-11 和表 2-12 中可以得到，所鉴定的化合物可分为酯类、醇类、碳水化合物、单宁类、环烯醚萜类、皂类、酮类、糖苷类和有机酸类等。其中，环烯醚萜类是山茱萸中最丰富的分类群，是山茱萸中的特征性成分，与糖结合而形成环烯醚萜苷。近年来，试验表明山茱萸中的环烯醚萜苷可降低糖尿病大鼠可溶性细胞间黏附分子和肿瘤坏死因子 $\alpha$ 的水平从而改善糖尿病血管并发症[85,86]。Chen 等[87]通过对大鼠注射环烯醚萜苷观察数周后发现，山茱萸环烯醚萜苷能够有效减轻糖尿病大鼠包括失重、多食、多尿、血糖升高、血清胰岛素水平低等症状，其作用机理主要与恢复了 SOD 和 CAT 酶活性有关；除此之外，山茱萸环烯醚萜苷还具有明显的抗氧化和抗凋亡作用。

有机酸也是检测到的重要物质，包括苹果酸，熊果酸，亚油酸，没食子酸等。其中，山茱萸中的熊果酸可以快速有效地杀灭体外培养的细胞。当浓度为 0.125mg/mL 时，可杀死 70% 的艾氏腹水癌细胞，87% 的 SP20 细胞和 97% 的小鼠淋巴细胞，从而可以起到一定的抗癌作用[88]。Jang 等[89]研究发现，从山茱萸中提取得到的熊果酸可以通过抑制免疫细胞与 TLR4 结合形成脂多糖，有效调节 NF-kappa b 和 MAPK 信号通路从而改善结肠炎等症状。而苹果酸在工业加工及食品添加剂的应用上发挥着重要的作用。

有机大分子糖类如 D-阿洛糖、1,6-脱水-$\beta$-D-吡喃葡萄糖等也被检测到。D-阿洛糖作为自然界中存在但含量却极少的一类单糖，它在医药、保健和食品等领域发挥着巨大的作用。由于 D-阿洛糖具有非常广泛的生理功能，因此是近几年来研究的热点。梁树才等[90]通过观察 D-阿洛糖对 $CCl_4$ 导致的小鼠急性肝损伤研究发现，D-阿洛糖能够显著降低肝损伤小鼠血清 ALT、AST 水平，稳定肝组织中 SOD、GSH 水平，从而对急性肝损伤小鼠具有保护作用。

山茱萸醇类物质可以显著降低正常小鼠的血糖，血清总胆固醇和三酰甘油，从而在降低血脂方面发挥更好的作用。此外，有试验表明山茱萸醇类物质在体外和体内抑制 Lewis

肺癌细胞，其作用机制与诱导肿瘤细胞凋亡和干扰细胞周期分布有关，从而对抗肿瘤发挥着不可忽视的作用[91]。除此之外，醇类与酚类物质是生产液体燃料的重要原材料，而山茱萸果核裂解产物中，醇类物质含量比重又比较大，是其裂解制备液体燃料的良好基础。而在当今社会，化石燃料具有高消耗、高污染的特点，制备新型环保燃料也是当今的热点与当务之急。

在热失重分析中，山茱萸果肉在温度逐渐升至300℃时，重量的损失表现出两个阶段，且当温度在100℃以下时，质量损失不明显，只有少量水分的缺失，为山茱萸果肉在加热处理时提供了借鉴。山茱萸果核在温度逐渐升至300℃时表现出较良好的热稳定性。温度升至250℃时失重13%左右，温度在200℃失重仅有6%左右。通过对山茱萸果肉与果核的热失重进行检测与分析，从而了解其热稳定、受热分解的等特点。

通过热裂解产物的研究，在山茱萸果肉的裂解产物中检测得到210种生物活性成分，山茱萸果核经过快速裂解得到218种生物活性成分。除此之外，山茱萸果核裂解产物按照保留时间与物质类别的分类结果显示，保留时间在20～30min物质含量最多，占到48%左右，物质类别分类显示醇类、酸类和酮类占据的物质含量较多。所有检测到的化合物类别分别有醇酚类、酮醛类、酯类、酸类和一些生物碱。其中环烯醚萜类是山茱萸中的特征性成分，对于改善糖尿病并发症及保护心血管表皮组织具有良好的功效。酸类物质如熊果酸在一定浓度下可以杀死艾氏腹水癌细胞，从而可以起到一定的抗癌作用。D-阿洛糖对于急性肝损伤具有一定的保护作用。山茱萸的醇提取物可以显著降低血糖，在降低血脂方面发挥更好的作用。此外，有试验表明山茱萸醇提取物在体外和体内抑制Lewis肺癌细胞。

## 2.4 山茱萸果核催化热裂解研究

随着当今社会对能源需求的激增，化石能源被大量开采与使用，而化石能源的有限性又构成了当今的矛盾。除此之外，化石能源也带来了现代社会的环境问题。因此，开发与利用新型清洁能源是当务之急。生物质能源具备可再生性及易获得性，是目前全球研究的热点[92]。来自林业、纸业及其他工业废料具有较低的利用价值，但却是未来制备生物质燃料的良好原材料。

目前，生物质原料制备得到燃料转化为生物质油的途径有三种：第一种是将生物质能源气化合成可燃烧的CO和$H_2$，再通过转化合成液体燃料；第二种是将原材料经过热解或直接的液化处理制备得到生物油，然后提质得到优良的生物质燃料；第三种是将水溶的糖发酵制备得到生物油[93,94]。其中，将原材料直接热解从而得到生物质油是目前认为最为简便且可行的一种方法。催化裂解方法是对生物质热解提质脱氧的一种方法，在催化剂的作用下，催化裂解生物质油中的C=O键与C=C键，使得生物油中的氧原子以CO、$CO_2$和$H_2O$的形式得以排除，从而降级生物油的含氧量。

以山茱萸果核为原材料，通过加入不同的纳米催化剂，分析其快速热解过程释放的热量差值与热解产物，判断山茱萸果核能否作为制备生物能源的原材料。

### 2.4.1 材料与方法

#### 2.4.1.1 试验材料

山茱萸果核粉末与 2.2.1.1 部分相同。纳米 $Fe_2O_3$，MACKLIN 公司生产，球形，直径 30nm，纯度 99.5%。纳米 Ag，MACKLIN 公司生产，球形，直径 60~120nm，纯度 99.5%。

#### 2.4.1.2 试验方法

**(1) 试验预处理**

称取三份 50g 山茱萸果核粉末，一份中加入 1% 的纳米 Ag，采用高速粉碎机进行均匀混合；另一份加入 1% 的纳米 $Fe_2O_3$，采用高速粉碎机进行均匀混合；第三份加入 0.5% 的纳米 Ag 和 0.5% 的纳米 $Fe_2O_3$，采用高速粉碎机进行均匀混合。

**(2) DSC-TGA-DTG 分析**

采用热重分析仪（型号：SDT Q600 V20.9 Build 20）分别对加入纳米催化剂的山茱萸果核试样进行检测。试验条件为：氮气释放速率为 30mL/min。TG 的温度程序在室温下开始，以 20℃/min 的速率升温至 780℃。

**(3) PY-GC-MS 分析方法**

采用热裂解-气相色谱-质谱联用仪（型号 CDS5000-Agilent7890B-5977A）对分别加入纳米催化剂的山茱萸果核试样进行检测。试验条件为：载气为高纯度氦气，热解温度为 800℃。其他与 2.3.1 试验条件相同。

### 2.4.2 结果与分析

**(1) 催化裂解 TGA-DTG 分析**

在高纯氮的气氛下，山茱萸果核经过氧化，脱水，缩合，还原和分解而失重。图 2-17 显示的是山茱萸果核加入三种催化剂后样品的热失重及失重速率曲线。从室温升温至 780℃ 的范围内，对山茱萸果核热解特性进行了研究。在质量损失分别为 10%、40% 和 65% 时，Ag 催化后样品对应的温度分别为 249℃、356℃ 和 512℃，$Fe_2O_3$ 催化后的样品对应的温度分别为 264℃、377℃ 和 750℃，$Ag/Fe_2O_3$ 共同催化得到的样品对应的温度分别为 250℃、356℃ 和 513℃。在温度达到最终的 780℃ 时，第一组剩余重量为 28.7%，第二组剩余重量为 34.9%，第三组剩余重量为 27.1%。这表明，对于三组催化剂作用下，纳米 Ag 与 $Ag/Fe_2O_3$ 催化效果基本相同，且最终剩余量相差不大。而纳米 $Fe_2O_3$ 在催化产物析出的最终结果上，略差于其他两组。

当温度升至 100℃ 时，三组样品损失量分别为 0.73%、0.86%、0.86%，这阶段意味着甲醇、乙醇、甲酸以及水蒸气等低沸点的分子从样品中挥发出来。而当温度升至 360℃ 时，DTG 曲线出现了一个尖锐的峰，此时样品热失重速率达到了最大值。从 DTG 峰值来看，第三组在纳米 $Ag/Fe_2O_3$ 催化下峰值最大，此时的进行热失重下降最快。这一阶段主要是生物油中的重组分（如糖、酚、酯等）发生了裂解断裂。这也说明了纳米 $Ag/Fe_2O_3$ 催化了糖类与酚类这些物质的裂解，起到了更好的催化作用。其他两组中，纳米

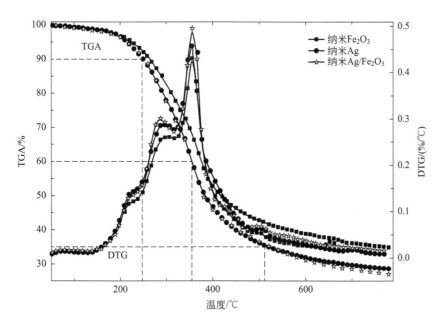

图 2-17 山茱萸果核催化后热失重曲线图

（注：TGA-热失重曲线图，DTG-热失重速率曲线图）

Ag 的催化效果略好于纳米 $Fe_2O_3$。

**（2）催化裂解 DSC-TGA 分析**

为了研究山茱萸果核生物油的热解特性，除了进行 TGA-DTG 分析外，还进行了差示扫描量热 DSC-TGA 检测，如图 2-18～图 2-20 所示。

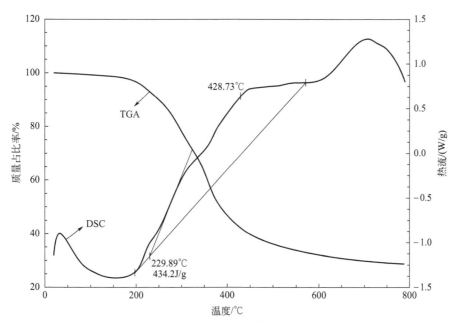

图 2-18 山茱萸果核 Ag 催化后热失重-热流曲线图

（注：TGA-热失重曲线图，DSC-差示扫描量热曲线图）

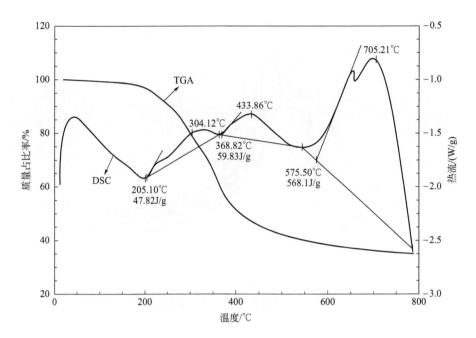

图 2-19　山茱萸果核 $Fe_2O_3$ 催化后热失重-热流曲线图

（注：TGA-热失重曲线图，DSC-差示扫描量热曲线图）

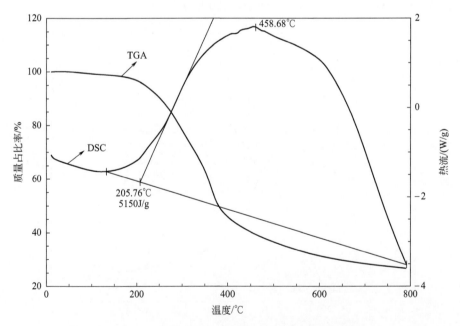

图 2-20　山茱萸果核 $Ag/Fe_2O_3$ 催化后热失重-热流曲线图

（注：TGA-热失重曲线图，DSC-差示扫描量热曲线图）

对于第一组纳米 Ag 催化的山茱萸果核，在失重过程中有三个明显吸热的阶段：第一个阶段在 47～120℃时，这一阶段样品中少量水分的蒸发及小分子化合物的断裂产生了吸热，质量损失不到 1%；第二阶段为 200～570℃，这一阶段是高分子聚合物内部化学键发生了断裂而进行了吸热，在 428.7℃产生一个峰值，某个大分子化合物断裂完全，此过程测得吸热量为 434.2J/g；第三个阶段在 650～780℃，在 700℃时有一个吸热峰，但这个过程样品质量基本没有发生变化，可能是残留的化合物发生了重度裂解。果核质量的损失主要集中在第二阶段。

第二组纳米 $Fe_2O_3$ 催化后山茱萸果核，在失重过程中出现了四个吸热阶段：第一个阶段 40～150℃，这一阶段在 50℃左右有一个较高吸热峰，可能是醇类小分子发生了分解；第二个阶段在 205.1～368.8℃，这一阶段在 304.1℃出现一个吸热峰，吸热量为 47.82J/g 的热量，主要是糖类分子发生聚合反应，而形成直链聚合物进行了吸热；第三个阶段是 369～575℃，该过程在 433℃时产生一个吸热峰，这一阶段吸热量 59.83J/g 的热量；第四个阶段是 575～780℃，当温度升至 705℃产生一个较大吸热峰，这一阶段吸热量较多，达到 568.1J/g 的热量。第二组果核质量损失的主要阶段在第二和第三阶段。

第三组纳米 $Ag/Fe_2O_3$ 催化后山茱萸果核，从 120℃开始升温至最后 780℃，样品持续吸热，内部有机小分子与大分子化学键断裂，在 458.7℃存在一个吸热峰，整个过程吸热量达到 5150J/g。比较三组试验，果核在纳米 $Ag/Fe_2O_3$ 两种催化剂共同催化下，吸收热量更多，催化剂的作用加速了样品的催化裂解，形成了更多的小分子醇类，醛类和羧酸等。在下面的试验中，对不同催化剂作用下山茱萸果核的裂解产物进行了分析与比对。

**(3) 催化裂解 PY-GC-MS 对比与分析**

通过 PY-GC-MS 检测分析山茱萸果核生物油的总离子色谱图如图 2-21～图 2-23 所示。表格中每个组分的相对含量通过面积归一化来计算。使用 NIST 标准和公开发表的书籍、论文分析 MS 色谱图和数据，然后鉴定识别每个组分。三种催化后样品的分析结果分

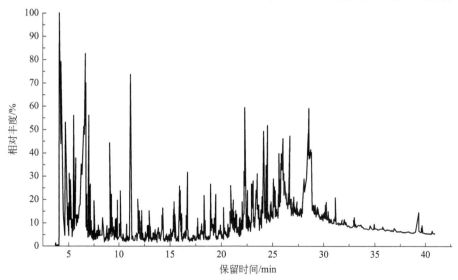

图 2-21　山茱萸果核 Ag 催化后热裂解总离子流图

别列于表 2-13～表 2-15 中。

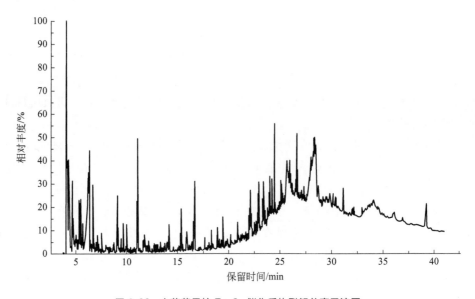

图 2-22　山茱萸果核 $Fe_2O_3$ 催化后热裂解总离子流图

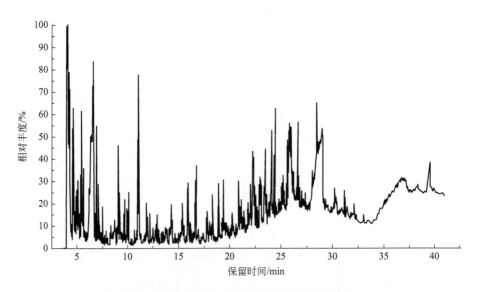

图 2-23　山茱萸果核 $Ag/Fe_2O_3$ 催化后热裂解总离子流图

表 2-13　山茱萸果核钠米 Ag 催化后 PY-GC-MS 检索结果

| 序号 | 保留时间/min | 面积百分比/% | 物质名称 |
|------|------|------|------|
| 1 | 3.71 | 0.01 | 二氢-3-亚甲基-2,5-呋喃二酮 |
| 2 | 4.07 | 3.15 | 氟乙炔 |
| 3 | 4.15 | 2.53 | 二氧化碳 |
| 4 | 4.30 | 3.67 | 2-丁烯 |
| 5 | 4.49 | 0.09 | α-氨基异丁腈 |
| 6 | 4.50 | 0.21 | 四氢-噻吩-3-醇,1,1-二氧化物 |

| 序号 | 保留时间/min | 面积百分比/% | 物质名称 |
| --- | --- | --- | --- |
| 7 | 4.67 | 1.91 | 环丙基甲基甲醇 |
| 8 | 4.76 | 0.58 | 戊二烯 |
| 9 | 4.90 | 0.35 | 戊二烯 |
| 10 | 5.02 | 0.85 | 环戊二烯 |
| 11 | 5.12 | 0.21 | 甲酸 |
| 12 | 5.16 | 0.66 | 甲酸 |
| 13 | 5.28 | 0.31 | 甲基丙烯醛 |
| 14 | 5.38 | 0.15 | 甲基丙烯腈 |
| 15 | 5.48 | 1.15 | 3-甲基-1-庚烯 |
| 16 | 5.58 | 0.48 | 2-丁酮 |
| 17 | 5.67 | 0.73 | 2-甲基呋喃 |
| 18 | 5.80 | 0.53 | 醋酸 |
| 19 | 5.98 | 0.62 | 醋酸 |
| 20 | 6.04 | 0.33 | 醋酸 |
| 21 | 6.24 | 1.76 | 醋酸 |
| 22 | 6.31 | 1.03 | 醋酸 |
| 23 | 6.46 | 2.60 | 醋酸 |
| 24 | 6.63 | 3.87 | 醋酸 |
| 25 | 6.78 | 0.36 | 4-亚甲环戊烯 |
| 26 | 6.83 | 0.17 | 2-己烯-4-炔 |
| 27 | 6.97 | 0.80 | 羟基丙酮 |
| 28 | 7.12 | 0.51 | 1-庚烯 |
| 29 | 7.23 | 0.18 | 2,3-戊二酮 |
| 30 | 7.31 | 0.08 | O-(2-甲基丙基)-羟胺 |
| 31 | 7.38 | 0.14 | 2-乙基呋喃 |
| 32 | 7.53 | 0.38 | 2,5-二甲基呋喃 |
| 33 | 7.68 | 0.11 | 1,3,6-庚炔 |
| 34 | 7.77 | 0.12 | 3-羟基-2-丁酮 |
| 35 | 7.84 | 0.03 | 丙酸 |
| 36 | 7.88 | 0.08 | 庚烯 |
| 37 | 7.93 | 0.23 | 苯酚 |
| 38 | 8.07 | 0.21 | 3-甲基-1,3,5-己三烯 |
| 39 | 8.17 | 0.10 | 丙酸 |
| 40 | 8.23 | 0.10 | 1,3-丁二醇 |
| 41 | 8.36 | 0.48 | 3-甲基-1-戊烯 |
| 42 | 8.55 | 0.04 | 3-甲基-1,3,5-己三烯 |

| 序号 | 保留时间/min | 面积百分比/% | 物质名称 |
|------|------|------|------|
| 43 | 8.62 | 0.05 | 2-甲基-呋喃 |
| 44 | 8.75 | 0.20 | 吡咯 |
| 45 | 8.82 | 0.09 | 丙烯酸羟乙酯 |
| 46 | 8.90 | 0.05 | 吡啶 |
| 47 | 8.96 | 0.12 | 3-甲基-1,3,5-己三烯 |
| 48 | 9.09 | 0.93 | 甲苯 |
| 49 | 9.25 | 0.71 | 乙酸甲酯 |
| 50 | 9.45 | 0.12 | (Z)-2-己烯-1-醇-乙酸酯 |
| 51 | 9.47 | 0.13 | 1,3-环庚二烯 |
| 52 | 9.59 | 0.15 | 1-(1-金刚烷基)-3-二甲氨基-1-丙酮 |
| 53 | 9.69 | 0.19 | 顺式-1-丁基-2-甲基环丙烷 |
| 54 | 9.81 | 0.43 | 2-氧代-甲酯-丙酸 |
| 55 | 9.94 | 0.04 | 正辛烷 |
| 56 | 10.03 | 0.25 | 环丁醇 |
| 57 | 10.14 | 0.48 | 环亮氨酸 |
| 58 | 10.40 | 0.09 | 糠醛 |
| 59 | 10.44 | 0.05 | 乙烯基乙酸 |
| 60 | 10.56 | 0.03 | 反式丁烯酸 |
| 61 | 10.60 | 0.02 | 异巴豆酸 |
| 62 | 10.73 | 0.14 | 3-环庚烯-1-酮 |
| 63 | 10.82 | 0.04 | 1,3-环戊二酮 |
| 64 | 10.84 | 0.07 | 2-甲基吡啶 |
| 65 | 10.96 | 0.05 | 2-甲基苯酚 |
| 66 | 11.14 | 2.50 | 糠醛 |
| 67 | 11.23 | 0.24 | 2-甲基呋喃 |
| 68 | 11.32 | 0.10 | 3,5-己二烯-2-醇 |
| 69 | 11.54 | 0.04 | 巴豆酸 |
| 70 | 11.60 | 0.05 | 2,4-辛二烯 |
| 71 | 11.63 | 0.03 | 2,4-辛二烯 |
| 72 | 11.68 | 0.11 | 马来酸酐 |
| 73 | 11.79 | 0.06 | 马来酸酐 |
| 74 | 11.88 | 0.51 | 2-呋喃甲醇 |
| 75 | 11.99 | 0.26 | 1,3-二甲基苯 |
| 76 | 12.12 | 0.04 | 1-顺式辛烯 |
| 77 | 12.22 | 0.35 | 1,2-乙二醇,二乙酸酯 |
| 78 | 12.33 | 0.07 | 6-亚甲基-双环[3.2.0]庚烷 |

| 序号 | 保留时间/min | 面积百分比/% | 物质名称 |
|---|---|---|---|
| 79 | 12.47 | 0.04 | 环丙基环己烷 |
| 80 | 12.56 | 0.09 | 2,4-二甲基-1$H$-咪唑 |
| 81 | 12.64 | 0.03 | 3-戊炔-1-烯 |
| 82 | 12.74 | 0.09 | 环戊-4-烯-1,3-二酮 |
| 83 | 12.80 | 0.11 | 1,5-己二烯-3-醇 |
| 84 | 12.84 | 0.10 | 壬烯 |
| 85 | 12.95 | 0.22 | 苯乙烯 |
| 86 | 13.03 | 0.11 | 邻二甲苯 |
| 87 | 13.08 | 0.13 | 1-丙基-1$H$-1,2,4-三唑-5-胺 |
| 88 | 13.20 | 0.03 | 4-戊烯酸 |
| 89 | 13.27 | 0.03 | 辛烯 |
| 90 | 13.38 | 0.16 | 5,6-二氢-2$H$-吡喃-2-酮 |
| 91 | 13.53 | 0.15 | 双环[2.1.0]戊烷 |
| 92 | 13.65 | 0.08 | 2-乙酰基呋喃 |
| 93 | 13.78 | 0.09 | 丁内酯 |
| 94 | 13.85 | 0.18 | 2(5$H$)-呋喃酮 |
| 95 | 13.96 | 0.07 | 1,3-辛二烯 |
| 96 | 14.05 | 0.04 | 1,3-顺式,5顺式-辛三烯 |
| 97 | 14.13 | 0.08 | N-甲基-5-溴甲基-$\alpha$-吡咯烷酮 |
| 98 | 14.29 | 0.63 | 2-羟基-2-环戊烯-1-酮 |
| 99 | 14.53 | 0.03 | 1,4-环辛二烯 |
| 100 | 14.63 | 0.05 | 5-甲基-2(5$H$)-呋喃酮 |
| 101 | 14.69 | 0.07 | 二氢-3-亚甲基-2,5-呋喃二酮 |
| 102 | 14.77 | 0.04 | 2-丙烯基苯 |
| 103 | 14.88 | 0.06 | 1-环戊基乙酮 |
| 104 | 14.95 | 0.01 | 1-1-环己烯-1-基-乙酮 |
| 105 | 15.04 | 0.09 | 丙基苯 |
| 106 | 15.09 | 0.03 | 1,3-环辛二烯 |
| 107 | 15.19 | 0.07 | 丙酮肟 |
| 108 | 15.25 | 0.07 | 3,3-二甲基-2-丁酮 |
| 109 | 15.30 | 0.07 | 苯乙酮 |
| 110 | 15.36 | 0.19 | 5-甲基-2-呋喃甲醛 |
| 111 | 15.39 | 0.35 | 5-甲基-2-呋喃甲醛 |
| 112 | 15.52 | 0.16 | 3-甲基-2-环戊烯-1-酮 |
| 113 | 15.65 | 0.01 | 2-乙烯基吡啶 |
| 114 | 15.74 | 0.05 | 5,6-二氢-2$H$-吡喃-2-酮 |

| 序号 | 保留时间/min | 面积百分比/% | 物质名称 |
|---|---|---|---|
| 115 | 15.95 | 0.98 | 苯酚 |
| 116 | 16.14 | 0.20 | 1-癸烯 |
| 117 | 16.30 | 0.04 | 1-乙烯基-2-甲基苯 |
| 118 | 16.37 | 0.09 | 1,2,4-三甲基苯 |
| 119 | 16.46 | 0.07 | 1-乙烯基-3-甲基苯 |
| 120 | 16.52 | 0.06 | 苯并呋喃 |
| 121 | 16.71 | 1.01 | 2-甲基亚氨基二氢-1,3-噁嗪 |
| 122 | 16.81 | 0.04 | 2-甲基吡啶 |
| 123 | 17.02 | 0.01 | 三环[4.2.1.1(2,5)]癸烷 |
| 124 | 17.07 | 0.03 | 2-氧杂二环[3.2.0]庚-3,6-二烯 |
| 125 | 17.25 | 0.09 | 2,3-二甲基-3-吡唑啉-5-酮 |
| 126 | 17.37 | 0.03 | 3,4-双亚甲基环戊酮 |
| 127 | 17.43 | 0.03 | 2-丙烯基苯 |
| 128 | 17.68 | 0.26 | 3-甲基-1,2-环戊二酮 |
| 129 | 17.80 | 0.08 | 2-亚甲基双环[2.2.1]庚烷 |
| 130 | 17.87 | 0.04 | 3,4-二甲基-2,5-呋喃二酮 |
| 131 | 17.96 | 0.10 | 2,3-二甲基-2-环戊烯-1-酮 |
| 132 | 18.05 | 0.14 | 水杨醛 |
| 133 | 18.12 | 0.20 | 茚 |
| 134 | 18.32 | 0.33 | 2-甲基苯酚 |
| 135 | 18.39 | 0.15 | 2-甲基苯酚 |
| 136 | 18.52 | 0.02 | 1,2-二氢-1,2,5-三甲基-3$H$-吡唑-3-酮 |
| 137 | 18.59 | 0.01 | 壬-3,5-二烯-2-酮 |
| 138 | 18.64 | 0.02 | 1-丁基环戊烯 |
| 139 | 18.74 | 0.02 | 1-甲基-2-丙基苯 |
| 140 | 18.78 | 0.01 | 1-乙基-3-甲基苯 |
| 141 | 18.95 | 0.65 | 正丁基苯 |
| 142 | 19.11 | 0.28 | 1,2-戊二烯 |
| 143 | 19.17 | 0.11 | 6-乙烯基二氢-2,2,6-三甲基-2$H$-吡喃-3(4$H$)-酮 |
| 144 | 19.29 | 0.21 | 1-十一碳烯 |
| 145 | 19.36 | 0.05 | (3$S$,6$S$)-3-丁基-6-甲基哌嗪-2,5-二酮 |
| 146 | 19.43 | 0.29 | 3-甲基苯酚 |
| 147 | 19.57 | 0.01 | 2-苯基酰肼甲酸 |
| 148 | 19.66 | 0.02 | 2-甲氧基苯酚 |
| 149 | 19.71 | 0.10 | 2-甲基哌嗪 |
| 150 | 19.80 | 0.05 | 9,12-十四碳烯-1-醇 |

| 序号 | 保留时间/min | 面积百分比/% | 物质名称 |
|---|---|---|---|
| 151 | 19.89 | 0.17 | 2-甲基哌嗪 |
| 152 | 19.98 | 0.07 | 2,6-二甲基苯酚 |
| 153 | 20.10 | 0.03 | 1,2-丙二烯基环己烷 |
| 154 | 20.23 | 0.29 | 3-羟基吡啶单乙酸酯 |
| 155 | 20.31 | 0.07 | 3-乙基-2-羟基-2-环戊烯-1-酮 |
| 156 | 20.42 | 0.09 | 二氢-6-甲基-2$H$-吡喃-3(4$H$)-酮 |
| 157 | 20.52 | 0.07 | 2-甲基苯并呋喃 |
| 158 | 20.64 | 0.11 | 1-丙氯基己烷 |
| 159 | 20.76 | 0.14 | 1$H$-咪唑-4-羧酸甲酯 |
| 160 | 20.91 | 0.73 | 2-乙基苯酚 |
| 161 | 21.07 | 0.37 | 1-甲基-1$H$-茚 |
| 162 | 21.17 | 0.23 | 2,4-二甲基苯酚 |
| 163 | 21.20 | 0.19 | 5-戊基环己基-1,3-二烯 |
| 164 | 21.27 | 0.08 | 戊基苯 |
| 165 | 21.35 | 0.18 | 4-乙基苯酚 |
| 166 | 21.40 | 0.21 | 乙酸异冰片酯 |
| 167 | 21.47 | 0.20 | 2,5-二羟基苯甲醛 |
| 168 | 21.56 | 0.06 | 辛酸 |
| 169 | 21.63 | 0.15 | 2,3-二甲基苯酚,正丁基醚 |
| 170 | 21.82 | 0.13 | 环十二烷 |
| 171 | 21.90 | 0.03 | 二甲基腙丁醛 |
| 172 | 21.97 | 0.12 | 萘 |
| 173 | 22.03 | 0.24 | 甲酚 |
| 174 | 22.14 | 0.19 | 3,5-二羟基-2-甲基-4$H$-吡喃-4-酮 |
| 175 | 22.27 | 2.43 | 邻苯二酚 |
| 176 | 22.44 | 0.11 | 邻苯二酚 |
| 177 | 22.54 | 0.48 | 儿茶酚 |
| 178 | 22.67 | 0.12 | 1,4,3,6-二脱水 $\alpha$-$D$-吡喃葡萄糖 |
| 179 | 22.71 | 0.27 | 2,3-二甲基苯酚 |
| 180 | 22.83 | 0.07 | 氧化茚 |
| 181 | 22.94 | 0.41 | 4-乙基-2-甲基苯酚 |
| 182 | 23.08 | 0.99 | 5-羟甲基糠醛 |
| 183 | 23.16 | 0.18 | 6-氨基苯并噁唑 |
| 184 | 23.27 | 0.08 | 4-异丙烯基环己酮 |
| 185 | 23.45 | 0.98 | 正癸酸异丙酯 |
| 186 | 23.49 | 0.52 | 3-甲基-1,2-苯二酚 |

| 序号 | 保留时间/min | 面积百分比/% | 物质名称 |
|------|------|------|------|
| 187 | 23.62 | 0.40 | 2-甲基-5-羟基苯 |
| 188 | 23.76 | 0.18 | 2-氨基嘌呤 |
| 189 | 23.81 | 0.13 | 4-乙基-2-甲氧基苯酚 |
| 190 | 23.85 | 0.17 | 1-十三烷烃 |
| 191 | 23.98 | 0.38 | 2-烯丙基苯酚 |
| 192 | 24.12 | 1.79 | 4-甲基-1,2-苯二酚 |
| 193 | 24.23 | 0.16 | 2-乙基-6-甲基苯酚 |
| 194 | 24.34 | 0.83 | 1,3-二-O-乙酰基-α-β-D-吡喃核糖 |
| 195 | 24.48 | 0.89 | 2-甲氧基-4-乙烯基苯酚 |
| 196 | 24.56 | 0.16 | 1-亚乙基茚 |
| 197 | 24.62 | 0.26 | 仲丁威 |
| 198 | 24.75 | 0.11 | 2-氨基-5-甲基噻唑 |
| 199 | 24.82 | 0.30 | 3-甲基-1,2-苯二酚 |
| 200 | 24.85 | 0.19 | 4-2-丙烯基苯酚 |
| 201 | 24.93 | 0.22 | 对羟基苯基甲基甲醇 |
| 202 | 24.98 | 0.10 | 四氢-N-(四氢-2-呋喃基)甲基-2-呋喃甲胺 |
| 203 | 25.01 | 0.19 | 5-甲基苯并噻吩 |
| 204 | 25.10 | 0.50 | 2,6-二甲氧基苯酚 |
| 205 | 25.14 | 0.26 | 2,6-二甲基对苯二酚 |
| 206 | 25.20 | 0.50 | 2-甲氧基-4-(1-丙烯基)苯酚 |
| 207 | 25.29 | 0.15 | 4-(1-甲基乙基)苯甲醛 |
| 208 | 25.34 | 0.40 | 2-乙基-1,3,4-三甲基-3-吡唑啉-5-酮 |
| 209 | 25.44 | 0.15 | 反式-2-环戊烯羧酸,5-羟基-5-甲基-2-(1-甲基乙基)-甲酯 |
| 210 | 25.48 | 0.16 | 2-甲基萘 |
| 211 | 25.55 | 0.29 | 1-十四碳烯 |
| 212 | 25.66 | 1.04 | 4-乙基儿茶酚 |
| 213 | 25.86 | 2.14 | 邻苯三酚 |
| 214 | 26.01 | 1.20 | 邻苯三酚 |
| 215 | 26.09 | 0.81 | 邻苯三酚 |
| 216 | 26.22 | 0.58 | 邻苯三酚 |
| 217 | 26.29 | 0.29 | 邻苯三酚 |
| 218 | 26.33 | 0.50 | 邻苯三酚 |
| 219 | 26.48 | 0.33 | 邻苯三酚 |
| 220 | 26.60 | 0.78 | 7-甲氧基苯并呋喃 |
| 221 | 26.68 | 0.63 | 2-甲氧基-4-硝基苯胺 |
| 222 | 26.73 | 0.46 | 4-硝基-1,2-苯二胺 |

| 序号 | 保留时间/min | 面积百分比/% | 物质名称 |
|---|---|---|---|
| 223 | 26.85 | 0.52 | 双环[3.3.1]壬-6-烯-2-酮 |
| 224 | 26.96 | 0.19 | 8-9-二氢-[1,2,5]噁二唑[3,4-b][1,4]重氮-5,7(4H,6H)-二酮 |
| 225 | 27.07 | 0.54 | 1,6,6-三甲基-7-(3-氧代丁基-1-烯基)-3,8-二氧己环[5.1.0.0(2,4)]辛烷-5-酮 |
| 226 | 27.14 | 0.22 | 1,2-醋萘二酮 |
| 227 | 27.18 | 0.17 | 间苯三酚 |
| 228 | 27.24 | 0.25 | 邻苯三酚 |
| 229 | 27.31 | 0.21 | 邻苯三酚 |
| 230 | 27.38 | 0.39 | 3-羟基-1-(4-羟基-3-甲氧基苯基)-1-丙酮 |
| 231 | 27.48 | 0.22 | 3-氨基-4-甲氧基苯甲酰胺 |
| 232 | 27.66 | 0.32 | 3-甲氧基苯胺 |
| 233 | 27.76 | 0.35 | 3-甲氧基苯胺 |
| 234 | 27.85 | 0.19 | 4-乙基联苯 |
| 235 | 27.92 | 0.28 | 1-氧杂-4-噻螺菌素[4.4]壬烷 |
| 236 | 28.06 | 0.95 | 1-(4-羟基-3-甲氧基苯基)-2-丙酮 |
| 237 | 28.14 | 0.47 | D-阿洛糖 |
| 238 | 28.22 | 0.61 | 1,6-脱水-β-D-葡萄糖 |
| 239 | 28.34 | 0.88 | 1,6-脱水-β-D-葡萄糖 |
| 240 | 28.53 | 3.22 | 1,6-脱水-β-D-葡萄糖 |
| 241 | 28.62 | 0.20 | 1,6-脱水-β-D-葡萄糖 |
| 242 | 28.70 | 1.30 | 1,6-脱水-β-D-葡萄糖 |
| 243 | 28.76 | 0.51 | D-阿洛糖 |
| 244 | 28.79 | 1.00 | D-阿洛糖 |
| 245 | 28.96 | 0.24 | 4-羟基-3-甲氧基-苯甲酸甲酯 |
| 246 | 29.01 | 0.39 | 二(丁-3-炔-2-基)富马酸酯 |
| 247 | 29.17 | 0.56 | 3-(4-羟基-3-甲氧基苯基)-2-丙烯酸 |
| 248 | 29.40 | 0.85 | 反式-2-十二碳烯酸 |
| 249 | 29.56 | 0.33 | 正十六烷酸 |
| 250 | 29.76 | 0.33 | 十一烷酸 |
| 251 | 29.87 | 0.33 | 4-氯-2-羟基-1,5-二氮杂萘 |
| 252 | 30.04 | 0.35 | 叔丁基 1-硫代-1-脱氧-β-D-吡喃葡萄糖苷 |
| 253 | 30.11 | 0.25 | (E)-2,6-二甲氧基-4-(丙-1-烯-1-基)苯酚 |
| 254 | 30.23 | 0.41 | 4-羟基-3-甲氧基-苯丙醇 |
| 255 | 30.35 | 0.18 | 1-十七烯 |
| 256 | 30.46 | 0.35 | 4-羟基-3,5-二甲氧基苯甲醛 |
| 257 | 30.61 | 0.17 | Z-(13,14-环氧)十四碳-11-烯-1-醇乙酸酯 |
| 258 | 30.74 | 0.30 | 4,6-二甲基硫吡啶酰胺 |

| 序号 | 保留时间/min | 面积百分比/% | 物质名称 |
|---|---|---|---|
| 259 | 31.07 | 0.17 | 十八烷酸 |
| 260 | 31.17 | 0.45 | (E)-2,6-二甲氧基-4-(丙-1-烯-1-基)苯酚 |
| 261 | 31.46 | 0.15 | 5,6-四氢-6-甲基-1-氧代-1H,3H-吡喃并[3,4-c]吡喃-5-甲醛 |
| 262 | 31.59 | 0.11 | 4,8-二甲基双环[3.3.1]壬烷-2,6-二酮 |
| 263 | 31.68 | 0.10 | 十八烷酸 |
| 264 | 31.79 | 0.17 | 3,4,5-三甲基-1H-吡喃并[2,3-c]吡唑-6-酮 |
| 265 | 31.89 | 0.12 | 叶绿醇 |
| 266 | 32.04 | 0.17 | Z-11-十五碳烯醛 |
| 267 | 32.10 | 0.13 | 4-甲氧基苯酚,TMS 衍生物 |
| 268 | 32.19 | 0.14 | 肉豆蔻酸 |
| 269 | 33.01 | 0.23 | 2-异丁基-5-异戊基噻吩 |
| 270 | 33.19 | 0.12 | 3-(2-丙炔基)-4(3H)-喹唑啉酮 |
| 271 | 33.43 | 0.10 | 2-十二碳烯-1-基(-)琥珀酸酐 |
| 272 | 33.45 | 0.04 | 1,3,5,7-四甲基-三环[5.1.0.0(3,5)]辛烷-2,6-二酮 |
| 273 | 34.55 | 0.08 | 4-甲氧基苯酚,TMS 衍生物 |
| 274 | 34.97 | 0.06 | 8-苯基辛酸 |
| 275 | 35.80 | 0.06 | 环丙烷羧酸,2,2-二氯-3-苯基乙酯 |
| 276 | 36.97 | 0.03 | 2,4a-二氢苊 |
| 277 | 36.99 | 0.05 | 4-甲基-1,1-联苯 |
| 278 | 39.32 | 0.60 | 正十六烷酸 |
| 279 | 39.69 | 0.10 | 邻苯二甲酸二丁酯 |
| 280 | 40.71 | 0.03 | 1-二十二烯 |

表 2-14 山茱萸果核 Fe$_2$O$_3$ 催化后 PY-GC-MS 检索结果

| 序号 | 保留时间/min | 面积百分比/% | 物质名称 |
|---|---|---|---|
| 1 | 3.70 | 0.01 | 1,5-二甲基己胺(2-氨基-6-甲基庚烷) |
| 2 | 4.06 | 5.93 | 氟乙炔 |
| 3 | 4.27 | 2.16 | 环丁醇 |
| 4 | 4.49 | 0.15 | DL-丙氨酸 |
| 5 | 4.66 | 1.38 | 丙酮氰醇 |
| 6 | 4.76 | 0.28 | 甲基乙二醛 |
| 7 | 4.83 | 0.08 | 反式-异丁香酚 |
| 8 | 4.89 | 0.13 | 1,3-戊二烯 |
| 9 | 4.95 | 0.11 | 甲酸 |
| 10 | 5.01 | 0.27 | 1,3-环戊二烯 |
| 11 | 5.05 | 0.18 | 甲酸 |
| 12 | 5.15 | 0.17 | 环戊烯 |

| 序号 | 保留时间/min | 面积百分比/% | 物质名称 |
|---|---|---|---|
| 13 | 5.27 | 0.17 | 甲基丙烯醛 |
| 14 | 5.32 | 0.67 | 羟基乙醛 |
| 15 | 5.46 | 0.79 | 4-甲基-1-戊烯 |
| 16 | 5.58 | 0.21 | 2-丁酮 |
| 17 | 5.66 | 0.35 | 2-甲基呋喃 |
| 18 | 5.80 | 0.15 | 甲氧基乙烷 |
| 19 | 5.97 | 0.55 | 醋酸 |
| 20 | 6.34 | 4.83 | 醋酸 |
| 21 | 6.41 | 0.31 | 2-丁烯醛 |
| 22 | 6.63 | 0.15 | 苯 |
| 23 | 6.67 | 0.57 | 1-羟基-2-丙酮 |
| 24 | 6.78 | 0.11 | 4-亚甲基环戊烯 |
| 25 | 6.82 | 0.06 | 3-甲基-3-丁烯-2-酮 |
| 26 | 6.97 | 0.15 | 环己烯 |
| 27 | 7.12 | 0.22 | 1-庚烯 |
| 28 | 7.21 | 0.09 | 2,3-戊二酮 |
| 29 | 7.30 | 0.07 | 庚烷 |
| 30 | 7.37 | 0.05 | 2-乙基呋喃 |
| 31 | 7.51 | 0.20 | 2,5-二甲基呋喃 |
| 32 | 7.60 | 0.05 | 丙基肼 |
| 33 | 7.67 | 0.03 | 2,4-二甲基呋喃 |
| 34 | 7.92 | 0.17 | 苯酚 |
| 35 | 8.02 | 0.09 | 丙酸 |
| 36 | 8.07 | 0.07 | 2-丙烯酸 |
| 37 | 8.17 | 0.10 | 2-丙烯酸 |
| 38 | 8.33 | 0.10 | 3-戊烯-2-酮 |
| 39 | 8.43 | 0.06 | 2-戊醛 |
| 40 | 8.61 | 0.04 | 2-甲基-呋喃 |
| 41 | 8.66 | 0.08 | 炔丙醇 |
| 42 | 8.73 | 0.12 | 吡啶 |
| 43 | 8.95 | 0.03 | 3-甲基-1,3,5-己三烯 |
| 44 | 9.09 | 0.94 | 乙酰氧基酸 |
| 45 | 9.29 | 0.08 | 3-甲基-3-丁烯-2-酮 |
| 46 | 9.45 | 0.20 | 丙醛 |
| 47 | 9.65 | 0.37 | 2-氧代甲酯丙酸 |
| 48 | 9.77 | 0.04 | 2-己烯 |

| 序号 | 保留时间/min | 面积百分比/% | 物质名称 |
|---|---|---|---|
| 49 | 9.87 | 0.06 | 2-甲氧基-N-甲基乙胺 |
| 50 | 9.98 | 0.47 | 3-氨基-均三唑 |
| 51 | 10.13 | 0.05 | 2-辛烯 |
| 52 | 10.27 | 0.08 | 醋酸 |
| 53 | 10.39 | 0.08 | 糠醛 |
| 54 | 10.61 | 0.06 | 巴豆酸 |
| 55 | 10.73 | 0.05 | 3-环庚烯-1-酮 |
| 56 | 10.77 | 0.04 | 烯丙基硫醇 |
| 57 | 10.81 | 0.04 | 2-乙基-2-丁烯醛 |
| 58 | 10.97 | 0.04 | 丙腈 |
| 59 | 11.06 | 1.44 | 糠醛 |
| 60 | 11.12 | 0.14 | 2-环戊烯-1-酮 |
| 61 | 11.31 | 0.06 | 5-己烯-2-酮 |
| 62 | 11.59 | 0.01 | 2,4-辛二烯 |
| 63 | 11.67 | 0.22 | 马来酸酐 |
| 64 | 11.76 | 0.21 | 2-呋喃甲醇 |
| 65 | 11.82 | 0.14 | 2-丁酮 |
| 66 | 11.98 | 0.07 | 1,3-二甲基苯 |
| 67 | 12.12 | 0.10 | 1-乙酰氧基-2-丙酮 |
| 68 | 12.23 | 0.10 | 邻二甲苯 |
| 69 | 12.33 | 0.03 | 1,1-二乙烯基-1-硅杂环丁烷 |
| 70 | 12.48 | 0.04 | 4-环戊烯-1,3-二酮 |
| 71 | 12.55 | 0.01 | 庚烯 |
| 72 | 12.62 | 0.02 | (3$E$)-3-戊烯-1-炔 |
| 73 | 12.72 | 0.11 | 4-环戊烯-1,3-二酮 |
| 74 | 12.84 | 0.09 | 1-壬烯 |
| 75 | 12.94 | 0.07 | 苯乙烯 |
| 76 | 13.07 | 0.13 | 3-乙酰氨基-$s$-三唑 |
| 77 | 13.20 | 0.02 | 庚醛 |
| 78 | 13.31 | 0.15 | 5,6-二氢-2$H$-吡喃-2-酮 |
| 79 | 13.48 | 0.04 | 2-甲基-2-环戊烯-1-酮 |
| 80 | 13.60 | 0.05 | 1-(2-呋喃基)-乙酮 |
| 81 | 13.70 | 0.05 | 丁内酯 |
| 82 | 13.75 | 0.14 | 2(5$H$)-呋喃酮 |
| 83 | 13.97 | 0.21 | 2-环己烯-1-醇 |
| 84 | 14.05 | 0.05 | 4-甲基-4$H$-1,2,4-三唑-3-胺 |

| 序号 | 保留时间/min | 面积百分比/% | 物质名称 |
|---|---|---|---|
| 85 | 14.17 | 0.42 | 2-羟基-2-环戊烯-1-酮 |
| 86 | 14.55 | 0.03 | 5-甲基-2(5$H$)-呋喃酮 |
| 87 | 14.62 | 0.06 | 二氢-3-亚甲基-2,5-呋喃二酮 |
| 88 | 14.84 | 0.04 | 环庚酮 |
| 89 | 15.03 | 0.06 | 丙基-苯 |
| 90 | 15.13 | 0.07 | 2-丙酮 |
| 91 | 15.20 | 0.05 | 2-甲基-3-戊酮 |
| 92 | 15.34 | 0.53 | 5-甲基-2-呋喃甲醛 |
| 93 | 15.47 | 0.11 | 3-甲基-2-环戊烯-1-酮 |
| 94 | 15.67 | 0.02 | 2$H$-吡喃-2-酮 |
| 95 | 15.88 | 0.43 | 苯酚 |
| 96 | 16.08 | 0.08 | 5-己烯酸 |
| 97 | 16.13 | 0.05 | 癸醛 |
| 98 | 16.20 | 0.05 | 2-戊基呋喃 |
| 99 | 16.31 | 0.05 | 己酸 |
| 100 | 16.38 | 0.12 | 己酸 |
| 101 | 16.61 | 1.28 | 2-甲基亚氨基二氢-1,3-噁嗪 |
| 102 | 16.76 | 0.02 | 3-甲基-1-戊烯 |
| 103 | 17.05 | 0.04 | 2-吡咯甲醛 |
| 104 | 17.20 | 0.10 | 6-氮杂胞嘧啶 |
| 105 | 17.34 | 0.02 | 3,4-双亚甲基-环戊酮 |
| 106 | 17.43 | 0.01 | 1-乙烯基-4-甲基苯 |
| 107 | 17.51 | 0.02 | 柠檬烯 |
| 108 | 17.61 | 0.15 | 2-羟基-3-甲基-2-环戊烯-1-酮 |
| 109 | 17.69 | 0.02 | 5-(乙酰氧基)-2-戊酮 |
| 110 | 17.75 | 0.02 | 2-肼基吡啶 |
| 111 | 17.82 | 0.03 | 3,4-二甲基-2,5-呋喃二酮 |
| 112 | 17.93 | 0.06 | 2-甲氧基-5-甲基噻吩 |
| 113 | 18.04 | 0.10 | 2-羟基苯甲醛 |
| 114 | 18.09 | 0.06 | 4-甲基-5$H$-呋喃-2-酮 |
| 115 | 18.26 | 0.17 | 2-甲基苯酚 |
| 116 | 18.38 | 0.08 | 正丁基苯 |
| 117 | 18.46 | 0.08 | 2,4-二甲基己烷 |
| 118 | 18.74 | 0.01 | 1-苯基-1-丙酮 |
| 119 | 18.87 | 0.32 | 对甲酚 |
| 120 | 19.05 | 0.17 | 2-甲基-2,3-二乙烯氧基硅烷 |

| 序号 | 保留时间/min | 面积百分比/% | 物质名称 |
|---|---|---|---|
| 121 | 19.20 | 0.07 | 庚酸 |
| 122 | 19.29 | 0.14 | 癸醛 |
| 123 | 19.40 | 0.27 | 2-甲氧基苯酚 |
| 124 | 19.49 | 0.02 | 6-硝酸甘油-5-烯 |
| 125 | 19.66 | 0.06 | 2-庚烯-1-醇 |
| 126 | 19.69 | 0.05 | 2-庚烯-1-醇 |
| 127 | 19.81 | 0.10 | 斑蝥素 |
| 128 | 19.86 | 0.12 | 2,6-二甲基苯酚 |
| 129 | 19.97 | 0.03 | 2-甲基苯并呋喃 |
| 130 | 20.07 | 0.02 | 7-甲基-3,4-辛二烯 |
| 131 | 20.20 | 0.14 | 3-羟基吡啶单乙酸酯 |
| 132 | 20.30 | 0.07 | C-3-甲基-4,5-二氢异噁唑-5-基甲胺 |
| 133 | 20.34 | 0.03 | C-3-甲基-4,5-二氢异噁唑-5-基甲胺 |
| 134 | 20.38 | 0.07 | 4-吡啶 |
| 135 | 20.60 | 0.06 | 3-乙基苯酚 |
| 136 | 20.65 | 0.07 | 3-乙烯基-2,2-二甲基顺式环丙烷羧酸 |
| 137 | 20.75 | 0.07 | 亚油酸 |
| 138 | 20.82 | 0.04 | 亚麻酸 |
| 139 | 20.88 | 0.26 | 3,5-二甲基苯酚 |
| 140 | 20.96 | 0.12 | 2,3-二氢-3,5-二羟基-6-甲基-4H-吡喃-4-酮 |
| 141 | 21.06 | 0.08 | 1-甲基-1H-茚 |
| 142 | 21.16 | 0.06 | 戊基苯 |
| 143 | 21.20 | 0.10 | 2-羟基-5-甲基苯甲醛 |
| 144 | 21.31 | 0.08 | 4-乙基苯酚 |
| 145 | 21.36 | 0.12 | 3,5-二甲基苯酚 |
| 146 | 21.45 | 0.15 | 亚油酸 |
| 147 | 21.55 | 0.07 | 亚油酸 |
| 148 | 21.66 | 0.19 | 辛酸 |
| 149 | 21.82 | 0.09 | 十四烷 |
| 150 | 21.95 | 0.21 | (Z)-8-十二烯-1-醇 |
| 151 | 22.01 | 0.32 | 甲酚 |
| 152 | 22.13 | 1.10 | 邻苯二酚 |
| 153 | 22.24 | 0.19 | 2-甲基-1-亚甲基-3-(1-甲基乙烯基)-环戊烷 |
| 154 | 22.40 | 0.14 | 亚油酸 |
| 155 | 22.48 | 0.24 | 2,3-二氢苯并呋喃 |
| 156 | 22.55 | 0.21 | 5-癸烯-1-醇 |

| 序号 | 保留时间/min | 面积百分比/% | 物质名称 |
|---|---|---|---|
| 157 | 22.69 | 0.26 | 松节油 |
| 158 | 22.77 | 0.08 | 亚油酸 |
| 159 | 22.90 | 1.30 | 5-羟甲基糠醛 |
| 160 | 23.00 | 0.14 | 亚油酸 |
| 161 | 23.04 | 0.03 | (9$Z$,12$Z$)-十八碳-9,12-二烯醛 |
| 162 | 23.08 | 0.10 | 亚油酸 |
| 163 | 23.10 | 0.05 | 亚油酸 |
| 164 | 23.12 | 0.09 | 亚油酸 |
| 165 | 23.19 | 0.14 | 亚油酸 |
| 166 | 23.24 | 0.20 | 亚油酸 |
| 167 | 23.34 | 0.86 | 3-甲基-2,4-戊二酮 |
| 168 | 23.42 | 0.45 | 2-甲基-1,3-苯二酚 |
| 169 | 23.53 | 0.44 | 4-甲氧基苯硫酚 |
| 170 | 23.61 | 0.22 | (9$Z$,12$Z$)-十八碳-9,12-二烯醛 |
| 171 | 23.79 | 0.71 | 4-甲基-5-(2-氧亚丙基)-5$H$-呋喃-2-酮 |
| 172 | 23.85 | 0.30 | 亚油酸 |
| 173 | 23.89 | 0.12 | 亚油酸 |
| 174 | 23.99 | 1.62 | 4-甲基邻苯二酚 |
| 175 | 24.14 | 0.28 | 亚油酸 |
| 176 | 24.23 | 0.97 | 1,3-O-乙酰基-$\alpha$-$\beta$-D-核糖吡喃糖 |
| 177 | 24.31 | 0.34 | 亚油酸 |
| 178 | 24.46 | 1.54 | 4-乙烯基-2-甲氧基苯酚 |
| 179 | 24.54 | 0.30 | 亚油酸 |
| 180 | 24.56 | 0.13 | 亚油酸 |
| 181 | 24.60 | 0.26 | 亚油酸 |
| 182 | 24.72 | 0.24 | 亚油酸 |
| 183 | 24.77 | 0.35 | 亚油酸 |
| 184 | 24.82 | 0.32 | 亚油酸 |
| 185 | 24.88 | 0.40 | 亚油酸 |
| 186 | 24.95 | 0.33 | 亚油酸 |
| 187 | 24.98 | 0.39 | 亚油酸 |
| 188 | 25.07 | 0.82 | 2,6-二甲氧基苯酚 |
| 189 | 25.13 | 0.14 | 亚油酸 |
| 190 | 25.18 | 0.63 | 2-甲氧基-5-1-丙烯基苯酚 |
| 191 | 25.23 | 0.23 | 亚油酸 |
| 192 | 25.29 | 1.08 | 亚油酸 |

| 序号 | 保留时间/min | 面积百分比/% | 物质名称 |
|---|---|---|---|
| 193 | 25.44 | 0.73 | 亚油酸 |
| 194 | 25.55 | 0.51 | 亚油酸 |
| 195 | 25.59 | 0.59 | 2-氟-1,3,5-三甲基苯 |
| 196 | 25.69 | 3.51 | 邻苯三酚 |
| 197 | 25.90 | 0.45 | 5-甲基-3-吡唑甲酸 |
| 198 | 25.95 | 0.90 | 香草醛,戊醚 |
| 199 | 26.00 | 0.60 | 异丁香酚 |
| 200 | 26.07 | 1.04 | 亚油酸 |
| 201 | 26.18 | 0.73 | E-2-甲基-3-十四烯-1-醇乙酸酯 |
| 202 | 26.23 | 0.34 | 亚油酸 |
| 203 | 26.27 | 0.52 | 亚油酸 |
| 204 | 26.41 | 0.28 | 亚油酸 |
| 205 | 26.53 | 0.90 | 亚油酸 |
| 206 | 26.57 | 0.72 | 亚油酸 |
| 207 | 26.66 | 1.62 | 异丁香酚 |
| 208 | 26.82 | 1.02 | 亚油酸 |
| 209 | 27.00 | 0.76 | 亚油酸 |
| 210 | 27.08 | 0.89 | 亚油酸 |
| 211 | 27.19 | 0.53 | 亚油酸 |
| 212 | 27.25 | 0.22 | 亚油酸 |
| 213 | 27.32 | 0.92 | 亚油酸 |
| 214 | 27.43 | 0.71 | 亚油酸 |
| 215 | 27.63 | 0.49 | 亚油酸 |
| 216 | 27.76 | 0.98 | 11-十二烯-1-醇三氟乙酸盐 |
| 217 | 27.82 | 0.73 | 11-十二烯-1-醇三氟乙酸盐 |
| 218 | 27.86 | 0.39 | 1,6-脱水-$\beta$-D-吡喃葡萄糖 |
| 219 | 27.89 | 0.16 | 2-羟基-(Z)-9-十五碳烯基丙酸酯 |
| 220 | 28.02 | 2.17 | 1-(4-羟基-3-甲氧苯基)-2-丙酮 |
| 221 | 28.12 | 1.04 | D-阿洛糖 |
| 222 | 28.21 | 1.51 | 1,6-脱水-$\beta$-D-葡萄糖 |
| 223 | 28.33 | 3.02 | 1,6-脱水-$\beta$-D-葡萄糖 |
| 224 | 28.47 | 2.15 | 1,6-脱水-$\beta$-D-葡萄糖 |
| 225 | 28.63 | 0.37 | 亚油酸 |
| 226 | 28.70 | 1.40 | 亚油酸 |
| 227 | 28.91 | 0.39 | 亚油酸 |
| 228 | 28.97 | 0.40 | 亚油酸 |

| 序号 | 保留时间/min | 面积百分比/% | 物质名称 |
|---|---|---|---|
| 229 | 29.14 | 0.45 | 亚油酸 |
| 230 | 29.22 | 0.31 | 亚油酸 |
| 231 | 29.25 | 0.25 | 亚油酸 |
| 232 | 29.29 | 0.36 | 亚油酸 |
| 233 | 29.38 | 0.14 | 亚油酸 |
| 234 | 29.45 | 0.58 | 亚油酸 |
| 235 | 29.52 | 0.14 | 亚油酸 |
| 236 | 29.53 | 0.60 | 亚油酸 |
| 237 | 29.83 | 1.57 | 亚油酸 |
| 238 | 30.09 | 0.26 | 亚油酸 |
| 239 | 30.16 | 0.42 | 4-羟基-3-甲氧基苯丙醇 |
| 240 | 30.23 | 0.23 | 亚油酸 |
| 241 | 30.39 | 0.63 | 亚油酸 |
| 242 | 30.61 | 0.18 | 亚油酸 |
| 243 | 31.04 | 0.16 | 亚油酸 |
| 244 | 31.14 | 0.38 | 2,6-二甲氧基-4-(1-烯丙基)苯酚 |
| 245 | 31.68 | 0.01 | 亚油酸 |
| 246 | 31.71 | 0.01 | 14-甲基-8-十六碳烯-1-醇 |
| 247 | 31.75 | 0.02 | 亚油酸 |
| 248 | 32.02 | 0.13 | 亚油酸 |
| 249 | 32.16 | 0.14 | 亚油酸 |
| 250 | 32.83 | 0.01 | 亚油酸 |
| 251 | 32.94 | 0.16 | 亚油酸 |
| 252 | 33.03 | 0.06 | 亚油酸 |
| 253 | 33.08 | 0.06 | 亚油酸 |
| 254 | 33.14 | 0.09 | 亚油酸 |
| 255 | 33.19 | 0.06 | 亚油酸 |
| 256 | 33.28 | 0.22 | 亚油酸 |
| 257 | 33.32 | 0.07 | 亚油酸 |
| 258 | 33.38 | 0.09 | 亚油酸 |
| 259 | 33.42 | 0.06 | 亚油酸 |
| 260 | 33.51 | 0.20 | 亚油酸 |
| 261 | 33.53 | 0.11 | 亚油酸 |
| 262 | 33.59 | 0.12 | 亚油酸 |
| 263 | 33.63 | 0.11 | 亚油酸 |
| 264 | 33.65 | 0.19 | 亚油酸 |

| 序号 | 保留时间/min | 面积百分比/% | 物质名称 |
|---|---|---|---|
| 265 | 33.83 | 0.36 | 亚油酸 |
| 266 | 33.87 | 0.12 | 亚油酸 |
| 267 | 33.92 | 0.07 | 亚油酸 |
| 268 | 34.01 | 0.33 | 亚油酸 |
| 269 | 34.05 | 0.11 | 亚油酸 |
| 270 | 34.08 | 0.27 | 亚油酸 |
| 271 | 34.14 | 0.31 | 亚油酸 |
| 272 | 34.50 | 0.29 | 亚油酸 |
| 273 | 35.06 | 0.30 | 亚油酸 |
| 274 | 36.06 | 0.62 | 亚油酸 |
| 275 | 36.86 | 0.21 | 亚油酸 |
| 276 | 37.73 | 0.05 | 亚油酸 |
| 277 | 39.25 | 0.79 | 棕榈酸 |
| 278 | 40.71 | 0.02 | 亚油酸 |

表 2-15　山茱萸果核 $Ag/Fe_2O_3$ 催化后 PY-GC-MS 检索结果

| 序号 | 保留时间/min | 面积百分比/% | 物质名称 |
|---|---|---|---|
| 1 | 4.05 | 2.47 | DL-丙氨酸 |
| 2 | 4.14 | 1.93 | 二氧化碳 |
| 3 | 4.29 | 2.57 | 乙醛 |
| 4 | 4.44 | 0.04 | 二氧化丁二烯 |
| 5 | 4.48 | 0.22 | 二氧化丁二烯 |
| 6 | 4.65 | 1.65 | 1-戊烯 |
| 7 | 4.76 | 0.28 | 1,2-戊二烯 |
| 8 | 4.82 | 0.08 | 反-2-戊烯 |
| 9 | 4.89 | 0.24 | 1,3-戊二烯 |
| 10 | 5.01 | 0.52 | 1,3-环戊二烯 |
| 11 | 5.06 | 0.20 | 2-丙烯-1-醇 |
| 12 | 5.15 | 0.54 | 甲酸 |
| 13 | 5.27 | 0.27 | 甲基丙烯醛 |
| 14 | 5.37 | 0.12 | 1-丙烯基环丙烷 |
| 15 | 5.47 | 0.92 | $N,N$-二氨基乙烷-1,2-二亚胺 |
| 16 | 5.53 | 0.15 | 1,3-二羟基丙酮二聚体 |
| 17 | 5.58 | 0.28 | 2-丁酮 |
| 18 | 5.65 | 0.53 | 2-甲基呋喃 |

| 序号 | 保留时间 /min | 面积百分比/% | 物质名称 |
|---|---|---|---|
| 19 | 5.79 | 0.21 | 乙二环丁烷 |
| 20 | 5.89 | 0.06 | (丁氧基甲基)-环氧乙烷 |
| 21 | 5.97 | 0.14 | 1,4-己二烯 |
| 22 | 6.23 | 0.78 | 醋酸 |
| 23 | 6.31 | 0.55 | 醋酸 |
| 24 | 6.44 | 1.79 | 醋酸 |
| 25 | 6.50 | 0.24 | 醋酸 |
| 26 | 6.62 | 2.54 | 醋酸 |
| 27 | 6.71 | 1.25 | 醋酸 |
| 28 | 6.77 | 0.24 | 4-亚甲环戊烯 |
| 29 | 6.82 | 0.11 | 3-甲基-3-丁烯-2-酮 |
| 30 | 6.94 | 0.60 | 1-羟基-2-丙酮 |
| 31 | 7.12 | 0.42 | 1-庚烯 |
| 32 | 7.22 | 0.15 | 2,3-戊二酮 |
| 33 | 7.30 | 0.09 | 庚烷 |
| 34 | 7.37 | 0.10 | 丁氧基甲基环氧乙烷 |
| 35 | 7.52 | 0.31 | 2-乙基呋喃 |
| 36 | 7.67 | 0.08 | 2-乙烯基-2-丁烯醛 |
| 37 | 7.75 | 0.07 | 1-甲氧基-2-甲基-丙烷 |
| 38 | 7.83 | 0.02 | 2-甲基-2,4-己二烯 |
| 39 | 7.87 | 0.04 | 庚烯 |
| 40 | 7.92 | 0.13 | 2-乙烯基呋喃 |
| 41 | 8.07 | 0.07 | 2,3-二氧代-O,O'-二乙酰基-丁腈 |
| 42 | 8.35 | 0.19 | 2,5-二甲基呋喃 |
| 43 | 8.44 | 0.12 | 丙酸 |
| 44 | 8.54 | 0.10 | 丙酸 |
| 45 | 8.62 | 0.11 | 3-甲基-2,3-二氢呋喃 |
| 46 | 8.74 | 0.29 | 吡咯 |
| 47 | 8.80 | 0.21 | 2-丙烯酸 |
| 48 | 8.95 | 0.11 | 吡啶 |
| 49 | 9.09 | 0.68 | 甲苯 |
| 50 | 9.23 | 0.56 | 乙酸,甲酯 |
| 51 | 9.44 | 0.08 | (E)-3-己烯-1-醇,乙酸酯 |
| 52 | 9.47 | 0.09 | 1,3-环庚二烯 |
| 53 | 9.57 | 0.11 | 丙醛 |
| 54 | 9.68 | 0.18 | 顺式-1-丁基-2-甲基环丙烷 |
| 55 | 9.79 | 0.32 | 丙酮酸甲酯 |
| 56 | 9.97 | 0.27 | 己醛 |

| 序号 | 保留时间<br>/min | 面积百分<br>比/% | 物质名称 |
|------|------|------|------|
| 57 | 10.02 | 0.13 | 肌氨酸 |
| 58 | 10.14 | 0.36 | 3-氨基-1,2,4-三氮唑 |
| 59 | 10.39 | 0.04 | 3-糠醛 |
| 60 | 10.44 | 0.04 | 3-糠醛 |
| 61 | 10.64 | 0.03 | 乙酸庚酯 |
| 62 | 10.73 | 0.09 | 3-环庚烯-1-酮 |
| 63 | 10.82 | 0.05 | 丙二酸 |
| 64 | 10.87 | 0.04 | 3,4-二羟基-5-甲基二氢呋喃-2-酮 |
| 65 | 10.96 | 0.12 | 2-甲基呋喃 |
| 66 | 11.13 | 1.85 | 糠醛 |
| 67 | 11.22 | 0.20 | 2-甲基吡啶 |
| 68 | 11.32 | 0.11 | N-氨基亚氨基甲基乙酰胺 |
| 69 | 11.53 | 0.03 | 3,5-辛二烯 |
| 70 | 11.59 | 0.04 | 2,4-辛二烯 |
| 71 | 11.68 | 0.08 | 马来酸酐 |
| 72 | 11.78 | 0.08 | 马来酸酐 |
| 73 | 11.87 | 0.37 | 2-呋喃甲醇 |
| 74 | 11.98 | 0.17 | 1,3-二甲基苯 |
| 75 | 12.21 | 0.26 | 1-(乙酰氧基)-2-丙酮 |
| 76 | 12.32 | 0.02 | 顺 4,6-八烯醇 |
| 77 | 12.42 | 0.05 | 3-甲基呋喃 |
| 78 | 12.46 | 0.08 | 2-丁烯酸 |
| 79 | 12.55 | 0.11 | 庚烯烃 |
| 80 | 12.66 | 0.03 | 3-甲基吡啶 |
| 81 | 12.74 | 0.08 | 3-氨基-1,2,4-三嗪 |
| 82 | 12.79 | 0.07 | 2,5-二叔丁基-3,4-双(三氟甲基)-硫代-3,4-二腈 |
| 83 | 12.84 | 0.14 | 1-壬烯 |
| 84 | 12.95 | 0.16 | 苯乙烯 |
| 85 | 13.03 | 0.08 | 邻二甲苯 |
| 86 | 13.08 | 0.09 | 3-乙酰氨基-s-三唑 |
| 87 | 13.21 | 0.03 | 庚醛 |
| 88 | 13.27 | 0.02 | 环辛烯 |
| 89 | 13.38 | 0.08 | 5,6-二氢-2H-吡喃-2-酮 |
| 90 | 13.43 | 0.05 | 2(Z)-丁烯酸甲酯 |
| 91 | 13.54 | 0.11 | 2-甲基-2-环戊烯-1-酮 |
| 92 | 13.65 | 0.09 | 1-(2-呋喃基)-乙酮 |
| 93 | 13.78 | 0.12 | 4-羟基丁酸 |
| 94 | 13.84 | 0.18 | 2(5H)-呋喃酮 |

| 序号 | 保留时间/min | 面积百分比/% | 物质名称 |
|---|---|---|---|
| 95 | 13.96 | 0.08 | 1,3-辛二烯 |
| 96 | 14.04 | 0.03 | 乙烯基亚甲基环丙烷 |
| 97 | 14.16 | 0.07 | 3-呋喃甲醇 |
| 98 | 14.20 | 0.14 | 庚基酯甲酸 |
| 99 | 14.37 | 0.51 | 2-羟基-2-环戊烯-1-酮 |
| 100 | 14.55 | 0.03 | 4-甲基-1,4-庚二烯 |
| 101 | 14.63 | 0.04 | 5,6-二氢-2$H$-吡喃-2-酮 |
| 102 | 14.69 | 0.08 | 二氢-3-亚甲基-2,5-呋喃二酮 |
| 103 | 14.77 | 0.04 | 2-丙烯基苯 |
| 104 | 14.88 | 0.04 | 2-甲氧基吡啶 |
| 105 | 14.93 | 0.04 | 3,5,5-三甲基环己烯 |
| 106 | 15.04 | 0.09 | 4-羟基丁酸 |
| 107 | 15.11 | 0.03 | 1,3-环辛二烯 |
| 108 | 15.20 | 0.07 | 无水醋酸钠 |
| 109 | 15.26 | 0.06 | 反式乙氧基-1-丁烯 |
| 110 | 15.30 | 0.06 | 苯乙酮 |
| 111 | 15.40 | 0.48 | 5-甲基-2-呋喃甲醛 |
| 112 | 15.49 | 0.05 | 2-乙基-4,5-二氢-4-甲基-1$H$-咪唑 |
| 113 | 15.55 | 0.15 | 3-甲基-2-环戊烯-1-酮 |
| 114 | 15.76 | 0.09 | 5,6-二氢-2$H$-吡喃-2-酮 |
| 115 | 15.94 | 0.77 | 苯酚 |
| 116 | 16.14 | 0.11 | 1-癸烯 |
| 117 | 16.20 | 0.08 | 2-甲氧基吡啶 |
| 118 | 16.30 | 0.03 | 丙基苯 |
| 119 | 16.39 | 0.07 | 2-丙烯基苯 |
| 120 | 16.46 | 0.06 | 2-丙烯基苯 |
| 121 | 16.52 | 0.06 | 苯并呋喃 |
| 122 | 16.72 | 0.74 | 2-甲基亚氨基二氢-1,3-噁嗪 |
| 123 | 16.74 | 0.29 | 二氢-2,4(1$H$,3$H$)-嘧啶二酮 |
| 124 | 16.82 | 0.04 | 顺式-3-己烯酸 |
| 125 | 16.89 | 0.06 | 己酸 |
| 126 | 16.97 | 0.11 | 己酸 |
| 127 | 17.03 | 0.02 | (1$Z$,4$Z$)-1,4-环辛二烯 |
| 128 | 17.07 | 0.02 | 4,5,6,7-四氢-3$H$-环戊二烯并[$b$]吡喃-2-酮 |
| 129 | 17.25 | 0.04 | 3-环戊基环戊烯 |
| 130 | 17.31 | 0.04 | 1$H$-吡咯-2-甲醛 |
| 131 | 17.42 | 0.15 | 2-丙烯基苯 |
| 132 | 17.57 | 0.02 | 2-甲基-2-环己烯-1-酮 |

| 序号 | 保留时间/min | 面积百分比/% | 物质名称 |
|---|---|---|---|
| 133 | 17.82 | 0.35 | 3-甲基-1,2-环戊二酮 |
| 134 | 17.99 | 0.06 | 2,3-二甲基-2-环戊烯-1-酮 |
| 135 | 18.05 | 0.15 | 环丙基苯 |
| 136 | 18.12 | 0.09 | 茚 |
| 137 | 18.18 | 0.09 | 4-甲基-5$H$-呋喃-2-酮 |
| 138 | 18.33 | 0.27 | (1$Z$,4$Z$)-环辛-1,4-二烯 |
| 139 | 18.40 | 0.13 | 2-羟基苯甲醛 |
| 140 | 18.52 | 0.03 | $\delta$-十二内酯 |
| 141 | 18.65 | 0.05 | 3-壬烯-1-醇 |
| 142 | 18.75 | 0.01 | 1-甲基-2-丙基苯 |
| 143 | 18.79 | 0.04 | 均三甲苯 |
| 144 | 18.95 | 0.51 | 对甲酚 |
| 145 | 19.07 | 0.06 | 地衣酚 |
| 146 | 19.13 | 0.04 | 2-甲基-2,3-二乙烯氧基硅烷 |
| 147 | 19.20 | 0.04 | 3-甲基-2-去甲香酮 |
| 148 | 19.30 | 0.11 | 3($E$)-十三碳烯 |
| 149 | 19.34 | 0.06 | 呋喃基羟甲基酮 |
| 150 | 19.44 | 0.40 | 2-甲基苯酚 |
| 151 | 19.51 | 0.12 | 2-甲基-6-亚基-7-辛烯-4-醇 |
| 152 | 19.58 | 0.10 | 2-甲基-6-亚甲基-7-辛烯-4-醇 |
| 153 | 19.72 | 0.23 | 正丁基苯 |
| 154 | 19.79 | 0.06 | 二环亚丁基氧化物 |
| 155 | 19.90 | 0.11 | 2-甲氧基苯酚 |
| 156 | 19.98 | 0.05 | 2-甲基苯并呋喃 |
| 157 | 20.11 | 0.12 | 2-氨基甲基-5-甲基氨基-1,3,4-噁二唑 |
| 158 | 20.22 | 0.07 | 庚烯 |
| 159 | 20.28 | 0.18 | 3-羟基吡啶单乙酸酯 |
| 160 | 20.35 | 0.05 | 麦芽酚 |
| 161 | 20.42 | 0.12 | 3-甲基-2,4(3$H$,5$H$)-呋喃二酮 |
| 162 | 20.52 | 0.07 | 1$R$-4-乙酰氨基-2,3-顺式环氧环己醇 |
| 163 | 20.64 | 0.11 | $N$,$N$-二乙基硫脲 |
| 164 | 20.77 | 0.08 | 苄腈 |
| 165 | 20.92 | 0.61 | 2,6-二甲基苯酚 |
| 166 | 21.07 | 0.32 | 1-甲基-1$H$-茚 |
| 167 | 21.17 | 0.35 | 戊基苯 |
| 168 | 21.28 | 0.07 | 1-氯-6-甲基环己烯 |
| 169 | 21.36 | 0.16 | 3-乙基苯酚 |
| 170 | 21.41 | 0.17 | 戊基苯 |

| 序号 | 保留时间/min | 面积百分比/% | 物质名称 |
|---|---|---|---|
| 171 | 21.48 | 0.14 | 1,3-丁二烯基苯 |
| 172 | 21.57 | 0.05 | 2-甲基-5-(1-甲基乙基)-环己醇 |
| 173 | 21.64 | 0.11 | 3-乙基苯酚 |
| 174 | 21.72 | 0.05 | 3,7,7-三甲基双环庚烷 |
| 175 | 21.82 | 0.33 | 癸醛 |
| 176 | 21.91 | 0.09 | 辛酸 |
| 177 | 21.97 | 0.13 | 1-亚甲基-1$H$-茚 |
| 178 | 22.03 | 0.42 | 甲酚 |
| 179 | 22.28 | 1.12 | 邻苯二酚 |
| 180 | 22.32 | 0.57 | 邻苯二酚 |
| 181 | 22.46 | 0.53 | 3,5-二羟基-2-甲基-4$H$-吡喃-4-酮 |
| 182 | 22.55 | 0.44 | 2,3-二氢苯并呋喃 |
| 183 | 22.71 | 0.36 | 2,3,5-三甲基苯酚 |
| 184 | 22.85 | 0.08 | 1-甲氧基-1,3-环己二烯 |
| 185 | 22.95 | 0.39 | 4-乙基-3-甲基苯酚 |
| 186 | 23.04 | 0.34 | 5-羟甲基糠醛 |
| 187 | 23.08 | 0.41 | 5-羟甲基糠醛 |
| 188 | 23.15 | 0.16 | 1,4-苯二甲醛 |
| 189 | 23.28 | 0.07 | 1,11-十三碳二烯 |
| 190 | 23.35 | 0.17 | 4,5-二氢-3-糠酸 |
| 191 | 23.40 | 0.25 | 2,3,4a,6,7,9a-六氢-顺式-5$H$-环庚-1,4-二噁英 |
| 192 | 23.47 | 0.93 | 3-甲基-3-环己烯-1-甲醛 |
| 193 | 23.60 | 0.17 | 3-甲氧基邻苯二酚 |
| 194 | 23.63 | 0.29 | 2-甲基-5-羟基苯 |
| 195 | 23.76 | 0.23 | 4-羟基-3-甲基-2-(2-丙烯基)-2-环戊烯-1-酮 |
| 196 | 23.82 | 0.14 | 4-乙基-2-甲氧基苯酚 |
| 197 | 23.86 | 0.20 | 1-十三烯 |
| 198 | 23.92 | 0.11 | 间苯二酚 |
| 199 | 23.99 | 0.23 | 2,3-二氢-2-甲基苯并呋喃 |
| 200 | 24.11 | 1.43 | 4-甲基邻苯二酚 |
| 201 | 24.24 | 0.15 | 双环[4,4,1]十一碳 1,3,5,7,9-五烯 |
| 202 | 24.35 | 0.79 | 1,3-二-O-乙酰基-$\beta$-D-吡喃核糖 |
| 203 | 24.49 | 0.80 | 2-甲氧基-4-乙烯基苯酚 |
| 204 | 24.57 | 0.15 | 苯并环庚烷 |
| 205 | 24.63 | 0.23 | 顺式-8-乙基-二环[4,3,0]壬-3-烯 |
| 206 | 24.71 | 0.15 | 2,3-二甲基苯酚 |
| 207 | 24.76 | 0.09 | 油醇 |
| 208 | 24.83 | 0.27 | 3-异丙氧基-5-甲基苯酚 |

| 序号 | 保留时间/min | 面积百分比/% | 物质名称 |
|---|---|---|---|
| 209 | 24.86 | 0.18 | 4-(2-丙烯基)苯酚 |
| 210 | 24.93 | 0.18 | 4-甲氧基-1,3-苯二胺 |
| 211 | 24.99 | 0.17 | 2-(2-辛烯基)-环戊酮 |
| 212 | 25.02 | 0.16 | 5-甲基-苯并[b]噻吩 |
| 213 | 25.11 | 0.35 | 2,6-二甲氧基苯酚 |
| 214 | 25.15 | 0.19 | 2,5-二甲基对苯二酚 |
| 215 | 25.21 | 0.31 | 3-烯丙基-6-甲氧基苯酚 |
| 216 | 25.24 | 0.25 | 苯乙酰胺 |
| 217 | 25.30 | 0.11 | 1-乙基-2,4,5-三甲基苯 |
| 218 | 25.35 | 0.28 | (6R)-7a 羟基-3,6-二甲基-5,6,7,7a-六四氢苯并呋喃-2(4H)-酮 |
| 219 | 25.39 | 0.17 | 2-氯乙基乙烯基硫醚 |
| 220 | 25.49 | 0.23 | 5-甲氧基苯并呋喃 |
| 221 | 25.56 | 0.30 | 1-十四烯 |
| 222 | 25.66 | 0.77 | 4-乙基苯磷二酚 |
| 223 | 25.86 | 1.68 | 邻苯三酚 |
| 224 | 25.89 | 0.96 | 邻苯三酚 |
| 225 | 26.02 | 1.04 | 邻苯三酚 |
| 226 | 26.10 | 0.55 | 邻苯三酚 |
| 227 | 26.23 | 0.55 | N-异丙基-N-丙基-三氟乙酰胺 |
| 228 | 26.30 | 0.22 | 邻苯三酚 |
| 229 | 26.34 | 0.51 | 1,2,4-苯三酚 |
| 230 | 26.48 | 0.25 | 1,2,4-苯三酚 |
| 231 | 26.55 | 0.32 | 1,2,4-苯三酚 |
| 232 | 26.61 | 0.33 | 1-(2,4-环戊二烯-1-亚基)乙基苯 |
| 233 | 26.69 | 0.59 | 反式异丁香酚 |
| 234 | 26.73 | 0.46 | 4-硝基邻苯二胺 |
| 235 | 26.86 | 0.47 | 4-(2,6,6-三甲基-2-环己烯-1-基)-2-丁酮 |
| 236 | 26.97 | 0.15 | 邻苯三酚 |
| 237 | 27.05 | 0.30 | 4-丙基间苯二酚 |
| 238 | 27.08 | 0.22 | 1-十五烯 |
| 239 | 27.15 | 0.15 | 8-硫杂二环[3.2.1]辛-2-烯 |
| 240 | 27.19 | 0.16 | 间苯三酚 |
| 241 | 27.23 | 0.29 | 2-(丁硫基)苯酚 |
| 242 | 27.32 | 0.18 | 8,9-二氢-[1,2,5]噁二唑并[3,4-b][1,4]二氮杂辛-5,7(4H,6H)-二酮 |
| 243 | 27.39 | 0.35 | 4-羟基-3-甲氧基-苯甲酸甲酯 |
| 244 | 27.48 | 0.41 | 3-甲氧基苯胺 |
| 245 | 27.66 | 0.34 | 双环[5,2,0]壬-1-烯 |
| 246 | 27.76 | 0.36 | 8,9-二氢-[1,2,5]噁二唑并[3,4-b][1,4]二氮杂辛-5,7(4H,6H)-二酮 |

| 序号 | 保留时间/min | 面积百分比/% | 物质名称 |
|---|---|---|---|
| 247 | 27.86 | 0.17 | 5-(2-甲基亚丙基)-2,4,6(1$H$,3$H$,5$H$)-嘧啶三酮 |
| 248 | 27.91 | 0.20 | 正十六烷酸 |
| 249 | 27.99 | 0.40 | 2-氨基-1-(4-硝基苯基)-1,3-丙二醇 |
| 250 | 28.07 | 0.49 | 1-(4-羟基-3-甲氧基苯基)-2-丙酮 |
| 251 | 28.16 | 0.32 | 1,6-脱水-$\beta$-D-葡萄糖 |
| 252 | 28.22 | 0.55 | 1,6-脱水-$\beta$-D-葡萄糖 |
| 253 | 28.35 | 0.88 | 1,6-脱水-$\beta$-D-葡萄糖 |
| 254 | 28.54 | 2.60 | 3,4-Altrosan |
| 255 | 28.66 | 0.45 | 1,6-脱水-$\beta$-D-葡萄糖 |
| 256 | 28.71 | 0.69 | 1,6-脱水-$\beta$-D-葡萄糖 |
| 257 | 28.84 | 1.19 | 阿洛糖 |
| 258 | 29.01 | 2.11 | 1,6-脱水-$\beta$-D-葡萄糖 |
| 259 | 29.06 | 0.84 | 阿洛糖 |
| 260 | 29.18 | 0.35 | 1-(4-甲基苯基)-2-(三甲基甲硅烷基)-肼 |
| 261 | 29.30 | 0.16 | 6-甲基-4-丙-2-上-3-丙基-2,6-二氧代-4,5,6,7-四氢-1,2,3-三唑并[4,5-$d$]嘧啶 |
| 262 | 29.40 | 0.38 | $N$-[4-溴-正丁基]-2-哌啶酮 |
| 263 | 29.49 | 0.12 | $N$-(4-羟基环己基)-乙酰胺 |
| 264 | 29.53 | 0.07 | 顺式-1,3-二乙酰氨基环己烷 |
| 265 | 29.56 | 0.09 | 雌甾-1,3,5(10)-三烯 17-$\beta$-醇 |
| 266 | 29.58 | 0.27 | 棕榈酸 |
| 267 | 29.88 | 0.28 | $N$-甲基-$N$-4-硝基苯基甲酰胺 |
| 268 | 29.97 | 0.13 | 反式-3-己烯酸 |
| 269 | 30.06 | 0.21 | 6-$O$-[1-甲基丙基]-$\beta$-D-吡喃半乳糖苷甲酯 |
| 270 | 30.13 | 0.19 | 反式阿魏酸 |
| 271 | 30.25 | 0.49 | 4-羟基-3-甲氧基苯丙醇 |
| 272 | 30.36 | 0.41 | 7-溴甲基-五联-7-烯 |
| 273 | 30.47 | 0.35 | $N$,$O$-双(甲基)-2-氨基-4-硝基苯酚 |
| 274 | 30.62 | 0.12 | 正十六烷酸 |
| 275 | 30.75 | 0.28 | 2,3-二甲基苯酚 |
| 276 | 30.93 | 0.53 | 9,12-十八碳二烯酸甲酯 |
| 277 | 31.08 | 0.11 | 7-羟基-3-(1,1-二甲基丙-2-烯基)香豆素 |
| 278 | 31.19 | 0.35 | ($E$)-2,6-二甲氧基-4-(丙-1-烯-1-基)苯酚 |
| 279 | 31.41 | 0.52 | 油酸甲酯 |
| 280 | 31.60 | 0.18 | 十氢-1,5-萘二酚 |
| 281 | 31.82 | 0.15 | 糠醛苯腙 |
| 282 | 31.94 | 0.22 | 2-羟基环十五酮 |
| 283 | 32.13 | 0.29 | 14-十五碳烯酸 |
| 284 | 32.29 | 0.11 | 十四烷酸 |

| 序号 | 保留时间/min | 面积百分比/% | 物质名称 |
|---|---|---|---|
| 285 | 32.89 | 0.02 | 2-甲基-9-β-D-呋喃核苷次黄嘌呤 |
| 286 | 33.04 | 0.11 | 3,5-二甲氧基-4-羟基苯乙酸 |
| 287 | 33.42 | 0.04 | 5-丁基-1,3-氧硫环戊烷-2-酮 |
| 288 | 33.50 | 0.01 | 5-丁基-1,3-氧硫环戊烷-2-酮 |
| 289 | 34.08 | 0.04 | 亚油酸 |
| 290 | 34.35 | 0.13 | 亚油酸 |
| 291 | 34.41 | 0.07 | 亚油酸 |
| 292 | 34.47 | 0.05 | 亚油酸 |
| 293 | 34.59 | 0.15 | 亚油酸 |
| 294 | 34.67 | 0.20 | 亚油酸 |
| 295 | 34.85 | 0.15 | 亚油酸 |
| 296 | 34.91 | 0.11 | 亚油酸 |
| 297 | 35.08 | 0.38 | 亚油酸 |
| 298 | 35.23 | 0.28 | 亚油酸 |
| 299 | 35.37 | 0.22 | 亚油酸 |
| 300 | 35.49 | 0.33 | 亚油酸 |
| 301 | 35.53 | 0.11 | 亚油酸 |
| 302 | 35.57 | 0.16 | 亚油酸 |
| 303 | 35.64 | 0.07 | 亚油酸 |
| 304 | 35.86 | 0.63 | 亚油酸 |
| 305 | 35.89 | 0.09 | 亚油酸 |
| 306 | 35.93 | 0.07 | 亚油酸 |
| 307 | 35.97 | 0.19 | 亚油酸 |
| 308 | 36.17 | 0.65 | 亚油酸 |
| 309 | 36.28 | 0.40 | 亚油酸 |
| 310 | 36.34 | 0.14 | 亚油酸 |
| 311 | 36.41 | 0.29 | 亚油酸 |
| 312 | 36.55 | 0.45 | 亚油酸 |
| 313 | 36.58 | 0.21 | 亚油酸 |
| 314 | 36.63 | 0.19 | 亚油酸 |
| 315 | 36.74 | 0.38 | 亚油酸 |
| 316 | 36.77 | 0.15 | 亚油酸 |
| 317 | 36.81 | 0.33 | 亚油酸 |
| 318 | 36.89 | 0.06 | 亚油酸 |
| 319 | 36.90 | 0.18 | 亚油酸 |
| 320 | 36.98 | 0.20 | 亚油酸 |
| 321 | 37.02 | 0.33 | 亚油酸 |
| 322 | 37.11 | 0.43 | 亚油酸 |

| 序号 | 保留时间<br>/min | 面积百分<br>比/% | 物质名称 |
|---|---|---|---|
| 323 | 37.25 | 0.19 | 亚油酸 |
| 324 | 37.48 | 0.18 | 亚油酸 |
| 325 | 37.54 | 0.08 | 亚油酸 |
| 326 | 37.63 | 0.31 | 亚油酸 |
| 327 | 37.75 | 0.12 | 亚油酸 |
| 328 | 37.79 | 0.06 | 亚油酸 |
| 329 | 37.81 | 0.07 | 亚油酸 |
| 330 | 37.87 | 0.15 | 亚油酸 |
| 331 | 37.91 | 0.07 | 亚油酸 |
| 332 | 37.97 | 0.16 | 亚油酸 |
| 333 | 38.05 | 0.05 | 亚油酸 |
| 334 | 38.11 | 0.14 | 亚油酸 |
| 335 | 38.14 | 0.05 | 亚油酸 |
| 336 | 38.32 | 0.46 | 亚油酸 |
| 337 | 38.35 | 0.22 | 亚油酸 |
| 338 | 38.66 | 0.08 | 亚油酸 |
| 339 | 38.71 | 0.07 | 亚油酸 |
| 340 | 38.97 | 0.10 | 亚油酸 |
| 341 | 39.10 | 0.22 | 亚油酸 |
| 342 | 39.52 | 1.30 | 正十六烷酸 |
| 343 | 39.65 | 0.08 | 亚油酸 |
| 344 | 39.70 | 0.16 | 亚油酸 |
| 345 | 39.89 | 0.14 | 亚油酸 |
| 346 | 39.95 | 0.23 | 亚油酸 |
| 347 | 40.19 | 0.06 | 亚油酸 |
| 348 | 40.27 | 0.06 | 亚油酸 |
| 349 | 40.42 | 0.02 | 亚油酸 |
| 350 | 40.50 | 0.05 | 亚油酸 |
| 351 | 40.58 | 0.04 | 亚油酸 |
| 352 | 40.75 | 0.07 | 亚油酸 |
| 353 | 40.88 | 0.02 | 亚油酸 |

根据图 2-21 与表 2-13 结果显示，在催化剂 Ag 的作用下，山茱萸果核 PY-GC-MS 检测得到了 280 个峰，经鉴定一共有 243 种化合物。其中相对物质含量较高的有：醋酸（10.74%），邻苯三酚（6.31%），1，6-脱水-$\beta$-D-葡萄糖（6.21%），2-丁烯（3.67%），氟乙炔（3.15%），糠醛（2.59%），阿洛糖（1.98%），环丙基甲基甲醇（1.91%），4-甲基-1,2-苯二酚（1.79%），苯酚（1.21%），3-甲基-1-庚烯（1.15%），4-乙基儿茶酚（1.04%），甲苯（1.04%），2-甲基亚氨基二氢-1,3-噁嗪（1.01%），5-羟甲基糠醛

（0.99％），苯酚（0.98％），甲苯（0.93％），甲酸（0.87％）。

根据图 2-22 与表 2-14 结果显示，在催化剂 $Fe_2O_3$ 作用下，山茱萸果核 PY-GC-MS 检测得到了 278 个峰，经鉴定一共有 166 种化合物。其中相对物质含量较高的有：亚油酸（30.41％），1，6-脱水-$\beta$-D-葡萄糖（6.68％），氟乙炔（5.93％），醋酸（5.46％），邻苯三酚（3.51％），异丁香酚（2.22％），1-（4-羟基-3-甲氧基苯基）-2-丙酮（2.17％），环丁醇（2.16％），4-甲基邻苯二酚（1.62％），4-乙烯基-2-甲氧基苯酚（1.54％），糠醛（1.54％），丙酮氰醇（1.38％），5-羟甲基糖醛（1.30％），邻苯二酚（1.10％），D-阿洛糖（1.04％），棕榈酸（0.79％）。

根据图 2-23 与表 2-15 结果显示，在催化剂 $Ag/Fe_2O_3$ 共同催化作用下，山茱萸果核 PY-GC-MS 检测得到了 353 个峰，经鉴定一共有 249 种化合物。其中相对物质含量较高的有：亚油酸（11.53％），醋酸（7.15％），1，6-脱水-$\beta$-D-葡萄糖（5％），邻苯三酚（4.6％），乙醛（2.57％），DL-丙氨酸（2.47％），阿洛糖（2.03％），二氧化碳（1.93％），糠醛（1.85％），邻苯二酚（1.69％），1-戊烯（1.65％），4-甲基邻苯二酚（1.43％），3-甲基-3-环己烯-1-甲醛（0.93％），1,3-二-O-乙酰基-$\beta$-D-吡喃核糖（0.79％）和 4-乙基苯磷二酚（0.77％）。

图 2-24 按照保留时间对每个样品的裂解成分进行了分类。结果显示，添加了 nano-Ag 的山茱萸果核裂解产物在小于 5min 时发生裂解的组分占到 12.49％，保留时间在 5～15min 裂解组分占到 30.91％，保留时间在 15～25min 裂解组分占到 23.99％，保留时间在 25～35min 裂解组分占到 31.74％，而大于 35min 的裂解成分只有 0.87％。添加了 nano-$Fe_2O_3$ 的山茱萸果核裂解产物在小于 5min 时发生裂解的组分占到 9.48％，保留时间在 5～15min 裂解组分占到 23.76％，保留时间在 15～25min 裂解组分占到 22.49％，保留时间在 25～35min 裂解组分占到 32.33％，大于 33min 的裂解成分占到 11.95％。对

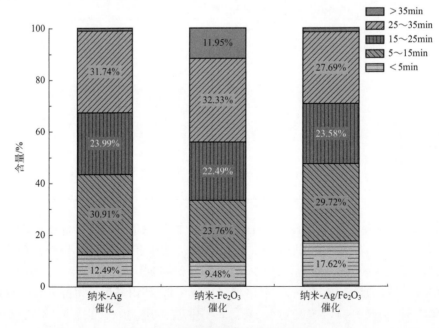

图 2-24　山茱萸果核催化裂解产物分布图

于添加了 nano-Ag/Fe$_2$O$_3$ 的山茱萸果核，当保留时间小于 5min 的组分占到 17.62%，保留时间在 5~15min 裂解组分占到 29.72%，保留时间在 15~25min 裂解组分占到 23.58%，保留时间在 25~35min 裂解组分占到 27.69%，保留时间大于 35min 只有 1.39%。

保留时间小于 5min 时，检测得到主要成分是少量有机酸和醛类物质。纳米 Ag/Fe$_2$O$_3$ 催化后的果核在这一部分中含量值高于其他两组。在纳米 Ag/Fe$_2$O$_3$ 共同催化下，将生物油切割成较小的分子，促进生物油组分的脱氧、脱羧和脱羰，同时生物油中的氧被作为 H$_2$O、CO$_2$ 和 CO 去除。除此之外，生物油还经过轻度的裂化、低聚、烷基化、异构化和其他反应，从而转化为含有 C$_1$~C$_2$ 的轻质烃，得到了低含氧液体产物[95,96]。脂肪醛类被还原成相应的小分子醇类物质。如反应式(2-1)所示：

$$\text{OH}\underset{\text{R}}{\overset{\text{O}}{\bigvee}} \xrightarrow[\text{(R=H,CH}_3\text{,C}_2\text{H}_5\text{)}]{\text{[H]}} \text{OH}\underset{\text{R}}{\bigvee}\text{OH} \tag{2-1}$$

保留时间在 5~25min 时，这一部分是裂解产物的主要分布时间段，主要化学成分是呋喃、环戊烯烃和酮类化合物，大多数呋喃和环戊烯类以及酮类化合物都来自半纤维素。由于其中 C═C 双键和 C═O 双键发生了还原反应，如反应式（2-2）所示。也正是这些物质中含有 C═C 和 C═O，因此具有化学活性，这是生物油不稳定的主要原因之一[97]。这些物质主要是 C5~C8，它们在转化为饱和度较高的物质后可直接用作车辆燃料，是制备生物燃料最主要的部分。

$$\overset{\text{O}}{\bigcirc} \xrightarrow{\text{[H]}} \overset{\text{O}}{\bigcirc} \xrightarrow{\text{[H]}} \overset{\text{OH}}{\bigcirc} \tag{2-2}$$

当保留时间超过 25min 时，主要是木质素热解后形成的酚类及其衍生物和一些酸类。这些酚类占到生物油含量的 22%~38%。根据酚类化合物的氢化还原产物的特性，一般可分为 3 种还原方式：a. 芳香族侧链中 C═C 的还原；b. 侧链中 C═O 的还原；c. 还原芳香环。根据 PY-GC-MS 的结果，纳米 Fe$_2$O$_3$ 催化的山茱萸果核在一阶段具有较高的分子量，可能原因是样品在加入 Fe$_2$O$_3$ 后发生了酯化和醛醇缩合反应，形成一系列脂肪醇、醛和羧酸。其中，在最后 30min 左右可看到大量的亚油酸。

## 2.4.3 资源化途径分析

经过纳米 Fe$_2$O$_3$ 和纳米 Ag/Fe$_2$O$_3$ 催化后的山茱萸果核中检测到了一定含量的亚油酸。亚油酸是一种脂肪酸，以甘油酯的形式存在于动植物油脂中。亚油酸作为人和动物营养中必要的一种化合物，缺乏亚油酸可能是会导致发育不良，皮肤和肾损伤等。同时，亚油酸可以与胆固醇结合后形成酯，从而促使胆固醇降解形成胆酸，排除体内[98,99]。因此，在医药上亚油酸可用作降脂药，用于预防和治疗动脉粥样硬化。除此之外，有报道显示，亚油酸的衍生物对与乳腺肿瘤细胞具有一定的抑制作用[100]。

DL-丙氨酸也是热裂解得到的产物之一。DL-丙氨酸是最甜的一种氨基酸，常用于食品加工行业，做调味品来增强调味效果，还可以改善人工甜味剂的味感，改善浸渍品的风味等。除此之外，还可用于生化研究，在医药上用于对肝功能的检测[101]。另一热解产物异丁香酚因其有特殊的香气，常用于应用于化妆品和皂用香精等产业，此外在牙科药物中也有应用[102]。棕榈酸则是化工产业的重要原材料，属于无毒型的天然脂肪酸。在工业上，棕榈酸常用于生产蜡烛、肥皂、润滑剂、涂料和增塑剂中。棕榈酸也具有特殊的香气和滋味，也可用于食用香料的加工。有研究显示，在一定浓度下棕榈酸能够促进对人成骨肉瘤细胞发生凋亡而具有一定的抗肿瘤作用[103]。

　　山茱萸果核经过催化裂解后得到了上百种的裂解产物，这些有机分子在工业、生物医药等行业都有着重要的发挥。因此，山茱萸果核具有重大研究价值与前景，应当得到人们的重视与关注，而不得被直接丢弃而被浪费。

## 参考文献

[1]　张聪，金德庄. 山茱萸的研究进展 [J]. 上海医药，2008（10）：464-467.

[2]　吴玉洲. 豫西伏牛山区山茱萸丰产栽培技术 [J]. 北方园艺，2010（10）：84-85.

[3]　管康林，葛惠华. 山茱萸研究现状与发展 [J]. 经济林研究，1990（01）：14-18.

[4]　陈延惠，冯建灿，郑先波，等. 山茱萸研究现状与展望 [J]. 经济林研究，2012，30（01）：143-150.

[5]　马小琦，阎红军. 河南省山茱萸生产现状及发展对策 [J]. 河南林业科技，2003（03）：53-54.

[6]　钱拴提，韩东锋，孙德祥，等. 论我国山茱萸的研究现状 [J]. 杨凌职业技术学院学报，2004（02）：44-50.

[7]　庞振凌，朱清晓. 山茱萸产业开发现状与思考 [J]. 南阳师范学院学报（自然科学版），2003（09）：55-56＋68.

[8]　杨翠翠，邹学先，张丽，等. 山茱萸环烯醚萜苷对冈田酸拟阿尔茨海默病细胞模型 PP2A 催化亚基 C 磷酸化及其调节酶 Src 的影响 [J]. 药学学报，2018，53（07）：1036-1041.

[9]　孟敏，杨翠翠，张丽，等. 山茱萸环烯醚萜苷对血管性痴呆大鼠学习记忆能力及脑组织病理变化的影响 [J]. 中国中医药信息杂志，2018，25（06）：56-60.

[10]　李绍烁，赵京涛，何昌强，等. 山茱萸总甙干预骨质疏松模型大鼠骨代谢：TRPV6、TRPV5 通路的变化 [J]. 中国组织工程研究，2019，23（11）：1749-1754.

[11]　肖鹏，白桦，栗敏，等. 山茱萸提取物对大鼠原发性肝癌组织中 B7-H6 表达的影响 [J]. 中国肿瘤临床，2017，44（22）：1125-1129.

[12]　皮文霞，封晓鹏，蔡宝昌，等. 山茱萸-山药对糖尿病小鼠心肌的保护作用 [J]. 中药材，2017，40（07）：1699-1703.

[13]　南美娟，唐凯，张化为，等. 山茱萸不同部位提取物对急性肝损伤模型小鼠的保肝作用研究 [J]. 中国药房，2018，29（17）：2385-2389.

[14]　刘薇，朱晶晶，徐志猛，等. 山茱萸总萜对 KKay 糖尿病小鼠的治疗作用研究 [J]. 药物评价研究，2016，39（06）：947-952.

[15]　赵艳艳，张晓虎，王晨霖，等. 山茱萸多糖抑菌活性研究 [J]. 陕西农业科学，2016，62（10）：57-60.

[16]　曹喻灵，雷小勇. 山茱萸总皂苷对 K562 细胞增殖和凋亡的影响 [J]. 湘南学院学报（医学版），2013，15（03）：18-21.

[17]　Zhao S P, Xue Z. Studies on the chemical constituents of *Cornus officinalis Sieb et Zucc* [J]. Acta pharmaceutica Sinica, 1992, 27（11）：845-848.

[18]　Gao D, Na L, Li Q, et al. Study of the extraction, purification and antidiabetic potential of ursolic acid from *Cornus officinalis Sieb. et Zucc* [J]. Therapy, 2008, 5（5）：697-705.

[19]　Miyazawa M, Anzai J, Fujioka J, et al. Insecticidal Compounds against Drosophila Melanogaster from *Cornus Officinalis Sieb. Et Zucc* [J]. Natural Product Letters, 2003, 17（5）：337-339.

[20]　Lee N H, Ha H, Kim H, et al. Hepatoprotective and Antioxidative Activities of Cornus officinalis against Acetaminophen-Induced Hepatotoxicity in Mice [J]. Evidence-Based Complementray and Alternative Medicine, 2012（4）：804-924.

[21]　Wu V C H, Qiu X, Hsieh Y H P. Evaluation of Escherichia coli O157：H7 in apple juice with Cornus fruit (*Cornus officinalis Sieb. et Zucc.*) extract by conventional media and thin agar layer method [J]. Food Microbiology,

2008, 25 (1): 190-195.

[22] Kang D G. Endothelial NO/cGMP-dependent vascular relaxation of cornuside isolated from the fruit of Cornus officinalis [J]. Planta Medica, 2007, 73 (14): 1436-1440.

[23] Yue W, Zhengquan L, Lirong C, et al. Antiviral compounds and one new iridoid glycoside from Cornus officinalis * [J]. Progress in Natural Science, 2006, 16 (2): 142-146.

[24] 南美娟, 唐凯, 崔银萍, 等. 山茱萸果核的研究进展 [J]. 陕西中医药大学学报, 2018, 41 (05): 149-151＋155.

[25] 胡志红, 闫君宝, 路西明. 山茱萸果核醇提物对 D-半乳糖衰老小鼠学习记忆及抗氧化能力的影响 [J]. 时珍国医国药, 2016, 27 (08): 1799-1801.

[26] 李君, 权凯, 杨文卓, 等. 山茱萸果核对奶山羊血液生化指标和产奶性状的影响 [A]. 2018 年全国养羊生产与学术研讨会论文集 [C]. 中国畜牧兽医学会养羊学分会: 中国畜牧兽医学会养羊学分会, 2018: 1.

[27] 方伟进, 李艳, 曹珊珊, 等. 山茱萸果核提取物耐疲劳和耐缺氧作用研究 [J]. 河南科技大学学报 (医学版), 2011, 29 (03): 167-169.

[28] 赵建龙, 李世朋. 山茱萸果核醇提取物诱导肝癌细胞 HepG2 凋亡的研究 [J]. 中国临床药理学杂志, 2015, 31 (13): 1276-1278.

[29] 杜景霞, 王志林, 宋向东, 等. 山茱萸果核水提取物对大鼠肾性高血压及离体胸主动脉环的作用 [J]. 中国临床药理学杂志, 2014, 30 (07): 591-593.

[30] 李永瑞, 周培源, 李艳. 山茱萸果核水溶性成分对实验性心律失常的影响 [J]. 河南科技大学学报 (医学版), 2016, 34 (04): 241-243.

[31] 李晓明, 姜华, 李军, 等. 山茱萸果核中多酚的抗氧化活性研究 [J]. 时珍国医国药, 2012, 23 (04): 902-903.

[32] 董晓宇. 山茱萸在园林绿化中的应用价值及开发前景 [J]. 陕西农业科学, 2010, 56 (01): 159-160.

[33] 彭万喜, 朱同林, 郑真真, 等. 木材抽提物的研究现状与趋势 [J]. 林业科技开发, 2004 (05): 6-9.

[34] 翟阳洋. 木材抽提物分布规律的研究 [D]. 南京: 南京林业大学, 2017.

[35] 金钟. 沙棘叶黄酮提取物体内外抗氧化活性、应用与护肝作用的研究 [D]. 哈尔滨: 东北农业大学, 2014.

[36] 苏晓雨. 红松种壳组成及多酚提取分离与抗氧化抗肿瘤功能研究 [D]. 哈尔滨: 哈尔滨工业大学, 2011.

[37] 谢家骏, 张国明, 乔正东, 等. 柘木提取物抗胃肠道肿瘤的免疫机制研究 [J]. 实验动物与比较医学, 2017, 37 (04): 278-282.

[38] 王瑛. 山楂叶提取物抗抑郁作用的初步研究 [J]. 大医生, 2018, 3 (09): 3-4, 62.

[39] 胡生辉, 刘君良, 徐国祺. 樟树叶提取物对木材腐败菌的抑菌性研究 [J]. 林业科技通讯, 2017 (05): 76-79.

[40] 钟振国, 张凤芬, 甄汉深, 等. 美味猕猴桃根提取物抗肿瘤作用的实验研究 [J]. 中医药学刊, 2004 (09): 1705-1707.

[41] 何晓燕, 胡月, 李文欣, 等. 牛皮杜鹃叶乙醇提取物抗炎镇痛作用的实验研究 [J]. 通化师范学院学报, 2015, 36 (06): 12-15.

[42] 王新军, 王一民, 吴珍, 等. 杜仲提取物抗运动疲劳作用的实验研究 [J]. 西北大学学报 (自然科学版), 2013, 43 (01): 64-69＋74.

[43] 童东锡, 唐坤, 曾颂, 等. 女贞叶醇提取物抗炎镇痛作用的实验研究 [J]. 中国医药科学, 2013, 3 (06): 26-28.

[44] 杜文娟, 陈希元, 闫秀玲. 山核桃果皮提取物抗肿瘤活性研究 [J]. 安徽农业科学, 2012, 40 (05): 2912, 3029.

[45] 张锦宏, 冯冬茹, 刘兵, 等. 马尾松树皮提取物抗肿瘤作用的实验研究 [J]. 广西医科大学学报, 2012, 29 (02): 179-182.

[46] 金桂兰, 陈超. 香椿子正丁醇提取物抗凝血作用及其机制 [J]. 中国医院药学杂志, 2011, 31 (11): 913-914.

[47] 李玥, 罗鑫, 李玉凤, 等. 苦木提取物汤剂对肝癌患者治疗的效果观察 [J]. 中医临床研究, 2017, 9 (20): 41-42.

[48] 朱友飞, 刘志高, 刘衡, 等. 基于 PY-GC-MS 的降香黄檀快速裂解产物的分析 [J]. 江西农业学报, 2018, 30 (04): 83-87.

[49] 田丽梅, 缪恩铭, 曾婉俐, 等. 金银花热裂解产物的 GC-MS 分析 [J]. 中国农学通报, 2017, 33 (05): 116-121.

[50] 潘萌娇. 燕山山脉木材热裂解规律及生物质油特性实验研究 [D]. 天津: 河北工业大学, 2014.

[51] 蒋国斌, 徐莉, 李国政, 等. 银杏叶提取物的 PY-GC-MS 分析及其在卷烟中的应用 [J]. 天然产物研究与开发, 2013, 25 (10): 1396-1403.

[52] 郭林林，张党权，谷振军，等．樟树根材苯/醇提取物的 Py—GC/MS 分析 [J]．中南林业科技大学学报，2011，31（01）：142-147.

[53] 董长青，张智博，廖航涛，等．基于 PY-GC-MS 的杨木和松木快速热解比较研究 [J]．林产化学与工业，2013，33（06）：41-47.

[54] Kim S S，Park S H，Jeon J K，et al. Catalytic pyrolysis of waste wood chip over mesoporous materials using PY-GC-MS [J]. Research on Chemical Intermediates，2011，37（9）：1355-1361.

[55] José C. del Río，Ana Gutiérrez，Hernando M，et al. Determining the influence of eucalypt lignin composition in paper pulp yield using PY-GC-MS [J]. Journal of Analytical & Applied Pyrolysis，2005，74（1-2）：110-115.

[56] Xing Xin，Shusheng Pang，Ferran de Miguel Mercader，et al. The effect of biomass pretreatment on catalytic pyrolysis products of pine wood by PY-GC-MS and principal component analysis. Journal of Analytical and Applied Pyrolysis，2019，145-153.

[57] Vinciguerra V，Napoli A，Bistoni A，et al. Wood decay characterization of a naturally infected London plane-tree in urban environment using PY-GC-MS [J]. Journal of Analytical & Applied Pyrolysis，2007，78（1）：228-231.

[58] Mun S P，Ku C S. Pyrolysis GC-MS analysis of tars formed during the aging of wood and bamboo crude vinegars [J]. Journal of Wood Science，2010，56（1）：47-52.

[59] 辛东民．应用红外光谱检测卤醇脱卤酶催化活性及初步研究其催化过程的结构基础 [D]．成都：电子科技大学，2017.

[60] 侯文锐，李瑶，周丽．FTIR 及 XRF 技术在纤维成分定性鉴别中的应用比较 [J]．中国纤检，2017（12）：74-76.

[61] 王香婷，金振国，李倩．FTIR 技术在面粉品质检测中的应用 [J]．商洛学院学报，2016，30（04）：27-31.

[62] 徐硕，向春婕，朱振华，等．GC-MS 分析不同舌苔胃癌患者的血清代谢组学差异 [J]．南京中医药大学学报，2019（02）：194-198.

[63] 郭向阳，宛晓春．黄玫瑰乌龙茶挥发性香气成分的 GC-MS 分析 [J/OL]．中国食品添加剂，2019（02）：152-161.

[64] 张剑霜，喻浩，钟欣，等．基于 GC-MS 代谢组学技术比较冬虫夏草与蝉花的质量 [J]．中国实验方剂学杂志，2018，24（18）：23-29.

[65] Baltacıoğlu H，Bayındırlı A，Severcan F. Secondary structure and conformational change of mushroom polyphenol oxidase during thermosonication treatment by using FTIR spectroscopy [J]. Food Chemistry，2017，214：507-514.

[66] Depciuch J，Kasprzyk I，Sadik O，et al. FTIR analysis of molecular composition changes in hazel pollen from un-polluted and urbanized areas [J]. Aerobiologia，2017，33（1）：1-12.

[67] Liu L，Song G，Hu Y. GC - MS Analysis of the Essential Oils of Piper nigrum L. and Piper longum L [J]. Chromatographia，2007，66（9-10）：785-790.

[68] Luo Q，Wang S，Sun L，et al. Metabolic profiling of root exudates from two ecotypes of Sedum alfredii treated with Pb based on GC-MS [J]. Scientific Reports，2017，7：39878.

[69] Raymond C A，Davies N W，Larkman T. GC-MS method validation and levels of methyl eugenol in a diverse range of tea tree（Melaleuca alternifolia）oils [J]. Analytical & Bioanalytical Chemistry，2017，409（7）：1779-1787.

[70] Byler D M，Susi H. Examination of the secondary structure of proteins by deconvolved FTIR spectra [J]. Biopolymers，2010，25（3）：469-487.

[71] 刘羽，邵国强，许炯．竹纤维与其他天然纤维素纤维的红外光谱分析与比较 [J]．竹子研究汇刊，2010，29（3）：42-46.

[72] 范慧青，王喜明，王雅梅．利用傅里叶变换红外光谱法快速测定木材纤维素含量 [J]．木材加工机械，2014，v. 25（04）：33-37.

[73] 王东．糠醛产业现状及其衍生物的生产与应用（一）[J]．当代化工研究，2003（20）：16-18.

[74] 傅紫琴，王明艳，蔡宝昌．5-羟甲基糠醛（5-HMF）在中药中的研究现状探讨 [J]．中华中医药学刊，2008，26（3）：508-510.

[75] Chang A Y，Noble R E. 5-Hydroxymethylfurfural-forming proteins in the renal glomeruli of control and streptozotocin-diabetic rats [J]. Life Sciences，1980，26（16）：1329-1333.

[76] 唐涛，葆同．马来酸酐化在聚合物材料设计中的应用 [J]．材料导报，1995（1）：53-57.

[77] 宋翔，谢希贤，徐庆阳，等．苹果酸对 L-谷氨酸发酵代谢流迁移的影响 [J]．生物加工过程，2009，7（2）：5-8.

[78] 宋春财，胡浩权，朱盛维，等．生物质秸秆热重分析及几种动力学模型结果比较 [J]．燃料化学学报，2003 （04）：311-316.

[79] 余芬，陈雷，费又庆．热重分析仪研究中间相沥青纤维的炭化 [J]．矿冶工程，2016，36（04）：100-103 +108.

[80] 龙永双，吴少鹏，肖月，等．基于 PY-GC-MS 的沥青 VOCs 挥发规律研究 [J]．武汉理工大学学报（交通科学与工程版），2018，42（01）：1-6.

[81] 许永，刘巍，张霞，等．裂解气相色谱-质谱法对黄芩浸膏热裂解产物分析 [J]．理化检验（化学分册），2011，47（08）：906-910.

[82] 黄煜乾，吴宇婷，郑安庆，等．基于 PY-GC-MS 的木质素与褐煤共热解特性研究 [J]．新能源进展，2017，5（05）：333-340.

[83] 李翠翠，谢清若，关山，等．基于 PY-GC-MS 分析的桑枝热裂解有机结构变化研究 [J]．大众科技，2014，16（03）：65-66+72.

[84] 高茜，向能军，王乃定，等．裂解气相色谱-质谱联用法对香叶醇的热裂解产物分析 [J]．理化检验（化学分册），2011，47（01）：27-29+32.

[85] 许惠琴，刘洪，郝海平，等．山茱萸环烯醚萜苷对糖尿病大鼠胸主动脉血管内皮的保护作用 [J]．中国药理学通报，2003（06）：713-715.

[86] 农伟虎．生地—山茱萸抑制糖尿病肾病糖基化产物的物质基础研究 [D]．南京：南京中医药大学，2012.

[87] Chen Y, Wu Y, Gan X, et al. Iridoid glycoside from Cornus officinalis ameliorated diabetes mellitus-induced testicular damage in male rats: Involvement of suppression of the AGEs/RAGE/p38 MAPK signaling pathway [J]. Journal of Ethnopharmacology, 2016, 194: 850-860.

[88] 宋尚华．山茱萸活性成分提取分离及其治疗糖尿病并发症研究 [D]．重庆：西南大学，2013.

[89] Jang S E, Jeong J J, Hyam S R, et al. Ursolic Acid Isolated from the Seed of \ r, Cornus officinalis \ r, Ameliorates Colitis in Mice by Inhibiting the Binding of Lipopolysaccharide to Toll-like Receptor 4 on Macrophages [J]. Journal of Agricultural and Food Chemistry, 2014, 62 (40): 9711-9721.

[90] 梁树才，宗自卫，于海英，等．D-阿洛糖对急性化学性肝损伤小鼠的保护作用研究 [J]．中国医疗前沿，2013，8（24）：7-8.

[91] 贾羲，苏成福，董诚明．山茱萸提取物抗肿瘤作用及机制探讨 [J]．中国实验方剂学杂志，2016，22（20）：117-121.

[92] Openshaw K. Biomass energy: Employment generation and its contribution to poverty alleviation [J]. Biomass & Bioenergy, 2010, 34 (3): 365-378.

[93] 王安杰，王瑶，遇治权，等．生物质油提质加氢脱氧催化剂研究进展 [J]．大连理工大学学报，2016，56（03）：321-330.

[94] 胡恩柱，徐玉福，李文东，等．催化加氢改性生物质油轻质组分 [J]．石油学报（石油加工），2013，29（03）：398-403.

[95] 王乐．生物质快速热裂解试验研究 [D]．杭州：浙江大学，2006.

[96] 杨建成，张光义，许光文，等．秸秆热解-页岩灰催化裂解生产低焦油生物合成气 [J]．化工学报，2017，68（10）：3779-3787.

[97] Mohan D, Pittman C U, Steele P H. Pyrolysis of Wood/Biomass for Bio-Oil: A Critical Review [J]. Energy & Fuels, 2006, 20 (3): 848-889.

[98] 姜春姣，江芸，耿志明，等．亚油酸氧化物——羟基十八碳二烯酸的研究进展 [J]．食品科学，2018，39（07）：278-284.

[99] 戚登斐，张润光，韩海涛，等．核桃油中亚油酸分离纯化技术研究及其降血脂功能评价 [J]．中国油脂，2019，44（02）：104-108.

[100] Ip C, Chin S F, Scimeca J A, et al. Mammary cancer prevention by conjugated dienoic derivative of linoleic acid [J]. Cancer Research, 1991, 51 (22): 6118-6124.

[101] 蒋光玉．DL-丙氨酸生产工艺的研究进展 [J]．精细与专用化学品，2011，19（7）：25-28.

[102] 孙敏，姚日生，高文霞．异丁香酚的生物转化及香兰素的合成 [J]．生物加工过程，2006，4（2）：33-36.

[103] 王筱菁，李万根，苏杭，等．棕榈酸及亚油酸对人成骨肉瘤细胞 MG63 作用的研究 [J]．中国骨质疏松杂志，2007，13（8）：542-546.

# 第3章

# 灵宝杜鹃资源化利用

# 3.1 灵宝杜鹃资源化研究背景

灵宝杜鹃（*Rhododendron lingbaoense*）是一种河南省特有的杜鹃花科杜鹃属植物，生长于河南省西部的小秦岭国家级自然保护区内，它与其他杜鹃属植物最大的不同是生长于海拔 2000m 以上的高山地区，并且大多以乔木的形式生长。灵宝杜鹃因其独特的生长环境、生长形态、地域分布及其优美的观赏价值，在当地作为一种特殊的高山杜鹃植物被很好地保护起来。但受保护的灵宝杜鹃仅能发挥其观赏价值，在其他方面对该物种资源并未得到充分的开发与利用，导致灵宝杜鹃资源越来越少。因此从长远的发展角度来看，对灵宝杜鹃的保护性开发以及对其高附加值产品的开发利用，提高灵宝杜鹃资源利用率显得尤为重要。

## 3.1.1 杜鹃属植物资源化研究现状与趋势

在自然保护区内，老鸦岔垴、西长安岔和东长安岔等地区的山顶上成片分布着很多灵宝杜鹃树林，其中，最大的一株灵宝杜鹃，被当地人称为"杜鹃王"，其树根直径达60cm，树高有 5m 左右，长势极好。作为河南杜鹃的一个亚种，它与河南杜鹃的区别在于其叶片较薄，形状长圆形，长约 5～8cm，宽约 2.5～8cm，花冠长约 2.5cm。灵宝杜鹃的花和叶最为优美，且有较高的耐热性能，但是大多数惧怕烈日暴晒而较喜欢半阴湿的生长环境，耐寒能力也较强，其花成簇状生长，树形十分美观，开花繁茂，每年到了花期会吸引大量的游客纷纷前来游玩观赏，有很好的观赏价值[1]。

杜鹃属是杜鹃花科植物中种类最多的一个大属，大约 960 种，主要生产于东亚和东南亚等地区，同时，在欧亚及北美洲等地均有较为广泛的分布。然而在我国杜鹃属植物就约有 570 种，其中 400 多种是我国所特有的植物资源种类，集中产于西南、华南地区，在全国范围内分布广泛。而高山杜鹃是一类生长于高山地区或高海拔地区的杜鹃属植物，大多数是常绿的灌木或乔木，在野生状态下生长有的能达到 10m 以上的高度，花开繁盛，非常壮观，并拥有百年的育种历史，种类繁多，花团锦簇，抗逆性强，观花观叶均可，因有很好的观赏价值而远近闻名。虽然在很多城市公园、植物园中均有种植，但是大多数都栽培形式单一、景观单调，以保存种质资源为目的，而对其各方面价值的开发并没有受到足够的重视。

近年来，国内外的学者通过对不同杜鹃属植物的研究，发现其富含丰富的黄酮类、萜类和挥发油类等具有生物活性的物质，这些化学成分在生物医药、食品保健、香精香料、化学农药、防腐及添加剂产业以及日用化工等行业具有广阔的应用前景。

## 3.1.2 杜鹃属植物生物质资源化利用研究现状

我国对杜鹃属植物化学成分的研究主要开始于 20 世纪 70～80 年代，且在之后的几年研究比较多，大多以不同杜鹃属植物化学成分的鉴定、识别为主，且主要集中在几种常见的杜鹃属植物中，如1976年，刘永潍等[2]首次分离鉴定出兴安杜鹃中含有金丝桃苷、杨梅酮、山奈酚、杜鹃素、槲皮素等黄酮类化合物；1980年，张兆琳等[3]经试验从凝毛杜鹃叶中同样也提取分离得到了槲皮素、金丝桃苷；2004、2005年，戴胜军等[4,5]通过对烈香杜鹃进行研究，从中分离出了异鼠李素、陆地棉素、花旗松素等；2010年，付晓丽[6]等又从兴安杜鹃中得到了棉花皮素、二氢槲皮素等。而近些年，国内学者均逐渐开始注重对杜鹃属植物各种不同化学成分的功能性方面的研究，如夏德超等[7]经试验表明黄杜鹃水提取物能明显改善疼痛阈值，缓解疼痛，且效果快，镇痛效果十分明显；张继等[8]经研究发现烈香杜鹃中含有丰富的具有平喘功效的子丁香烯成分，这对慢性气管炎的治疗非常有效，有望用于药物生产；戴胜军等[9]也对其茎、叶提取物进行了分离，提取出了熊果酸等化合物，发现其具有降温、安定、抗肿瘤的功效；范一菲等[10]的研究结果显示，杜鹃花总黄酮对缺血性心脏病具有一定的治疗作用，有待进一步开发利用；田萍等[11]从美容杜鹃花挥发油成分中首次分离得到芳樟醇，且含量较大，它是重要的中间合成体，也是合成维生素E、$K_1$的原料，在药用方面具有一定的催眠和镇静功效，同时也多用于各种香精的调配；常国栋[12]经研究从照山白中提取鉴定了18个化合物，其中羽扇豆醇、熊果醇对肝癌细胞有一定的抑制活性；任茜等[13]通过对30种杜鹃进行逐一的抗菌试验，证明了杜鹃属很多植物有明显的抗菌消炎功效；刘菲等[14]研究发现鹿角杜鹃花、叶作为药物，有疏风发汗，行气和胃，止咳化痰，活血清瘀的功效；赵玺、赵宝琴等[15,16]发现满山红具有明显的镇静止咳、祛痰、镇痛、抗菌、消炎、抗癌及抗氧化等功效，对治疗哮喘、急（慢）性支气管炎等呼吸系统疾病有很好的治疗效果；梁俊玉等[17]经试验发现烈香杜鹃、头花杜鹃、千里香杜鹃中含有的挥发油成分，具有较强的抑菌活性；曾亚龙[18]发现提取自满山红或者其他杜鹃属植物的杜鹃素有很好的抗炎效果，并有可能成为治疗帕金森病的有效药物；郭肖[19]经研究发现雪层杜鹃含有的挥发油成分，对兔痒螨具有明显的触杀活性，可用于生物化学农药防治；曾红[20]、周先礼[21]、赵磊[22]、李干鹏[23]、杨鸣华等[24]也先后分别对云锦杜鹃、鳞腺杜鹃、秀雅杜鹃、小叶杜鹃和露珠杜鹃中的化学成分进行了研究和分析。

近几年，国外对杜鹃属植物化学成分的研究也较多，且大多从其功能性、经济性出发，主要揭示各种杜鹃属植物提取物和挥发物的化学成分的药理学和农药化学等方面的作用，为进一步开发和利用杜鹃属植物提供很好的理论基础，为今后杜鹃属植物化学成分的开发研究提供有利的发展方向，Dosoky，Innocenti等[25,26]对髯花杜鹃进行了研究，从髯花杜鹃挥发油中鉴定出多种挥发性成分，具有轻微的抗菌和细胞毒活性；Jing等[27]对烈香杜鹃进行了研究，发现烈香杜鹃提取物中具有较强的抗氧化活性，对PC-12细胞具有抗缺氧损伤的作用，因此它被认为是一种优良的抗氧化剂来源，并具有巨大的潜力，今后可作为防治缺氧损伤相关疾病的治疗剂；Bai，Yang等[28,29]也对其抗虫活性进行了进一步的研究，发现烈香杜鹃挥发油成分对根结线虫具有杀线虫活性，可作为控制根结线虫的天然杀线虫剂，同时有的挥发油成分对玉米白叶枯病成虫也具有较强的熏蒸毒性；Yutang等[30]对砖红杜鹃的研究发现其叶提取物中的主要化学成分及其衍生化学物质具有较强的降尿酸作用，有可能成为新的降尿酸药物的候选药物；Liu等[31]发现砖红杜鹃的甲醇提取物具有良好的抑制脂肪积累和抗非酒精性脂肪肝的活性，可以通过增加脂质氧化和减少脂肪生成途径，来改善脂肪肝综合征，并且作为一种天然保健产品，具有巨大的潜力；Löhr 和 Louis 等[32,33]都对高山玫瑰杜鹃进行了研究，发现其水提取物通过细胞保护作用和抗菌作用的结合，能够下调促炎基因的表达和抑制牙龈假单胞菌的黏附，以预防牙周病；Way 等[34,35]发现台湾杜鹃叶提取物中存在的熊果酸具有抗肿瘤作用；Wang 等[36,37]，Lin 等[38]还发现台湾杜鹃叶提取物中的部分化学成分具有很强的抗菌活性和明显的抗氧化活性；Liang 等[39]经研究发现，千里香杜鹃叶提取物中的挥发油的化学成分具有对脂质体的杀虫和驱避活性；Eid 等[40]、Li 等[41]发现，儿茶素和表儿茶素是拉布拉多杜香粗提物中有效抑制脂肪生成的活性化合物，对糖尿病的治疗有一定的作用；而 Liu 等[42]也发现，毛叶杜鹃提取物中的表儿茶素具有免疫调节活性，可作为治疗癌症及其他免疫介导的新型免疫治疗药物；Lai 等[43]对云锦杜鹃的枝叶提取物研究发现，其对人神经母细胞瘤的细胞凋亡有显著的神经保护作用；Demir 等[44]对黄花杜鹃提取物进行研究发现，黄花杜鹃提取物对人结肠癌和肝癌细胞，具有一定的降低癌细胞增殖的能力，是天然抗氧化剂和抗肿瘤的重要来源；Jiang 等[45]、Raal 等[46]对 *Rhododendron tomentosum Harmaja* 挥发油和乙醇提取物中的化学成分进行了比较发现，乙醇提取物具有较高的抗氧化能力；Egigu 等[47]发现 *Rhododendron tomentosum Harmaja* 提取物都是各种萜烯和非萜烯化合物的混合物，其乙酸乙酯提取物对幼虫生长有抑制作用，且对 *Hylobius abietis L.* 和 *Phyllodecta laticollis Suffrian* 两种甲虫的定向取食行为均有较好的调控作用，因此可被视为合成化学农药的潜在替代品；Yang 等[48]对短果杜鹃叶提取物进行研究发现，其乙酸乙酯成分具有较强的抗氧化性，对高糖诱导的细胞死亡有明显的保护作用；Ku 等[49]发现短果杜鹃提取物中的金丝桃苷是具有抗氧化、抗凝血活性、抗高血糖、抗癌的活性化合物，它也是一种治疗血管性炎症的候选药物；Zhou 等[50]也对短果杜鹃提取物进行了进一步的研究，发现提取物中的杜鹃花苷 A 对 HMGB1 所致的脓毒症具有缓解作用；Guo 等[51]发现雪层杜鹃嫩叶提取液中，挥发油成分对成虫的杀螨活性最强，且呈浓度和时间依赖性；Ali 等[52]、Nisar 等[53]对树形杜鹃研究发现，从树形杜鹃中分离出的 15-氧脲酸有很大的抗癌活性，并且其甲醇粗提物及其提取物具有抗炎和抗接种作用，因此，可以治疗疼痛和炎症性疾病；Shrestha 等[54]对问客杜鹃和朱砂杜鹃两种植物的果实和叶片提取物进行研究分析发现，其对 4 种不同的革兰氏阳性菌的抑菌效果非常显著；Peng 等[55]发现映山红提取物中的总黄酮对缺血性心脏病具有一定的功效；Li 等[56]，Zou 等[57]发现羊踯躅的二萜类化合物是急性疼痛的止痛药；Bilir 等[58]发现彭土杜鹃提取物对前列腺癌细胞具有细胞毒作用，揭示其可能是一种潜在的抗癌药物；Zhu 等[59]，Rateb 等[60]发现从大白花杜鹃的枝叶乙醇提取物中得到花青烷型二萜类化合物具有显著的抗接种活性，并且其叶的甲醇提取物中的黄酮苷对不同癌细胞株有良好的细胞毒性作用；Park 等[61,62]研究发现，*Rhododendron album Blume* 甲醇提取物通过抑制 NF-B 和 JAK/STAT 的途径降低趋化因子和促炎细胞因子的产生，可用于治疗特应性皮肤病，是治疗炎症性疾病的一种有效的治疗剂。

通过分析国内外学者对杜鹃属植物化学成分的研究总结发现以下几点问题：

① 我国从 20 世纪 60～70 年代以来，大多数学者重点对照山白、兴安杜鹃、烈香杜鹃等杜鹃属植物的化学成分进行研究，从中分离到的化合物以黄酮类、二萜类和挥发油类

化合物为主，但三萜类、香豆素类等研究较少。

② 国外对杜鹃属植物含有的化学成分研究较多，且大多从其功能性、经济性出发，主要揭示各种杜鹃属植物提取物和挥发物的化学成分的药理学和农药化学等方面的作用。

③ 仅局限于研究几种常见的杜鹃属植物，而对中国特有的杜鹃属植物种质资源研究较少，尤其缺乏对于高山杜鹃的开发和研究。

④ 对于杜鹃属植物化学成分的开发利用，其重点还在于提取物中的有效成分在生物医药方面作用的研究，而对于其他方面的开发研究较少，不能做到完全、综合地开发和利用。

杜鹃属植物生物质资源化利用研究大体呈现一个先对该物种资源进行引种驯化及保护，再对其化学成分进行识别与鉴定，进一步对其植物提取物中有效的活性成分进行分离、提纯并深入的开发应用的研究发展趋势，并且其有效活性成分的开发利用主要从生物医药、化学农药等方面入手，对很多疾病的防治具有良好的功效。而今后，需加强特种杜鹃属植物种质资源保护及引种驯化研究，除了利用其观赏价值外，应更多地发掘研究其他方面的利用价值。同时，应加强对该属植物不同领域的开发利用，如食品、化妆品、添加剂等产业，综合开发，充分发挥其各方面的应用潜能，生产出更多高附加值产品，提高其利用价值。

### 3.1.3 植物提取物的研究现状及趋势

植物提取物中含有大量的有效活性成分，如有机酸类，植物多酚、多糖类，黄酮类，植物色素类，生物碱类等。大多数具有抗炎、抗菌、抗病毒、抗氧化、杀虫杀螨等生理或药理活性，广泛应用于生物医药、食品保健、病虫害防治、饲料添加剂、日用化妆品以及化学化工等方面。

金银花提取物中含有丰富的绿原酸，对于抵抗病毒的侵扰，治疗高血压以及对中枢神经的兴奋起到良好的药理作用[63]；石榴皮提取物中的鞣花酸能有效防治各种人体癌细胞的扩散，是一种有前景的癌症化疗药物[64]，并可通过降低体内外神经元内过度自噬造成的缺氧缺血性脑损伤，起到显著的神经保护作用[65]；从绿茶中提取的茶多酚是一种新型的对人体无毒副作用的抗氧化剂，具有防治心脑疾病的功效，并对于某些肿瘤细胞具有很好的抑制作用，还能用于美容护肤、清除褐斑、抗龋护齿等方面[66]；枸杞子提取物中的多糖有很好的免疫调节功效，用于化妆品中能起到增白、滋润、护肤等的作用[67]；银杏叶中含有丰富的银杏素，对心血管疾病有很好的治疗作用，还是一种潜在的抗脂肪生成和抗肥胖的药物[68]；山楂提取物中的总黄酮能消除积食、对脾胃有良好的保护作用[69]；葡萄籽提取物中含有的原花青素具有显著的抗氧化作用，常用于化妆品中，能延缓衰老，抵抗紫外线的辐射，还具有独特的增白、保湿等功效[70]；千层塔提取物中含有的石杉碱甲，对于各种记忆型疾病的治疗有很好的疗效[71]；喜树提取物中含有的喜树碱，已被发现对于恶性肿瘤、急慢性白血病等疾病有一定的治疗效果[72]。

国内很多学者均对各种植物的树叶、树皮、木材提取物进行了深入的研究，发现不同的植物提取物表征出不同的功能及药理方面的作用，如陈丽珍[73]经研究发现橡树叶提取物中含有一类具有除臭能力的类黄酮类物质，对于胺产品以及硫衍生物释放的特殊气味有很强的去除能力，并且可以作为食品除臭剂用于食品添加剂领域；徐世才等[74]发现北美圆柏和华山松树叶提取物对小菜蛾具有显著地触杀活性，并对其综合防治有较好的效果；陆志科等[75]发现麻疯树叶提取液抑菌效果较好；刘晓军等[76]也发现构树叶提取物也有很好的抑菌效果；杜柏槐等[77]发现构树叶提取物中的有效成分还具较强的抗病毒活性；王芳芳等[78]通过对剑叶龙血树树叶的提取物进行化学研究，发现分离提纯出的黄酮类成分对糖尿病的治疗有很好的疗效；扬振东等[79]发现乌饭树叶提取物中含有的3种黄酮类化合物，具有较高的抗氧化能力，并与待测物浓度存在明显的量效关系；谢琼珺等[80]发现枫香树叶提取物对人类髓性白血病细胞的增殖均具有显著的抑制作用；罗平等[81]发现枫香树叶中含有丰富的抗角膜新生血管生成的一些有效活性成分；赵亚琦等[82]发现鹅掌楸属3个树种的树皮和树叶提取物具有明显的抑菌效果，且树皮提取物抑菌效果强于树叶提取物；田红林等[83]研究发现新疆沙枣树叶提取物具有显著的降糖作用，有望成为治疗糖尿病的药物；李佳蔚等[84]发现红豆杉树叶提取液对于多种细菌具有较好的抑制活性，并有广谱抗菌功效；林恋竹等[85]的研究发现神秘果树叶提取物可用以预防与治疗高尿酸血症，具有开发成保健食品的潜力；宋晓凯等[86]发现醉香含笑树皮提取物有明显抑制肝癌细胞毒性作用，有作为抗肿瘤药物的潜力；葛军军等[87]发现苦楝树皮提取物对斜纹夜蛾幼虫具有明显的触杀活性，有助于对该幼虫进行综合防治；张锦宏等[88]研究发现马尾松树皮提取物可能通过诱导肺腺癌细胞的凋亡，对肺腺癌细胞具有良好的抗肿瘤活性；寇智斌等[89]发现桦树皮甲醇提取物能很好地消除自由基，对铁离子有较强的还原性，也具有良好的抗氧化活性；黄永林等[90]经研究发现栲树皮中含有丰富的多酚类物质成分，对DPPH自由基有良好的清除作用，并具有优良的抗氧化活性和促进细胞进行自我修复等的一系列功能；尚俊等[91]研究发现柠檬桉树皮提取物中含有丰富的抗氧化活性的成分；罗敏等[92]经研究发现羊脆木树皮氯仿/甲醇（1:1）极性段提取物中具有一定的镇痛功能，并未见明显的毒性反应；刘兰等[93]发现白菊木树皮和枝叶提取物以及其中的一种二萜类成分均具有潜在的抗炎活性；邓志勇等[94]发现木荷树皮乙醇提取物有明显的抗炎、消肿、镇痛的功效，有很好的药用价值；石甜甜等[95]经研究发现尾巨桉在自然状态下脱落的树皮和刚采摘的新鲜树皮的乙醇提取物都具有优良的生物体外抗氧化作用的活性；秦向征等[96]研究发现黄梅木提取物对鸡卵清蛋白诱导的小鼠哮喘发作有很好的抑制作用，因此，具有开发成治疗哮喘等疾病药物的潜力；赵文娜等[97]研究发现苦木提取物可通过影响某些蛋白的表达，促使血管舒张扩大，具有显著的降压功效；朱正日等[98]发现苦木提取物可能会通过增强人体免疫的功能，实现对细胞周期的调节，从而进一步抑制胃癌肿瘤的生长，是一种新型的抗胃癌肿瘤制剂；李玥等[99]也经研究发现苦木提取物制剂通过调节相关因子，对肝癌细胞也有一定的生长抑制作用；苗新普等[100]经研究发现海南萝芙木提取物中含有丰富的果胶多糖，可通过干预人核因子抑制蛋白的表达，来抑制炎症因子，从而产生良好的抗炎、消炎作用，是有潜力的消炎药物；曹慧坤等[101]研究发现功劳木提取物中的药根碱、木兰花碱等成分具有良好的消除炎症，抗病菌、抗氧化活性，抗细胞增殖以及抗多种药物的耐药性能等功效；谢家骏等[102]研究发现柘木提取物通过直接抑制人胃肠道肿瘤细胞，来提高人体的特异性和非特异性免疫功能，从而对胃肠道肿瘤具有很好的治疗效果；杨倩等[103]发现辣木提取物表现出优良的辅助降低血脂的功效；蔡兴俊等[104]用胆木提取物对小鼠进行实验发现，发现其对小鼠的气道炎症有很好的调控作用，具有抗炎、消炎的功效，可以作为治疗支气管炎症及哮喘疾病的有效药物进行开发。

不同植物部位，不同提取溶剂，不同提取方法，对植物提取物均有不同程度的影响。自然界中，大多数植物提取物中含有丰富的生物活性成分，具有消除炎症、抵抗病菌和病毒的侵害、良好的抗氧化活性以及杀虫杀螨等多种生理或药理学生物活性，尤其在药理生物活性方面具有十分重要的应用，对各种有害疾病的防治和调控起到了良好的作用，具有非常广阔的开发利用及市场应用前景。除此之外，还应加强植物提取物在其他方面的开发和利用，如食品保健、病虫害防治、饲料添加剂、日用化妆品等方面，充分而全面的发挥植物提取物的作用，同时还应注意其是否有毒性方面的影响，开发出安全、健康、天然、绿色的植物提取物产品。

本章以河南省特有的高山杜鹃植物——灵宝杜鹃作为研究对象，通过对灵宝杜鹃树叶、树皮、木材三种部位采用不同的有机溶剂进行提取，运用傅里叶红外光谱、核磁共振谱、气相色谱-质谱等现代分析手段对其不同溶剂提取物进行化学成分分析，进一步对其生物活性成分进行研究、分析和利用，促进其高品位、高附加值产品的开发和应用；运用热裂解-气相色谱-质谱、差热-热重、热重-红外等现代分析手段对其热解特性及规律和热解产物的化学成分组成进行深入分析，并以不同的升温速率和不同的热解温度来探寻最佳的热解条件，以不同的纳米催化剂来探究其对热解产物的影响，促进灵宝杜鹃资源综合开发。

针对灵宝杜鹃资源保护需求，以灵宝杜鹃作为研究对象，采用核磁共振、热裂解-气相色谱-质谱、热重-红外光谱等现代分析手段，分析灵宝杜鹃树叶、树皮、木材的提取物分子成分，探索灵宝杜鹃热解规律，解析灵宝杜鹃热裂解产物成分，确定灵宝杜鹃活性成分，同时解析灵宝杜鹃纳米催化特性及规律，探索灵宝杜鹃高附加值资源化潜在途径，为灵宝杜鹃资源保护性开发提供科学依据，发掘灵宝杜鹃自发种植动力，促进灵宝杜鹃扩大种植，切实达到灵宝杜鹃物种保护，推动森林生态建设。

## 3.2　灵宝杜鹃树叶资源化基础分析

我国地域辽阔，尤其山区面积占很大的比重，森林资源非常丰富，树叶资源种类繁多、分布十分广泛，而每年有大量的树叶资源自然凋零被浪费掉，所以开发利用树叶资源，具有非常重要的意义。

树叶在树木的总生物产量中占很大一部分，常被用作天然生物质燃料、动物饲料、有机肥料以及其他一些特殊的用途。有些树叶可作为潜在的动物养殖饲料，如杨树叶、柳树叶、槐树叶、榆树叶、桑树叶等常见植物树叶中含有丰富的营养成分，是优良的畜禽饲料；有些树叶具有杀虫、驱虫作用，可用作农药进行生物防治，如将银杏叶片捣烂浸汁用作喷雾或晒干磨粉施肥可有效防治多种有害昆虫，并且药效好，可自然降解，不污染环境；有些树叶富含维生素 C，可制成饮料，如柿树叶、酸枣叶、山楂叶、杜仲叶等均可代茶饮用；有些树叶有食用功能，如香椿、柳树、桑树、乌饭树等新鲜的嫩叶经处理后皆可当作为食品食用；有些树叶有很好的药用价值，如杜仲叶富含杜仲胶等各种有效活性药用成分，能够治疗腰膝痛、滋补肝肾、强健筋骨，更有学者发现三尖杉叶中含有丰富的三尖杉酯碱等有效抗癌活性因子，对于肿瘤的治疗非常有效。

鉴于树叶研究成果与经验，以灵宝杜鹃树叶为研究对象，采用傅里叶红外光谱、气相色谱-质谱、热裂解-气相色谱-质谱等现代分析手段，解析灵宝杜鹃树叶提取物、热裂解产物的化学成分，确定生物活性成分，并探索树叶热裂解特性和规律，为灵宝杜鹃树叶资源的保护性开发提供科学依据。

### 3.2.1 材料与方法

#### 3.2.1.1 试验材料

灵宝杜鹃试样采自河南省西部的小秦岭国家级自然保护区内，由小秦岭国家级自然保护区管理局提供，手工将新鲜的叶片分离，自然晾干，粉碎（采用高速万能粉碎机，FW-400A，北京中兴伟业仪器有限公司生产），并过 20～60 目筛（采用标准筛，浙江上虞区五四仪器筛具厂生产），置于干燥器中备用。

无水乙醇，分析纯，天津市富宇精细化工有限公司生产；甲醇，分析纯，天津市富宇精细化工有限公司生产；苯，分析纯，天津市富宇精细化工有限公司生产；定性滤纸，苯/醇溶液浸泡 24h，晾干；乙醇/苯溶液，将乙醇、苯按照体积比 1：1 均匀混合而成；乙醇/甲醇溶液，将乙醇、甲醇按照体积比 1：1 均匀混合而成。

#### 3.2.1.2 试验方法

**（1）提取**

称取灵宝杜鹃（采用电子天平，型号 JEA3002，精确度 0.01g，上海浦春计量仪器有限公司生产）树叶粉末 15g/份，分别利用乙醇、甲醇、乙醇/苯、乙醇/甲醇四种溶剂进行有机溶剂提取（采用电子恒温水浴锅，型号 DZKW-4，北京中兴伟业仪器有限公司生产），并真空过滤［采用循环水式多用真空泵，型号 SHZ-D(Ⅲ)，河南省予华仪器有限公司生产］后分别得到灵宝杜鹃树叶的乙醇提取物、甲醇提取物、乙醇/苯提取物、乙醇/甲醇提取物，再利用旋转蒸发器（型号 YRE-201D，巩义市予华仪器有限责任公司生产）浓缩至 10mL 后利用滤膜（采用聚醚砜滤膜，直径 13mm，孔径 0.45μm，天津市津腾实验设备有限公司生产）过滤后进行检测。

① 乙醇提取：温度 78℃，溶剂用量 300mL，时间 4h。

② 甲醇提取：温度 64℃，溶剂用量 300mL，时间 4h。

③ 乙醇/苯提取：温度 80℃，溶剂用量 300mL，时间 4h。

④ 乙醇/甲醇提取：温度 70℃，溶剂用量 300mL，时间 4h。

**（2）傅里叶红外光谱检测**

在含有 1.00% 细磨试样的 KBr 圆盘的傅里叶红外光谱分光光度计（IR100）上测量试样的傅里叶红外光谱[105]。

**（3）气相色谱-质谱检测**

采用安捷伦的 7890B-5977A 型号的气相色谱-质谱仪器进行检测分析。采用弹性石英毛细管柱为色谱柱，型号 HP-5MS（$30m \times 250\mu m \times 0.25\mu m$）；载气为高纯氦气，流速 1.0mL/min，分流比 20∶1。

① GC 程序：初始温度 50℃，以 8℃/min 的速率升温到 250℃，最后以 5℃/min 的速率升温到 300℃；

② MS 程序：扫描质量 30～600amu，电离电压 70eV，电离电流 150$\mu$A，离子源（EI）和四极杆温度分别设定为 230℃和 150℃[106]。

**（4）热重检测**

采用热重分析仪（TGA Q50 V20.8 build 34）对试样进行检测分析。氮释放速率 60mL/min；热重的温度程序从 30℃开始，以 5℃/min 的速率升温到 300℃[107]。

**（5）热裂解-气相色谱-质谱检测**

采用热裂解-气相色谱-质谱仪器型号为 CDS5000-Agilent7890B-5977A 进行检测分析。以高纯氦气为载气，热解温度为 500℃，升温速率为 20℃/ms，热解时间为 15s，热解产物输送线和进样阀温度设定为 300℃；色谱柱采用弹性石英毛细管柱 HP-5MS（$30m \times 250\mu m \times 0.25\mu m$），分流模式，分流比 1∶60，分流率 50mL/min；GC 程序：初始温度 40℃保持 2min，然后以 5℃/min 的速率升温到 120℃，最后以 10℃/min 的速率升温到 200℃，保持 15min，离子源（EI）温度为 230℃，扫描范围 28～500amu[108]。

### 3.2.2 结果与分析

**（1）傅里叶红外光谱分析**

根据有机化合物红外光谱与官能团的对应关系，对灵宝杜鹃树叶的傅立叶红外光谱进行分析，图 3-1 为灵宝杜鹃树叶四种提取物的红外光谱对比图。

在 3300cm$^{-1}$ 处有明显的较宽的强吸收峰，这是分子缔合状态下的 O—H 化学键的伸缩振动导致的，对于灵宝杜鹃树叶的甲醇提取物，在 1250～1000cm$^{-1}$ 处有一个很强的吸收单峰，而其他三种提取物在此处均是很强的吸收双峰，此处的吸收峰可能是由 C—O 化学键的伸缩振动导致的，综合以上两点可以看出：四种树叶提取物可能均含有醇类或酚类化合物；在 2990～2850cm$^{-1}$ 处，均有明显的吸收峰存在，这可能是由烷烃的 C—H 化学键的伸缩振动所致的，此处的吸收峰主要在 2980cm$^{-1}$ 和 2880cm$^{-1}$ 附近，因此，可能存在 CH$_3$ 和 CH$_2$ 基团。在 1660cm$^{-1}$ 处的强吸收峰可能主要是 C═O 化学键的伸缩振动，表明它可能存在含羰基的化合物，如酮类、醛类和酯类；对于其树叶的乙醇、乙醇/苯、乙醇/甲醇提取物，在 1300～1030cm$^{-1}$ 处的两个明显的强吸收峰可能与 C—O—C 化学键的伸缩振动有关，进一步表明可能含有酯类化合物；在 1456～1380cm$^{-1}$ 处有多个重叠峰，可能是芳香族化合物的骨架振动所致，说明可能存在芳香族化合物。

灵宝杜鹃树叶四种提取物的红外光谱吸收峰主要集中在 3300cm$^{-1}$、2990～2850cm$^{-1}$、2980cm$^{-1}$、2880cm$^{-1}$、1660cm$^{-1}$、1456～1380cm$^{-1}$、1300～1030cm$^{-1}$、1250～1000cm$^{-1}$ 的波段内，通过以上分析说明，其四种提取物中的主要成分可能为酚类、醇类、酸类、酯

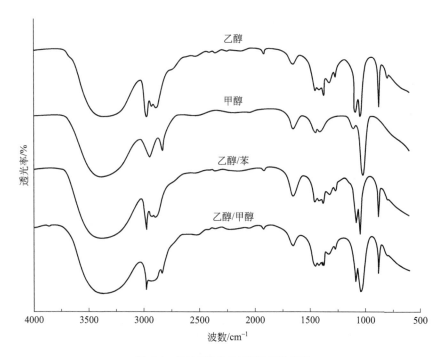

图 3-1 树叶提取物的傅里叶红外光谱

类、醛类、酮类、烷烃和芳香族化合物等。

**（2）气相色谱-质谱分析**

图 3-2、表 3-1 结果显示，在灵宝杜鹃树叶的乙醇提取物中检测到 25 个峰，其中鉴定出 11 种化学成分，主要成分有松三糖水合物（36.08%），5-羟甲基糠醛（25.86%），3-羟基月桂酸（13.19%），DL-阿拉伯糖（6.98%），甲基麦芽酚（5.30%），2,3-二氢-3,5-二羟基-6-甲基-4($H$)-吡喃-4-酮（4.47%），1-庚三醇（2.70%），$\beta$-乳糖（2.22%），D-甘露糖（1.82%）等。

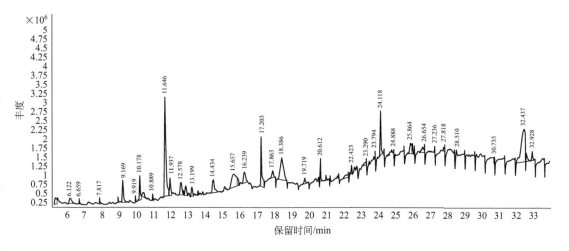

图 3-2 树叶乙醇提取物的总离子色谱图

表 3-1　树叶乙醇提取物的气相色谱-质谱结果

| 序号 | 保留时间/min | 面积百分比/% | 物质名称 |
|---|---|---|---|
| 1 | 5.29 | 2.45 | DL-阿拉伯糖 |
| 2 | 6.12 | 2.44 | DL-阿拉伯糖 |
| 3 | 6.66 | 0.64 | DL-阿拉伯糖 |
| 4 | 7.82 | 0.91 | DL-阿拉伯糖 |
| 5 | 8.89 | 0.54 | DL-阿拉伯糖 |
| 6 | 9.17 | 5.30 | 甲基麦芽酚 |
| 7 | 9.92 | 0.68 | 二氧化莳二烯 |
| 8 | 10.18 | 4.47 | 2,3-二氢-3,5 二羟基-6-甲基-4($H$)-吡喃-4-酮 |
| 9 | 10.39 | 1.82 | D-甘露糖 |
| 10 | 10.89 | 0.71 | R-柠檬烯 |
| 11 | 11.65 | 25.86 | 5-羟甲基糠醛 |
| 12 | 11.94 | 3.94 | 松三糖水合物 |
| 13 | 12.58 | 3.92 | 松三糖水合物 |
| 14 | 12.71 | 0.44 | 松三糖水合物 |
| 15 | 12.84 | 2.26 | 松三糖水合物 |
| 16 | 13.20 | 1.93 | 松三糖水合物 |
| 17 | 13.56 | 0.50 | 松三糖水合物 |
| 18 | 14.43 | 5.06 | 松三糖水合物 |
| 19 | 15.66 | 11.58 | 松三糖水合物 |
| 20 | 15.85 | 1.34 | 松三糖水合物 |
| 21 | 15.92 | 0.60 | 松三糖水合物 |
| 22 | 16.24 | 4.51 | 松三糖水合物 |
| 23 | 17.86 | 2.22 | $\beta$-乳糖 |
| 24 | 18.39 | 13.19 | 3-羟基月桂酸 |
| 25 | 20.61 | 2.70 | 1-庚三醇 |

图 3-3、表 3-2 结果显示，在灵宝杜鹃树叶的甲醇提取物中检测到 37 个峰，其中鉴定

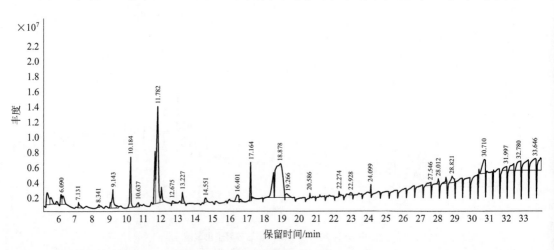

图 3-3　树叶甲醇提取物的总离子色谱图

出 18 种化学成分，主要成分有松三糖水合物（29.84％），5-羟甲基糠醛（20.93％），8S，14-柏木二醇（12.9％），2,3-二氢-3,5 二羟基-6-甲基-4($H$)-吡喃-4-酮（5.07％），甲基麦芽酚（2.93％），1,3-二羟基丙酮（2.93％），糠醛（2.59％），杜鹃醇（2.51％），6-乙酰基-$\beta$-D-甘露糖（1.84％），麦芽糖（1.73％），左旋葡萄糖酮（1.14％）等。

表 3-2  树叶甲醇提取物的气相色谱-质谱结果

| 序号 | 保留时间/min | 面积百分比/% | 物质名称 |
|---|---|---|---|
| 1 | 5.28 | 2.59 | 糠醛 |
| 2 | 5.46 | 1.14 | 左旋葡萄糖酮 |
| 3 | 5.81 | 0.33 | $O$-乙酰-L-丝氨酸 |
| 4 | 6.09 | 1.24 | 1,3-二羟基丙酮 |
| 5 | 6.17 | 1.69 | 1,3-二羟基丙酮 |
| 6 | 7.13 | 0.90 | DL-阿拉伯糖 |
| 7 | 8.34 | 0.24 | DL-阿拉伯糖 |
| 8 | 9.00 | 0.46 | 2-乙酰基-4-甲基-4-戊烯酸甲酯 |
| 9 | 9.14 | 2.93 | 甲基麦芽酚 |
| 10 | 9.38 | 0.30 | 松三糖水合物 |
| 11 | 10.18 | 5.07 | 2,3-二氢-3,5 二羟基-6-甲基-4($H$)-吡喃-4-酮 |
| 12 | 10.64 | 0.71 | DL-阿拉伯糖 |
| 13 | 11.63 | 5.32 | 5-羟甲基糠醛 |
| 14 | 11.78 | 15.61 | 5-羟甲基糠醛 |
| 15 | 11.99 | 1.84 | 6-乙酰基-$\beta$-D-甘露糖 |
| 16 | 12.68 | 0.56 | 松三糖水合物 |
| 17 | 13.23 | 1.29 | 松三糖水合物 |
| 18 | 14.55 | 0.63 | 松三糖水合物 |
| 19 | 16.40 | 1.73 | 麦芽糖 |
| 20 | 16.55 | 0.37 | 松三糖水合物 |
| 21 | 17.16 | 2.51 | 杜鹃醇 |
| 22 | 18.49 | 4.44 | 松三糖水合物 |
| 23 | 18.88 | 21.28 | 松三糖水合物 |
| 24 | 19.27 | 0.97 | 松三糖水合物 |
| 25 | 20.59 | 0.25 | 17-十八炔酸 |
| 26 | 22.93 | 0.39 | 顺-($Z$)-$\alpha$-环氧化红没药烯 |
| 27 | 24.10 | 0.28 | 1,2-15,16-二聚氧十六烷 |
| 28 | 27.55 | 0.98 | 8S,14-柏木二醇 |
| 29 | 28.45 | 0.70 | 8S,14-柏木二醇 |
| 30 | 28.82 | 1.48 | 8S,14-柏木二醇 |
| 31 | 30.71 | 3.64 | 8S,14-柏木二醇 |
| 32 | 32.00 | 0.96 | 8S,14-柏木二醇 |

| 序号 | 保留时间/min | 面积百分比/% | 物质名称 |
|---|---|---|---|
| 33 | 32.41 | 1.88 | 8S,14-柏木二醇 |
| 34 | 32.78 | 3.26 | 8S,14-柏木二醇 |
| 35 | 33.24 | 4.00 | 4-甲基-2-三甲基硅氧基-三甲基硅基苯甲酸酯 |
| 36 | 33.65 | 4.83 | 4-甲基-2-三甲基硅氧基-三甲基硅基苯甲酸酯 |
| 37 | 33.94 | 3.21 | 4-甲基-2-三甲基硅氧基-三甲基硅基苯甲酸酯 |

图 3-4、表 3-3 结果显示，在灵宝杜鹃树叶的乙醇/苯提取物中检测到 24 个峰，其中鉴定出 13 种化学成分，主要成分有 2-乙基-1-己醇（19.99%），松三糖水合物（16.97%），杜鹃醇（10.79%），桥氧三尖杉碱（10.73%），$\beta$-乳糖（10.85%），天然维生素 E（9.44%），5-羟甲基糠醛（6.89%），DL-阿拉伯糖（4.33%），甲基麦芽酚（3.13%），1-庚三醇（2.98%），2,3-二氢-3,5 二羟基-6-甲基-4（$H$）-吡喃-4-酮（2.64%）等。

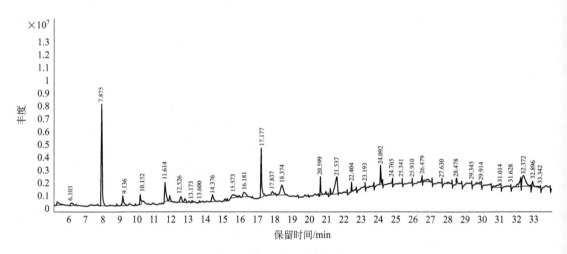

图 3-4 树叶乙醇/苯提取物的总离子色谱图

表 3-3 树叶乙醇/苯提取物的气相色谱-质谱结果

| 序号 | 保留时间/min | 面积百分比/% | 物质名称 |
|---|---|---|---|
| 1 | 5.29 | 2.50 | DL-阿拉伯糖 |
| 2 | 6.10 | 1.56 | DL-阿拉伯糖 |
| 3 | 7.88 | 19.99 | 2-乙基-1-己醇 |
| 4 | 8.78 | 0.27 | DL-阿拉伯糖 |
| 5 | 9.14 | 3.13 | 甲基麦芽酚 |
| 6 | 10.15 | 2.64 | 2,3-二氢-3,5 二羟基-6-甲基-4($H$)-吡喃-4-酮 |
| 7 | 11.61 | 6.89 | 5-羟甲基糠醛 |
| 8 | 11.89 | 1.48 | 松三糖水合物 |
| 9 | 12.53 | 2.68 | 松三糖水合物 |
| 10 | 12.79 | 1.48 | 松三糖水合物 |

| 序号 | 保留时间/min | 面积百分比/% | 物质名称 |
|---|---|---|---|
| 11 | 13.17 | 0.82 | 松三糖水合物 |
| 12 | 13.60 | 0.51 | 松三糖水合物 |
| 13 | 14.38 | 2.80 | 松三糖水合物 |
| 14 | 15.07 | 0.93 | $N$-甲基-$N$-[4-(3-羟基吡咯烷基)-2-丁炔基]乙酰胺 |
| 15 | 15.20 | 0.31 | 12,15-十八碳二烯酸甲酯 |
| 16 | 15.57 | 3.75 | 松三糖水合物 |
| 17 | 15.92 | 0.33 | $\beta$-乳糖 |
| 18 | 16.18 | 3.45 | 松三糖水合物 |
| 19 | 17.18 | 10.79 | 杜鹃醇 |
| 20 | 17.84 | 3.03 | $\beta$-乳糖 |
| 21 | 18.37 | 7.49 | $\beta$-乳糖 |
| 22 | 20.60 | 2.98 | 1-庚三醇 |
| 23 | 21.54 | 10.73 | 桥氧三尖杉碱 |
| 24 | 32.37 | 9.44 | 天然维生素 E |

图 3-5、表 3-4 结果显示，在灵宝杜鹃树叶的乙醇/甲醇提取物中检测到 13 个峰，其中鉴定出 10 种化学成分，主要成分有 5-羟甲基糠醛 （49.41%），1-庚三醇 （10.49%），2,3-二氢-3,5 二羟基-6-甲基-4($H$)-吡喃-4-酮 （9.84%），甲基麦芽酚 （7.89%），糠醛 （7.70%），1,3-二羟基丙酮 （5.06%），松三糖水合物 （5.7%），左旋葡萄糖酮 （2.04%），7-羟基-6-甲基-OCT-3-烯酸 （1.22%） 等。

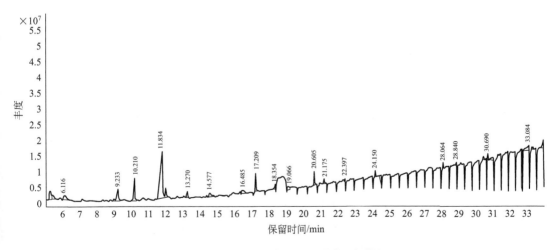

图 3-5　树叶乙醇/甲醇提取物的总离子色谱图

表 3-4 树叶乙醇/甲醇提取物的气相色谱-质谱结果

| 序号 | 保留时间/min | 面积百分比/% | 物质名称 |
| --- | --- | --- | --- |
| 1 | 5.29 | 7.70 | 糠醛 |
| 2 | 5.46 | 2.04 | 左旋葡萄糖酮 |
| 3 | 6.12 | 5.06 | 1,3-二羟基丙酮 |
| 4 | 9.03 | 1.22 | 7-羟基-6-甲基-OCT-3-烯酸 |
| 5 | 9.23 | 7.89 | 甲基麦芽酚 |
| 6 | 10.21 | 9.84 | 2,3-二氢-3,5 二羟基-6-甲基-4($H$)-吡喃-4-酮 |
| 7 | 11.83 | 49.41 | 5-羟甲基糠醛 |
| 8 | 12.03 | 3.83 | 松三糖水合物 |
| 9 | 13.22 | 0.64 | 2-肉豆醇酰基 泛硫乙胺 |
| 10 | 13.27 | 1.87 | 松三糖水合物 |
| 11 | 14.58 | 3.73 | 1-庚三醇 |
| 12 | 16.49 | 3.42 | 1-庚三醇 |
| 13 | 20.61 | 3.34 | 1-庚三醇 |

经数据的统计分析对比得出，灵宝杜鹃树叶的乙醇提取物中醇类含 2.70%，酚类含 5.30%，酮类含 4.47%，醛类含 25.86%，酸类含 13.19%，糖类含 47.09%，烃和烃的衍生物类含 1.39%；甲醇提取物中醇类含 15.40%，酚类含 2.93%，酮类含 9.14%，醛类含 23.52%，酸类含 0.25%，酯类含 12.50%，糖类含 35.26%，烃和烃的衍生物类含 0.66%，其他类含 0.33%；乙醇/苯提取物中醇类含 33.76%，酚类含 12.58%，酮类含 2.64%，醛类含 6.89%，酯类含 0.31%，糖类含 32.16%，生物碱类含 10.73%，其他类含 0.93%；乙醇/甲醇提取物中醇类含 10.49%，酚类含 7.89%，酮类含 16.95%，醛类含 57.11%，酸类含 1.22%，糖类含 5.69%，其他类含 0.64%。

灵宝杜鹃树叶四种提取物中糖类化合物含量较高，占总提取物含量的 30.05%；其次是醛类（28.35%）、醇类（15.59%）、酮类（8.30%）、酚类（7.18%）等，其中，乙醇提取物中含较多的糖类、醛类、酸类化合物，甲醇提取物中含较多的糖类、醛类、醇类、酯类化合物，乙醇/苯提取物中含较多的糖类、醇类、酚类、生物碱类化合物，乙醇/甲醇提取物中含有较多的醛类、酮类、醇类化合物。

气相色谱-质谱结果是对灵宝杜鹃树叶四种提取物的傅里叶红外光谱结果的验证和补充，结果表明，灵宝杜鹃树叶的四种提取物中所含有的化合物主要为糖类、醛类、醇类、酮类和酚类化合物等，这些化合物大多用于高附加值产业，如食品、医药和化工等，有很好的开发利用价值。

**（3）热重分析**

灵宝杜鹃树叶的热稳定性决定了其阻燃性能，对灵宝杜鹃树叶的热稳定性进行分析，对其阻燃性能进行后续评价具有重要意义。我们在热重分析仪上测量了该试样在燃烧过程中的重量变化，图 3-6 为灵宝杜鹃树叶的 TGA 和 DTG 曲线图。

热失重为 1wt%、5wt% 和 10wt% 时分别对应的温度是 $T_{1wt\%}$、$T_{5wt\%}$ 和 $T_{10wt\%}$，而

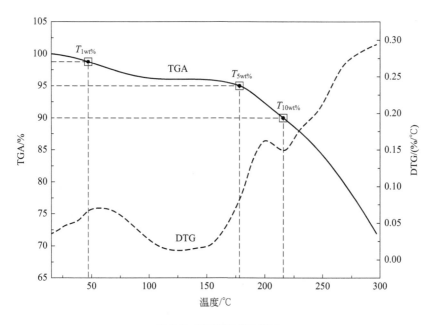

图 3-6 树叶的热重曲线图

（注：TGA-热失重曲线图，DTG-热失重速率图）

$T_{1wt\%}$、$T_{5wt\%}$和$T_{10wt\%}$分别为43℃、177℃和216℃。TGA曲线分为三个阶段：第一阶段是从初始温度到75℃，失重率约为3%，热失重较小，表明是水分的蒸发阶段；第二阶段介于75～200℃，曲线相对平坦，且热失重最小，表明热失重在此阶段是稳定的；第三阶段在200～300℃，在此阶段TGA曲线迅速下降，DTG曲线迅速增加，这表明在这一阶段热失重下降速度加快，失重率约占总失重率的80%，是热失重的主要阶段，在此阶段，随着温度的升高，少量纤维素和半纤维素的挥发性成分热解释放，导致TGA曲线急速下降。此外，DTG曲线显示了热失重速率，$DTG_{max}$表示热解过程中最大的热失重速率，以此可以来估计热失重的程度。从图3-6中可以看出，随着温度的升高，DTG曲线有两个明显的峰，分别在58℃和200℃，表明分别在此阶段热失重速率达到最大。灵宝杜鹃树叶在300℃时的热失重仅为28%，热失重相对较小，表明灵宝杜鹃树叶具有良好的热稳定性。

**（4）热裂解-气相色谱-质谱分析**

图3-7、表3-5结果显示，在灵宝杜鹃树叶中检测到222个峰，其中鉴定出188种化学成分，主要成分有氟乙炔（8.46%），乙酸（5.36%），1,6-脱水-$\beta$-D-葡萄糖（6.31%），（E）-5-二十烯（3.31%），4-甲基-5-丙基壬烷（3.27%），（S）-缩水甘油（2.86%），棕榈酸（2.46%），羟乙醛（2.21%），丙酮醛（1.91%），二氢松柏醇（1.87%），麻黄碱（1.86%），亚油酸（1.85%），羟基丙酮（1.81%），10-溴十一酸（1.64%），邻苯二酚（1.62%），硬脂酸（1.57%），邻苯三酚（1.48%），月桂酸异丙酯（1.22%），乙酸甲酯（1.21%），糠醛（1.02%），2-羟基-2环戊烯-1-酮（0.85%），苯酚（0.82%），二氢尿嘧啶（0.69%），丁香酚（0.51%），新植二烯（0.50%），乳糖（0.39%），棕榈油酸（0.53%）等。

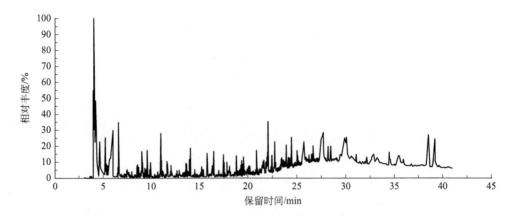

图 3-7  树叶的热裂解-气相色谱-质谱的总离子流图

表 3-5  树叶的热裂解-气相色谱-质谱结果

| 序号 | 保留时间<br>/min | 面积百分比<br>/% | 物质名称 |
|---|---|---|---|
| 1 | 3.70 | 0.02 | 2-氨基十一烷 |
| 2 | 4.07 | 8.46 | 氟乙炔 |
| 3 | 4.23 | 2.86 | (S)-缩水甘油 |
| 4 | 4.37 | 0.64 | 甲硫醇 |
| 5 | 4.64 | 1.91 | 丙酮醛 |
| 6 | 4.78 | 0.14 | 丙酮氰醇 |
| 7 | 4.84 | 0.57 | 甲酸 |
| 8 | 5.22 | 1.14 | 羟乙醛 |
| 9 | 5.26 | 1.07 | 羟乙醛 |
| 10 | 5.44 | 0.56 | 2,3-丁二酮 |
| 11 | 5.69 | 1.36 | 乙酸 |
| 12 | 5.99 | 4.00 | 乙酸 |
| 13 | 6.40 | 0.17 | (E)-丁-2-烯醛 |
| 14 | 6.46 | 0.13 | 异戊醛 |
| 15 | 6.59 | 1.81 | 羟基丙酮 |
| 16 | 6.81 | 0.09 | 2-甲基-1-丁烯-3-酮 |
| 17 | 6.90 | 0.14 | 甲酸甲酯 |
| 18 | 7.19 | 0.12 | 2,3-戊二酮 |
| 19 | 7.31 | 0.08 | 乙二醇 |
| 20 | 7.34 | 0.11 | 乙二醇 |
| 21 | 7.48 | 0.15 | 碳酸亚乙烯酯 |
| 22 | 7.53 | 0.27 | 2,5-二甲基呋喃 |

| 序号 | 保留时间<br>/min | 面积百分比<br>/% | 物质名称 |
| --- | --- | --- | --- |
| 23 | 7.64 | 0.13 | 丙酸 |
| 24 | 7.66 | 0.07 | 丙酸 |
| 25 | 7.92 | 0.05 | 3-甲基哒嗪 |
| 26 | 8.00 | 0.11 | 丙酮酸甲酯 |
| 27 | 8.31 | 0.07 | 3-戊烯-2-酮 |
| 28 | 8.38 | 0.11 | N-甲基吡咯 |
| 29 | 8.52 | 0.03 | 反式-2-戊烯醛 |
| 30 | 8.59 | 0.34 | 戊-1,4-二烯-3-酮 |
| 31 | 8.73 | 0.33 | 吡咯 |
| 32 | 8.96 | 0.14 | 羟基丙酮 |
| 33 | 9.05 | 1.21 | 乙酸甲酯 |
| 34 | 9.26 | 0.10 | 反式-2-甲基-2-丁烯醛 |
| 35 | 9.40 | 0.25 | 丁二醛 |
| 36 | 9.59 | 0.67 | 丙酮酸甲酯 |
| 37 | 9.75 | 0.08 | 3-甲基-1-戊烯 |
| 38 | 9.91 | 0.46 | 杀草强 |
| 39 | 10.38 | 0.07 | 糠醛 |
| 40 | 10.58 | 0.04 | 3-甲基-2(5$H$)-呋喃酮 |
| 41 | 10.70 | 0.16 | 1,2-丙二醇-1-醋酸酯 |
| 42 | 10.90 | 0.06 | 炔丙胺 |
| 43 | 11.01 | 1.02 | 糠醛 |
| 44 | 11.06 | 0.27 | 2-环戊烯酮 |
| 45 | 11.20 | 0.16 | 4-环戊烯-1,3-二酮 |
| 46 | 11.28 | 0.12 | 顺式-7-十四烯-1-醇 |
| 47 | 11.51 | 0.06 | 3-甲基吡咯 |
| 48 | 11.69 | 0.48 | 糠醇 |
| 49 | 11.76 | 0.14 | 6,10-二甲基-(E,E)-5,9-炔-2-酮 |
| 50 | 11.96 | 0.09 | 2-甲基丁酸 |
| 51 | 12.07 | 0.26 | 乙酸基丙酮 |
| 52 | 12.13 | 0.05 | N-甲基-2-(吡啶-4-基)乙胺 |
| 53 | 12.18 | 0.18 | 环辛烷-1,2-二酮 |
| 54 | 12.68 | 0.17 | 1-氟十二烷 |

| 序号 | 保留时间/min | 面积百分比/% | 物质名称 |
|---|---|---|---|
| 55 | 12.86 | 0.03 | 正壬醇 |
| 56 | 12.95 | 0.25 | 苯乙烯 |
| 57 | 13.05 | 0.09 | 甘油醛二聚物 |
| 58 | 13.26 | 0.05 | 2,5-二氟-$\beta$-3,4-三羟基-$N$-甲基苯乙胺 |
| 59 | 13.31 | 0.10 | 三氟-1,5-戊二醛乙酸酯 |
| 60 | 13.45 | 0.09 | 甲基环戊烯醇酮 |
| 61 | 13.57 | 0.10 | 2-乙酰基呋喃 |
| 62 | 13.68 | 0.40 | 2(5$H$)-呋喃酮 |
| 63 | 13.84 | 0.12 | 1,1-二甲基环丙烷 |
| 64 | 13.92 | 0.10 | 2-乙基-1-丁醇 |
| 65 | 14.08 | 0.85 | 2-羟基-2-环戊烯-1-酮 |
| 66 | 14.51 | 0.06 | 5-甲基-2(5$H$)-呋喃酮 |
| 67 | 14.58 | 0.15 | 衣康酸酐 |
| 68 | 14.78 | 0.08 | 4-甲基环己酮 |
| 69 | 15.07 | 0.08 | 三甲基-1,2-丙二烯基硅烷 |
| 70 | 15.16 | 0.09 | 频哪酮 |
| 71 | 15.30 | 0.37 | 5-甲基呋喃醛 |
| 72 | 15.41 | 0.20 | 3-甲基-2-环戊烯-1-酮 |
| 73 | 15.81 | 0.82 | 苯酚 |
| 74 | 16.03 | 0.07 | 己酸 |
| 75 | 16.14 | 0.09 | 二聚丙三醇 |
| 76 | 16.29 | 0.17 | 乙酸钠 |
| 77 | 16.35 | 0.35 | 4-乙基-4$H$-1,2,4-三唑-3-胺 |
| 78 | 16.49 | 0.69 | 二氢尿嘧啶 |
| 79 | 16.72 | 0.03 | 4-乙基-2-甲基-1H-吡咯 |
| 80 | 16.90 | 0.04 | 2-吡咯甲醛 |
| 81 | 17.02 | 0.19 | 5-氨基-1,2,4-三嗪-3(2$H$)-酮 |
| 82 | 17.15 | 0.03 | 2-(3-氧哌嗪-1-基)乙腈 |
| 83 | 17.22 | 0.05 | （＋/-)-7-氧杂二环[2.2.1]庚-5-烯-2-酮 |
| 84 | 17.50 | 0.50 | 甲基环戊烯醇酮 |
| 85 | 17.65 | 0.07 | 苯甲醇 |
| 86 | 17.72 | 0.03 | 1-(2-甲基-1-环戊烯基)乙酮 |

| 序号 | 保留时间<br>/min | 面积百分比<br>/% | 物质名称 |
|---|---|---|---|
| 87 | 17.87 | 0.39 | 4-甲基-2-己酮 |
| 88 | 18.01 | 0.15 | 4-甲基-2($H$)-呋喃酮 |
| 89 | 18.12 | 0.43 | 2,4-二甲氧基甲苯 |
| 90 | 18.22 | 0.09 | 邻甲酚 |
| 91 | 18.40 | 0.08 | 环己烯甲酸 |
| 92 | 18.56 | 0.03 | 2-吡咯甲醛 |
| 93 | 18.65 | 0.10 | 2,5-二甲基呋喃-3,4(2$H$,5$H$)-二酮 |
| 94 | 18.82 | 0.59 | 对甲酚 |
| 95 | 18.99 | 0.14 | 庚酸 |
| 96 | 19.10 | 0.05 | 4-甲基-2-丙基呋喃 |
| 97 | 19.19 | 0.16 | 2-呋喃基羟基甲基甲酮 |
| 98 | 19.27 | 0.20 | D-丙氨酸,$N$-烯丙基氧羰基十四烷基酯 |
| 99 | 19.37 | 0.31 | 愈创木酚 |
| 100 | 19.54 | 0.50 | ($E$)-1-[1-(2,2-二甲基肼基)乙基]-2-乙基二氮烯 |
| 101 | 19.72 | 0.17 | 糠醇 |
| 102 | 19.98 | 0.28 | 3-羟基吡啶 |
| 103 | 20.08 | 0.25 | 麦芽醇 |
| 104 | 20.21 | 0.26 | 3,4-二甲基丁酮 |
| 105 | 20.29 | 0.04 | 左旋葡萄糖酮 |
| 106 | 20.35 | 0.09 | 1-苯基-1-丁烯 |
| 107 | 20.44 | 0.08 | $N$-甲基-$N$-乙烯基乙酰胺 |
| 108 | 20.56 | 0.08 | 二氨基-2-嘧啶 |
| 109 | 20.63 | 0.05 | $N$-甲基-$N$-亚硝基-2-丙胺 |
| 110 | 20.72 | 0.06 | 氰化苄 |
| 111 | 20.88 | 0.63 | 2,3-二氢-3,5-二羟基-6-甲基-4$H$-吡喃-4-酮 |
| 112 | 20.97 | 0.14 | 5,6-二氢-5-甲基尿嘧啶 |
| 113 | 21.06 | 0.04 | 1-甲基茚 |
| 114 | 21.16 | 0.11 | 4-环戊烯-1,3-二酮 |
| 115 | 21.21 | 0.04 | (±)-3-羟基-$r$-丁内酯 |
| 116 | 21.27 | 0.11 | 4-乙基苯酚 |
| 117 | 21.32 | 0.11 | 环癸醇 |
| 118 | 21.40 | 0.10 | 2,5-二羟基苯甲醛 |

| 序号 | 保留时间 /min | 面积百分比 /% | 物质名称 |
|---|---|---|---|
| 119 | 21.49 | 0.24 | 辛酸 |
| 120 | 21.59 | 0.86 | 5-乙基-1,3-二噁烷-5-甲醇 |
| 121 | 21.87 | 0.28 | 4-甲基-2-氧代戊腈 |
| 122 | 21.94 | 0.30 | 3,5-二羟基-2-甲基-4H-吡喃-4-酮 |
| 123 | 21.99 | 0.30 | 2-甲氧基-4-甲基苯酚 |
| 124 | 22.05 | 1.62 | 邻苯二酚 |
| 125 | 22.44 | 0.47 | 2,3-二氢苯并呋喃 |
| 126 | 22.72 | 0.96 | 5-羟甲基糠醛 |
| 127 | 22.80 | 0.33 | (2Z,6E)-3,7,11-三甲基十二碳-2,6,10-三烯-1-醇 |
| 128 | 22.90 | 0.09 | 八氢-顺式-1(2H)-萘酮 |
| 129 | 23.04 | 0.09 | 10-甲基-E-11-三癸-1-醇乙酸酯 |
| 130 | 23.10 | 0.06 | 2-丁基螺(环己醇-3,2′-哌啶) |
| 131 | 23.15 | 0.10 | 1,19-二十碳二烯 |
| 132 | 23.25 | 0.14 | N-(4-溴-正丁基)-2-哌啶酮 |
| 133 | 23.31 | 0.07 | 1,19-二十碳二烯 |
| 134 | 23.37 | 0.15 | 3,4-二羟基甲苯 |
| 135 | 23.45 | 0.41 | D-甘油-L-葡萄糖庚糖 |
| 136 | 23.48 | 0.43 | 3-甲氧基儿茶酚 |
| 137 | 23.61 | 0.62 | 对苯二酚 |
| 138 | 23.77 | 0.24 | 4-乙基-2-甲氧基苯酚 |
| 139 | 23.81 | 0.17 | 2-异丙基-3-甲氧基吡嗪 |
| 140 | 23.84 | 0.11 | 2,4,4-三甲基-3-(3-甲基丁基)环己-2-烯酮 |
| 141 | 23.92 | 0.95 | 3,4-二羟基甲苯 |
| 142 | 24.12 | 0.36 | 吲哚 |
| 143 | 24.26 | 0.56 | 2-仲丁基-1,1-二乙基肼 |
| 144 | 24.37 | 0.20 | 2-羟基环十五烷酮 |
| 145 | 24.43 | 0.67 | 4-乙烯基-2-甲氧基苯酚 |
| 146 | 24.51 | 0.35 | 4,4-二甲基-3-氧代-1-氮杂双环[3.2.2]壬烷 |
| 147 | 24.65 | 0.19 | 2-甲基-(Z,Z)-3,13-十八碳烯醇 |
| 148 | 24.75 | 0.28 | Z,E-2,13-十八碳烯-1-醇 |
| 149 | 24.80 | 0.05 | 2-羟基环十五烷酮 |
| 150 | 24.87 | 0.32 | 2,6-二羟基甲苯 |

| 序号 | 保留时间/min | 面积百分比/% | 物质名称 |
|---|---|---|---|
| 151 | 24.96 | 0.21 | 1,2,2,4,5,6-六甲基-7-氧双环[4.1.0]庚-4-烯-3-酮 |
| 152 | 25.04 | 0.43 | 2,6-二甲氧基苯酚 |
| 153 | 25.09 | 0.08 | (1s,15s)-二环[13.1.0]十六烷-2-酮 |
| 154 | 25.16 | 0.51 | 丁香酚 |
| 155 | 25.26 | 0.14 | 5,9-二甲基-2,4-癸二酸乙酯 |
| 156 | 25.33 | 0.29 | 十二烯基丁二酸酐 |
| 157 | 25.44 | 0.26 | 十二烯基丁二酸酐 |
| 158 | 25.66 | 1.48 | 邻苯三酚 |
| 159 | 25.73 | 1.86 | 麻黄碱 |
| 160 | 25.86 | 0.14 | 邻(叔丁基)苯酚 |
| 161 | 25.90 | 0.24 | 4-羟基-2-甲氧基苯甲醛 |
| 162 | 25.94 | 0.26 | 1,2,4,5-四甲基-3-(3-苯基丙基)苯 |
| 163 | 25.98 | 0.34 | 2-丁基-3-甲氧基-2-环戊烯-1-酮 |
| 164 | 26.24 | 0.81 | 2-正丁基苯酚 |
| 165 | 26.43 | 0.53 | 十二烯基丁二酸酐 |
| 166 | 26.54 | 0.49 | 3,5-二甲氧基-4-羟基甲苯 |
| 167 | 26.63 | 0.61 | (E)-2-甲氧基-4-1-丙烯基苯酚 |
| 168 | 26.70 | 0.45 | 4-甲基戊基-8-甲基非-6-烯酸盐 |
| 169 | 26.82 | 0.41 | 8-甲基非 6-烯酸己酯 |
| 170 | 27.01 | 0.29 | (1s,15s)-二环[13.1.0]十六烷-2-酮 |
| 171 | 27.04 | 0.37 | 棕榈油酸 |
| 172 | 27.18 | 0.23 | 2-甲基十九烷 |
| 173 | 27.28 | 0.20 | 2-羟基-5-甲氧基苯乙酮 |
| 174 | 27.59 | 3.63 | 1,6-脱水-$\beta$-D-葡萄糖 |
| 175 | 27.64 | 0.87 | 1,6-脱水-$\beta$-D-葡萄糖 |
| 176 | 27.67 | 1.81 | 1,6-脱水-$\beta$-葡萄糖 |
| 177 | 27.97 | 0.31 | 5-乙酰氨甲基-4-氨基-2-甲基嘧啶 |
| 178 | 28.18 | 1.22 | 月桂酸异丙酯 |
| 179 | 28.43 | 0.32 | 杜鹃醇 |
| 180 | 28.46 | 0.45 | 2,3,5,6-四氟茴香醚 |
| 181 | 28.70 | 0.55 | (1R,2S)-2-辛基环丙烷甲醛 |
| 182 | 28.81 | 0.25 | (11Z)-11-十六碳烯酸 |

| 序号 | 保留时间 /min | 面积百分比 /% | 物质名称 |
|---|---|---|---|
| 183 | 28.88 | 0.21 | α-杜松醇 |
| 184 | 28.94 | 0.32 | 二十二酸 |
| 185 | 29.04 | 0.30 | 二十二酸 |
| 186 | 29.11 | 0.34 | N2,N3-二乙基-5,6-二甲基-2,3-吡嗪二胺 |
| 187 | 29.44 | 0.66 | 1-二十烯 |
| 188 | 29.46 | 0.27 | 1-二十烯 |
| 189 | 29.51 | 0.39 | 乳糖 |
| 190 | 29.84 | 2.94 | 4-甲基-5-丙基壬烷 |
| 191 | 29.89 | 0.33 | 4-甲基-5-丙基壬烷 |
| 192 | 29.93 | 1.64 | 10-溴十一酸 |
| 193 | 30.08 | 1.87 | 二氢松柏醇 |
| 194 | 30.31 | 0.48 | 2-羟基环十五烷酮 |
| 195 | 30.57 | 0.51 | (11Z)-11-十六碳烯酸 |
| 196 | 30.65 | 0.16 | 棕榈油酸 |
| 197 | 30.68 | 0.35 | 2-4-3-甲氧基亚氨基-3-4-三氟甲氧基苯基丙基-2,6-二甲基苯氧基-2-甲基丙酸 |
| 198 | 31.11 | 0.22 | 2,6-二甲氧基-4-[(1E)-1-丙烯-1-基]苯酚 |
| 199 | 31.46 | 0.03 | (1s,15s)-二环[13.1.0]十六烷-2-酮 |
| 200 | 31.72 | 0.06 | δ-硫代乳酸 |
| 201 | 31.96 | 0.09 | 12-二烯-14-al(E)-15,16-Dinorlabda-8(17) |
| 202 | 32.13 | 0.25 | 肉豆蔻酸 |
| 203 | 32.55 | 0.14 | 十二烯基丁二酸酐 |
| 204 | 32.70 | 0.44 | 亚油酸 |
| 205 | 32.78 | 0.24 | 亚油酸 |
| 206 | 32.81 | 0.13 | 亚油酸 |
| 207 | 32.85 | 0.15 | 亚油酸 |
| 208 | 32.87 | 0.35 | 亚油酸 |
| 209 | 33.20 | 0.35 | 亚油酸 |
| 210 | 33.24 | 0.19 | 亚油酸 |
| 211 | 33.32 | 0.17 | Z,E-3,13-十八碳烯-1-醇 |
| 212 | 34.45 | 0.50 | 新植二烯 |
| 213 | 34.53 | 0.35 | (Z)-18-十八碳-9-烯醇化物 |
| 214 | 35.03 | 0.05 | (1s,15s)-二环[13.1.0]十六烷-2-酮 |

| 序号 | 保留时间/min | 面积百分比/% | 物质名称 |
|---|---|---|---|
| 215 | 35.42 | 0.73 | 硬脂酸 |
| 216 | 35.49 | 0.84 | 硬脂酸 |
| 217 | 35.92 | 0.34 | E-2-四烯-1-醇 |
| 218 | 36.73 | 0.09 | 2-甲基-Z,Z-3,13-十八碳烯醇 |
| 219 | 38.51 | 3.31 | (E)-5-二十烯 |
| 220 | 39.17 | 2.46 | 棕榈酸 |
| 221 | 39.27 | 0.22 | (Z)-14-甲基-8-十六碳烯-1-缩醛 |
| 222 | 39.61 | 0.08 | 1-(4-甲基苯基)-2-(三甲基硅烷基)-二氮烯 |

经数据的统计分析对比得出，灵宝杜鹃树叶的热裂解产物中醇类含 9.92%，酚类含 10.00%，醚类含 0.45%，酮类含 11.50%，醛类含 8.41%，酸类含 16.81%，酯类含 4.64%，糖类含 7.12%，烃和烃的衍生物类含 20.71%，生物碱类含 1.86%，其他类含 8.58%；按保留时间分类得出，保留时间小于 5min 的占总相对含量的 14.60%，保留时间在 5～10min 的占总相对含量的 15.36%，保留时间在 10～20min 的占 13.31%，保留时间在 20～30min 的占 41.59%，保留时间在 30～40min 的占 15.14%。

热裂解-气相色谱-质谱检测到的灵宝杜鹃树叶的热裂解产物中主要是烃和烃的衍生物类、酸类、酮类、生物碱类等；在保留时间 20～30min 内，热裂解产物释放量最多。

### 3.2.3 资源化途径分析

通过对灵宝杜鹃树叶四种有机溶剂提取物的化学成分和热裂解产物进行检测和分析，主要是醇类，酚类，酮类，醛类，生物碱类等化合物，并含有大量的有效活性成分，可广泛应用于生物医药、日用化工、食品保健等领域，这些物质在促进人类健康、工业发展和社会进步方面发挥着重要作用。例如，5-羟甲基糠醛在灵宝杜鹃树叶四种溶剂提取物中均含量较高，主要用于葡萄糖输液中代谢物的检测；糠醛在两种提取物中被检测到，且含量较高，可以作为制备许多医药产品以及合成很多工业用产品的原料，也是用来合成树脂，制造皮革、清漆、农药、橡胶和涂层等的原料，在食品中是允许使用的香料，主要用于制作各种热加工型香料和香精等[109]；甲基麦芽酚在四种提取物中均被检测到并含量较高，同样也是一种可食用香料，常用于食品工业中起到维持和增加香味以及甜味的作用，也可用于烟草、化妆品用香精等，广泛应用于食品、烟草、葡萄酒、医药等行业[110]；(S)-缩水甘油是一种重要的医药中间体，可被用来合成多种物质；棕榈酸具有特殊的香味和味道，在食品工业上是一种很好的食品添加剂原料，在日用化工上是生产肥皂、蜡烛和合成洗涤剂等的化工原料，在医学领域它可通过抵抗骨骼肌胰岛素机理，对糖尿病的形成有一定的影响作用，有望成为治疗糖尿病的药物[111]，同时，它也能引起人成骨肉瘤细胞的凋亡，有一定的细胞毒性作用[112]；桥氧三尖杉碱在灵宝杜鹃树叶的乙醇/苯提取物中含量较高，已有学者经研究发现其具有一定的抗肿瘤活性，可作为抗肿瘤药物进行开发[113]；

杜鹃醇也在两种提取物中被检测到，是一种能有效地抑制黑色素形成的化合物[114]，然而，与其他美白成分相似的是它可能会导致美白过度，表现出一些副作用[115]，因此在化妆品中应谨慎使用杜鹃醇。天然维生素E在乙醇/苯提取物中被检测到有较高的含量，在医药上，天然维生素E具有多种生物活性，对某些疾病具有很好的预防效果，是一种强大的抗氧化剂，可以延缓衰老，同时还对多种癌症的发生有明显的抑制作用，还可用于治疗不孕不育等妇科疾病，并在治疗皮肤病、冠心病、贫血、内分泌功能减退、肌肉萎缩、脑软化等方面具有良好的医学价值[116,117]；在化妆品行业中，天然维生素E因其具有很强的抗氧化性，常添加到日常洗护产品、化妆品以及护肤品中，容易被皮肤吸收，也有改善皮肤暗沉、提高皮肤弹性、预防衰老等作用，在日常护肤和化妆品行业中应用十分广泛；在畜牧行业中，天然维生素E常作为一种良好的饲料添加剂，在提高动物的生产力、提高动物对疾病的抗性，以及提高动物肉制品的品质等方面发挥着非常重要的作用；在工业上，天然维生素E作为一种抗氧化剂，广泛应用于薄膜制品中，能克服其易氧化、易碎、经久耐用的缺点，同时将其添加到光敏材料中，可以提高材料的应用性能；在食品工业中，天然维生素E广泛应用于乳制品、冷冻食品、软罐头食品以及各种功能性保健食品，尤其常作为婴儿食品的抗氧化剂，还可用作水果、蔬菜、肉制品的防腐剂，添加到口香糖中，还有很好的除臭作用[118]。

灵宝杜鹃树叶的提取物和热裂解产物中，许多可作为食品添加剂用于食品行业，有的在医药和化工产业中也有广泛的应用，因此灵宝杜鹃树叶有很好的开发利用价值，尤其在食品添加剂方面开发潜力巨大。

灵宝杜鹃树叶提取物、热裂解产物富含生物活性成分，具体结果如下：

经傅立叶红外光谱检测分析，灵宝杜鹃树叶提取物的吸收峰主要集中在 $3500\sim$ $2750cm^{-1}$、$1750\sim1250cm^{-1}$ 和 $1250\sim870cm^{-1}$ 的波段内，其主要成分可能为酚类、醇类、酸类、酯类、醛类、酮类、烷烃和芳香族化合物等。

经气相色谱-质谱检测分析，灵宝杜鹃树叶乙醇提取物从25个峰中鉴定出11种化学成分，主要含有5-羟甲基糠醛、甲基麦芽酚、松三糖水合物等；甲醇提取物从37个峰中鉴定出18种化学成分，主要含有糠醛、5-羟甲基糠醛、杜鹃醇等；乙醇/苯提取物从24个峰中鉴定出13种化合物，主要含有杜鹃醇、桥氧三尖杉碱、天然维生素E等；乙醇/甲醇提取物从13个峰中鉴定出10种化学成分，主要含有5-羟甲基糠醛、1-庚三醇、1,3-二羟基丙酮等。总体来看，灵宝杜鹃树叶提取物中主要为糖类、醛类、醇类、酮类和酚类化合物等。

经热重检测分析，灵宝杜鹃树叶的热解过程分为三个阶段：第一阶段是从初始温度到75℃，是水的蒸发阶段；第二阶段是从75℃到200℃，热失重稳定；第三阶段是从200℃到300℃，是热失重的主要阶段，随着温度的升高，少量纤维素和半纤维素组分热解。灵宝杜鹃树叶的热失重率在300℃时为28%，热失重较少，表明灵宝杜鹃树叶具有一定的热稳定性。

经热裂解-气相色谱-质谱检测分析，灵宝杜鹃树叶共分离出222个峰，从中鉴定出188种化学成分，其热裂解产物主要含有棕榈酸、1,6-脱水-$\beta$-D-葡萄糖、(S)-缩水甘油等，且热裂解产物主要集中在保留时间 $20\sim30min$ 内。

综上所述，灵宝杜鹃树叶提取物、热裂解产物中富含的生物活性成分主要有 5-羟甲基糠醛、糠醛、甲基麦芽酚、(S)-缩水甘油、棕榈酸、桥氧三尖杉碱、杜鹃醇、天然维生素 E 等，具有广阔的应用范围和良好的发展前景，尤其在食品添加剂方面开发潜力巨大，应作为重点进行开发。

## 3.3 灵宝杜鹃树皮资源化基础分析

我国地大物博，含有丰富的林木资源，而树皮就约占树木总体积的 10%，然而树皮的利用率并不高，往往在森林采伐及木材加工等过程中，将其丢弃浪费掉，不能很好地加以利用，因此树皮的开发潜力巨大。

树皮中大约有 70% 是不溶性组分，所占比重较大，主要是木质素、半纤维素和纤维素等成分共同组成了树皮的细胞壁，而除此之外是提取物，种类繁多，组成成分复杂，对树皮的颜色、气味、滋味、强度、韧性以及树皮的加工利用等多方面均有密切的关系。

植物树皮中含有多种生物活性成分，可广泛应用于很多领域。有些植物树皮中含有很好的药用成分，如马栗树皮中含有消除炎症、镇静镇痛作用的生物活性成分，对人体关节炎性疾病具有显著的抑制作用；白蜡树皮中含有能治疗细菌性痢疾、慢性气管炎等疾病的有效活性成分，并有一定的抗菌作用。有些树皮可加工制取多种化工原料，如桦树树皮含较高的油量，可作为工业用润滑油以及燃料的原材料；柿树、石榴树和君迁子等的树皮中含有大量的单宁，可作木材胶黏剂的原料，也是提取栲胶的原料。有些树皮经加工后，可制成多种多样的产品，如用树皮制造的人造板，强度较高，有害甲醛释放量以及板材吸水率均较低；采用树皮纤维编织成的绳索、渔网等，韧性强，结实耐用。除此之外，还有很多其他用途，如有些树皮可以制成树皮丸、树皮砖等成型燃料，可直接燃烧，有很好的燃烧热值；有些树皮中含有较多的营养成分，是良好的畜禽饲料；有些树皮也可沤制成良好的有机肥料，也可用作植物培养介质和土壤改良剂；有些树皮具有很强的吸油性能，可用于调控石油对生态环境的有害污染；有些纹理美观的树皮也是制作树皮装饰画和盆景的理想材料。

鉴于树皮研究成果与经验，以灵宝杜鹃树皮为研究对象，采用傅立叶红外光谱、气相色谱-质谱、热裂解-气相色谱-质谱等现代分析手段，解析灵宝杜鹃树皮提取物、热裂解产物的化学成分，确定生物活性成分，并探索树皮热裂解特性和规律，为灵宝杜鹃树皮资源的保护性开发提供科学依据。

### 3.3.1 材料与方法

#### 3.3.1.1 试验材料

除将试验材料换为新鲜的树皮外，其余均采用 3.2.1 的试样处理方法和材料。

### 3.3.1.2  试验方法

除将试验材料换为树皮外，其余均采用 3.2.1 的提取方法。

### 3.3.2  结果与分析

**（1）傅里叶红外光谱分析**

图 3-8 是灵宝杜鹃树皮四种提取物的红外光谱对比图。四个试样在 $3250\sim3500\mathrm{cm}^{-1}$ 处均表现出较强的宽的吸收峰，这是由 O—H 化学键在缔合状态下进行伸缩振动引起的；此外，在 $1250\sim1000\mathrm{cm}^{-1}$ 处有最强的吸收峰，可以大致判断其中含有羟基的化合物，如醇类和酚类化合物；在 $3000\sim2800\mathrm{cm}^{-1}$ 附近，由于饱和 C—H 化学键的伸缩振动，而存在明显的吸收峰；在 $1900\sim1650\mathrm{cm}^{-1}$ 处，灵宝杜鹃树皮的乙醇、甲醇、乙醇/甲醇提取物的吸收峰更明显，是 C＝O 化学键的伸缩振动，因此可以粗略判断含羰基的酮、醛、酸和酯类化合物可能存在；在 $1310\sim1020\mathrm{cm}^{-1}$ 附近，由于酯类化合物的 C—O—C 化学键的伸缩振动，树皮的乙醇、乙醇/苯和乙醇/甲醇提取物呈现出两个明显的强吸收峰；$1456\sim1380\mathrm{cm}^{-1}$ 处有多个重叠峰，这可能是芳香族化合物骨架振动的结果，表明它可能含有芳香族化合物。

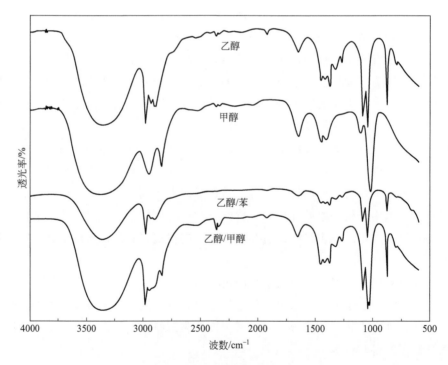

图 3-8  树皮提取物的傅立叶红外光谱

灵宝杜鹃树皮的四种提取物的吸收峰主要集中在 $3500\sim3250\mathrm{cm}^{-1}$、$2800\sim3000\mathrm{cm}^{-1}$、$1900\sim1650\mathrm{cm}^{-1}$、$1456\sim1380\mathrm{cm}^{-1}$、$1310\sim1020\mathrm{cm}^{-1}$、$1250\sim1000\mathrm{cm}^{-1}$ 的波段，主要化学成分可能为酚类、醇类、酸类、酯类、醛类、酮类、烃类和芳香族化合物。

**（2）气相色谱-质谱分析**

图 3-9、表 3-6 结果显示，灵宝杜鹃树皮的乙醇提取物检测到 20 个峰，其中鉴定出 17 种化学成分，主要成分有 D-甘露糖（21.09%），角鲨烯（19.49%），5-羟基-4-十二碳烯酸-6-内酯（15.44%），5-羟甲基糠醛（14.8%），异胆酸乙酯（6.80%），1-甲基-L-组氨酸（2.99%），7-甲基-Z-四癸烯-1-醇乙酸酯（2.65%），$\beta$-D-乳糖（2.63%），克林霉素（2.61%），2,3-二氢-3,5-二羟基-6-甲基-4-吡喃酮（2.20%），2-(2-丁炔-1-基)环己酮（1.89%），3-羟基月桂酸（1.63%），香草酸（1.61%），松三糖水合物（1.53%），3,4,5-三甲氧基苯酚（1.01%）等。

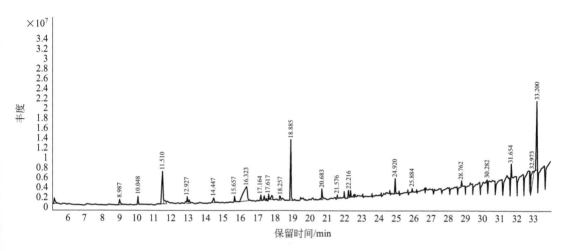

图 3-9 树皮乙醇提取物的总离子色谱图

表 3-6 树皮乙醇提取物的气相色谱-质谱结果

| 序号 | 保留时间/min | 面积百分比/% | 物质名称 |
|---|---|---|---|
| 1 | 5.20 | 2.99 | 1-甲基-L-组氨酸 |
| 2 | 8.99 | 2.61 | 克林霉素 |
| 3 | 10.05 | 2.20 | 2,3-二氢-3,5-二羟基-6-甲基-4-吡喃酮 |
| 4 | 11.51 | 12.41 | 5-羟甲基糠醛 |
| 5 | 11.59 | 2.39 | 5-羟甲基糠醛 |
| 6 | 12.93 | 1.89 | 2-(2-丁炔-1-基)环己酮 |
| 7 | 13.05 | 1.53 | 松三糖水合物 |
| 8 | 14.45 | 2.65 | 7-甲基-Z-4-癸烯-1-醇乙酸酯 |
| 9 | 15.66 | 1.63 | 3-羟基月桂酸 |
| 10 | 16.32 | 21.09 | D-甘露糖 |
| 11 | 17.16 | 1.61 | 香草酸 |
| 12 | 17.36 | 0.82 | 2′,3′-O-异丙亚基鸟苷 |
| 13 | 17.62 | 1.01 | 3,4,5-三甲氧基苯酚 |
| 14 | 17.80 | 2.63 | $\beta$-D-乳糖 |

| 序号 | 保留时间/min | 面积百分比/% | 物质名称 |
|------|------------|------------|----------|
| 15 | 18.89 | 15.44 | 5-羟基-4-十二碳烯酸-6-内酯 |
| 16 | 21.58 | 0.80 | 16-羟基巨大戟醇 |
| 17 | 21.96 | 1.58 | 异胆酸乙酯 |
| 18 | 22.22 | 1.89 | 异胆酸乙酯 |
| 19 | 24.92 | 3.33 | 异胆酸乙酯 |
| 20 | 33.20 | 19.49 | 角鲨烯 |

图 3-10、表 3-7 结果显示，灵宝杜鹃树皮的甲醇提取物检测到 66 个峰，其中鉴定出 33 种化学成分，主要成分有 5-羟甲基糠醛（15.09%），$\beta$-D-葡萄糖（10.24%），松三糖水合物（5.98%），D-甘露糖（4.11%），1,6-脱水-$\beta$-D-葡萄糖（3.97%），2,3-二氢-3,5-二羟基-6-甲基-4-吡喃酮（2.77%），2,4-二叔丁基噻吩（2.72%），角鲨烯（2.67%），糠醛（2.39%），香草酸（2.31%），$N$-3-丁烯基-$N$-甲基-环己胺（1.87%），6-硫基鸟嘌呤核苷（1.74%），（$Z$)-18-十八碳-9-烯醇化物（1.71%），亚油酸（1.61%），3,4,5-三甲氧基苯酚（1.47%），棕榈酸（1.41%），乙醚（5.78%），羟基乙酸（4.99%），乙二醇二乙醚（4.87%）等。

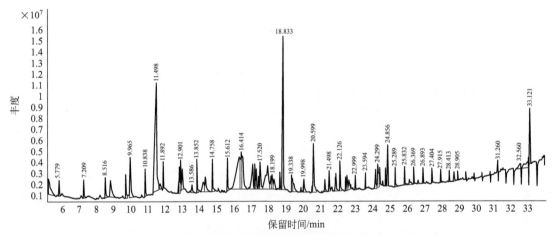

图 3-10　树皮甲醇提取物的总离子色谱图

表 3-7　树皮甲醇提取物的气相色谱-质谱结果

| 序号 | 保留时间/min | 面积百分比/% | 物质名称 |
|------|------------|------------|----------|
| 1 | 5.16 | 2.39 | 糠醛 |
| 2 | 5.78 | 0.63 | 乙醚 |
| 3 | 7.21 | 0.77 | 乙醚 |
| 4 | 8.52 | 0.89 | 乙醚 |
| 5 | 8.83 | 1.87 | $N$-甲基-$N$-(3-丁烯基)环己胺 |
| 6 | 9.71 | 1.01 | 乙醚 |

| 序号 | 保留时间/min | 面积百分比/% | 物质名称 |
|---|---|---|---|
| 7 | 9.97 | 2.77 | 2,3-二氢-3,5-二羟基-6-甲基-4-吡喃酮 |
| 8 | 10.84 | 1.00 | 乙醚 |
| 9 | 11.50 | 14.69 | 5-羟甲基糠醛 |
| 10 | 11.71 | 0.40 | 5-羟甲基糠醛 |
| 11 | 11.89 | 0.70 | 乙醚 |
| 12 | 12.79 | 0.55 | D-(+)-松三糖水合物 |
| 13 | 12.84 | 1.22 | 4'-羟基-2'-甲基苯乙酮 |
| 14 | 12.90 | 1.00 | 乙二醇二乙醚 |
| 15 | 13.01 | 1.39 | 松三糖水合物 |
| 16 | 13.57 | 0.50 | 松三糖水合物 |
| 17 | 13.85 | 1.23 | 乙二醇二乙醚 |
| 18 | 14.25 | 1.00 | 松三糖水合物 |
| 19 | 14.36 | 1.49 | 松三糖水合物 |
| 20 | 14.76 | 1.22 | 乙二醇二乙醚 |
| 21 | 15.61 | 1.60 | 松三糖水合物 |
| 22 | 16.28 | 6.45 | $\beta$-D-葡萄糖 |
| 23 | 16.41 | 3.97 | 1,6-脱水-$\beta$-D-葡萄糖 |
| 24 | 16.47 | 3.79 | $\beta$-D-葡萄糖 |
| 25 | 17.07 | 2.31 | 香草酸 |
| 26 | 17.20 | 0.83 | 乙二醇二乙醚 |
| 27 | 17.28 | 1.19 | 2',3'-O-异丙亚基鸟苷 |
| 28 | 17.42 | 0.51 | 4-烯丙基-2,6-二甲氧基苯酚 |
| 29 | 17.52 | 1.47 | 3,4,5-三甲氧基苯酚 |
| 30 | 17.93 | 4.11 | D-甘露糖 |
| 31 | 18.14 | 0.79 | (1,1'-双环丙基)-2-辛酸-2'-己基甲酯 |
| 32 | 18.20 | 0.89 | (1,1'-双环丙基)-2-辛酸-2'-己基甲酯 |
| 33 | 18.31 | 0.92 | 3-羟基月桂酸 |
| 34 | 18.65 | 0.59 | 乙二醇二乙醚 |
| 35 | 18.83 | 8.57 | 5-羟基-4-十二碳烯酸-6-内酯 |
| 36 | 19.34 | 1.04 | 4-羟基-3-甲氧基苯乙酸甲酯 |
| 37 | 19.87 | 0.20 | 1-丙基-3,6-二氮杂金刚烷-9-醇 |
| 38 | 20.00 | 0.40 | 乙醚 |

| 序号 | 保留时间/min | 面积百分比/% | 物质名称 |
|---|---|---|---|
| 39 | 20.03 | 0.81 | 6-巯基鸟嘌呤核苷 |
| 40 | 20.53 | 0.36 | 3,4,5-三甲氧基苄醇 |
| 41 | 20.60 | 2.72 | 2,4-二叔丁基噻吩 |
| 42 | 21.25 | 0.56 | (1,1'-双环丙基)-2-辛酸-2'-己基甲酯 |
| 43 | 21.50 | 0.97 | 5-(3-羟丙基)-2,3-二甲氧基苯酚 |
| 44 | 21.88 | 1.16 | (1,1'-双环丙基)-2-辛酸-2'-己基甲酯 |
| 45 | 22.13 | 1.41 | 棕榈酸 |
| 46 | 22.43 | 0.38 | 乙醚 |
| 47 | 22.53 | 0.93 | 6-巯基鸟嘌呤核苷 |
| 48 | 22.64 | 0.66 | 2,4,5,6,7,7a-六氢-3-(1-甲基乙基)-7a-甲基-1H-2-茚酮 |
| 49 | 23.00 | 0.46 | 羟基乙酸 |
| 50 | 23.59 | 0.50 | 羟基乙酸 |
| 51 | 24.16 | 1.00 | (1,1'-双环丙基)-2-辛酸-2'-己基甲酯 |
| 52 | 24.30 | 1.61 | 亚油酸 |
| 53 | 24.40 | 0.74 | 甘油亚麻酸酯 |
| 54 | 24.73 | 0.52 | 羟基乙酸 |
| 55 | 24.86 | 1.71 | (Z)-18-十八碳-9-烯醇化物 |
| 56 | 25.29 | 0.72 | 羟基乙酸 |
| 57 | 25.83 | 0.61 | 羟基乙酸 |
| 58 | 26.12 | 0.49 | (2-苯基-1,3-二氧戊环-4-基)甲酯,反式-9-十八烯酸 |
| 59 | 26.37 | 0.44 | 羟基乙酸 |
| 60 | 26.89 | 0.50 | 羟基乙酸 |
| 61 | 27.40 | 0.38 | 羟基乙酸 |
| 62 | 27.92 | 0.41 | 羟基乙酸 |
| 63 | 28.41 | 0.27 | 羟基乙酸 |
| 64 | 28.69 | 0.48 | 1-甲醇,乙酸盐(酯) |
| 65 | 28.91 | 0.18 | 羟基乙酸 |
| 66 | 33.12 | 2.67 | 角鲨烯 |

图 3-11、表 3-8 结果显示,灵宝杜鹃树皮的乙醇/苯提取物检测到 37 个峰,其中鉴定出 17 种化学成分,主要成分有 2-乙基-1-己醇(26.61%),2,5-二氟-$\beta$-3,4-三羟基-N-甲苯乙胺(17.45%),2,2,4-三甲基-3-(3,8,12,16-四甲基-七烷酸-3,7,11,15-四苯基)-环己醇(14.58%),5-羟基-4-十二碳烯酸-6-内酯(7.87%),乙醇(6.5%),D-甘露糖

（6.15%），异胆酸乙酯（3.09%），邻苯二甲酸正丁异辛酯（2.38%），乙醇酸乙酯（1.76%），2-硝基吡啶（2.64%），7-乙基-4-癸烯-6-酮（1.65%），松三糖水合物（2.07%），偶氮二甲酸二乙酯（3.09%），2-庚醇（1.50%）等。

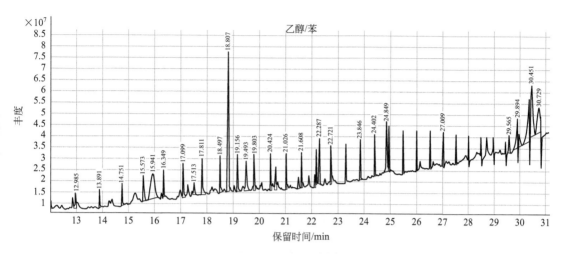

图 3-11　树皮乙醇/苯提取物的总离子色谱图

表 3-8　树皮乙醇/苯提取物的气相色谱-质谱结果

| 序号 | 保留时间/min | 面积百分比/% | 物质名称 |
|---|---|---|---|
| 1 | 5.95 | 1.76 | 乙醇酸乙酯 |
| 2 | 7.79 | 26.61 | 2-乙基-1-己醇 |
| 3 | 11.39 | 1.65 | 7-乙基-4-癸烯-6-酮 |
| 4 | 12.02 | 0.49 | 松三糖水合物 |
| 5 | 12.99 | 0.90 | 2-甲基-9-$\beta$-D-呋喃核苷次黄嘌呤 |
| 6 | 13.89 | 0.77 | 2,5-二氟-$\beta$-3,4-三羟基-$N$-甲基苯乙胺 |
| 7 | 14.75 | 0.99 | 2,5-二氟-$\beta$-3,4-三羟基-$N$-甲基苯乙胺 |
| 8 | 15.57 | 1.58 | 松三糖水合物 |
| 9 | 15.94 | 6.15 | D-甘露糖 |
| 10 | 16.35 | 0.98 | 2-硝基吡啶 |
| 11 | 17.10 | 1.60 | 2,5-二氟-$\beta$-3,4-三羟基-$N$-甲基苯乙胺 |
| 12 | 17.51 | 0.78 | 7-甲基-$Z$-四癸烯-1-醇乙酸酯 |
| 13 | 17.81 | 1.90 | 2,5-二氟-$\beta$-3,4-三羟基-$N$-甲基苯乙胺 |
| 14 | 18.50 | 1.73 | 2,5-二氟-$\beta$-3,4-三羟基-$N$-甲基苯乙胺 |
| 15 | 18.81 | 7.87 | 5-羟基-4-十二碳烯酸-6-内酯 |
| 16 | 19.16 | 1.66 | 2-硝基吡啶 |
| 17 | 19.80 | 1.64 | 2,5-二氟-$\beta$-3,4-三羟基-$N$-甲基苯乙胺 |
| 18 | 20.42 | 1.64 | 2,5-二氟-$\beta$-3,4-三羟基-$N$-甲基苯乙胺 |
| 19 | 21.03 | 1.39 | 2,5-二氟-$\beta$-3,4-三羟基-$N$-甲基苯乙胺 |
| 20 | 21.49 | 0.69 | 16-羟基巨大戟醇 |

| 序号 | 保留时间/min | 面积百分比/% | 物质名称 |
|---|---|---|---|
| 21 | 21.61 | 1.42 | 2,5-二氟-$\beta$-3,4-三羟基-$N$-甲基苯乙胺 |
| 22 | 22.17 | 1.31 | 2,5-二氟-$\beta$-3,4-三羟基-$N$-甲基苯乙胺 |
| 23 | 22.29 | 2.38 | 邻苯二甲酸正丁异辛酯 |
| 24 | 22.72 | 1.49 | 2,5-二氟-$\beta$-3,4-三羟基-$N$-甲基苯乙胺 |
| 25 | 23.29 | 1.52 | 偶氮二甲酸二乙酯 |
| 26 | 23.85 | 1.57 | 偶氮二甲酸二乙酯 |
| 27 | 24.40 | 1.50 | 2-庚醇 |
| 28 | 24.85 | 3.09 | 异胆酸乙酯 |
| 29 | 24.94 | 1.56 | 2,5-二氟-$\beta$-3,4-三羟基-$N$-甲基苯乙胺 |
| 30 | 25.47 | 1.43 | 乙醇 |
| 31 | 25.99 | 1.36 | 乙醇 |
| 32 | 26.51 | 1.17 | 乙醇 |
| 33 | 27.01 | 1.13 | 乙醇 |
| 34 | 27.51 | 0.78 | 乙醇 |
| 35 | 28.00 | 0.63 | 乙醇 |
| 36 | 29.43 | 0.30 | 16-羟基巨大戟醇 |
| 37 | 33.14 | 14.58 | 2,2,4-三甲基-3-(3,8,12,16-四甲基-七烷酸-3,7,11,15-四苯基)-环己醇 |

图 3-12、表 3-9 结果显示，灵宝杜鹃树皮的乙醇/甲醇提取物检测到 31 个峰，其中鉴定出 19 种化学成分，主要成分有羟基乙酸（16.45%），5-羟基-4-十二碳烯酸-6-内酯（13.26%），5-羟甲基糠醛（13.11%），D-甘露糖（11.06%），DL-阿拉伯糖（8.91%），$\gamma$-谷甾醇（8.33%），2,3-二氢-3,5-二羟基-6-甲基-4-吡喃酮（4.34%），6-吗啉-4-基-9-氧杂环 [3.3.1] 非 3-基酯-乙酸（4.11%），乙醇醛二聚体（2.71%），$N$-甲基-$N$-[4-(3-羟基吡咯烷基)-2-丁基]乙酰胺（2.49%），NA-2,4-二硝基苯-L-精氨酸（2.26%），花生四烯酸甲酯（2.23%）等。

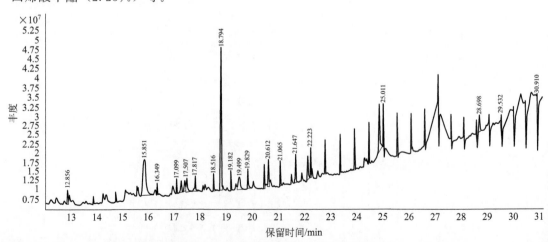

图 3-12　树皮乙醇/甲醇提取物的总离子色谱图

表 3-9　树皮乙醇/甲醇提取物的气相色谱-质谱结果

| 序号 | 保留时间/min | 面积百分比/% | 物质名称 |
|---|---|---|---|
| 1 | 5.18 | 2.70 | DL-阿拉伯糖 |
| 2 | 5.90 | 3.16 | DL-阿拉伯糖 |
| 3 | 8.85 | 4.11 | 6-吗啉-4-基-9-氧杂环[3.3.1]非 3-基酯乙酸 |
| 4 | 9.97 | 4.34 | 2,3-二氢-3,5-二羟基-6-甲基-4-吡喃酮 |
| 5 | 11.38 | 13.11 | 5-羟甲基糠醛 |
| 6 | 12.86 | 1.38 | 2-(2-丁炔-1-基)环己酮 |
| 7 | 15.85 | 11.06 | D-甘露糖 |
| 8 | 16.35 | 0.70 | DL-阿拉伯糖 |
| 9 | 17.10 | 0.97 | DL-阿拉伯糖 |
| 10 | 17.29 | 1.39 | 1$H$-6-嘌呤,6,7-二氢-2-氨基-7-[3,5-二羟基-6-(羟甲基)四氢-2$H$-2-吡喃基] |
| 11 | 17.42 | 1.31 | $\beta$-D-乳糖 |
| 12 | 17.51 | 1.96 | 7-甲基-Z-四癸烯-1-醇乙酸酯 |
| 13 | 17.82 | 1.64 | 3-羟基月桂酸 |
| 14 | 18.52 | 1.38 | DL-阿拉伯糖 |
| 15 | 18.79 | 13.26 | 5-羟基-4-十二碳烯酸-6-内酯 |
| 16 | 19.18 | 1.15 | 乙醇醛二聚体 |
| 17 | 19.50 | 2.49 | $N$-甲基-$N$-[4-(3-羟基吡咯烷基)-2-丁基]乙酰胺 |
| 18 | 19.83 | 1.51 | 蝶呤-6-羧酸 |
| 19 | 20.46 | 1.56 | 乙醇醛二聚体 |
| 20 | 21.07 | 1.59 | 氨基甲酰肼 |
| 21 | 21.65 | 2.23 | 花生四烯酸甲酯 |
| 22 | 22.11 | 2.26 | NA-2,4-二硝基苯-L-精氨酸 |
| 23 | 22.22 | 1.83 | 羟基乙酸 |
| 24 | 22.78 | 2.03 | 羟基乙酸 |
| 25 | 23.36 | 2.44 | 羟基乙酸 |
| 26 | 23.92 | 2.52 | 羟基乙酸 |
| 27 | 24.47 | 2.65 | 羟基乙酸 |
| 28 | 24.86 | 6.01 | $\gamma$-谷甾醇 |
| 29 | 25.01 | 2.32 | $\gamma$-谷甾醇 |
| 30 | 25.55 | 2.75 | 羟基乙酸 |
| 31 | 26.08 | 2.23 | 羟基乙酸 |

　　经数据的统计分析对比得出，灵宝杜鹃树皮的乙醇提取物中醇类含 0.80%，酚类含 1.01%，酮类含 4.09%，醛类含 14.80%，酸类含 3.24%，酯类含 24.89%，糖类含 25.26%，烃和烃的衍生物类含 19.49%，其他类含 6.42%；甲醇提取物中醇类含 0.56%，酚类含 2.96%，醚类含 10.66%，酮类含 4.64%，醛类含 17.48%，酸类含 11.73%，酯类含 15.23%，糖类含 24.85%，烃和烃的衍生物类含 2.67%，其他类含

9.23％；乙醇/苯提取物中醇类含 50.18％，酮类含 1.65％，酯类含 18.96％，糖类含 8.22％，其他类含 20.99％；乙醇/甲醇提取物中醇类含 8.33％，酮类含 7.36％，醛类含 13.11％，酸类含 22.06％，酯类含 17.45％，糖类含 21.27％，其他类含 10.44％。

灵宝杜鹃树皮四种提取物中糖类化合物含量较高，占总提取物含量的 19.90％，其次是酯类（19.13％）、酚类（14.97％）、醛类（11.35％）、酸类（9.26％）等；其中，乙醇提取物中含较多的糖类、酯类、烃和烃的衍生物类、醛类化合物；甲醇提取物中含较多的糖类、醛类、酯类、酸类、醚类化合物；乙醇/苯提取物中含较多的醇类、酯类、糖类化合物；乙醇/甲醇提取物中含有较多的酸类、糖类、酯类化合物。

灵宝杜鹃树皮的四种提取物中含有的化合物主要为糖类、酯类、酚类、醛类、酸类化合物等，这些物质在各个行业中应用十分广泛。

**（3）热重分析**

热重分析是一种常用的热分析技术，它通过程序调控温度，并检测待测试样的质量和温度变化之间存在的相互关系，用来研究被测试样的热稳定性能和组成成分，得到热变化对应产生的热物性方面的相关信息。我们在热重分析仪上观测了试样在受热过程中发生的质量变化，图 3-13 是灵宝杜鹃树皮的 TGA 和 DTG 曲线图，热失重（质量分数）为 1wt％、5wt％和 10wt％时分别对应的温度是 $T_{1wt\%}$、$T_{5wt\%}$ 和 $T_{10wt\%}$，而 $T_{1wt\%}$、$T_{5wt\%}$ 和 $T_{10wt\%}$ 分别为 38℃、174℃和 248℃。热重曲线主要分为三个阶段：第一阶段从初始温度到 102℃，热失重约为 5％，较小的质量损失表明试样中游离水的挥发阶段，在相应的 DTG 曲线上，53℃左右有一个小峰，表明此时水分的挥发速率达到最大；第二阶段在 102～183℃之间，曲线相对较为平缓，且热失重最小，表明热失重在此阶段较为稳定；第三阶段在 183～300℃之间，此阶段热重曲线迅速下降，DTG 曲线急速上升，表明在该阶段热失重下降的速度加快，失重率占总失重率的 77％，为主要热失重阶段，随着温度升

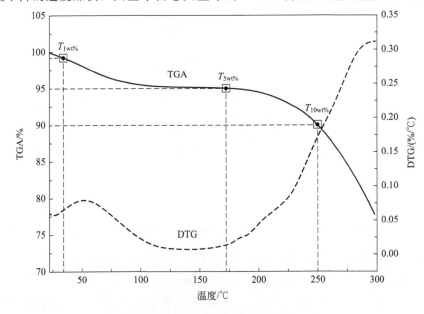

**图 3-13　树皮的热重曲线图**

（注：TGA-热失重曲线图，DTG-热失重速率曲线图）

高，少量纤维素和半纤维素的挥发性组分快速热解，导致 TGA 曲线下降。此外，DTG 曲线的变化则表示了热失重速率的变化，可以判断热失重程度，从图 3-13 中可以看出，随着温度的升高，DTG 曲线在热解过程的刚开始有一个明显的水峰，随后便急剧上升，表明热失重速率随热解产物的释放逐渐增大。灵宝杜鹃树皮在 300℃ 时的热失重仅为 22%，热失重较少，表明灵宝杜鹃树皮具有良好的热稳定性。

**（4）热裂解-气相色谱-质谱分析**

图 3-14、表 3-10 结果显示，在灵宝杜鹃树皮中检测到 241 个峰，其中鉴定出 189 种化学成分，主要成分有乙酸（7.51%），二氧化碳（7.31%），3,4-阿尔特罗桑（4.51%），羟乙醛（3.15%），亚油酸（2.58%），D-阿洛糖（2.54%），丙酮醛（2.52%），1,3-二甲基丁胺（2.47%），4-乙烯基-2-甲氧基苯酚（2.44%），4-甲氧-2-甲基氧苯酚（2.11%），棕榈酸（2.01%），3-甲氧基-4-羟基苯乙酸甲酯（1.77%），二氢尿嘧啶（1.68%），乙酸甲酯（1.68%），($E$)-2-甲氧基-4-(1-丙烯基苯酚)（1.62%），1,6-脱水-$\beta$-D-葡萄糖（2.53%），1-氟十二烷（1.12%），愈创木酚（1.10%），糠醛（1.08%），4-甲氧基-3-羟基苯乙酮（1.04%），羟基丙酮（1.03%），香草醛（1.01%），3-异丙烯基-2-甲氧基苯酚（0.97%），邻苯二酚（0.95%），环二十烷（0.95%），丙酮酸甲酯（0.72%），硬脂酸（2.06%），二氢松柏醇（0.45%），杀草强（0.38%），香兰基乙基醚（0.33%），棕榈油酸（0.78%）等。

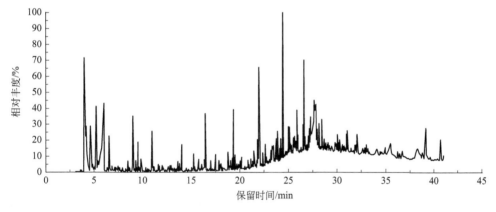

图 3-14　树皮的热裂解-气相色谱-质谱的总离子流图

表 3-10　树皮的热裂解-气相色谱-质谱结果

| 序号 | 保留时间/min | 面积百分比/% | 物质名称 |
|---|---|---|---|
| 1 | 3.70 | 0.04 | 2-氨基十三烷 |
| 2 | 3.77 | 0.01 | 2-氨基-5-甲基己烷 |
| 3 | 4.08 | 7.31 | 二氧化碳 |
| 4 | 4.25 | 2.47 | 1,3-二甲基丁胺 |
| 5 | 4.68 | 2.52 | 丙酮醛 |
| 6 | 4.88 | 0.09 | 甲酸 |

| 序号 | 保留时间/min | 面积百分比/% | 物质名称 |
|---|---|---|---|
| 7 | 4.89 | 0.36 | 甲酸 |
| 8 | 5.28 | 3.15 | 羟乙醛 |
| 9 | 5.45 | 0.46 | 2,3-丁二酮 |
| 10 | 6.08 | 7.51 | 乙酸 |
| 11 | 6.41 | 0.12 | 巴豆醛 |
| 12 | 6.49 | 0.05 | (E)-1,3-丁二烯-1-醇 |
| 13 | 6.61 | 1.03 | 羟基丙酮 |
| 14 | 6.92 | 0.19 | 乙氧基乙酸 |
| 15 | 7.20 | 0.16 | 1-庚烯 |
| 16 | 7.32 | 0.22 | 乙二醇 |
| 17 | 7.50 | 0.10 | 碳酸亚乙烯酯 |
| 18 | 7.52 | 0.17 | 碳酸亚乙烯酯 |
| 19 | 7.64 | 0.11 | 丙酸 |
| 20 | 7.73 | 0.12 | 丙烯酸 |
| 21 | 8.00 | 0.10 | 丙醚 |
| 22 | 8.32 | 0.08 | 丁烯酰氯 |
| 23 | 8.39 | 0.10 | N-甲基吡咯 |
| 24 | 8.54 | 0.06 | 反式-2-戊烯醛 |
| 25 | 8.60 | 0.28 | 1,4-戊二烯-3-酮 |
| 26 | 8.74 | 0.15 | 吡咯 |
| 27 | 9.06 | 1.68 | 乙酸甲酯 |
| 28 | 9.26 | 0.09 | 反式-2-甲基-2-丁烯醛 |
| 29 | 9.41 | 0.32 | 丁二醛 |
| 30 | 9.60 | 0.72 | 丙酮酸甲酯 |
| 31 | 9.73 | 0.16 | 1-辛烯 |
| 32 | 9.92 | 0.38 | 杀草强 |
| 33 | 10.38 | 0.12 | 3-糠醛 |
| 34 | 10.58 | 0.06 | 2-戊烯-4-内酯 |
| 35 | 10.71 | 0.08 | 2-戊酮酸 |
| 36 | 10.91 | 0.03 | 炔丙胺 |
| 37 | 11.02 | 1.08 | 糠醛 |
| 38 | 11.21 | 0.11 | 1,2-二甲基咪唑 |
| 39 | 11.29 | 0.08 | N,N'-二氨基-乙烷-1,2-二亚胺 |
| 40 | 11.69 | 0.18 | 糠醇 |
| 41 | 11.76 | 0.14 | 6,10-二甲基-,(E,E)-5,9-炔-2-酮 |
| 42 | 12.07 | 0.14 | 乙酸基丙酮 |
| 43 | 12.14 | 0.04 | (±)-3-羟基-4-丁内酯 |
| 44 | 12.18 | 0.08 | 当归内酯 |

| 序号 | 保留时间/min | 面积百分比/% | 物质名称 |
|---|---|---|---|
| 45 | 12.44 | 0.04 | 4-环戊烯-1,3-二酮 |
| 46 | 12.63 | 0.04 | 3-丁炔-2-醇 |
| 47 | 12.69 | 0.14 | 环戊-4-烯-1,3-二酮 |
| 48 | 12.86 | 0.17 | 壬烯 |
| 49 | 12.96 | 0.22 | 环辛四烯 |
| 50 | 13.06 | 0.06 | 乙二醇乙醚 |
| 51 | 13.13 | 0.06 | 4-甲基-2-己酮 |
| 52 | 13.28 | 0.07 | 2-戊烯-5-内酯 |
| 53 | 13.31 | 0.08 | 3-仲-丁基-2,3-二氢呋喃 |
| 54 | 13.45 | 0.04 | 甲基环戊烯醇酮 |
| 55 | 13.57 | 0.07 | 2-乙酰基呋喃 |
| 56 | 13.68 | 0.30 | 2-丁烯-4-内酯 |
| 57 | 13.85 | 0.20 | 2-环己烯醇 |
| 58 | 14.07 | 0.73 | 2-羟基-2-环戊烯酮 |
| 59 | 14.51 | 0.05 | 5-甲基-2(5$H$)-呋喃酮 |
| 60 | 14.58 | 0.08 | 衣康酸酐 |
| 61 | 14.78 | 0.06 | 2,5-二甲基-1,4-己二烯 |
| 62 | 15.08 | 0.10 | 丙酮肟 |
| 63 | 15.17 | 0.06 | ($S$)-1-甲基吡咯烷-3-胺 |
| 64 | 15.28 | 0.52 | N-氨基甲酰丙烯酰胺 |
| 65 | 15.41 | 0.15 | 3-甲基-2-环戊烯酮 |
| 66 | 15.82 | 0.51 | 苯酚 |
| 67 | 16.08 | 0.21 | 己酸 |
| 68 | 16.14 | 0.16 | 1-癸烯 |
| 69 | 16.27 | 0.11 | 3-羟基四氢呋喃 |
| 70 | 16.38 | 0.37 | 2-戊烯二酸酐 |
| 71 | 16.51 | 1.68 | 二氢尿嘧啶 |
| 72 | 16.72 | 0.04 | 2-甲基戊基醋酸酯 |
| 73 | 16.90 | 0.07 | 2-吡咯甲醛 |
| 74 | 17.02 | 0.27 | 5-氨基-1,2,4-2$H$-三嗪-3酮 |
| 75 | 17.21 | 0.04 | 2,3-戊二烯 |
| 76 | 17.50 | 0.38 | 甲基环戊烯醇酮 |
| 77 | 17.87 | 0.29 | 2-乙基噻唑 |
| 78 | 18.01 | 0.15 | 4-甲基-2(H)-呋喃酮 |
| 79 | 18.10 | 0.20 | 1-甲基-4-哌啶醇 |
| 80 | 18.22 | 0.06 | 邻甲苯酚 |
| 81 | 18.34 | 0.09 | 1,2,6-己三醇 |
| 82 | 18.40 | 0.05 | 茚并[3a,4-b]氧化烯-2-醇,八氢-4a-甲基-5-[(四氢-2h-吡喃-2-基)氧]-,(1a.α,2.β,4a.β,5.β,7as＊) |

| 序号 | 保留时间/min | 面积百分比/% | 物质名称 |
|------|------|------|------|
| 83 | 18.68 | 0.03 | 正辛醇 |
| 84 | 18.82 | 0.61 | 对甲苯酚 |
| 85 | 19.06 | 0.40 | 庚酸 |
| 86 | 19.19 | 0.09 | 2-呋喃基羟基甲基甲酮 |
| 87 | 19.28 | 0.26 | 4,5-二甲基-2-氨基噻唑 |
| 88 | 19.38 | 1.10 | 愈创木酚 |
| 89 | 19.44 | 0.04 | 顺式-3-壬烯-1-醇 |
| 90 | 19.53 | 0.34 | N-甲基丙二胺 |
| 91 | 19.61 | 0.06 | 草酸-4-氯苯基十八烷基酯 |
| 92 | 19.71 | 0.18 | 糠醇 |
| 93 | 19.92 | 0.28 | 3-羟基吡啶 |
| 94 | 19.99 | 0.05 | 4-羟基吡啶 |
| 95 | 20.03 | 0.07 | 糠醇 |
| 96 | 20.08 | 0.19 | 麦芽醇 |
| 97 | 20.21 | 0.31 | 二氢-6-甲基-2$H$-吡喃-3(4$H$)-酮 |
| 98 | 20.56 | 0.06 | 别麦芽酚 |
| 99 | 20.73 | 0.05 | 4,6-二甲基-2-吡喃酮 |
| 100 | 20.80 | 0.03 | ($Z,Z$)-7,11-十六碳二烯-1-醇乙酸酯 |
| 101 | 20.86 | 0.23 | 2,3-二氢-6-甲基-3,5-二羟基-4-吡喃酮 |
| 102 | 20.97 | 0.10 | $\delta$-戊内酯 |
| 103 | 21.06 | 0.03 | 三戊并烯 |
| 104 | 21.17 | 0.27 | 草酸-4-氯苯基十一烷基酯 |
| 105 | 21.27 | 0.07 | 4-乙基苯酚 |
| 106 | 21.33 | 0.15 | 1,19-二十碳二烯 |
| 107 | 21.40 | 0.08 | 2,3-二羟基苯甲醛 |
| 108 | 21.50 | 0.55 | 辛酸 |
| 109 | 21.54 | 0.43 | 2-脱氧-D-核糖 |
| 110 | 21.67 | 0.06 | 4-甲基-2-甲氧基苯酚 |
| 111 | 21.78 | 0.02 | ($Z,Z$)-3-甲基-4,6-十六碳二烯 |
| 112 | 21.82 | 0.10 | 环十二烷 |
| 113 | 21.88 | 0.59 | 甲氧基乙腈 |
| 114 | 22.00 | 2.11 | 4-甲基-2-甲氧基苯酚 |
| 115 | 22.04 | 0.95 | 邻苯二酚 |
| 116 | 22.23 | 0.06 | 1-甲氧基-1,4-环己二烯 |
| 117 | 22.43 | 0.28 | 2,3-二氢苯并呋喃 |
| 118 | 22.51 | 0.03 | 4,8-二甲基-7-壬烯-2-酮 |
| 119 | 22.57 | 0.02 | 4-甲基-2-甲氧基苯酚 |
| 120 | 22.71 | 0.72 | 5-羟甲基糠醛 |

| 序号 | 保留时间/min | 面积百分比/% | 物质名称 |
|---|---|---|---|
| 121 | 22.80 | 0.18 | 4-乙基-2-羟基-2-环戊烯酮 |
| 122 | 22.84 | 0.09 | 2-庚烯-5-内酯 |
| 123 | 22.89 | 0.06 | 2,4-二甲氧基甲苯 |
| 124 | 22.94 | 0.05 | (1*s*,15*s*)-二环[13.1.0]十六烷-2-酮 |
| 125 | 23.05 | 0.08 | 1,2-15,16-二聚氧十六烷 |
| 126 | 23.13 | 0.22 | 十五碳酸-15-内酯 |
| 127 | 23.25 | 0.29 | 5,8-十三碳酮 |
| 128 | 23.36 | 0.58 | 3-甲基苯邻二酚 |
| 129 | 23.42 | 0.33 | 2,4-二甲基-3-己酮 |
| 130 | 23.47 | 0.62 | 3-甲氧基儿茶酚 |
| 131 | 23.61 | 0.12 | (*Z*,*Z*)-11,13-十六碳二烯-1-醇乙酸酯 |
| 132 | 23.71 | 0.05 | 亚油酸 |
| 133 | 23.77 | 0.46 | 4-乙基-2-甲氧基苯酚 |
| 134 | 23.85 | 0.15 | 1-十三烯 |
| 135 | 23.91 | 0.65 | 4-甲基-1,2-苯二酚 |
| 136 | 23.99 | 0.12 | 十三烷 |
| 137 | 24.14 | 0.25 | 1,3-二-*O*-乙酰基-α-β-D-吡喃核糖 |
| 138 | 24.25 | 0.69 | 2-氯间苯二酚 |
| 139 | 24.36 | 0.12 | 亚油酸 |
| 140 | 24.44 | 2.44 | 4-乙烯基-2-甲氧基苯酚 |
| 141 | 24.50 | 0.06 | 亚油酸 |
| 142 | 24.56 | 0.10 | 亚油酸 |
| 143 | 24.59 | 0.05 | 亚油酸 |
| 144 | 24.62 | 0.04 | 亚油酸 |
| 145 | 24.65 | 0.09 | 亚油酸 |
| 146 | 24.75 | 0.35 | 亚油酸 |
| 147 | 24.87 | 0.30 | 亚油酸 |
| 148 | 24.97 | 0.23 | 亚油酸 |
| 149 | 25.04 | 0.64 | 2,6-二甲氧基苯酚 |
| 150 | 25.17 | 0.97 | 3-异丙烯基-2-甲氧基苯酚 |
| 151 | 25.26 | 0.36 | 亚油酸 |
| 152 | 25.33 | 0.32 | 二氢丁香酚 |
| 153 | 25.43 | 0.17 | 亚油酸 |
| 154 | 25.54 | 0.55 | (*E*)-9-二十碳烯 |
| 155 | 25.66 | 1.12 | 1-氟十二烷 |
| 156 | 25.78 | 0.46 | 3-甲氧基苯硫酚 |
| 157 | 25.91 | 1.01 | 香草醛 |
| 158 | 25.99 | 0.43 | (*E*)-4-丙烯基-2-甲氧基苯酚 |

| 序号 | 保留时间/min | 面积百分比/% | 物质名称 |
|---|---|---|---|
| 159 | 26.22 | 0.17 | 5-环十六烯-1-酮 |
| 160 | 26.30 | 0.20 | 1,7,11-三甲基-4-异丙基环十四烷 |
| 161 | 26.43 | 0.08 | (1s,15s)-二环[13.1.0]十六烷-2-酮 |
| 162 | 26.48 | 0.09 | 5-环十六烯-1-酮 |
| 163 | 26.54 | 0.54 | 4-甲基-2,6-二甲氧基苯酚 |
| 164 | 26.64 | 1.62 | (E)-2-甲氧基-4-丙烯基苯酚 |
| 165 | 26.70 | 0.43 | (1R,2S)-2-辛基环丙烷甲醛 |
| 166 | 26.81 | 0.23 | 5-环十六烯-1-酮 |
| 167 | 26.89 | 0.15 | 2-羟基环十五酮 |
| 168 | 26.96 | 0.11 | 亚油酸 |
| 169 | 27.07 | 0.39 | 十七烯 |
| 170 | 27.18 | 0.65 | (Z,Z)-10,12-十六碳二烯-1-醇乙酸酯 |
| 171 | 27.27 | 1.04 | 4-甲氧基-3-羟基苯乙酮 |
| 172 | 27.35 | 0.47 | 1,6-脱水-$\beta$-D-葡萄糖 |
| 173 | 27.39 | 0.20 | 1,6-脱水-$\beta$-D-葡萄糖 |
| 174 | 27.65 | 4.51 | 3,4-阿尔特罗桑 |
| 175 | 27.72 | 0.50 | 1,6-脱水-$\beta$-D-葡萄糖 |
| 176 | 27.81 | 2.54 | D-阿洛糖 |
| 177 | 27.87 | 1.36 | 1,6-脱水-$\beta$-D-葡萄糖 |
| 178 | 27.97 | 0.62 | 4-羟基-3-甲氧基苯丙酮 |
| 179 | 28.18 | 0.62 | 硬脂酸 |
| 180 | 28.32 | 0.03 | 亚油酸 |
| 181 | 28.47 | 0.73 | 4-甲基-2,5-二甲氧基苯甲醛 |
| 182 | 28.70 | 0.30 | (E)-3-二十碳烯 |
| 183 | 28.81 | 0.08 | 1-氯代二十碳烷 |
| 184 | 28.86 | 0.13 | 4-甲基-8-噻-4,6-二氮杂环[7.4.0.0(2,7)]trideca-1(9),2(7)-二烯-3,5-二酮 |
| 185 | 28.93 | 0.07 | 1-(3,4-二甲氧基苯基)-3-己酮 |
| 186 | 29.03 | 0.14 | 1-二十烯 |
| 187 | 29.11 | 0.23 | 4-烯丙基-2,6-二甲氧基苯酚 |
| 188 | 29.24 | 0.19 | 5-环十六烯-1-酮 |
| 189 | 29.32 | 0.07 | (Z)-9-十六碳烯醛 |
| 190 | 29.47 | 0.33 | (E)-11-十六碳烯醛 |
| 191 | 29.71 | 0.03 | 5-环十六烯-1-酮 |
| 192 | 29.81 | 0.39 | 2-羟基环十五酮 |
| 193 | 29.92 | 0.33 | 香兰基乙基醚 |
| 194 | 30.08 | 0.45 | 二氢松柏醇 |
| 195 | 30.22 | 0.20 | 亚油酸 |
| 196 | 30.31 | 0.31 | (Z,E)-3,13-十八碳二烯-1-醇 |

| 序号 | 保留时间/min | 面积百分比/% | 物质名称 |
|---|---|---|---|
| 197 | 30.47 | 0.05 | (Z,Z)-10,12-十六碳二烯醛 |
| 198 | 30.55 | 0.12 | 12-二烯-14-al(E)-15,16-Dinorlabda-8(17) |
| 199 | 30.60 | 0.23 | 十七烯 |
| 200 | 30.75 | 0.13 | 1-氯代二十碳烷 |
| 201 | 30.84 | 0.14 | 9-异硫氰酸酯吖啶 |
| 202 | 31.02 | 0.44 | 2-十三碳烯酸-5-内酯 |
| 203 | 31.11 | 0.48 | (E)-4-丙烯基-2,6-二甲氧基苯酚 |
| 204 | 31.46 | 0.06 | 3,7,11,15-四甲基十六烷-1-醇 |
| 205 | 31.91 | 0.41 | 3-(4-羟基-3-甲氧苯基)丙酸 |
| 206 | 32.07 | 0.84 | 4-羟基-3-甲氧基肉桂醛 |
| 207 | 32.52 | 0.03 | (Z,Z)-10,12-十六碳二烯醛 |
| 208 | 32.68 | 0.32 | 亚油酸 |
| 209 | 32.86 | 0.16 | 1-(2,5-二甲氧基苯)-1-丁醇 |
| 210 | 33.02 | 0.24 | 十七烯 |
| 211 | 33.09 | 0.03 | (Z)-9-十六碳烯醛 |
| 212 | 33.14 | 0.06 | 十二烯基丁二酸酐 |
| 213 | 33.19 | 0.11 | 2-羟基环十五酮 |
| 214 | 34.00 | 0.28 | 棕榈油酸 |
| 215 | 34.06 | 0.16 | 镰刀菌丝红素 |
| 216 | 34.09 | 0.28 | 3-(3,4-二甲氧基苯基)丙烯酸乙酯 |
| 217 | 34.44 | 0.13 | 2-羟基环十五酮 |
| 218 | 34.50 | 0.01 | (Z)-9-十六碳烯醛 |
| 219 | 34.57 | 0.16 | 2-羟基环十五酮 |
| 220 | 34.88 | 0.49 | 2,7-二甲基-6-乙酰基-5-羟基-1,4-萘醌 |
| 221 | 35.03 | 0.11 | 花生酸 |
| 222 | 35.33 | 0.34 | 硬脂酸 |
| 223 | 35.40 | 0.36 | 硬脂酸 |
| 224 | 35.43 | 0.14 | 硬脂酸 |
| 225 | 35.46 | 0.18 | 硬脂酸 |
| 226 | 35.49 | 0.42 | 硬脂酸 |
| 227 | 36.24 | 0.21 | 油酰氯 |
| 228 | 36.47 | 0.15 | 十四碳酸-14-内酯 |
| 229 | 36.70 | 0.26 | 植酮 |
| 230 | 36.84 | 0.00 | (1s,15s)-二环[13.1.0]十六烷-2-酮 |
| 231 | 37.87 | 0.11 | (1s,15s)-二环[13.1.0]十六烷-2-酮 |
| 232 | 38.25 | 0.96 | 3-甲氧基-4-羟基苯乙酸乙酯 |
| 233 | 38.29 | 0.81 | 3-甲氧基-4-羟基-苯乙酸甲酯 |
| 234 | 38.50 | 0.05 | 3-3-苯基丙酰氨基-2-氮杂环庚酮 |

| 序号 | 保留时间/min | 面积百分比/% | 物质名称 |
|---|---|---|---|
| 235 | 38.52 | 0.26 | 3-3-苯基丙酰氨基-2-氮杂环庚酮 |
| 236 | 38.79 | 0.40 | 棕榈油酸 |
| 237 | 39.17 | 1.98 | 棕榈酸 |
| 238 | 39.27 | 0.03 | 棕榈酸 |
| 239 | 39.28 | 0.10 | 棕榈油酸 |
| 240 | 39.62 | 0.10 | 邻苯二甲酸,十六-2-yn-4-基异己基酯 |
| 241 | 40.71 | 0.95 | 环二十烷 |

经数据的统计分析对比得出，灵宝杜鹃树皮的热裂解产物中醇类含 2.32%，酚类含 15.50%，醚类含 0.49%，酮类含 11.59%，醛类含 11.85%，酸类含 17.57%，酯类含 6.21%，糖类含 5.75%，烃和烃的衍生物类含 7.54%，其他类含 21.17%；按保留时间分类得出，保留时间小于 5min 的占总相对含量的 12.81%，保留时间在 5~10min 的占总相对含量的 17.53%，保留时间在 10~20min 的占 13.50%，保留时间在 20~30min 的占 41.94%，保留时间在 30~40min 的占 13.28%，保留时间大于 40min 的占 0.95%。

热裂解-气相色谱-质谱检测到的灵宝杜鹃树皮的热裂解产物中主要是酸类、酚类、醛类等；在保留时间 20~30min 内，热裂解产物释放量最多。

### 3.3.3　资源化途径分析

灵宝杜鹃树皮提取物和热裂解产物中含有的化学成分主要是醇类、酚类、酮类、醛类等化合物，含有多种生物活性物质，例如：5-羟甲基糠醛在灵宝杜鹃树皮的三种溶剂提取物中均有很高的含量，具有一定的抗缺血和抗氧化作用，能保护细胞免于缺氧而诱导的细胞坏死情况，可以有效地避免肝损伤，并保护血管的内皮细胞[119]，同时可作为羟基脲的潜在替代或辅助药物，也可作为镰状细胞病的治疗药物[120]；D-甘露糖在其树皮的四种溶剂提取物中均含量丰富，可作为一种潜在的癌症早期生物标志物[121]，并能实现癌细胞靶向给药，对正常细胞的影响较小，可作为癌症治疗的新型靶向给药系统[122]。角鲨烯在其树皮的乙醇提取物中含量很高，因其具有很好的生物相容性和优良的代谢能力，特别适合制备用于非肠道使用的安全水包油（O/W）佐剂[123]，也可通过激活 LXR$\alpha$ 和 $\beta$ 而不引起肝脂肪生成，具有显著降低胆固醇的作用[124]，此外它还具有很好的携氧能力和很强的抗氧化活性，能有效地预防和抑制各种癌症的发生，也能有效刺激机体免疫反应，保护细胞器，增强细胞的自我修复能力，去除代谢产物的毒性，对于抑制微生物的生长也具有很好的效果[125,126]；在化妆品行业中，角鲨烯还有抗氧化、抗紫外线损伤、易于深入皮肤吸收，并具有良好的保湿效果；在食品工业中，它是一种良好的食品添加剂，因其较强的抗氧化活性，常对食用油中的油脂起到氧化抑制或延迟作用，并能提高其稳定性能，从而延长产品的保质期。糠醛在甲醇提取物中含量较高，是一种常用的有机化工原料，可以合成多种化工产品，如树脂、橡胶、涂料等，广泛应用于医药、农药、化工、食品等行业。以糠醛为原料制备的球形活性炭吸附剂，具有机械强度高、颗粒光滑、表面防雾等特点，可在各种中毒或疾病情况下清除生物血液和肠道吸收[127]；以糠醛为原料合成的3-羟基吡啶-2-酮也可用于治疗铁超载和缺铁症状[128]。香草酸是一种植物源性酚类化合物，具有抗氧化、抗真菌和抗细菌的特性，它还可以减少由心血管疾病引起的氧化应激[129]，且香草酸能通过非基因组途径，但不是经典的特异性雌激素受体信号途径在成骨样细胞中发挥刺激作用[130]，也可用于治疗炎症性疾病[131]。丙酮醛可用作西咪替丁、乳酸、丙酮酸、镇痛剂、抗癌剂、降压剂、脱敏剂和化妆品的原料[132]。香草醛是一种食品添加剂和香料，广泛用于食品、化妆品等领域，还可用作抗红细胞贫血、抗诱变、抗菌和抗氧化剂[133]。D-阿洛糖通过减弱血脑屏障破坏和过氧化物酶增殖物激活受体 $\gamma$ 依赖性 NF-$\kappa$B 介导的炎症反应而具有治疗脑缺血损伤的潜力[134]，还具有一定的抗氧化和抗肿瘤作用[135,136]。

这些活性成分含量丰富，在生物医药中发挥着重要作用，这为进一步开发和利用灵宝杜鹃树皮在生物医药方面的应用提供了理论依据和发展方向。

灵宝杜鹃树皮提取物、热裂解产物富含生物活性成分，具体结果如下：

经傅里叶红外光谱检测分析，灵宝杜鹃树皮的四种提取物的吸收峰主要集中在 3500～3250cm$^{-1}$、3000～2800cm$^{-1}$、1900～1650cm$^{-1}$、1456～1380cm$^{-1}$、1310～1020cm$^{-1}$、1250～1000cm$^{-1}$ 的波段，主要化学成分可能为酚类、醇类、酸类、酯类、醛类、酮类、烃类和芳香族化合物。

经气相色谱-质谱检测分析，灵宝杜鹃树皮乙醇提取物从 20 个峰中鉴定出 17 种化学成分，主要含有克林霉素、D-甘露糖、角鲨烯等；甲醇提取物从 66 个峰中鉴定出 33 种化学成分，主要含有 5-羟甲基糠醛、$\beta$-d 葡萄糖、香草酸等；乙醇/苯提取物从 37 个峰中鉴定出 17 种化合物，主要含有 D-甘露糖、2-乙基-1-己醇、异胆酸乙酯等；乙醇/甲醇提取物从 31 个峰中鉴定出 19 种化学成分，主要含有 $\gamma$-谷甾醇、D-甘露糖、羟基乙酸等。总体来看，灵宝杜鹃树皮提取物中主要为糖类、酯类、酚类、醛类、酸类化合物等。

经热重检测分析，灵宝杜鹃树皮的热解过程在 102℃时为水的蒸发阶段；在 102～183℃时，其热失重过程稳定；在 183～300℃时，主要为少量纤维素和半纤维素组分热解；灵宝杜鹃树皮的热失重率在 300℃时为 22%，表明灵宝杜鹃树皮具有良好的热稳定性。

经热裂解-气相色谱-质谱检测分析，灵宝杜鹃树皮共分离出 241 个峰，从中鉴定出 189 种化学成分，其热裂解产物主要含有愈创木酚、香草醛、D-阿洛糖等，且热裂解产物主要集中在保留时间 20～30min 期间。

综上所述，灵宝杜鹃树皮提取物、热裂解产物中富含的生物活性成分主要有 5-羟甲基糠醛、D-甘露糖、角鲨烯、糠醛、香草酸、丙酮醛、香草醛、D-阿洛糖等，多用于生物医药方面，具有广阔的应用发展前景。

# 3.4 灵宝杜鹃木材资源化基础分析

我国是个多山区的国家，虽然林业资源丰富，但由于经济建设的发展，对林区的破坏以及大量木材的消耗，促使木材资源逐渐短缺，变得非常匮乏，木材是人类工业生产和日常生活中必不可少的纯天然材料，而我国因为人口基数大，长期以来都是木材资源及其各种木制品的生产和消费大国。

从古至今，木材就常作为良好的建筑材料应用于建筑工程，在建筑装饰工程上，展现着自己独特的优良特性，因其坚固、耐用和饰面的美观性是其他装饰材料无法比拟的，从而在建设工程上始终保持着重要的地位；然而在将木材加工成型的过程中会产生大量的碎屑、木块等下脚料，将其进一步加工处理，结合胶黏剂，则可制成各种人造板材，用于不同的家具制造领域，产生很好的经济效益。

树木是在天然状态下生长的，吸收大地的养分，因此而形成的木材是一种有机的高分子物质成分，除木材本身在建筑装饰等领域有很好的应用外，其中极少含量的提取物却有着非常广泛的应用，现已发现的木材提取物中含有 700 多种化合物成分，其中有些具有生物活性的成分可直接用于食品添加剂、防腐剂、天然染料、香精香料、医药等方面，如红豆杉提取物中的紫杉醇具有抗白血病和抗肿瘤的作用，在临床上已用于癌症的治疗，而大多数成分可作为日用化工、生物医药及其他工业生产部门的重要原材料，应用非常广泛，能产生良好的经济效益，同时木材提取物也对其材色、香味、强度、渗透性、耐久性等性能以及木材的加工利用有较大的影响。

基于以上对植物木材的研究应用，本研究以灵宝杜鹃木材作为试验对象，采用傅里叶红外光谱、气相色谱-质谱、热重、和热裂解-气相色谱-质谱技术对灵宝杜鹃木材中四种不同溶剂提取物的化学成分进行检测和分析，对其原木粉进行热解分析，探索其木材中的有效活性成分，及其热裂解特性和规律，为灵宝杜鹃木材的资源化利用提供有力的数据支持。

### 3.4.1 材料与方法

#### 3.4.1.1 试验材料

除将试验材料换为新鲜的木材外，其余均采用以上 3.1.2 的试样处理方法和材料。

#### 3.4.1.2 核磁共振谱检测

灵宝杜鹃木材的甲醇、乙醇/苯、乙醇/甲醇提取物采用旋转蒸发器浓缩至干后取样检测，采用核磁共振仪（Agilent-400MR）进行检测和分析，溶剂为甲醇-D4，核磁共振探针 1 个，测定核磁共振氢谱、核磁共振碳谱和核磁共振二维谱。

① 核磁共振氢谱：持续时间 1.000s，脉冲 45°，采样保持时间 2.556s，脉冲宽度 6410.3Hz，频率 399.79MHz。

② 核磁共振碳谱：持续时间 1.000s，脉冲 45°，采样保持时间 1.311s，脉冲宽度 25000.0Hz，频率 100.53MHz，氢去耦频率 399.79MHz，功率 38dB。

③ 核磁共振二维谱：持续时间 1.000s，采样保持时间 0.150s，两脉宽 4807.7Hz 和 20105.6Hz，频率 399.79MHz，碳去耦频率 100.54MHz，功率 38dB[137]。

### 3.4.2 结果与分析

#### （1）傅里叶红外光谱分析

图 3-15 显示了灵宝杜鹃木材四种提取物的红外光谱对比图。在 3400cm$^{-1}$ 附近有一个

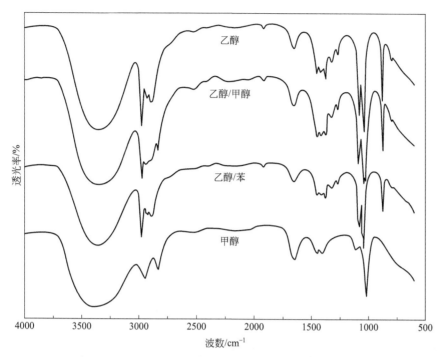

图 3-15　木材提取物的傅里叶红外光谱

较宽的强吸收峰，这是 O—H 化学键的伸缩振动吸收峰；在 $1300\sim1000cm^{-1}$ 附近有很强的吸收峰，这与 C—O 化学键的伸缩振动有关，结果表明可能存在醇类或酚类化合物；$3000\sim2750cm^{-1}$ 处的吸收峰与饱和 C—H 化学键的伸缩振动有关；在 $2950cm^{-1}$ 和 $2860cm^{-1}$ 附近出现的吸收峰与 $CH_3$ 和 $CH_2$ 基团有关；较强吸收峰出现在 $1640cm^{-1}$ 附近，与 C=O 化学键的伸缩振动有关，表明可能存在含羰基的化合物，如酮、醛、酸、酯和酸酐类化合物；在 $1450cm^{-1}$ 处，多峰重叠，这是由芳香族化合物的骨架振动引起的；灵宝杜鹃木材的乙醇、乙醇/苯、乙醇/甲醇提取物试样在 $1300\sim1030cm^{-1}$ 之间有两个明显的强吸收峰，这可能是由于 C—O—C 基团的伸缩振动造成的。

灵宝杜鹃木材四种提取物的吸收峰主要集中在 $3400cm^{-1}$、$3000\sim2750cm^{-1}$、$2950cm^{-1}$、$2860cm^{-1}$、$1640cm^{-1}$、$1450cm^{-1}$、$1300\sim1000cm^{-1}$ 的波峰段内，主要含有的化学成分可能为酚类、醇类、酸类、酯类、醛类、酮类、烃类和芳香族化合物。

**(2) 核磁共振谱分析**

1）核磁共振氢谱

图 3-16 结果显示，灵宝杜鹃木材甲醇提取物的核磁共振氢谱中，吸收峰主要集中在化学位移为 $\delta0.7\sim2.4$，$\delta3.1\sim4.2$，$\delta5.1\sim5.4$，$\delta5.8\sim7.2$ 范围之间，其中 $\delta1.3$，$\delta3.1\sim4.2$，$\delta5.4$，$\delta6.4\sim6.8$ 处的吸收峰较为明显；图 3-17 结果显示，乙醇/苯提取物的核磁共振氢谱中，吸收峰主要集中在化学位移为 $\delta1.6\sim2$，$\delta3\sim4.2$，$\delta5\sim8$ 范围之间，其中 $\delta0.9$，$\delta1.1$，$\delta1.3$，$\delta3\sim4$，$\delta5.4$，$\delta6.4$，$\delta8$ 处的吸收峰较为明显；图 3-18 结果显示，乙醇/甲醇提取物的核磁共振氢谱中，吸收峰主要集中在化学位移为 $\delta0.6\sim2.4$，$\delta3.1\sim4.2$，$\delta5\sim7.4$ 范围之间，其中 $\delta0.9$，$\delta1.2$，$\delta1.3$，$\delta3.1\sim4.2$，$\delta5.4$，$\delta5.8\sim7.4$ 处的吸收峰较为明显。

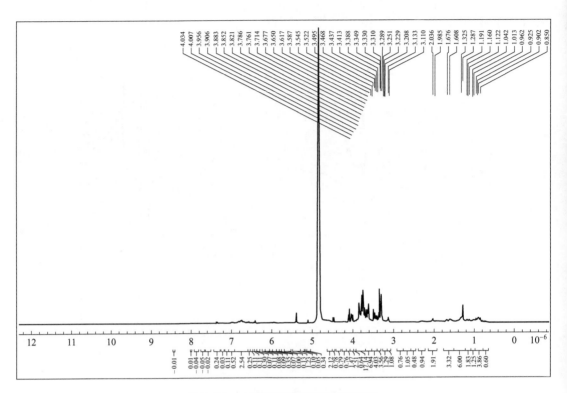

图 3-16 木材甲醇提取物的核磁共振氢谱

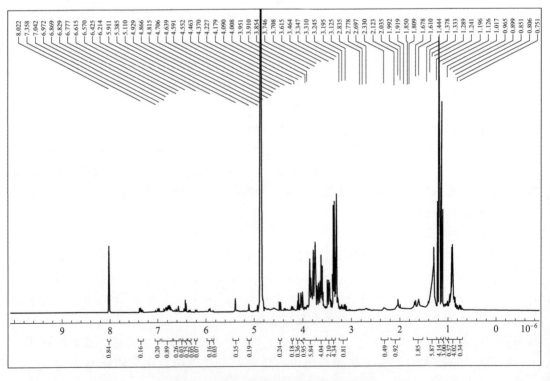

图 3-17 木材乙醇/苯提取物的核磁共振氢谱

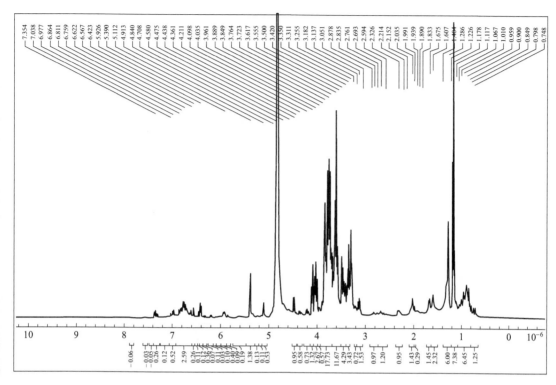

图 3-18　木材乙醇/甲醇提取物的核磁共振氢谱

核磁共振氢谱中 $\delta0.5\sim5.5$ 范围内有吸收峰，表明可能存在醇类物质，$\delta6\sim8$ 范围内有吸收峰，表明可能存在酚类物质，化学位移在 $\delta0.9\sim1.8$ 之间的吸收峰可能代表的是烷烃上的氢，化学位移在 $\delta3\sim4$ 之间的吸收峰代表的是烷烃与 O、与卤素相连的氢，化学位移在 $\delta4.5\sim8$ 之间的吸收峰表明可能含有烯烃，化学位移在 $\delta6.5\sim8$ 之间的吸收峰表明可能含有芳烃，而 $\delta0.9$、$\delta1.3$、$\delta2.0$ 处的吸收峰则分别对应—$CH_3$、—$CH_2$、—CH 上的氢，$\delta3.8$ 处的吸收峰则对应—$OCH_3$ 上的氢。

2）核磁共振碳谱

图 3-19 结果显示，灵宝杜鹃木材甲醇提取物的核磁共振碳谱中，吸收峰主要集中在化学位移为 $\delta10\sim50$、$\delta56\sim68$、$\delta71\sim84$、$\delta93\sim109$、$\delta115\sim160$ 范围之间，其中 $\delta62\sim80$、$\delta83$、$\delta94$、$\delta105$ 处的吸收峰较为明显；图 3-20 结果显示，乙醇/苯提取物的核磁共振碳谱中，吸收峰主要集中在化学位移为 $\delta10\sim50$、$\delta56\sim84$、$\delta93\sim166$ 范围之间，其中 $\delta11$、$\delta13$、$\delta14$、$\delta24$、$\delta30$、$\delta38$、$\delta43$、$\delta56\sim84$、$\delta94$、$\delta98$、$\delta105$、$\delta165$ 处的吸收峰较为明显；图 3-21 结果显示，乙醇/甲醇提取物的核磁共振碳谱中，吸收峰主要集中在化学位移为 $\delta10\sim50$、$\delta55\sim84$、$\delta94\sim108$、$\delta114\sim160$ 范围之间，其中 $\delta18$、$\delta58$、$\delta62\sim84$、$\delta93$、$\delta98$、$\delta105$ 处的吸收峰较为明显。

核磁共振碳谱中化学位移在 $\delta5\sim55$ 之间的吸收峰代表的是烷烃上的碳原子，在 $\delta110\sim150$ 之间的吸收峰表明可能含有烯烃，在 $\delta70\sim100$ 之间的吸收峰表明可能含有炔烃，在 $\delta110\sim135$ 之间有吸收峰表明存在芳环，在 $\delta35\sim73$ 之间的吸收峰表明是与卤素相

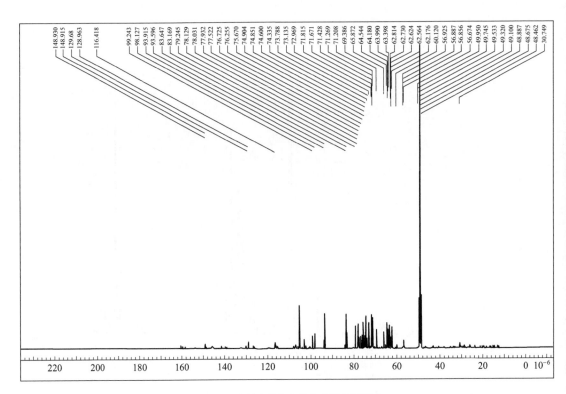

图 3-19　木材甲醇提取物的核磁共振碳谱

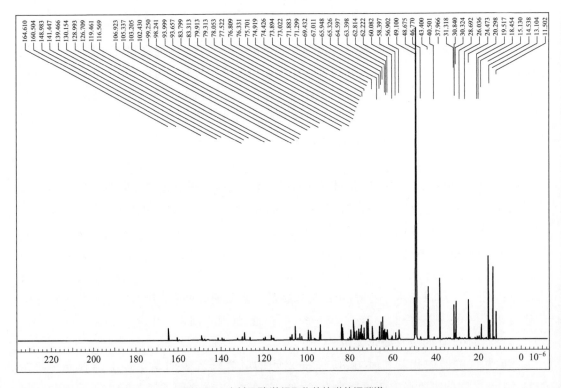

图 3-20　木材乙醇/苯提取物的核磁共振碳谱

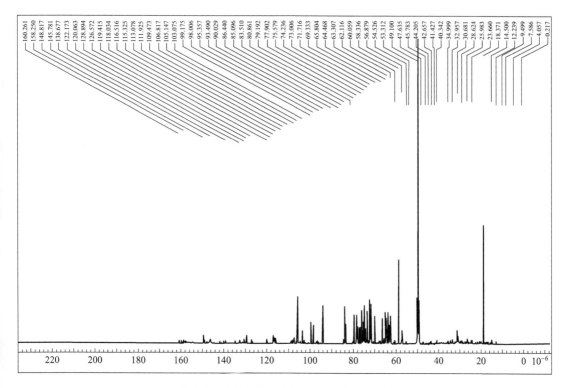

图 3-21 木材乙醇/甲醇提取物的核磁共振碳谱

连的碳，在 $\delta150\sim175$ 范围之间有吸收峰表明存在羧酸酯，化学位移在 $\delta60\sim75$ 之间表明是与 N 原子相连的 C，在 $\delta70\sim85$ 范围之间表明是与 O 原子相连的 C。

3）核磁共振二维谱

图 3-22 结果显示，灵宝杜鹃木材甲醇提取物的核磁共振二维谱中，轮廓线主要分布在 $\delta C/\delta H$（10～40）/（0.6～1.7）、$\delta C/\delta H$（20～80）/（2～3.1）、$\delta C/\delta H$（40～110）/（3～4.5）、$\delta C/\delta H$（60～130）/（4.5～5.6）、$\delta C/\delta H$（90～130）/（5.8～7.4）区间范围内，其中 $\delta C/\delta H$（10～30）/（0.8～1）之间和 $\delta C/\delta H$（45～80）/（3～4.4）之间较为集中，而 $\delta C/\delta H$ 16/0.9、$\delta C/\delta H$ 18/2、$\delta C/\delta H$ 50/3.5、$\delta C/\delta H$ 55/3.8、$\delta C/\delta H$ 70/3.4、$\delta C/\delta H$ 76/4、$\delta C/\delta H$ 90/5.5、$\delta C/\delta H$ 96/5.9、$\delta C/\delta H$ 104/6.4、$\delta C/\delta H$ 112/6.7、$\delta C/\delta H$ 128/7.4 等表示相互连接的 C 和 H；图 3-23 结果显示，乙醇/苯提取物的核磁共振二维谱中，轮廓线主要分布在 $\delta C/\delta H$（10～30）/（0.2～2）、$\delta C/\delta H$（36～82）/（2.7～4.8）、$\delta C/\delta H$（90～130）/（5～8）区间范围内，其中 $\delta C/\delta H$（10～30）/（0.2～2）之间和 $\delta C/\delta H$（36～82）/（2.7～4.8）之间较为集中，而 $\delta C/\delta H$ 12/1.2、$\delta C/\delta H$ 22/1.2、$\delta C/\delta H$ 30/1.2、$\delta C/\delta H$ 34/2.3、$\delta C/\delta H$ 36/3.3、$\delta C/\delta H$ 42/3.3、$\delta C/\delta H$ 46/3.8、$\delta C/\delta H$ 62/3.4、$\delta C/\delta H$ 79/3.9、$\delta C/\delta H$ 82/3.8、$\delta C/\delta H$ 92/5.4、$\delta C/\delta H$ 95/5.8、$\delta C/\delta H$ 105/6.4、$\delta C/\delta H$ 114/6.8、$\delta C/\delta H$ 127/7.4、$\delta C/\delta H$ 162/8 等表示相互连接的 C 和 H；图 3-24 结果显示，乙醇/甲醇提取物的核磁共振二维谱中，轮廓线主要分布在 $\delta C/\delta H$（10～34）/（0.6～2.2），$\delta C/\delta H$（46～84）/（3～4.4）、$\delta C/\delta H$（90～130）/（4.8～7.4）区间范围内，其中 $\delta C/\delta H$（10～24）/（0.7～1.2）之间和 $\delta C/\delta H$（53～80）/（3～4.2）之间较为集中，而

甲醇提取物

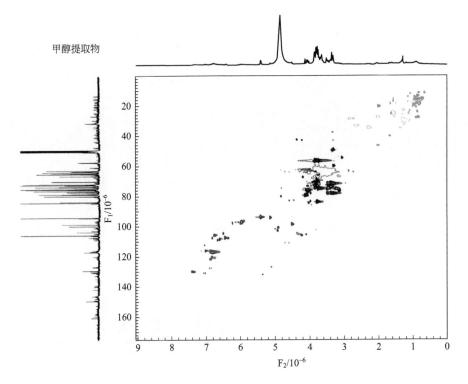

图 3-22　木材甲醇提取物的核磁共振二维谱

乙醇/苯提取物

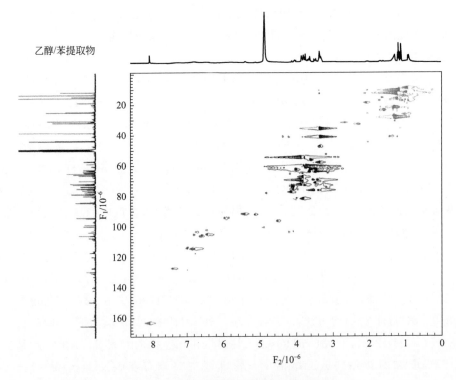

图 3-23　木材乙醇/苯提取物的核磁共振二维谱

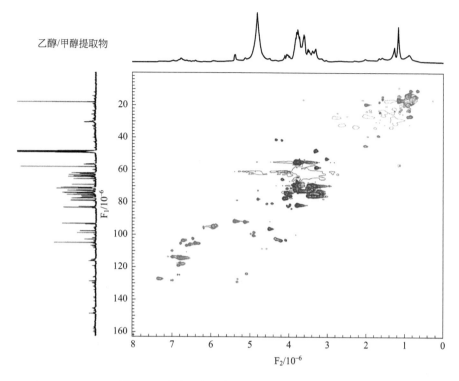

乙醇/甲醇提取物

图 3-24　木材乙醇/甲醇提取物的核磁共振二维谱

$\delta C/\delta H$ 12/0.9、$\delta C/\delta H$ 14/1.1、$\delta C/\delta H$ 28/0.9、$\delta C/\delta H$ 20/2、$\delta C/\delta H$ 50/3.3、$\delta C/\delta H$ 70/3.8、$\delta C/\delta H$ 76/3.4、$\delta C/\delta H$ 82/3.8、$\delta C/\delta H$ 96/4.5、$\delta C/\delta H$ 90/5.4、$\delta C/\delta H$ 96/6、$\delta C/\delta H$ 106/6.4、$\delta C/\delta H$ 114/6.8、$\delta C/\delta H$ 128/7.4 等表示相互连接的 C 和 H。

核磁共振二维谱反映的是直接相连的 $^1$H 和 $^{13}$C 核之间的相互关系，由轮廓线表示，颜色越深，表明含量越高。三种灵宝杜鹃木材提取物的核磁共振二维谱都可大致分为 3 个区域，即脂肪族区［$\delta C/\delta H$（10～40）/（0.5～2.5）］、侧链区［$\delta C/\delta H$（50～95）/（2.5～6.0）］和芳香族区［$\delta C/\delta H$（95～150）/（5.5～8.0）］，其中 $\delta C/\delta H$（10～55）/（0.2～1.5）范围内的是饱和烷烃，$\delta C/\delta H$（100～150）/（4.5～8）范围内主要是一些烯烃的碳分布，$\delta C/\delta H$（110～135）/（6.5～7.4）之间主要是芳香碳，$\delta C/\delta H$（60～80）/（3.1～4.2）之间是醇、醚、酚和其他含氧化合物。

综合三种核磁共振谱的结果，发现灵宝杜鹃木材甲醇、乙醇/苯、乙醇/甲醇三种提取物中可能含有的化学成分是烃类、醇类、酚类、酯类和芳香族化合物等，这与以上的红外光谱分析结果基本一致，但还需气相色谱-质谱结果进一步的验证和分析才能确定灵宝杜鹃提取物中的化学成分。

**（3）气相色谱-质谱分析**

图 3-25、表 3-11 结果显示，灵宝杜鹃木材乙醇提取物检测到 45 个峰，其中鉴定出 27 种化学成分，主要成分含有八甲基环四硅氧烷（34.17%），5-羟甲基糠醛（17.69%），蔗糖（11.31%），3,5-二甲基吡唑-1-甲醇（4.19%），2,3-二氢-6-甲基-3,5 二羟基-4-吡喃酮

（3.50％），5-甲基脲嘧啶（3.31％），D-吡喃葡萄糖（3.17％），甲基 $\beta$-D-呋喃核苷（3.12％），乙酰氧乙酸-4-十五烷基酯（2.03％），3,4-二甲氧基-甲基扁桃酸（1.98％），乙醇（1.55％），松三糖水合物（2.04％），三 DEC-2-yn-1-基五氟苄基丁二酸酯（1.15％），1,3-二羟基丙酮（1.07％）等。

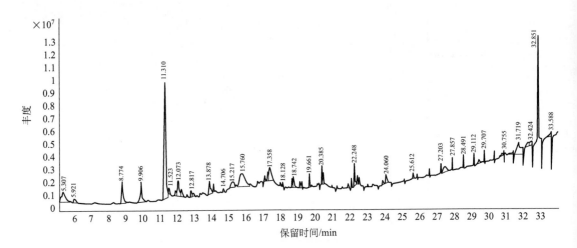

图 3-25　木材乙醇提取物的总离子色谱图

表 3-11　木材乙醇提取物的气相色谱-质谱结果

| 序号 | 保留时间/min | 面积百分比/% | 物质名称 |
|---|---|---|---|
| 1 | 5.31 | 4.19 | 3,5-二甲基吡唑-1-甲醇 |
| 2 | 5.92 | 1.07 | 1,3-二羟基丙酮 |
| 3 | 8.77 | 3.31 | 5-甲基脲嘧啶 |
| 4 | 9.91 | 3.50 | 2,3-二氢-6-甲基-3,5 二羟基-4-吡喃酮 |
| 5 | 11.31 | 17.13 | 5-羟甲基糠醛 |
| 6 | 11.52 | 0.56 | 5-羟甲基糠醛 |
| 7 | 11.92 | 0.65 | 松三糖水合物 |
| 8 | 12.07 | 3.17 | D-吡喃葡萄糖 |
| 9 | 12.25 | 1.39 | 松三糖水合物 |
| 10 | 12.82 | 0.70 | 麦芽糖 |
| 11 | 12.93 | 0.50 | 乳糖 |
| 12 | 13.88 | 2.03 | 乙酰氧乙酸-4-十五烷基酯 |
| 13 | 14.11 | 0.39 | 甲基-$\beta$-D-葡萄糖己醛-1,4-呋喃糖苷-$\alpha$-D-6,3-呋喃糖 |
| 14 | 14.71 | 0.45 | 2-己酮酸三甲基硅酸酯 |
| 15 | 15.22 | 2.11 | 蔗糖 |
| 16 | 15.76 | 7.83 | 蔗糖 |
| 17 | 17.07 | 0.48 | 蔗糖 |
| 18 | 17.26 | 0.82 | 甲基-$\beta$-D-呋喃核苷 |

| 序号 | 保留时间/min | 面积百分比/% | 物质名称 |
|---|---|---|---|
| 19 | 17.36 | 3.12 | 甲基-$\beta$-D-呋喃核苷 |
| 20 | 17.97 | 0.35 | 蔗糖 |
| 21 | 18.13 | 0.27 | 乳糖 |
| 22 | 18.67 | 0.58 | 6-甲氧基丁香基异戊酸盐 |
| 23 | 18.74 | 1.15 | 2,6-二甲基-1-壬-3-$yn$-5-$ol$,TMS衍生物 |
| 24 | 19.12 | 0.54 | 1-(4-甲氧基苯基)-1,4-丁二醇 |
| 25 | 19.23 | 0.54 | 蔗糖 |
| 26 | 19.66 | 1.02 | 1-(2,4,6-三羟基苯基)-2-戊酮 |
| 27 | 20.39 | 1.15 | 三 DEC-2-$yn$-1-基五氟苄基丁二酸酯 |
| 28 | 20.46 | 0.81 | 1-亚甲基环丙基-1-亚甲基-1-三甲基硅基环丙基-乙醇 |
| 29 | 21.89 | 0.32 | 3,6-二甲基-3-庚醇 |
| 30 | 22.08 | 0.48 | 邻苯二甲酸异辛酯 |
| 31 | 22.25 | 1.98 | 3,4-二甲氧基-甲基扁桃酸 |
| 32 | 22.43 | 0.52 | 3,5-二甲氧基-4-羟基肉桂醛 |
| 33 | 22.52 | 0.49 | 1-(2,4,6-三羟基苯基)-2-戊酮 |
| 34 | 27.86 | 0.42 | 乙醇 |
| 35 | 28.49 | 0.41 | 乙醇 |
| 36 | 29.11 | 0.38 | 乙醇 |
| 37 | 29.39 | 0.70 | (二乙氧基-三甲基硅烷基氧基硅烷基)氧基-三甲基硅烷 |
| 38 | 29.71 | 0.34 | 乙醇 |
| 39 | 30.76 | 0.53 | 八甲基环四硅氧烷 |
| 40 | 31.42 | 0.64 | 八甲基环四硅氧烷 |
| 41 | 31.72 | 4.70 | 八甲基环四硅氧烷 |
| 42 | 32.26 | 0.62 | 八甲基环四硅氧烷 |
| 43 | 32.42 | 0.91 | 八甲基环四硅氧烷 |
| 44 | 32.85 | 26.13 | 八甲基环四硅氧烷 |
| 45 | 33.59 | 0.64 | 八甲基环四硅氧烷 |

图3-26、表3-12结果显示,灵宝杜鹃木材甲醇提取物检测到41个峰,其中鉴定出26种化学成分,主要成分含有5-羟甲基糠醛（14.89%）,4-环戊烯-1,3-二酮（13.19%）,羊毛甾醇（6.26%）,3,5-二甲基吡唑（5.54%）,2,3-二氢-6-甲基-3,5 二羟基-4-吡喃酮（5.44%）,D-吡喃葡萄糖（5.05%）,D-丙氨酸-N-丙氧基羰基-异己基酯（4.71%）,D-无水葡萄糖（4.62%）,六甲基环三硅氧烷（4.90%）,八甲基环四硅氧烷（8.86%）,蔗糖（6.33%）,1,3-二羟基丙酮（3.10%）,D-$\alpha$-葡萄庚糖（1.57%）,DL-甘油醛（1.38%）,反式芥子醇（1.28%）,L-(+)-阿拉伯糖（1.19%）,甲基 $\beta$-D-呋喃核苷（1.16%）等。

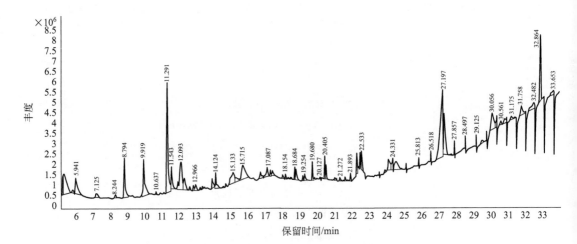

图 3-26　木材甲醇提取物的总离子色谱图

表 3-12　木材甲醇提取物的气相色谱-质谱结果

| 序号 | 保留时间/min | 面积百分比/% | 物质名称 |
|---|---|---|---|
| 1 | 5.20 | 1.38 | DL-甘油醛 |
| 2 | 5.28 | 5.54 | 3,5-二甲基吡唑 |
| 3 | 5.94 | 3.10 | 1,3-二羟基丙酮 |
| 4 | 8.79 | 4.71 | D-丙氨酸-$N$-丙氧基羰基-异己基酯 |
| 5 | 9.92 | 5.44 | 2,3-二氢-6-甲基-3,5 二羟基-4-吡喃酮 |
| 6 | 11.29 | 12.77 | 5-羟甲基糠醛 |
| 7 | 11.54 | 2.12 | 5-羟甲基糠醛 |
| 8 | 11.92 | 0.68 | 2-脱氧-D-半乳糖 |
| 9 | 12.09 | 5.05 | D-吡喃葡萄糖 |
| 10 | 12.29 | 1.83 | 乳糖 |
| 11 | 12.84 | 0.44 | $N$-亚硝基-2,4,4-三甲基唑烷 |
| 12 | 12.97 | 0.98 | 乳糖 |
| 13 | 13.90 | 1.19 | L-(＋)-阿拉伯糖 |
| 14 | 14.12 | 1.57 | D-$\alpha$-葡萄庚糖 |
| 15 | 15.13 | 3.42 | 蔗糖 |
| 16 | 15.30 | 0.93 | 蔗糖 |
| 17 | 15.72 | 4.62 | D-无水葡萄糖 |
| 18 | 16.70 | 0.73 | 蔗糖 |
| 19 | 17.09 | 1.16 | 甲基-$\beta$-D-呋喃核苷 |
| 20 | 17.27 | 0.51 | 蔗糖 |

| 序号 | 保留时间/min | 面积百分比/% | 物质名称 |
|---|---|---|---|
| 21 | 17.38 | 0.74 | 蔗糖 |
| 22 | 18.68 | 0.77 | 6-甲氧基丁香基异戊酸盐 |
| 23 | 18.76 | 0.96 | 2,6-二甲基-1-壬-3-*yn*-5-*ol*-TMS 衍生物 |
| 24 | 19.14 | 0.34 | 1-(4-甲氧基苯基)-1,4-丁二醇 |
| 25 | 19.68 | 1.20 | 1-(2,4,6-三羟基苯基)-2-戊酮 |
| 26 | 20.41 | 1.21 | 三 DEC-2-*yn*-1-基五氟苄基丁二酸酯 |
| 27 | 22.26 | 1.36 | (*E*,*Z*)-3,4-二乙基-2,4-己二烯二酸二甲酯 |
| 28 | 22.45 | 0.78 | 3,5-二甲氧基-4-羟基肉桂醛 |
| 29 | 22.53 | 1.28 | 反式芥子醇 |
| 30 | 27.20 | 13.19 | 4-环戊烯-1,3-二酮 |
| 31 | 27.28 | 6.26 | 羊毛甾醇 |
| 32 | 27.86 | 0.33 | 六甲基环三硅氧烷 |
| 33 | 28.50 | 0.26 | 六甲基环三硅氧烷 |
| 34 | 29.73 | 0.19 | 八甲基环四硅氧烷 |
| 35 | 30.06 | 3.54 | 八甲基环四硅氧烷 |
| 36 | 30.32 | 0.81 | 八甲基环四硅氧烷 |
| 37 | 30.90 | 0.14 | 八甲基环四硅氧烷 |
| 38 | 31.76 | 1.42 | 八甲基环四硅氧烷 |
| 39 | 32.48 | 1.94 | 八甲基环四硅氧烷 |
| 40 | 32.86 | 4.31 | 六甲基环三硅氧烷 |
| 41 | 33.65 | 0.82 | 八甲基环四硅氧烷 |

图 3-27、表 3-13 结果显示，灵宝杜鹃木材乙醇/苯提取物检测到 45 个峰，其中鉴定出 34 种化学成分，主要成分含有 2-乙基己醇（23.04%），六甲基环三硅氧烷（16.68%），八甲基环四硅氧烷（9.68%），甘油（7.57%），蔗糖（7.32%），反式芥子醇（3.01%），

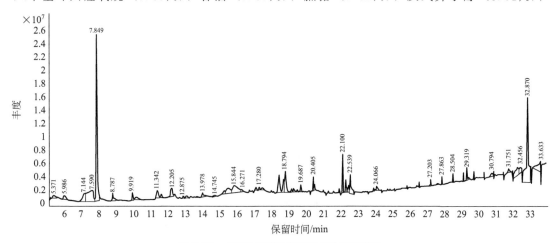

图 3-27　木材乙醇/苯提取物的总离子色谱图

二聚丙三醇（2.44%），邻苯二甲酸二丁酯（2.34%），口服葡萄糖（1.82%），5-羟甲基糠醛（2.35%），硝酸异山梨酯（1.16%），克林霉素（1.13%），1,5-二甲基吡唑（1.00%），1,3-二羟基丙酮（1.00%）等。

表 3-13　木材乙醇/苯提取物的气相色谱-质谱结果

| 序号 | 保留时间/min | 面积百分比/% | 物质名称 |
| --- | --- | --- | --- |
| 1 | 5.37 | 1.00 | 1,5-二甲基吡唑 |
| 2 | 5.99 | 1.00 | 1,3-二羟基丙酮 |
| 3 | 7.14 | 2.44 | 二聚丙三醇 |
| 4 | 7.59 | 7.57 | 甘油 |
| 5 | 7.85 | 23.04 | 2-乙基己醇 |
| 6 | 8.79 | 1.13 | 克林霉素 |
| 7 | 9.92 | 0.84 | 2,3-二氢-6-甲基-3,5 二羟基-4-吡喃酮 |
| 8 | 10.15 | 1.16 | 硝酸异山梨酯 |
| 9 | 11.34 | 1.74 | 5-羟甲基糠醛 |
| 10 | 11.61 | 0.61 | 5-羟甲基糠醛 |
| 11 | 12.21 | 1.82 | 口服葡萄糖 |
| 12 | 12.88 | 0.26 | $N'$-(二氨基亚甲基)丁醇叠氮化物 |
| 13 | 13.98 | 1.06 | 乙酰氧乙酸-4-十五烷基酯 |
| 14 | 15.30 | 0.66 | 蔗糖 |
| 15 | 15.50 | 2.38 | 蔗糖 |
| 16 | 15.84 | 4.28 | 蔗糖 |
| 17 | 17.08 | 0.32 | 鸟苷 |
| 18 | 17.28 | 0.41 | 甲基-$\beta$-D-呋喃核苷 |
| 19 | 17.46 | 0.62 | 甲基-$\beta$-D-呋喃核苷 |
| 20 | 18.43 | 3.02 | 2-糠酸-TBDMS 衍生物 |
| 21 | 18.69 | 1.69 | 乙酸-5-甲基-4-异丙基-4-羟基-2-己基酯 |
| 22 | 18.79 | 3.66 | 山梨酸,TBDMS 衍生物 |
| 23 | 19.15 | 0.28 | 1-(4-甲氧基苯基)-1,4-丁二醇 |
| 24 | 19.27 | 0.35 | 1-甲基-3-(2-异丁基)硫代苯 |
| 25 | 19.48 | 0.26 | 11-溴十一烷基氧基三甲基硅烷 |
| 26 | 19.69 | 0.61 | 1-(2,4,6-三羟基苯基)-2-戊酮 |
| 27 | 20.41 | 0.97 | 丁二酸,三 DEC-2-$yn$-1-基五氟苄基酯 |
| 28 | 20.48 | 0.44 | 1-亚甲基环丙基-1-亚甲基-1-三甲基硅基环丙基-乙醇 |
| 29 | 21.90 | 0.27 | 棕榈酸 |
| 30 | 22.10 | 2.34 | 邻苯二甲酸二丁酯 |
| 31 | 22.27 | 1.12 | 2-乙酰氨基-3-(2-氨基-5-咪唑)丙酸甲酯 |
| 32 | 22.45 | 0.58 | 3,5-二甲氧基-4-羟基肉桂醛 |

| 序号 | 保留时间/min | 面积百分比/% | 物质名称 |
|---|---|---|---|
| 33 | 22.54 | 3.01 | 反式芥子醇 |
| 34 | 24.07 | 0.65 | E-10-戊二醇 |
| 35 | 27.86 | 0.30 | 乙醇 |
| 36 | 28.50 | 0.35 | 乙醇 |
| 37 | 29.12 | 0.31 | 乙醇 |
| 38 | 29.32 | 1.07 | 苯甲酸,4-甲基-2-三甲基硅氧基-三甲基硅基酯 |
| 39 | 30.79 | 0.72 | 八甲基环四硅氧烷 |
| 40 | 31.75 | 0.45 | 八甲基环四硅氧烷 |
| 41 | 31.99 | 0.38 | 八甲基环四硅氧烷 |
| 42 | 32.29 | 3.28 | 八甲基环四硅氧烷 |
| 43 | 32.46 | 1.28 | 八甲基环四硅氧烷 |
| 44 | 32.87 | 16.68 | 六甲基环三硅氧烷 |
| 45 | 33.63 | 3.57 | 八甲基环四硅氧烷 |

图 3-28、表 3-14 结果显示，灵宝杜鹃木材乙醇/甲醇提取物检测到 50 个峰，其中鉴定出 30 种化学成分，主要成分含有 5-羟甲基糠醛（30.57%），松三糖水合物（18.48%），角鲨烯（7.05%），檀香脑（5.25%），糠醛（4.66%），克林霉素（3.96%），3,4-二甲氧基扁桃酸甲酯（3.03%），乳糖（2.13%），亚油酸（1.81%）等。

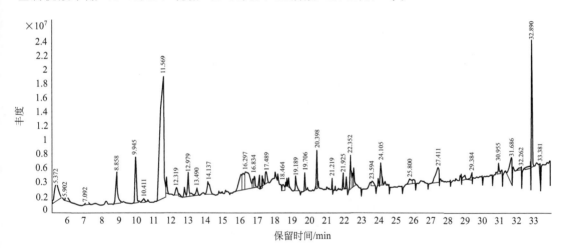

图 3-28　木材乙醇/甲醇提取物的总离子色谱图

表 3-14　木材乙醇/甲醇提取物的气相色谱-质谱结果

| 序号 | 保留时间/min | 面积百分比/% | 物质名称 |
|---|---|---|---|
| 1 | 5.372 | 4.66 | 糠醛 |
| 2 | 5.902 | 0.95 | DL-阿拉伯糖 |
| 3 | 7.092 | 0.54 | 蜜二糖水合物 |
| 4 | 8.858 | 3.96 | 克林霉素 |

| 序号 | 保留时间/min | 面积百分比/% | 物质名称 |
|---|---|---|---|
| 5 | 9.945 | 3.95 | 2,3-二氢-6-甲基-3,5-二羟基-4-吡喃酮 |
| 6 | 10.411 | 0.55 | $\beta$-乳糖 |
| 7 | 11.569 | 29.49 | 5-羟甲基糠醛 |
| 8 | 11.737 | 1.08 | 5-羟甲基糠醛 |
| 9 | 12.319 | 0.90 | 松三糖水合物 |
| 10 | 12.481 | 0.36 | 松三糖水合物 |
| 11 | 12.778 | 0.99 | 松三糖水合物 |
| 12 | 12.979 | 1.86 | 松三糖水合物 |
| 13 | 13.141 | 0.46 | 松三糖水合物 |
| 14 | 13.49 | 0.67 | 松三糖水合物 |
| 15 | 14.137 | 2.30 | 松三糖水合物 |
| 16 | 16.077 | 3.03 | 松三糖水合物 |
| 17 | 16.168 | 2.13 | 乳糖 |
| 18 | 16.297 | 5.32 | 松三糖水合物 |
| 19 | 16.731 | 0.61 | 松三糖水合物 |
| 20 | 16.834 | 0.85 | 松三糖水合物 |
| 21 | 17.099 | 0.77 | 鸟苷 |
| 22 | 17.268 | 0.52 | 5,9,9-三甲基-5-磷酸二环[6.1.1.0(2,6)]DEC-2(6)-烯 |
| 23 | 17.313 | 0.37 | 松三糖水合物 |
| 24 | 17.489 | 1.10 | 1,2,3,6-四氢-1-(1-氧代丁基)吡啶 |
| 25 | 18.464 | 0.76 | 松三糖水合物 |
| 26 | 18.788 | 0.54 | 6-硫基鸟嘌呤 |
| 27 | 19.189 | 1.16 | 1-(4-甲氧基苯基)-1,4-丁二醇 |
| 28 | 19.706 | 0.76 | 1-(2,4,6-三羟基苯基)-2-戊酮 |
| 29 | 20.398 | 1.56 | 吡嗪酸,TBDMS衍生物 |
| 30 | 21.291 | 0.42 | 3-(5-羟基-3,4-二甲氧基苯基)-1-丙醇 |
| 31 | 21.925 | 0.59 | 棕榈酸 |
| 32 | 22.087 | 0.39 | 邻苯二甲酸丁基十一烷基酯 |
| 33 | 22.352 | 3.03 | 3,4-二甲氧基扁桃酸甲酯 |
| 34 | 22.481 | 0.65 | 3,5-二甲氧基-4-羟基肉桂醛 |
| 35 | 22.54 | 1.13 | 4-(1,5-二羟基-2,6,6-三甲基环己-2-烯基)but-3-en-2-酮 |
| 36 | 23.594 | 0.59 | $\beta$-香树精 |
| 37 | 23.943 | 0.31 | $\beta$-乳糖 |
| 38 | 24.105 | 1.41 | 亚油酸 |
| 39 | 24.189 | 0.40 | 亚油酸 |
| 40 | 25.8 | 0.95 | 檀香脑 |

| 序号 | 保留时间/min | 面积百分比/% | 物质名称 |
|---|---|---|---|
| 41 | 25.994 | 0.54 | 檀香脑 |
| 42 | 27.411 | 3.15 | 檀香脑 |
| 43 | 28.982 | 0.61 | 檀香脑 |
| 44 | 29.384 | 0.58 | 苯甲酸-4-甲基-2-三甲基硅氧基-三甲基硅基酯 |
| 45 | 30.955 | 0.81 | 三(叔丁基二甲基硅氧基)砷烷 |
| 46 | 31.686 | 3.55 | 2,6-二羟基苯乙酮,2TMS 衍生物 |
| 47 | 32.262 | 0.40 | 三(叔丁基二甲基硅氧基)砷烷 |
| 48 | 32.806 | 0.60 | 三(叔丁基二甲基硅氧基)砷烷 |
| 49 | 32.89 | 7.05 | 角鲨烯 |
| 50 | 33.381 | 0.64 | 1,1,3,3,5,5,7,7,9,9,11,11,13,13-十四甲基七硅氧烷 |

经数据的统计分析对比得出，灵宝杜鹃木材的乙醇提取物中醇类含 7.40%，酮类含 6.08%，醛类含 18.21%，酸类含 1.98%，酯类含 4.11%，糖类含 17.97%，烃和烃的衍生物类含 34.88%，其他类含 9.36%；甲醇提取物中醇类含 21.07%，酮类含 9.74%，醛类含 17.06%，酸类含 2.57%，酯类含 4.71%，糖类含 22.24%，烃和烃的衍生物类含 13.75%，其他类含 8.87%；乙醇/苯提取物中醇类含 30.82%，酮类含 2.45%，醛类含 2.93%，酸类含 1.24%，酯类含 8.44%，糖类含 9.15%，烃和烃的衍生物类含 26.98%，其他类含 17.99%；乙醇/甲醇提取物中醇类含 1.16%，酚类含 0.42%，酮类含 11.10%，醛类含 35.88%，酸类含 2.40%，酯类含 3.99%，糖类含 22.96%，烃和烃的衍生物类含 9.49%，其他类含 12.60%。

灵宝杜鹃木材四种提取物中烃和烃的衍生物类化合物含量较高，占总提取物含量的 21.28%，其次是醛类（18.52%）、糖类（18.08%）、醇类（15.11%）、酮类（7.34%）等；其中，乙醇提取物中含较多的烃和烃的衍生物类、醛类、糖类化合物；甲醇提取物中含较多的糖类、醇类、醛类、烃和烃的衍生物类化合物；乙醇/苯提取物中含较多的醇类、烃和烃的衍生物类、糖类、酯类化合物；乙醇/甲醇提取物中含有较多的醛类、糖类、酮类、烃和烃的衍生物类化合物。

灵宝杜鹃木材的四种提取物中所含有的化学成分主要为烃和烃的衍生物类、醛类、糖类、醇类、酮类化合物等，这些成分大多用于医药、食品、化工等高附加值产业。

**（4）热重分析**

在热重分析仪上观测灵宝杜鹃木材在受热过程中，实际质量随加热温度的变化情况，图 3-29 为 TGA 和 DTG 曲线图。热失重为 1wt%、5wt% 和 10wt% 时对应的温度分别是 $T_{1wt\%}$、$T_{5wt\%}$ 和 $T_{10wt\%}$，而 $T_{1wt\%}$、$T_{5wt\%}$ 和 $T_{10wt\%}$ 分别为 30℃、75℃ 和 240℃。热重曲线主要分为三个阶段：第一阶段从初始温度到 75℃，热失重为 5%，较小的热失重表明是水分的蒸发阶段，在相应的 DTG 曲线上，50℃ 以前呈现一个小峰，表明水分蒸发的反应速率有所变化；第二阶段在 75～200℃ 之间，曲线相对较为平缓，且热失重最小，表明试样在此阶段的热解过程是稳定的；第三阶段在 200～300℃ 之间，在此阶段热重曲线迅速下降，DTG 曲线呈快速上升趋势，这表明在该阶段热解释放出大量的组分使质量急速下降，失重率约占总失重率的 80%，为主要阶段，由于温度升高，少量纤维素和半纤维素的组分快速热解导致；此外，DTG 曲线的变化则表明热失重速率的变化，可以判断热失重程度，随着温度的升高，DTG 曲线在主要热解阶段急剧上升，表明热失重速率随着热解产物的释放逐渐增大。灵宝杜鹃木材在 300℃ 时的热失重率仅为 25%，表明灵宝杜鹃木材也具有良好的热稳定性。

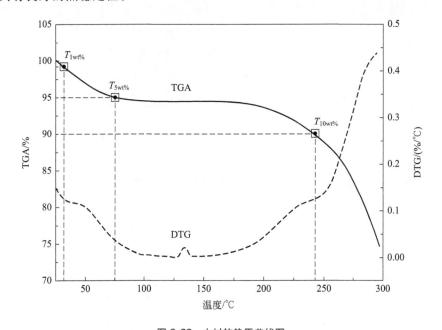

图 3-29　木材的热重曲线图

（注：TGA-热失重曲线图，DTG-热失重速率曲线图）

**（5）热裂解-气相色谱-质谱分析**

图 3-30、表 3-15 结果显示，在灵宝杜鹃木材中检测到 196 个峰，其中鉴定出 168 种化学成分，主要成分含有乙酸（9.51%），羟乙醛（5.43%），二氧化碳（5.50%），甲基（对甲苯氧基）乙酸酯（2.81%），4-丙烯基-2,6-二甲氧基苯酚（4.34%），丙酮醛（2.37%），2-甲基亚氨基二氢-1,3-噁嗪（2.25%），乙酸甲酯（2.17%），乙醛（2.14%），4-甲基-2,6-二甲氧基苯酚（1.76%），2,6-二甲氧基苯酚（1.72%），D-阿洛糖（1.57%），3,4-阿尔特罗桑（3.44%），3-甲氧基儿茶酚（1.54%），1,6-脱水-$\beta$-D-葡萄糖（2.47%），棕榈酸（1.43%），反式芥子醇（0.57%），3,5-二甲氧基-4-羟基肉桂醛（1.31%），(E)-2-甲氧基-4-丙烯基苯酚（1.25%），4-乙烯基-2-甲氧基苯酚（1.21%），丙酮酸甲酯（1.20%），硬脂酸（1.15%），丁香醛（1.11%），(E)-3-(4-羟基-3-甲氧（基苯)丙烯醇（1.07%），羟基丙酮（1.04%），糠醛（1.06%），乙基乙酸丙烯酯（0.95%），月桂酸（0.83%），香草醛（0.61%），丙酰胺（0.61%），亚油酸（0.55%），5-羟甲基糠醛（0.66%），愈创木酚（0.51%）等。

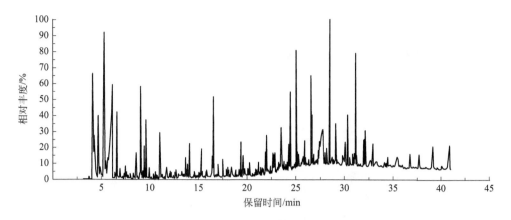

图 3-30　木材的热裂解-气相色谱-质谱的总离子流图

表 3-15　木材的热裂解-气相色谱-质谱结果

| 序号 | 保留时间/min | 面积百分比/% | 物质名称 |
|---|---|---|---|
| 1 | 3.70 | 0.03 | $(R)$-(-)-1-环己基乙胺 |
| 2 | 3.76 | 0.01 | 2-氨基-5-甲基己烷 |
| 3 | 4.09 | 5.50 | 二氧化碳 |
| 4 | 4.25 | 2.14 | 乙醛 |
| 5 | 4.68 | 2.37 | 丙酮醛 |
| 6 | 4.86 | 0.65 | 甲酸 |
| 7 | 5.30 | 5.43 | 羟乙醛 |
| 8 | 5.46 | 0.68 | 2-乙酰基环氧乙烷 |
| 9 | 5.64 | 0.54 | 乙酸 |
| 10 | 5.66 | 0.26 | 乙酸 |
| 11 | 5.70 | 0.16 | 乙酸 |
| 12 | 6.15 | 8.55 | 乙酸 |
| 13 | 6.43 | 0.21 | 巴豆醛 |
| 14 | 6.62 | 1.04 | 羟基丙酮 |
| 15 | 6.92 | 0.27 | 甲酸甲酯 |
| 16 | 7.35 | 0.15 | 乙二醇 |
| 17 | 7.50 | 0.34 | 二乙氨基-3-苯磺胺基戊坦 |
| 18 | 7.64 | 0.14 | 甲基丙烯酸甲酯 |
| 19 | 7.71 | 0.05 | 正丁基硼酸 |
| 20 | 7.80 | 0.05 | 甲基丙烯酸酐 |
| 21 | 8.00 | 0.06 | 丙醚 |
| 22 | 8.32 | 0.12 | 甲基丙烯酸酐 |
| 23 | 8.42 | 0.03 | 异巴豆酸 |
| 24 | 8.54 | 0.16 | 3,4-二氢-$2H$-吡喃 |

| 序号 | 保留时间/min | 面积百分比/% | 物质名称 |
|---|---|---|---|
| 25 | 8.60 | 0.50 | 1,4-戊二烯-3-酮 |
| 26 | 9.07 | 2.17 | 乙酸甲酯 |
| 27 | 9.27 | 0.14 | 反式-2-甲基-2-丁烯醛 |
| 28 | 9.42 | 0.64 | 丁二醛 |
| 29 | 9.62 | 1.20 | 丙酮酸甲酯 |
| 30 | 9.93 | 0.18 | 杀草强 |
| 31 | 10.38 | 0.10 | 糠醛 |
| 32 | 10.58 | 0.11 | 2-戊烯-4-内酯 |
| 33 | 10.70 | 0.08 | (E)-11-十六碳烯醛 |
| 34 | 10.80 | 0.04 | 1-甲基-1,3-二氢咪唑-2-酮 |
| 35 | 11.02 | 0.96 | 糠醛 |
| 36 | 11.21 | 0.09 | 3,3-二甲氨基丙烯腈 |
| 37 | 11.28 | 0.08 | 丙基戊基醚 |
| 38 | 11.73 | 0.47 | 2,4-二甲基咪唑 |
| 39 | 12.08 | 0.13 | 乙酸基丙酮 |
| 40 | 12.18 | 0.13 | 当归内酯 |
| 41 | 12.44 | 0.06 | 4-环戊烯-1,3-二酮 |
| 42 | 12.64 | 0.11 | 3-丁炔-2-醇 |
| 43 | 12.69 | 0.15 | 4-环戊烯-1,3-二酮 |
| 44 | 12.94 | 0.09 | 1,3-二羟基丙酮二聚体 |
| 45 | 13.03 | 0.01 | 1,3-二羟基丙酮二聚体 |
| 46 | 13.05 | 0.01 | 1,3-二羟基丙酮二聚体 |
| 47 | 13.32 | 0.14 | 1,3-二羟基丙酮 |
| 48 | 13.57 | 0.04 | 2-乙基-5-甲基呋喃 |
| 49 | 13.69 | 0.44 | 2-丁烯-4-内酯 |
| 50 | 13.87 | 0.32 | 2-环己烯醇 |
| 51 | 14.08 | 0.82 | 1,2-环辛酮 |
| 52 | 14.52 | 0.05 | 2-戊烯-4-内酯 |
| 53 | 14.58 | 0.13 | 柠康酸酐 |
| 54 | 14.77 | 0.06 | 3-甲氧基-2-甲基-1-丁烯 |
| 55 | 14.93 | 0.05 | (S)-5-羟甲基二氢呋喃-2-酮 |
| 56 | 15.09 | 0.12 | 2-甲基丁醛 |
| 57 | 15.17 | 0.03 | (S)-5-羟甲基二氢呋喃-2-酮 |
| 58 | 15.29 | 0.66 | D-N-丙基安非他命 |
| 59 | 15.40 | 0.14 | (S)-5-羟甲基二氢呋喃-2-酮 |
| 60 | 15.62 | 0.03 | 3-哒嗪酮 |

| 序号 | 保留时间/min | 面积百分比/% | 物质名称 |
|---|---|---|---|
| 61 | 15.79 | 0.09 | 1-(二甲氨基)吡咯 |
| 62 | 15.84 | 0.15 | 苯酚 |
| 63 | 16.34 | 0.13 | N-T-丁基-N'-2-[2-硫代磷酸酯乙基]氨基乙基脲 |
| 64 | 16.41 | 0.47 | 2-戊烯二酸酐 |
| 65 | 16.54 | 2.25 | 2-甲基亚氨基二氢-1,3-噁嗪 |
| 66 | 16.73 | 0.06 | 2-甲基-3-亚硝基-1,3-噁唑烷 |
| 67 | 16.90 | 0.07 | 2-吡咯甲醛 |
| 68 | 17.03 | 0.32 | 4,6-二羟基嘧啶 |
| 69 | 17.42 | 0.03 | D5-苯胺 |
| 70 | 17.50 | 0.32 | 甲基环戊烯醇酮 |
| 71 | 17.88 | 0.19 | 2-乙基噻唑 |
| 72 | 18.02 | 0.21 | 3-甲基-2-丁烯酸-4-内酯 |
| 73 | 18.10 | 0.16 | 2-氨基-5-甲基噻唑 |
| 74 | 18.22 | 0.04 | 邻甲苯酚 |
| 75 | 18.40 | 0.59 | (S)-5-羟甲基二氢呋喃-2-酮 |
| 76 | 18.55 | 0.03 | 2,4-二甲基己烷 |
| 77 | 18.76 | 0.04 | 1,2,3-噻二唑-4-碳酰肼 |
| 78 | 18.83 | 0.12 | 对甲苯酚 |
| 79 | 19.20 | 0.17 | 2-呋喃基羟基甲基甲酮 |
| 80 | 19.27 | 0.09 | 2,5-二甲基2H,5H-呋喃-3,4-二酮 |
| 81 | 19.38 | 0.51 | 愈创木酚 |
| 82 | 19.56 | 0.61 | 丙酰胺 |
| 83 | 19.72 | 0.14 | 糠醇 |
| 84 | 19.76 | 0.16 | N-甲基环戊胺 |
| 85 | 20.08 | 0.17 | 麦芽醇 |
| 86 | 20.25 | 0.40 | 3-甲基-2,4(3H,5H)-二酮 |
| 87 | 20.56 | 0.05 | 别麦芽酚 |
| 88 | 20.74 | 0.03 | 3-己炔-1-醇 |
| 89 | 20.88 | 0.18 | 2,3-二氢-6-甲基-3,5-二羟基-4-吡喃酮 |
| 90 | 20.98 | 0.12 | 丙烯二甲基肼 |
| 91 | 21.06 | 0.05 | 3(5)-[[1,2-二羟基-3-丙氧基]甲基]-4-羟基-1H-吡唑-5(3)-甲酰胺 |
| 92 | 21.17 | 0.30 | 高哌啶 |
| 93 | 21.23 | 0.13 | (±)-3-羟基-4-丁内酯 |
| 94 | 21.41 | 0.16 | 2,3-二羟基苯甲醛 |
| 95 | 21.60 | 0.30 | 3,5-二甲基十二烷 |
| 96 | 21.68 | 0.13 | 4-甲基-2-甲氧基苯酚 |

| 序号 | 保留时间/min | 面积百分比/% | 物质名称 |
|---|---|---|---|
| 97 | 21.90 | 0.60 | 亚硝基-2,6-二甲基哌啶 |
| 98 | 21.99 | 0.55 | 4-甲基-2-甲氧基苯酚 |
| 99 | 22.07 | 0.11 | 邻苯二酚 |
| 100 | 22.10 | 0.14 | 邻苯二酚 |
| 101 | 22.42 | 0.18 | 1,3,4,6-二氢-$\alpha$-$D$-吡喃葡萄糖 |
| 102 | 22.51 | 0.07 | 二甲基烯(乙烯基)硅烷 |
| 103 | 22.59 | 0.08 | 苯氧乙醇 |
| 104 | 22.66 | 0.37 | 叔-戊基乙烯基醚 |
| 105 | 22.73 | 0.54 | 5-羟甲基糠醛 |
| 106 | 22.80 | 0.12 | 5-羟甲基糠醛 |
| 107 | 22.85 | 0.39 | 3,5-二甲基-1,2,4-三唑 |
| 108 | 23.04 | 0.07 | $N$-[4-溴正丁基]-2-哌啶酮 |
| 109 | 23.13 | 0.24 | $N$-叔丁基二甲基硅基-烯丙胺 |
| 110 | 23.19 | 0.04 | 1,4-二甲基哌嗪 |
| 111 | 23.26 | 0.31 | $N$-[4-溴正丁基]-2-哌啶酮 |
| 112 | 23.31 | 0.04 | 甲巯咪唑 |
| 113 | 23.39 | 0.22 | 3-甲基苯邻二酚 |
| 114 | 23.49 | 1.54 | 3-甲氧基儿茶酚 |
| 115 | 23.63 | 0.29 | 顺-3-己烯酸 |
| 116 | 23.77 | 0.26 | 4-乙基-2-甲氧基苯酚 |
| 117 | 23.81 | 0.08 | 3,4-二羟基苯乙酮 |
| 118 | 23.94 | 0.40 | 4-甲基-1,2-苯二酚 |
| 119 | 24.14 | 0.28 | 1,4-二-O-乙酰基-$\alpha$-$\beta$-D-核糖吡喃糖 |
| 120 | 24.29 | 0.95 | 乙基乙酸丙烯酯 |
| 121 | 24.37 | 0.12 | 3-(2-甲氧基乙基)-1-壬醇 |
| 122 | 24.43 | 1.21 | 4-乙烯基-2-甲氧基苯酚 |
| 123 | 24.66 | 0.17 | ($Z$,$Z$)-2-甲基-3,13-十八碳二烯醇 |
| 124 | 24.74 | 0.18 | $N$-十九烷基腈 |
| 125 | 24.85 | 0.26 | 环戊基甲酸十一酯 |
| 126 | 24.88 | 0.15 | $N$-甲酰-天冬氨酸酐 |
| 127 | 24.98 | 0.22 | 1-二氯甲基二甲基硅氧基戊-2-烯-4-炔 |
| 128 | 25.05 | 1.72 | 2,6-二甲氧基苯酚 |
| 129 | 25.17 | 0.32 | 2-甲氧基-3-丙烯基苯酚 |
| 130 | 25.22 | 0.09 | 3-脱氧-17$\beta$-雌二醇 |
| 131 | 25.27 | 0.38 | 3,4-二甲氧基苯酚 |
| 132 | 25.33 | 0.17 | 二氢丁香酚 |

| 序号 | 保留时间/min | 面积百分比/% | 物质名称 |
|---|---|---|---|
| 133 | 25.55 | 0.32 | 十二烯基丁二酸酐 |
| 134 | 25.60 | 0.09 | 棕榈油酸 |
| 135 | 25.64 | 0.31 | 反式-环氧乙烷基苯二甲酸-3-戊基甲酯 |
| 136 | 25.75 | 0.90 | 3,4-阿尔特罗桑 |
| 137 | 25.90 | 0.61 | 香草醛 |
| 138 | 25.99 | 0.31 | 异丁香酚 |
| 139 | 26.07 | 0.23 | (Z)-11-十六碳烯酸 |
| 140 | 26.31 | 0.28 | Z(13,14 环氧 tetradec 11)EN-1-醇乙酸酯 |
| 141 | 26.55 | 1.76 | 4-甲基-2,6-二甲氧基苯酚 |
| 142 | 26.64 | 1.25 | (E)-2-甲氧基-4-丙烯基苯酚 |
| 143 | 26.81 | 0.48 | 二氢丁香酚 |
| 144 | 26.97 | 0.41 | 15-羟基十五酸 |
| 145 | 27.08 | 0.60 | 十二烯基丁二酸酐 |
| 146 | 27.19 | 0.22 | 4,4-二甲基金刚烷-2-醇 |
| 147 | 27.28 | 0.47 | 4'-羟基-3'-甲氧基苯乙酮 |
| 148 | 27.39 | 1.00 | 3,4-阿尔特罗桑 |
| 149 | 27.55 | 1.54 | 3,4-阿尔特罗桑 |
| 150 | 27.61 | 0.94 | 1,6-脱水-$\beta$-D-葡萄糖 |
| 151 | 27.70 | 1.53 | 1,6-脱水-$\beta$-D-葡萄糖 |
| 152 | 27.77 | 1.57 | D-阿洛糖 |
| 153 | 27.98 | 0.55 | 4-羟基-3-甲氧基苯丙酮 |
| 154 | 28.18 | 0.83 | 月桂酸 |
| 155 | 28.49 | 2.81 | 甲基(对甲苯氧基)乙酸酯 |
| 156 | 28.73 | 0.69 | 9-乙氧基-10-噁唑三环[7.2.1.0(1,6)]十二烷-11-酮 |
| 157 | 28.87 | 0.20 | 5-氨基-3-(4-乙氧基苯基)-4-(4-吡啶基)异噁唑 |
| 158 | 28.93 | 0.18 | 苯氧乙醇,TMS 衍生物 |
| 159 | 29.04 | 0.29 | (Z)-7-甲基-4-癸烯-1-醇乙酸酯 |
| 160 | 29.12 | 0.93 | 4-丙烯基-2,6-二甲氧基苯酚 |
| 161 | 29.24 | 0.24 | 4-正丙基联苯 |
| 162 | 29.74 | 0.15 | 2,5-二甲基-3,6-二氨基对苯醌 |
| 163 | 29.83 | 0.98 | 3-脱氧-17$\beta$-雌二醇 |
| 164 | 30.07 | 0.96 | 4-丙烯基-2,6-二甲氧基苯酚 |
| 165 | 30.34 | 1.11 | 丁香醛 |
| 166 | 30.57 | 0.33 | (E)-3-(4-羟基-3-甲氧基苯)丙烯醇 |
| 167 | 30.85 | 0.35 | (一)1-甲基-6-羟基-7 甲氨基-1-甲酸甲酯 |
| 168 | 31.01 | 0.42 | (6aS,12aS)-2,3,9-三甲氧基-6a,12a-二氢-6H-苯并吡喃并[3,4-b]苯并吡喃-12-酮 |

| 序号 | 保留时间/min | 面积百分比/% | 物质名称 |
|---|---|---|---|
| 169 | 31.13 | 2.45 | 4-丙烯基-2,6-二甲氧基苯酚 |
| 170 | 31.23 | 0.32 | 4-正丙基联苯 |
| 171 | 31.46 | 0.13 | 棕榈油酸 |
| 172 | 31.65 | 0.09 | 1-氯-2,2,3,4,4-五甲基-1-氧化物磷酸酯 |
| 173 | 31.97 | 0.64 | 乙酰丁香酮 |
| 174 | 32.10 | 1.07 | (E)-3-(4-羟基-3-甲氧基苯)丙烯醇 |
| 175 | 32.20 | 0.10 | 1-(3,6-二氢-2H-吡啶-1-基)-2-甲基-1-戊酮 |
| 176 | 32.66 | 0.55 | 亚油酸 |
| 177 | 32.88 | 0.50 | 1-(3-甲基-2,4,6-三羟基苯基)丁酮 |
| 178 | 33.17 | 0.26 | 十二烯基丁二酸酐 |
| 179 | 33.28 | 0.25 | 6,9,12-六癸三酸甲酯 |
| 180 | 34.10 | 0.19 | 丁香酸 |
| 181 | 34.24 | 0.11 | 1-乙氧基-4-[(三甲基甲硅烷基)氧基]-苯 |
| 182 | 34.44 | 0.28 | 3-甲基丁酸-2-联苯-4-基-2-氧代乙基酯 |
| 183 | 34.56 | 0.10 | 棕榈油酸 |
| 184 | 34.70 | 0.07 | 反式-2-十二烯-1-醇三氟乙酸酯 |
| 185 | 35.01 | 0.07 | Z(13,14 环氧 tetradec 11)EN-1-醇乙酸酯 |
| 186 | 35.43 | 1.15 | 硬脂酸 |
| 187 | 35.72 | 0.12 | (11Z)-11-十六碳烯酸 |
| 188 | 35.93 | 0.14 | 2-羟基环十五烷酮 |
| 189 | 36.75 | 0.52 | 5-(3-羟丙基)-2,3-二甲氧基苯酚 |
| 190 | 37.02 | 0.05 | (1s,15s)-二环[13.1.0]十六烷-2-酮 |
| 191 | 37.68 | 0.57 | 反式芥子醇 |
| 192 | 38.39 | 0.15 | (13Z)-13-二十碳烯酸 |
| 193 | 39.12 | 1.43 | 棕榈酸 |
| 194 | 39.60 | 0.08 | 邻苯二甲酸新戊基辛酯 |
| 195 | 40.09 | 0.21 | 1,1-二苯基丙酮 |
| 196 | 40.87 | 1.31 | 3,5-二甲氧基-4-羟基肉桂醛 |

经数据的统计分析对比得出，灵宝杜鹃木材的热裂解产物中醇类含 3.23%，酚类含 15.91%，醚类含 0.52%，酮类含 10.53%，醛类含 16.03%，酸类含 15.98%，酯类含

10.04%，糖类含 4.50%，烃和烃的衍生物类含 4.45%，其他类含 18.82%；按保留时间分类得出，保留时间小于 5min 的占总相对含量的 10.71%，保留时间在 5～10min 的占总相对含量的 23.08%，保留时间在 10～20min 的占 12.60%，保留时间在 20～30min 的占37.56%，保留时间在 30～40min 的占 14.53%，保留时间大于 40min 占 1.52%。

热裂解-气相色谱-质谱检测到的灵宝杜鹃木材的热裂解产物中主要是醛类、酸类、酚类等，在保留时间 20～30min 内热裂解产物释放量最多。

### 3.4.3　资源化途径分析

灵宝杜鹃木材提取物和热裂解产物中含有的化学成分主要是醇类、酚类、酮类、醛类等化合物，含有大量的生物活性成分，如 5-甲基脲嘧啶在灵宝杜鹃木材的乙醇提取物中被发现，它是重要的遗传物质，能有效合成抗艾滋病、抗肿瘤以及抗病毒药物等，是一种重要的医药中间体[138]；D-吡喃葡萄糖存在于其木材的两种提取物中，它是一种用于测量肝功能的营养物质；3,5-二甲基吡唑和 1,3-二羟基丙酮主要用作医药中间体，而 1,3-二羟基丙酮能合成治疗心血管疾病的药物[139]，广泛用于化妆品中，起防晒，避免皮肤水分的过度蒸发，滋养皮肤，并阻止紫外线辐射的作用；克林霉素在其木材的乙醇/苯和乙醇/甲醇提取物中含量丰富，作为一种抗生素类药物，常用于各种人体感染性疾病的治疗，有很好的效果[140]；角鲨烯主要存在于其木材的乙醇/甲醇提取物中，常用于营养医学中，口服能治疗各种人体疾病，也有保肝、缓解疲劳和增强人体免疫力的功能，也可作为放疗、化疗引起的一系列病症的辅助治疗药物[141]。这些物质在医学上有重要的应用，加强这些物质的开发利用将有助于医学的发展。

蔗糖广泛存在于木材的三种提取物中，在食品上，是一种良好的营养甜味剂，高浓度的蔗糖可以抑制细菌的生长；在医学上，可用作抗氧化剂的片剂辅料的防腐剂。试剂蔗糖则用于 1-萘酚的测定，钙镁分离和生物培养基的制备，在食品、化妆品、医药、分析检测等行业应用十分广泛[142]；乳糖在木材的四种提取物中均含量丰富，广泛应用于婴儿食品中，也可用作培养基、色素吸收剂和赋形剂等；D-无水葡萄糖存在于木材的甲醇提取物中，常用于制药工业，作为营养的补充剂，可以配制成口服液或静脉注射溶液，在食品工业中它是良好的甜味剂，用作各种食品的添加剂[143]；八甲基环四硅氧烷存在于木材的三种提取物中，它是很好的有机硅原料，可用于高抗撕裂硅橡胶制品的生产，这些材料也用于电子工业中，对无线电部件起绝缘和防潮作用；六甲基环三硅氧烷主要存在于木材的两种提取物中，在生产工业上，它是合成一般有机硅聚合物和某种特定的有机硅化合物的良好原料，也常被作为各种材料的表面处理剂；甘油经水解后，在人体内可形成优良的营养源，运用在食品工业中是很好的甜味剂和保湿剂等。在化妆品中，因其具有较好的保湿、抗氧化等性能而被广泛使用，在各种工业生产中，如纺织业、造纸业、涂料业、烟草业、石油化工业以及军工业等领域，也作为良好的生产原料被广泛应用；二聚丙三醇是制备各种工业产品的良好原料；2-乙基己醇不仅是一种允许使用的食品香料，同样也是一种重要的化工原料；邻苯二甲酸二丁酯在工业生产中主要用作增塑剂。这些物质在食品保健、日用化工等行业应用十分广泛，值得进一步开发。

灵宝杜鹃木材提取物、热裂解产物富含生物活性成分，具体结果如下：

经傅里叶红外光谱检测分析，灵宝杜鹃木材四种提取物的吸收峰主要集中在 $3400cm^{-1}$、$3000\sim2750cm^{-1}$、$2950cm^{-1}$、$2860cm^{-1}$、$1640cm^{-1}$、$1450cm^{-1}$、$1300\sim1000cm^{-1}$ 的波段内，其主要成分可能为酚类、醇类、酸类、酯类、醛类、酮类、烃类和芳香族化合物等。

经核磁共振氢谱、碳谱和二维谱检测分析，灵宝杜鹃木材甲醇、乙醇/苯、乙醇/甲醇三种提取物中可能含有的化学成分是烃类、醇类、酚类、酯类和芳香族化合物等，这与以上的红外光谱分析结果基本一致。

经气相色谱-质谱检测分析，灵宝杜鹃木材乙醇提取物从 45 个峰中鉴定出 27 种化学成分，主要含有 5-甲基脲嘧啶、D-吡喃葡萄糖、蔗糖等；甲醇提取物从 41 个峰中鉴定出 26 种化学成分，主要含有 D-无水葡萄糖、醋酸羊毛甾醇、八甲基环四硅氧烷等；乙醇/苯提取物从 45 个峰中鉴定出 34 种化学成分，主要含有甘油、2-乙基己醇、六甲基环三硅氧烷等；乙醇/甲醇提取物从 50 个峰中鉴定出 30 种化学成分，主要含有克林霉素、乳糖、角鲨烯等。总体来看，灵宝杜鹃木材提取物中主要为烃和烃的衍生物类、醛类、糖类、醇类、酮类化合物等。

经热重检测分析，灵宝杜鹃木材的热解过程主要分为三个阶段，随着温度的升高，少量纤维素和半纤维素组分快速热解释放，此热解过程主要发生在 $200\sim300℃$，是热失重的主要阶段；在热解温度为常温至 $300℃$ 时，灵宝杜鹃木材的热失重率为 $25\%$。

经热裂解-气相色谱-质谱检测分析，灵宝杜鹃木材共分离出 196 个峰，从中鉴定出 168 种化学成分，其热裂解产物主含有丙酮醛、3-甲氧基儿茶酚、棕榈酸等，且保留时间在 $20\sim30min$ 内热裂解产物最多。

综上所述，灵宝杜鹃木材提取物、热裂解产物中富含的生物活性成分主要有 5-甲基脲嘧啶、D-吡喃葡萄糖、3,5-二甲基吡唑、1,3-二羟基丙酮、克林霉素、角鲨烯等对各种疾病的治疗很有效；蔗糖、乳糖、D-无水葡萄糖、八甲基环四硅氧烷、六甲基三硅氧烷、二聚丙三醇、甘油、2-乙基己醇、邻苯二甲酸二丁酯等多用于食品和化工行业。

# 3.5　灵宝杜鹃木材能源化基础分析

能源是人类在地球上永续生存以及人类社会进步和发展的必需品，当今社会主要以化石能源为主，其他能源为辅，而这种不可再生能源的大量消耗是导致温室效应的重要原因，严重影响着人们的生活和人类社会的发展，因此世界各国均对能源短缺问题和环境污染问题异常重视，都以寻求更加理想的能源资源为目的，期望早日实现能源转型。

生物质能源是一种很好的清洁能源，它能吸收太阳能而转化成为需要的化学能，尽管在作为能源消耗时会释放出大量的二氧化碳，但在生长过程中也能对其大量的吸收，因此，构成了以绿色植物为纽带的碳循环系统，维持了地球生态中的碳平衡，理论上实现了二氧化碳的"零排放"，从而能从根本上缓解因温室气体排放所导致的全球变暖和海平面上升等全球性环境问题；林木生物质能源则是生物质能源中非常重要的组成部分，同样在人类社会发展中发挥着举足轻重的作用，它利用植物的光合作用，将转化后的能量，储存在林木生物质体内，包括林木、林副产品以及各种林木废弃物等，要想充分发挥林木生物质能源的作用，则需采取一系列的化学、生物转化和各种科学技术手段，使其最终转化为能为人类所用的高效工业能源或一系列能源产品；在提高林木生物质能源的效率方面，纳米催化剂不仅能提高其反应速率，又有良好的选择性，并使表面催化活性位点明显增加，具有优异的催化活性，常用于催化加氢和催化氧化反应中，对提高林木生物质能源的转化效率发挥着重要的作用。随着社会和科学技术的飞速发展，林木生物质能源工程的目的则是期望生产出高效率、高附加值、集功能化和环境友好化的各种能源产品，从而逐渐替代化石能源的使用，真正实现社会的可持续发展。

灵宝杜鹃，是生长在中国河南省西部的小秦岭国家级自然保护区中的一种独特的高山杜鹃，主要以高大的乔木形式存在，因其树形优美、花开繁茂而吸引很多游客前来观赏，但是每年因养护产生的林业废弃物大多被浪费掉，没有很好地加以利用，因此应充分发挥它的利用价值并促进其保护性开发。鉴于木材研究成果与经验，以灵宝杜鹃木材为研究对象，采用热重-傅里叶红外光谱、热裂解-气相色谱-质谱等技术，解析灵宝杜鹃木材纳米催化规律，为灵宝杜鹃木材资源的保护性开发提供科学依据。

### 3.5.1　材料与方法

#### 3.5.1.1　试验材料

灵宝杜鹃试验材料与 3.2.1 部分相同。纳米 Mo，粒径 80nm，纯度 99.9%，上海麦克林生化科技有限公司生产；纳米 $Co_3O_4$，粒径 30nm，纯度 99.5%，上海麦克林生化科技有限公司生产。

#### 3.5.1.2　试验方法

**（1）催化**

称取灵宝杜鹃（采用电子天平，型号 FA2004，精确度 0.0001g，上海浦春计量仪器有限公司生产）木材粉末 10g/份，分别加入重量比为 1% 的纳米 Mo 粉末、1% 的纳米 $Co_3O_4$ 粉末以及 1% 的纳米 Mo 和纳米 $Co_3O_4$ 混合粉末，使其充分混合均匀，分别得到原木粉、原木粉＋纳米 Mo（原木粉＋Nano-Mo）、原木粉＋纳米 $Co_3O_4$（原木粉＋Nano-$Co_3O_4$）、原木粉＋纳米 Mo＋纳米 $Co_3O_4$（原木粉＋Nano-Mo＋Nano-$Co_3O_4$）四种试样。

**（2）热重-红外检测**

采用的傅里叶变换红外光谱仪（Nicolet 6700，Thermo Scientific，USA）和热重分析仪（TGA Q500，TA Instrument，USA）对试样进行检测分析。每次实验所用的试样量约 5mg，以 60℃/min 的速率将温度升高到 950℃，恒温 5min，氮气流速 60mL/min，在 4000～500cm$^{-1}$ 波段内记录红外光谱，分辨率 4cm$^{-1}$，实验后获得 3D-FTIR 光谱图[144,145]。

**(3) 热裂解-气相色谱-质谱检测**

除热解温度设定为950℃外，其余均采用3.2.1部分的检测方法进行检测。

### 3.5.2 结果与分析

**(1) 热重-红外分析**

图3-31为四种试样的三维红外光谱图。各种红外光谱随时间的变化与热解温度呈线性关系。通过加入纳米Mo粉末、纳米$Co_3O_4$粉末及其混合物对比分析了加入不同纳米催化剂对热稳定性和热失重率的影响，进一步研究其热催化活性，及其对热解产物的影响。

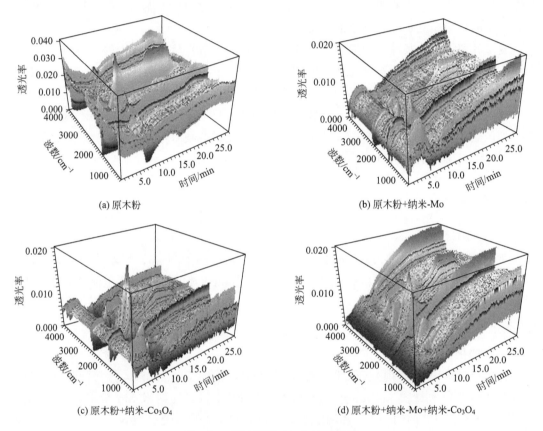

图 3-31　四种试样的 3D-FTIR 光谱图

灵宝杜鹃木材的热失重过程大致可分为三个阶段（水分析出，快速热解和炭化）：第一阶段是从初始温度到200℃，在此阶段灵宝杜鹃木材的热失重相对较小，仅为5%，这涉及自由水和结合水的析出过程，同时在试样内部可能发生少量的化学键的解聚、重组等化学变化，表现在DTG曲线上，显示出一个小的肩峰；第二阶段是200～500℃，是热失重的主要阶段，主要是快速热解过程，表现出显著地热失重过程，TGA曲线迅速下降，占总热失重率的80%，在此温度范围内，DTG曲线表现出明显的峰值，半纤维素的热解温度范围是225～350℃，纤维素的热解范围是325～375℃，木质素的热解温度范围是250～500℃[146]，则此热解过程是纤维素、半纤维素和部分木质素的分解及大量组分分离所致，而在 DTG 曲线中，表现出两个热解峰，则是由半纤维素和纤维素的热解速率不一致引起的；第三阶段是在 500℃之后，是热解的后期炭化阶段，热失重进行的较为缓慢，木质素发生热解反应，而难以分解的灰分和固体焦炭被残留，使其质量基本保持不变，反映在 DTG 曲线中，曲线逐渐趋于平缓，表明在 500℃后热失重率几乎没有变化。

加入三种纳米催化剂后，TGA 和 DTG 曲线的总体趋势还是相同的，但是原木粉＋纳米 Mo、原木粉＋纳米 $Co_3O_4$ 和原木粉＋纳米 Mo＋纳米 $Co_3O_4$ 试样的 TGA 曲线整体依次轻微上移，DTG 曲线的最大峰值依次有所提高，表明加入纳米催化剂后对试样本身的热解特性影响较小，而是对其反应速率影响较大；从 TGA 曲线看出，加入纳米催化剂后，提前了反应时间，而从 DTG 曲线看出，当温度达到 400℃时反应速率达到最大，有明显的峰值，加入纳米催化剂后提高了反应速率，且原木粉＋纳米 Mo＋纳米 $Co_3O_4$ 试样的反应速率最大，其次是原木粉＋纳米 $Co_3O_4$、原木粉＋纳米 Mo 和原木粉。这些现象均表明纳米 $Mo/Co_3O_4$ 的催化效果更强，使得反应速率加快，反应更加充分，促使更多的物质分解和释放。

纤维素和半纤维素对液体热解产物（生物油）的形成有显著贡献，而木质素主要促成固体热解产物（生物炭）的形成[147,148]。研究该生物质的热解特性及纳米催化剂对其的催化效果，有助于灵宝杜鹃木材高温热解制取生物质油和生物炭的深入研究。

图 3-31 结果显示有三个热解阶段。在第一个热解阶段，热失重很小，随后逐渐释放出热解成分，使用红外光谱检测到许多化合物，且通过它们的特征吸光度来鉴定特定的化合物，在 $4000\sim3400cm^{-1}$、$2400\sim2240cm^{-1}$ 的条带分别代表 $H_2O$ 和 $CO_2$ 的气态分子的释放，其中，气态和液态水分子的析出对应热重过程的第一个阶段，$CO_2$ 的释放可能是在热解反应时，半纤维素和纤维素化学键断裂形成自由基团时所形成的，且其中一部分可能由于热解成分进行了二次反应导致的，该阶段对应热重的第二个过程，在热解后期的炭化阶段几乎没有气态分子的释放，主要是烯烃 C—H 化学键的伸缩振动，构成最终的石墨结构。

在 $1870\sim1630cm^{-1}$ 之间，伸缩振动的 C＝O 化学键的吸光度是明显的，代表醛类、酮类和酸类等含羰基的小分子组分释放；在 $1220\sim1150cm^{-1}$ 处有明显的吸收峰，是饱和酯的 C—C 化学键的伸缩振动，表明可能有酯类小分子气体析出；在 $1360cm^{-1}$ 处存在吸收峰，表明释放的热解气体中还存在醇类小分子，多种有机化合物的特征吸收，使得 $1600\sim400cm^{-1}$ 之间的谱带非常复杂，难以判断[149,150]。

四种试样在 $5\sim8min$ 时均有一个较明显的吸收峰，相对于原木粉试样来说，原木粉＋纳米 $Co_3O_4$ 试样最为明显，而原木粉＋纳米 Mo 试样此处的峰相对较弱；而在 $20\sim25min$ 时，原木粉＋纳米 Mo＋纳米 $Co_3O_4$ 试样的吸收峰明显增强，说明加入纳米 $Co_3O_4$ 粉末有助于促进前期的热解成分释放，而加入纳米 $Mo/Co_3O_4$ 混合粉末有助于促进后期的热解成分释放。

灵宝杜鹃木材热解生成的成分中可能含有 $H_2O$、$CO_2$、酯类、酸类、醛类和醇类等物质，而不同纳米催化剂的加入对热解成分的释放时间和释放量有所影响。

**（2）热裂解-气相色谱-质谱分析**

图 3-32、表 3-16 结果显示，原木粉试样中检测到 148 个峰，其中鉴定出 135 种化学

成分，主要成分含有糠醛（10.88%），乙酸（6.37%），甲苯（6.11%），$N$-(2-氟苯基)-3-(4-吗啉基)-丙酰胺（4.47%），萘（3.68%），苯酚（2.25%），羟基丙酮（2.15%），糠醇（2.11%），对甲酚（3.59%），5-甲基糠醛（2.15%），环辛烷-1,2-二酮（2.10%），愈创木酚（2.09%）等。

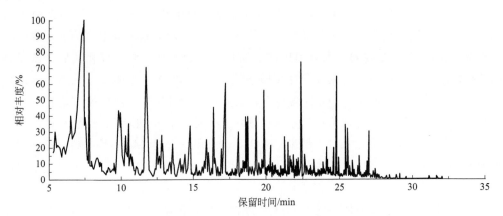

图 3-32　原木粉试样的热裂解-气相色谱-质谱的总离子流图

表 3-16　原木粉试样的热裂解-气相色谱-质谱结果

| 序号 | 保留时间/min | 面积百分比/% | 物质名称 |
|---|---|---|---|
| 1 | 5.42 | 1.05 | 正丁烷 |
| 2 | 5.93 | 0.19 | 1,4-戊二烯-3-乙酸酯 |
| 3 | 6.30 | 0.09 | 2-甲基丁基乙酸酯 |
| 4 | 6.38 | 0.24 | 2-甲基-3-乙基戊烷 |
| 5 | 6.50 | 0.46 | 甲酸异丁酯 |
| 6 | 6.88 | 0.10 | 乙酸 |
| 7 | 6.95 | 0.28 | 乙酸 |
| 8 | 7.24 | 5.02 | 乙酸 |
| 9 | 7.27 | 0.10 | 乙酸 |
| 10 | 7.43 | 0.87 | 乙酸 |
| 11 | 7.80 | 2.15 | 羟基丙酮 |
| 12 | 7.99 | 0.09 | D-丝氨酸 |
| 13 | 8.27 | 0.36 | 巴豆酸 |
| 14 | 8.68 | 0.13 | 丙烯酸 |
| 15 | 9.54 | 0.10 | 吡啶硼烷 |
| 16 | 9.86 | 6.11 | 甲苯 |
| 17 | 9.99 | 1.15 | 乙酸甲酯 |
| 18 | 10.32 | 1.74 | $N$-甲基-L-丙氨酸 |
| 19 | 10.52 | 1.85 | 3,4-二羟基氯代苯乙酮 |
| 20 | 10.66 | 0.96 | $N$-甲氧基-1-核糖呋喃基-4-咪唑甲氧基酰胺 |

| 序号 | 保留时间/min | 面积百分比/% | 物质名称 |
|---|---|---|---|
| 21 | 10.81 | 0.40 | 氘代吡啶 |
| 22 | 10.94 | 0.09 | 顺式-4-羟基-L-脯氨酸 |
| 23 | 11.09 | 0.30 | 3-呋喃甲醛 |
| 24 | 11.15 | 0.19 | 糠醛 |
| 25 | 11.48 | 0.09 | 2-甲基吡啶 |
| 26 | 11.75 | 10.69 | 糠醛 |
| 27 | 11.87 | 0.41 | 2-环戊烯酮 |
| 28 | 12.12 | 0.10 | 甲基-4-叠氮基-4-去氧化-$\beta$-L-阿拉伯吡咯烷酮 |
| 29 | 12.34 | 0.18 | 3-呋喃甲醇 |
| 30 | 12.38 | 0.16 | 3-呋喃甲醇 |
| 31 | 12.49 | 2.11 | 糠醇 |
| 32 | 12.64 | 0.54 | 乙基苯 |
| 33 | 12.67 | 0.62 | 间二甲苯 |
| 34 | 12.81 | 1.17 | $\alpha$-乙酰基-$\gamma$-丁内酯 |
| 35 | 12.88 | 1.41 | 邻二甲苯 |
| 36 | 13.21 | 0.10 | 苯氨基甲酸甲酯 |
| 37 | 13.34 | 0.27 | 4-嘧啶酮 |
| 38 | 13.40 | 0.32 | 4-环戊烯-1,3-二酮 |
| 39 | 13.58 | 1.39 | 苯并环丁烯 |
| 40 | 13.66 | 0.41 | 对二甲苯 |
| 41 | 13.93 | 0.14 | 1-甲基-2-亚甲基环己烷 |
| 42 | 13.98 | 0.13 | 2-亚丁基-4-丁内酯 |
| 43 | 14.01 | 0.12 | 巴豆酸甲酯 |
| 44 | 14.05 | 0.19 | 甲基环戊烯醇酮 |
| 45 | 14.11 | 0.31 | 甲基环戊烯醇酮 |
| 46 | 14.24 | 0.31 | 2-乙酰基呋喃 |
| 47 | 14.36 | 0.22 | 双乙烯酮 |
| 48 | 14.44 | 0.55 | 2-丁烯酸-4-内酯 |
| 49 | 14.74 | 1.48 | 1-甲基-2-哌啶甲醇 |
| 50 | 14.81 | 2.10 | 1,2-环辛二酮 |
| 51 | 15.19 | 0.31 | 2-戊烯酸-4-内酯 |
| 52 | 15.42 | 0.11 | 2-硝基戊烷 |

| 序号 | 保留时间/min | 面积百分比/% | 物质名称 |
|---|---|---|---|
| 53 | 15.63 | 0.34 | 甲基磷酸乙酯 |
| 54 | 15.78 | 0.47 | 2-氨基噻唑 |
| 55 | 15.88 | 1.15 | 5-甲基糠醛 |
| 56 | 15.93 | 1.00 | 5-甲基糠醛 |
| 57 | 16.05 | 0.75 | 3-甲基-2-环戊烯酮 |
| 58 | 16.28 | 0.21 | 1,4-二甲基-1$H$-咪唑 |
| 59 | 16.40 | 2.25 | 苯酚 |
| 60 | 16.49 | 0.61 | 1,2:3,4-二-O-乙基硼烷二基-环丁烷 |
| 61 | 16.68 | 0.25 | 正癸烯 |
| 62 | 16.95 | 0.77 | 3-甲基苯乙烯 |
| 63 | 17.08 | 1.17 | 氧茚 |
| 64 | 17.21 | 4.47 | N-(2-氟苯基)-3-(4-吗啉基)-丙酰胺 |
| 65 | 17.68 | 0.17 | 5-氮杂胞嘧啶 |
| 66 | 17.90 | 0.22 | 3,4-二甲基-2-环戊烯酮 |
| 67 | 17.98 | 0.11 | 反式-2-甲基苯乙烯 |
| 68 | 18.11 | 1.92 | 2,4-二甲基咪唑 |
| 69 | 18.29 | 0.30 | N-甲基-2-吡咯甲醛 |
| 70 | 18.37 | 0.14 | 反式-2-甲基苯乙烯 |
| 71 | 18.44 | 0.37 | 2,3-二甲基-2-环戊烯酮 |
| 72 | 18.49 | 0.37 | 1-氨基-2,6-二甲基哌啶 |
| 73 | 18.58 | 0.41 | 水杨醛 |
| 74 | 18.66 | 1.53 | 3,4-双甲基环戊酮 |
| 75 | 18.75 | 1.48 | 对甲苯酚 |
| 76 | 18.92 | 0.28 | 3,4-二甲基-2-羟基-2-环戊烯酮 |
| 77 | 19.09 | 0.35 | 1-甲基-3-环己烯 |
| 78 | 19.25 | 0.10 | 2,4-二甲基-2,3-庚二烯-5-炔 |
| 79 | 19.35 | 2.11 | 对甲苯酚 |
| 80 | 19.54 | 0.42 | 1-甲基环辛烯 |
| 81 | 19.65 | 0.14 | 5-甲基-1,3-苯二酚 |
| 82 | 19.75 | 0.27 | ($E$)-3-甲基-4-氯-1,3-己二烯 |
| 83 | 19.81 | 0.24 | 2,5-二甲基-4-羟基-3-2$H$-呋喃酮 |
| 84 | 19.89 | 2.09 | 愈创木酚 |

| 序号 | 保留时间/min | 面积百分比/% | 物质名称 |
|---|---|---|---|
| 85 | 20.03 | 0.14 | 1-苯基-2-丁烯 |
| 86 | 20.12 | 0.26 | N-甲基-N-3-丁烯基-环己胺 |
| 87 | 20.19 | 0.11 | 7-甲基苯并呋喃 |
| 88 | 20.32 | 0.88 | 2,6-二甲基苯酚 |
| 89 | 20.45 | 0.33 | 2-甲基苯并呋喃 |
| 90 | 20.57 | 0.23 | 甲基麦芽酚 |
| 91 | 20.64 | 0.26 | 乙酸-3-吡啶酯 |
| 92 | 20.68 | 0.16 | 乙基环戊烯醇酮 |
| 93 | 20.73 | 0.15 | 2-甲基-2-异丙基丁二酸 |
| 94 | 20.84 | 0.15 | 2,5-二甲基苯乙烯 |
| 95 | 21.00 | 0.29 | 2-乙基苯酚 |
| 96 | 21.10 | 0.13 | 4-甲基-2-羟基苯甲醛 |
| 97 | 21.18 | 0.16 | 氰化苄 |
| 98 | 21.28 | 1.09 | 2,3-二甲苯酚 |
| 99 | 21.51 | 0.65 | 2-甲基茚 |
| 100 | 21.65 | 0.50 | 1,2-二羟基萘 |
| 101 | 21.69 | 0.27 | 4-乙基苯酚 |
| 102 | 21.74 | 0.27 | 3,5-二甲基苯酚 |
| 103 | 21.81 | 0.19 | 1-(4-甲基苯基)-乙醇 |
| 104 | 21.87 | 0.60 | 2,5-二羟基苯甲醛 |
| 105 | 22.00 | 0.28 | 2,5-二甲基苯酚 |
| 106 | 22.11 | 0.30 | 3-甲基-4-甲氧基苯酚 |
| 107 | 22.21 | 0.30 | 6-甲基-2-乙基苯酚 |
| 108 | 22.39 | 3.68 | 萘 |
| 109 | 22.64 | 0.53 | 2,4,6-三甲苯酚 |
| 110 | 22.68 | 0.14 | 2-甲基-1-茚满酮 |
| 111 | 22.81 | 0.23 | 5,7-二甲基-1H-吲唑 |
| 112 | 22.97 | 0.10 | 3,6-二甲基-1H-吲唑 |
| 113 | 23.06 | 0.25 | 2,4,6-三甲苯酚 |
| 114 | 23.21 | 0.09 | 2-异丙氧基苯酚 |
| 115 | 23.28 | 0.33 | 2-异丙基苯酚 |
| 116 | 23.55 | 0.11 | 6-氯嘌呤 |

| 序号 | 保留时间/min | 面积百分比/% | 物质名称 |
|---|---|---|---|
| 117 | 23.67 | 0.13 | 2-(3-甲氧基苯基)乙醇 |
| 118 | 23.79 | 0.11 | 1,3-二甲基-1$H$-茚 |
| 119 | 23.89 | 0.24 | 3,5-二甲氧基甲苯 |
| 120 | 24.16 | 0.88 | 4-乙基-2-甲氧基苯酚 |
| 121 | 24.22 | 0.26 | 2-(2,2-二甲基环丙基)噻吩 |
| 122 | 24.29 | 0.12 | 5,6,7,8-四氢喹喔啉 |
| 123 | 24.33 | 0.11 | 1-茚酮 |
| 124 | 24.41 | 0.15 | 3,4-二甲基-6-乙基苯酚 |
| 125 | 24.62 | 0.58 | 2-甲基萘 |
| 126 | 24.81 | 1.87 | 5-甲基-2-羟基苯乙酮 |
| 127 | 24.95 | 0.35 | 2-甲基萘 |
| 128 | 25.30 | 0.12 | 6-甲基-2-烯丙基苯酚 |
| 129 | 25.41 | 1.01 | 2,6-二甲氧基苯酚 |
| 130 | 25.54 | 0.96 | 5-异丙烯-2-甲氧烯基苯酚 |
| 131 | 25.58 | 0.22 | 4-叔丁基苯硫酚 |
| 132 | 25.70 | 0.20 | 4-丙基-2-甲氧基苯酚 |
| 133 | 25.78 | 0.10 | 1,4-二异丙烯基苯 |
| 134 | 25.90 | 0.27 | ($E$)-2-十四烯 |
| 135 | 26.02 | 0.12 | 2-萘乙烯 |
| 136 | 26.26 | 0.17 | 2-羟基-5-异丙基-2,4,6-环庚三烯-1-酮 |
| 137 | 26.36 | 0.31 | ($E$)-2-甲氧基-4-丙烯基苯酚 |
| 138 | 26.72 | 0.09 | 2,6-二甲基萘 |
| 139 | 26.81 | 0.13 | 6-丙基-2-苯基-1,3-苯并二氮-5-OL |
| 140 | 26.92 | 0.27 | 1,2,3-三甲氧基苯 |
| 141 | 27.02 | 0.83 | ($E$)-2-甲氧基-4-丙烯基苯酚 |
| 142 | 27.31 | 0.13 | 苊烯 |
| 143 | 27.45 | 0.19 | 环十二烷 |
| 144 | 27.63 | 0.09 | 2-甲氧基-4-甲基-6-丙烯基苯酚 |
| 145 | 28.91 | 0.10 | 2,5-二甲氧基-4-甲苯甲醛 |
| 146 | 29.14 | 0.11 | ($E$)-5-十八烯 |
| 147 | 31.16 | 0.09 | 十八烯 |
| 148 | 31.70 | 0.12 | 4-烯丙基-2,6-二甲氧基苯酚 |

图 3-33、表 3-17 结果显示，原木粉＋纳米 Mo 试样中检测到 74 个峰，其中鉴定出 58 种化学成分，主要成分含有丙酮（16.57%），乙酸（16.52%），2,3-丁二酮（13.31%），乙醛（6.57%），呋喃（5.96%），2-丁烯（5.48%），3-甲基呋喃（3.99%），巴豆醛（3.23%），糠醛（3.24%）等。

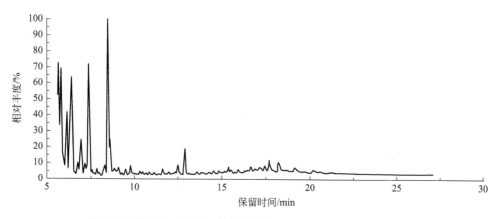

图 3-33　原木粉＋纳米 Mo 试样的热裂解-气相色谱-质谱的总离子流图

表 3-17　原木粉＋纳米 Mo 试样的热裂解-气相色谱-质谱结果

| 序号 | 保留时间/min | 面积百分比/% | 物质名称 |
|---|---|---|---|
| 1 | 5.69 | 5.48 | 2-丁烯 |
| 2 | 5.83 | 6.57 | 乙醛 |
| 3 | 5.95 | 0.13 | 1,1-环丙二甲醇 |
| 4 | 6.15 | 5.96 | 呋喃 |
| 5 | 6.41 | 16.57 | 丙酮 |
| 6 | 6.76 | 1.17 | 2,5-二氢呋喃 |
| 7 | 6.95 | 3.99 | 3-甲基呋喃 |
| 8 | 7.17 | 1.23 | 环丙基甲醇 |
| 9 | 7.38 | 13.31 | 2,3-丁二酮 |
| 10 | 7.58 | 0.28 | 1-庚基过氧化氢 |
| 11 | 7.86 | 0.60 | 苯 |
| 12 | 7.98 | 0.28 | 甲酰胺 |
| 13 | 8.32 | 1.36 | 2,5-二甲基呋喃 |
| 14 | 8.50 | 16.52 | 乙酸 |
| 15 | 8.63 | 3.23 | 巴豆醛 |
| 16 | 8.88 | 0.50 | 5-己烯-2-酮 |
| 17 | 9.10 | 0.91 | 2,3-戊二酮 |
| 18 | 9.51 | 0.57 | 乙基丙烯醚 |
| 19 | 9.79 | 1.26 | 甲苯 |
| 20 | 10.22 | 0.07 | 12-烯-3$\beta$,15$\alpha$,16$\alpha$,21$\beta$,22$\alpha$,28-齐墩果六醇 |

| 序号 | 保留时间/min | 面积百分比/% | 物质名称 |
|---|---|---|---|
| 21 | 10.34 | 0.35 | 环丙基甲酸环己酯 |
| 22 | 10.48 | 0.32 | 1,2-乙二醇单乙酸酯 |
| 23 | 10.71 | 0.18 | 佛波醇 |
| 24 | 10.77 | 0.01 | 佛波醇 |
| 25 | 10.86 | 0.38 | 2-戊炔醛 |
| 26 | 11.03 | 0.02 | 佛波醇 |
| 27 | 11.14 | 0.32 | 3-甲基-1-戊醛 |
| 28 | 11.41 | 0.11 | 佛波醇 |
| 29 | 11.64 | 0.64 | 1-四唑-2-基乙酮 |
| 30 | 12.00 | 0.29 | 2(5$H$)-呋喃酮 |
| 31 | 12.14 | 0.08 | 烯烃-12-烯-3$\beta$,15$\alpha$,16$\alpha$,21$\beta$,22$\alpha$,28-己醇 |
| 32 | 12.38 | 0.31 | 糠醛 |
| 33 | 12.51 | 1.28 | 环丁基胺 |
| 34 | 12.90 | 2.93 | 糠醛 |
| 35 | 13.12 | 0.14 | 烯烃-12-烯-3$\beta$,15$\alpha$,16$\alpha$,21$\beta$,22$\alpha$,28-己醇 |
| 36 | 13.59 | 0.21 | 异己酸乙酯 |
| 37 | 14.30 | 0.22 | 烯烃-12-烯-3$\beta$,15$\alpha$,16$\alpha$,21$\beta$,22$\alpha$,28-己醇 |
| 38 | 14.56 | 0.58 | 2-羟基-2-环戊烯酮 |
| 39 | 14.86 | 0.27 | 5-甲基糠醛 |
| 40 | 15.12 | 0.11 | 佛波醇 |
| 41 | 15.20 | 0.13 | 2-丁烯酸-4-内酯 |
| 42 | 15.39 | 0.68 | L-羟基脯氨酸 |
| 43 | 15.55 | 0.39 | 1-(1-氧代-9-十八碳烯基)-氮杂环丁烷 |
| 44 | 15.76 | 0.01 | 佛波醇 |
| 45 | 15.94 | 0.55 | 愈创木酚 |
| 46 | 16.29 | 0.18 | 佛波醇 |
| 47 | 16.46 | 0.32 | 环丙烷 |
| 48 | 16.63 | 0.57 | 2-甲氧基-4-甲基苯酚 |
| 49 | 16.85 | 0.10 | 四乙酰基-D-二酮腈 |
| 50 | 16.93 | 0.15 | 异己酸乙酯 |
| 51 | 16.96 | 0.14 | 烯烃-12-烯-3$\beta$,15$\alpha$,16$\alpha$,21$\beta$,22$\alpha$,28-己醇 |
| 52 | 17.15 | 0.64 | 2-甲基-5,6-二氢-4-吡喃酮 |
| 53 | 17.46 | 0.68 | 4-乙烯基-2-甲氧基苯酚 |
| 54 | 17.70 | 1.89 | 2,6-二甲氧基苯酚 |
| 55 | 17.97 | 0.05 | 佛波醇 |
| 56 | 18.02 | 0.08 | 佛波醇 |

| 序号 | 保留时间 /min | 面积百分比 /% | 物质名称 |
|---|---|---|---|
| 57 | 18.23 | 1.73 | 对二甲氧基苯甲醇 |
| 58 | 18.50 | 0.12 | 香兰素 |
| 59 | 19.12 | 0.64 | 4-羟基-3-叔丁基苯甲醚 |
| 60 | 19.22 | 0.54 | 4-羟基-3-叔丁基苯甲醚 |
| 61 | 19.38 | 0.16 | 毒毛旋花苷 K |
| 62 | 19.72 | 0.06 | 2,4,5,6,7,7a-六氢-3,6-二甲基-$\alpha$-亚甲基-2-氧代-6-乙烯基-5-苯并呋喃乙酸甲酯 |
| 63 | 19.94 | 0.02 | 人参三醇,TMS |
| 64 | 20.22 | 0.83 | 2,6-二甲氧基-4-($E$-丙烯基)苯酚 |
| 65 | 20.61 | 0.24 | 丁香醛 |
| 66 | 21.06 | 0.03 | 双(2-氰基-3,4-二氢-2,3,3-三甲基-2H-吡咯-5-基)-硫化物 |
| 67 | 22.08 | 0.05 | 地谷新配基 |
| 68 | 22.13 | 0.02 | 甲基-3-氧代-5$\beta$-胆烷-24-酸酯 |
| 69 | 22.18 | 0.05 | 5,8,11,14-花生四烯酸,TMS 衍生物 |
| 70 | 22.30 | 0.03 | 醋酸倍他米松 |
| 71 | 24.55 | 0.05 | 米非司酮 |
| 72 | 25.26 | 0.04 | 4,5,6,7-四氯-3-羟基-3H-异苯并呋喃-1-酮 |
| 73 | 25.45 | 0.03 | 9-脱氧-9-$x$-乙酰氧基-3,8,12-三-O-乙酰丁香酚 |
| 74 | 26.32 | 0.04 | 甘氨胆酸甲酯,3TMS 衍生物 |

图 3-34、表 3-18 结果显示，原木粉＋纳米 $Co_3O_4$ 试样中检测到 84 个峰，其中鉴定出 61 种化学成分，主要成分含有丙酮（17.65%），2,3-丁二酮（13.36%），乙酸 （13.28%），乙醛（7.11%），呋喃（6.64%），2-丁烯（6.34%），2-甲基呋喃（4.09%）， 巴豆醛（3.49%），糠醛（2.73%）等。

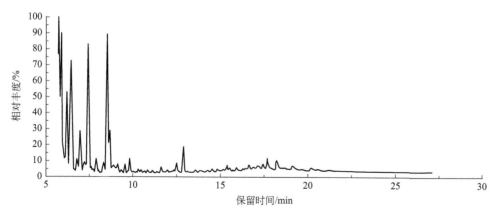

图 3-34　原木粉＋ 纳米 $Co_3O_4$ 试样的热裂解-气相色谱-质谱的总离子流图

表 3-18 原木粉+ 纳米 $Co_3O_4$ 试样的热裂解-气相色谱-质谱结果

| 序号 | 保留时间/min | 面积百分比/% | 物质名称 |
|---|---|---|---|
| 1 | 5.74 | 6.34 | 2-丁烯 |
| 2 | 5.88 | 7.11 | 乙醛 |
| 3 | 6.00 | 0.13 | 1,1-环丙二甲醇 |
| 4 | 6.21 | 6.64 | 呋喃 |
| 5 | 6.47 | 17.65 | 丙酮 |
| 6 | 6.81 | 1.19 | 2,3-二氢呋喃 |
| 7 | 7.00 | 4.09 | 2-甲基呋喃 |
| 8 | 7.23 | 1.10 | 2-庚炔酸 |
| 9 | 7.43 | 13.36 | 2,3-丁二酮 |
| 10 | 7.62 | 0.21 | 羟甲基环丙烷 |
| 11 | 7.91 | 1.20 | 苯 |
| 12 | 8.02 | 0.26 | 草酸 |
| 13 | 8.35 | 1.14 | 2,5-二甲基呋喃 |
| 14 | 8.52 | 13.28 | 乙酸 |
| 15 | 8.66 | 3.49 | 巴豆醛 |
| 16 | 8.90 | 0.44 | 5-己烯-2-酮 |
| 17 | 9.12 | 1.01 | 2,3-戊二酮 |
| 18 | 9.31 | 0.22 | (Z)-2-十一碳烯 |
| 19 | 9.52 | 0.71 | 乙基丙烯醚 |
| 20 | 9.82 | 1.50 | 甲苯 |
| 21 | 10.20 | 0.07 | 蝶呤-6-甲酸 |
| 22 | 10.35 | 0.36 | 3-戊烯-2-酮 |
| 23 | 10.50 | 0.28 | 3-乙酰硫基-2-甲基丙酸 |
| 24 | 10.70 | 0.15 | 佛波醇 |
| 25 | 10.89 | 0.31 | 2-甲基呋喃 |
| 26 | 11.17 | 0.24 | $N,N'$-双(碳苄氧基)-赖氨酸甲酯(酯) |
| 27 | 11.41 | 0.17 | 佛波醇 |
| 28 | 11.55 | 0.01 | 佛波醇 |
| 29 | 11.64 | 0.51 | 1-四唑-2-基乙酮 |
| 30 | 11.76 | 0.08 | 3-苯甲酰基-4-苄氨基-2-三氟甲基-吡啶 |
| 31 | 11.98 | 0.38 | 2-丁烯酸-4-内酯 |
| 32 | 12.36 | 0.27 | 3-糠醛 |
| 33 | 12.51 | 1.07 | 乙酐 |
| 34 | 12.91 | 2.73 | 糠醛 |

| 序号 | 保留时间/min | 面积百分比/% | 物质名称 |
|---|---|---|---|
| 35 | 13.14 | 0.12 | 烯烃-12-烯-3$\beta$,15$\alpha$,16$\alpha$,21$\beta$,22$\alpha$,28-己醇 |
| 36 | 13.96 | 0.17 | 异己酸乙酯 |
| 37 | 14.09 | 0.16 | 烯烃-12-烯-3$\beta$,15$\alpha$,16$\alpha$,21$\beta$,22$\alpha$,28-己醇 |
| 38 | 14.14 | 0.10 | 烯烃-12-烯-3$\beta$,15$\alpha$,16$\alpha$,21$\beta$,22$\alpha$,28-己醇 |
| 39 | 14.28 | 0.23 | 烯烃-12-烯-3$\beta$,15$\alpha$,16$\alpha$,21$\beta$,22$\alpha$,28-己醇 |
| 40 | 14.55 | 0.51 | 6-氧杂二环[3.1.0]-3-酮 |
| 41 | 14.74 | 0.01 | 烯烃-12-烯-3$\beta$,15$\alpha$,16$\alpha$,21$\beta$,22$\alpha$,28-己醇 |
| 42 | 14.88 | 0.20 | 2-肉豆醇酰基泛酰硫基乙胺 |
| 43 | 15.19 | 0.10 | 烯烃-12-烯-3$\beta$,15$\alpha$,16$\alpha$,21$\beta$,22$\alpha$,28-己醇 |
| 44 | 15.40 | 0.57 | 2-甲基亚氨基二氢-1,3-噁嗪 |
| 45 | 15.55 | 0.43 | 2-戊炔-1-醇 |
| 46 | 15.94 | 0.44 | 愈创木酚 |
| 47 | 16.28 | 0.19 | 烯烃-12-烯-3$\beta$,15$\alpha$,16$\alpha$,21$\beta$,22$\alpha$,28-己醇 |
| 48 | 16.49 | 0.17 | 9-十八烷-12-烯酸甲酯 |
| 49 | 16.62 | 0.48 | 2-甲氧基-6-甲基苯酚 |
| 50 | 16.87 | 0.13 | 2,6-双[2-[2-s-硫磺酰乙氨基]乙氧基]吡嗪 |
| 51 | 16.97 | 0.20 | 烯烃-12-烯-3$\beta$,15$\alpha$,16$\alpha$,21$\beta$,22$\alpha$,28-己醇 |
| 52 | 17.17 | 0.41 | 二乙烯三胺五醋酸 |
| 53 | 17.30 | 0.36 | 烯烃-12-烯-3$\beta$,15$\alpha$,16$\alpha$,21$\beta$,22$\alpha$,28-己醇 |
| 54 | 17.48 | 0.61 | 4-乙烯基-2-甲氧基苯酚 |
| 55 | 17.70 | 1.35 | 2,6-二甲氧基苯酚 |
| 56 | 17.90 | 0.06 | 佛波醇 |
| 57 | 17.94 | 0.12 | 佛波醇 |
| 58 | 18.25 | 1.39 | 4-甲氧基-3-甲氧基甲基苯酚 |
| 59 | 18.50 | 0.19 | 佛波醇-12,20-二乙酸酯 |
| 60 | 18.59 | 0.04 | 佛波醇-12,20-二乙酸酯 |
| 61 | 18.67 | 0.19 | 佛波醇-12,20-二乙酸酯 |
| 62 | 18.74 | 0.06 | 烯烃-12-烯-3$\beta$,15$\alpha$,16$\alpha$,21$\beta$,22$\alpha$,28-己醇 |
| 63 | 19.12 | 1.04 | 4-羟基-3-叔丁基苯甲醚 |
| 64 | 19.37 | 0.05 | 2,4,5,6,7,7a-六氢-3,6-二甲基-$\alpha$-亚甲基-2-氧代-6-乙烯基-5-苯并呋喃乙酸甲酯 |
| 65 | 19.70 | 0.02 | 2,4,5,6,7,7a-六氢-3,6-二甲基-$\alpha$-亚甲基-2-氧代-6-乙烯基-5-苯并呋喃乙酸甲酯 |
| 66 | 19.75 | 0.06 | 2,6-二叔丁基对苯二酚 |
| 67 | 19.80 | 0.05 | 烯烃-12-烯-3$\beta$,15$\alpha$,16$\alpha$,21$\beta$,22$\alpha$,28-己醇 |
| 68 | 19.96 | 0.10 | 烯烃-12-烯-3$\beta$,15$\alpha$,16$\alpha$,21$\beta$,22$\alpha$,28-己醇 |
| 69 | 20.22 | 0.84 | ($E$)-2,6-二甲氧基-4-(丙-1-烯-1-基)苯酚 |
| 70 | 20.46 | 0.06 | 9,12,15-十八碳三烯酸,2-苯基-1,3-二噁烷-5-基酯 |

| 序号 | 保留时间/min | 面积百分比/% | 物质名称 |
|---|---|---|---|
| 71 | 20.65 | 0.31 | 3,4-二甲氧基-5-羟基苯甲醛 |
| 72 | 21.17 | 0.07 | 丁酸(1ar)-1a$\alpha$,2$\beta$,5,5a,6,9,10,10a$\alpha$-八氢-5$\beta$,5a$\beta$-二羟基-4-羟基甲基-1,1,7,9$\alpha$-四甲基-11-氧代-1h-2$\alpha$,8a$\alpha$-甲基双环戊环[a]环丙烷[e]环癸-6$\beta$-基酯 |
| 73 | 21.71 | 0.14 | 烯烃-12-烯-3$\beta$,15$\alpha$,16$\alpha$,21$\beta$,22$\alpha$,28-己醇 |
| 74 | 21.84 | 0.08 | 双(2-氰基-3,4-二氢-2,3,3-三甲基-2H-吡咯-5-基)-硫化物 |
| 75 | 22.00 | 0.09 | 2-苯基-1,3-二噁烷-5-基(9$E$,12$E$,15$E$)-9,12,15-十八碳三烯酸酯 |
| 76 | 22.27 | 0.04 | 3-甲基环戊烷-1,2-二酮 |
| 77 | 22.92 | 0.04 | 2,6-二叔丁基对苯二酚 |
| 78 | 23.07 | 0.08 | 3,7-二酮-5$\beta$-胆甾烷-24-酸 |
| 79 | 23.11 | 0.05 | 日本蟾蜍毒苷元 |
| 80 | 23.23 | 0.03 | (5-Norbornen-2-基)1,1 二苯基-2-戊炔-1,4-二醇 |
| 81 | 24.38 | 0.04 | 9,12,15-十八碳三烯酸-2-苯基-1,3-二氧杂环-5-基酯 |
| 82 | 24.57 | 0.02 | 秋水仙素 |
| 83 | 24.66 | 0.03 | 9-脱氧-9-$x$-乙酰氧基-3,8,12-三-O-乙酰丁香酚 |
| 84 | 26.73 | 0.02 | 安特灵(异狄氏剂) |

图 3-35、表 3-19 结果显示，原木粉＋纳米 Mo＋纳米 $Co_3O_4$ 试样中检测到 86 个峰，其中鉴定出 69 种化学成分，主要成分含有乙醛（20.91%），丙酮（19.92%），乙酸乙烯酯（13.59%），2-丁烯（10.06%），乙酸（6.56%），呋喃（4.40%），2-甲基呋喃（4.39%），巴豆醛（3.52%）等。

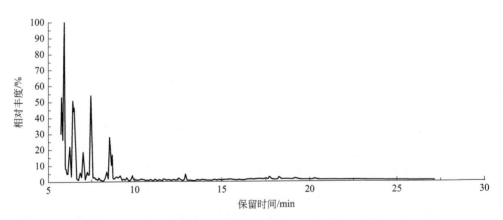

图 3-35　原木粉+ 纳米 Mo+ 纳米 $Co_3O_4$ 试样的热裂解-气相色谱-质谱的总离子流图

表 3-19　原木粉+ 纳米 Mo+ 纳米 $Co_3O_4$ 试样的热裂解-气相色谱-质谱结果

| 序号 | 保留时间/min | 面积百分比/% | 物质名称 |
|---|---|---|---|
| 1 | 5.80 | 10.06 | 2-丁烯 |
| 2 | 5.94 | 20.91 | 乙醛 |

| 序号 | 保留时间<br>/min | 面积百分比<br>/% | 物质名称 |
|------|------|------|------|
| 3 | 6.05 | 0.08 | 1,1-环丙二甲醇 |
| 4 | 6.25 | 4.40 | 呋喃 |
| 5 | 6.46 | 19.92 | 丙酮 |
| 6 | 6.86 | 1.16 | 2,3-二氢呋喃 |
| 7 | 7.04 | 4.39 | 2-甲基呋喃 |
| 8 | 7.28 | 1.38 | 2-甲基丙烯醛 |
| 9 | 7.48 | 13.59 | 乙酸乙烯酯 |
| 10 | 7.65 | 0.11 | 1-庚烷过氧化氢 |
| 11 | 7.78 | 0.07 | 顺-2-己烯-1-醇 |
| 12 | 7.95 | 0.36 | 苯 |
| 13 | 8.05 | 0.08 | 1-(2-氟-3-羟基苯)-2-甲氨基乙醇 |
| 14 | 8.40 | 1.54 | 2,5-二甲基呋喃 |
| 15 | 8.58 | 6.56 | 乙酸 |
| 16 | 8.70 | 3.52 | 巴豆醛 |
| 17 | 8.95 | 0.54 | 5-己烯-2-酮 |
| 18 | 9.17 | 0.91 | 2,3-戊二酮 |
| 19 | 9.37 | 0.11 | 5-环丙基羰基氧基戊烷 |
| 20 | 9.46 | 0.00 | 3-壬炔酸 |
| 21 | 9.57 | 0.43 | 乙基丙烯醚 |
| 22 | 9.86 | 0.89 | 环庚三烯 |
| 23 | 10.05 | 0.08 | 9-十八烷-12-烯酸甲酯 |
| 24 | 10.11 | 0.06 | 四乙酰基-D-二酮腈 |
| 25 | 10.26 | 0.05 | 油酸己酯 |
| 26 | 10.39 | 0.25 | 3-戊烯-2-酮 |
| 27 | 10.52 | 0.17 | 3-乙酰硫基-2-甲基丙酸 |
| 28 | 10.76 | 0.08 | 佛波醇 |
| 29 | 10.91 | 0.21 | 2-戊炔醛 |
| 30 | 11.08 | 0.01 | 异己酸乙酯 |
| 31 | 11.20 | 0.18 | 3-(2-呋喃)-1-丙胺 |
| 32 | 11.42 | 0.10 | 9-十八烷-12-烯酸甲酯 |
| 33 | 11.69 | 0.30 | 1-四唑-2-基-乙酮 |
| 34 | 11.80 | 0.07 | 12,15-十八碳二炔酸甲酯 |
| 35 | 12.02 | 0.19 | 顺-2-甲基-2-丁醛 |
| 36 | 12.20 | 0.06 | 佛波醇-12,20-二乙酸酯 |
| 37 | 12.40 | 0.06 | 3-糠醛 |
| 38 | 12.54 | 0.38 | 环丁基胺 |

| 序号 | 保留时间<br>/min | 面积百分比<br>/% | 物质名称 |
|---|---|---|---|
| 39 | 12.65 | 0.11 | 丁二醛 |
| 40 | 12.93 | 0.99 | 糠醛 |
| 41 | 13.33 | 0.05 | 佛波醇 |
| 42 | 13.62 | 0.16 | 9-十八烷-12-烯酸甲酯 |
| 43 | 13.88 | 0.15 | 9-十八烷-12-烯酸甲酯 |
| 44 | 14.07 | 0.08 | 烯烃-12-烯-3$\beta$,15$\alpha$,16$\alpha$,21$\beta$,22$\alpha$,28-己醇 |
| 45 | 14.18 | 0.02 | 异己酸乙酯 |
| 46 | 14.57 | 0.27 | 2-羟基-2-环戊烯-1-酮 |
| 47 | 14.87 | 0.10 | 佛波醇 |
| 48 | 15.12 | 0.08 | 烯烃-12-烯-3$\beta$,15$\alpha$,16$\alpha$,21$\beta$,22$\alpha$,28-己醇 |
| 49 | 15.20 | 0.10 | $\alpha$,$\alpha$-二苯基-$\gamma$-丁内酯 |
| 50 | 15.28 | 0.01 | 9-十八烷-12-烯酸甲酯 |
| 51 | 15.41 | 0.21 | 2-甲基亚氨基二氢-1,3-噁嗪 |
| 52 | 15.53 | 0.20 | 4-羟乙基哌嗪乙磺酸 |
| 53 | 15.70 | 0.06 | 烯烃-12-烯-3$\beta$,15$\alpha$,16$\alpha$,21$\beta$,22$\alpha$,28-己醇 |
| 54 | 15.95 | 0.17 | 愈创木酚 |
| 55 | 16.31 | 0.07 | 佛波醇 |
| 56 | 16.45 | 0.08 | N-甲基-N-[4-(1-吡咯烷基)-2-丁炔基]-叔丁氧基甲酰胺 |
| 57 | 16.62 | 0.22 | 2-甲氧基-4-甲基苯酚 |
| 58 | 16.88 | 0.05 | 四乙酰基-D-二酮腈 |
| 59 | 16.96 | 0.07 | 环丙基甲醇 |
| 60 | 17.03 | 0.01 | 异己酸乙酯 |
| 61 | 17.15 | 0.18 | 6-己内酯 |
| 62 | 17.25 | 0.07 | 9-十八烷-12-烯酸甲酯 |
| 63 | 17.46 | 0.24 | 4-乙烯基-2-甲氧基苯酚 |
| 64 | 17.70 | 0.69 | 2,6-二甲氧基苯酚 |
| 65 | 17.95 | 0.04 | 佛波醇 |
| 66 | 18.24 | 0.72 | 对二甲氧基苯甲醇 |
| 67 | 18.71 | 0.12 | 3-异戊酰基-5-(3-甲基-2-丁烯基)-1,2,4-环戊三酮 |
| 68 | 19.12 | 0.26 | 2,4-二甲氧基苯乙酮 |
| 69 | 19.18 | 0.26 | 2-叔丁基-4-甲氧基苯酚 |
| 70 | 19.81 | 0.02 | 佛波醇 |
| 71 | 19.92 | 0.03 | 佛波醇 |
| 72 | 20.23 | 0.42 | (E)-2,6-二甲氧基-4-丙烯基苯酚 |
| 73 | 20.61 | 0.07 | 丁香醛 |
| 74 | 21.15 | 0.01 | 佛波醇 |

| 序号 | 保留时间 /min | 面积百分比 /% | 物质名称 |
|---|---|---|---|
| 75 | 21.34 | 0.10 | 9,12-环硫代-9,11-十八烷酸甲酯 |
| 76 | 22.19 | 0.05 | 5,7,9(11)-胆甾三烯-3-醇乙酸酯 |
| 77 | 22.52 | 0.01 | 4,13,20-三-O-甲基佛波醇-12-醋酸酯 |
| 78 | 22.62 | 0.01 | 双(2-氰基-3,4-二氢-2,3,3-三甲基-2$H$-吡咯-5-基)-硫化物 |
| 79 | 22.74 | 0.01 | 抗倒酯乙基三甲基硅烷化衍生物 |
| 80 | 22.84 | 0.01 | (2-苯基-1,3-二氧戊环-4-基)甲酯,顺式-9-十八烯酸 |
| 81 | 22.95 | 0.01 | 人参皂苷 |
| 82 | 23.04 | 0.02 | 6$\beta$-羟基氟甲睾酮 |
| 83 | 23.46 | 0.01 | 2,6-二叔丁基对苯二酚 |
| 84 | 23.64 | 0.01 | TBDMS 衍生物苯,2-[(叔丁基二甲基甲硅烷基)氧基]-1-异丙基-4-甲基百里酚 |
| 85 | 26.12 | 0.01 | 16-硝基双环[10.4.0]十六烷-1-醇-13-酮 |
| 86 | 26.42 | 0.03 | 1,8,15,22-四氮杂-2,7,16,21-环八烷四酮 |

生物质热裂解产生了大量的化合物,其数量取决于热裂解过程中使用的参数。除此之外,热裂解产物的含量和类型更与试样本身有关,大多数是木质素、纤维素、半纤维的分解,木质素的解聚产生了各种酚类,半纤维素主要产生乙酸、糠醛和羟基丙酮等[151],当加入不同的纳米催化剂后对灵宝杜鹃木材的热裂解产物的含量和类型也有不同程度的影响。

四个试样所检测到的化合物中,酮类和醛类所占的含量最大(图 3-36)。原木粉试样中:烃类 38 种,占总含量的 24.22%;醇类和酚类 30 种,占总含量的 22.15%;酸类和酯类 13 种,占总含量的 10.78%;酮类和醛类 30 种,占总含量的 29.90%;其他化合物 24 种,占总含量的 12.95%。原木粉+纳米 Mo 试样中:烃类 6 种,占总含量的 9.28%;醇类和酚类 11 种,占总含量的 7.84%;酸类和酯类 8 种,占总含量的 17.72%;酮类和醛类 18 种,占总含量的 48.04%;其他化合物 15 种,占总含量的 17.12%。原木粉+纳米 Co$_3$O$_4$ 试样中:烃类 5 种,占总含量的 9.47%;醇类和酚类 13 种,占总含量的 8.16%;酸类和酯类 14 种,占总含量的 16.84%;酮类和醛类 13 种,占总含量的 48.14%;其他化合物 16 种,占总含量的 17.39%。原木粉+纳米 Mo+纳米 Co$_3$O$_4$ 试样中:烃类 4 种,占总含量的 11.38%;醇类和酚类 14 种,占总含量的 3.36%;酸类和酯类 16 种,占总含量的 21.91%;酮类和醛类 21 种,占总含量的 50.20%;其他化合物 14 种,占总含量的 13.15%。

经以上的数据统计分析发现,灵宝杜鹃木材的热裂解产物主要含有烃类、醇类、酚类、酸类、酯类、酮类和醛类等物质;与原始木材试样相比,加入纳米催化剂后的热裂解产物中烃类、醇类和酚类含量减少,酸类、酯类、酮类、醛类和其他类型的化合物含量有所增加,尤其是酮类和醛类物质增加最多,而混合粉末试样中酮类和醛类含量占到总含量的 1/2 左右。当加入纳米催化剂后,酮类和醛类物质的含量显著增多,尤其是纳米 Mo/

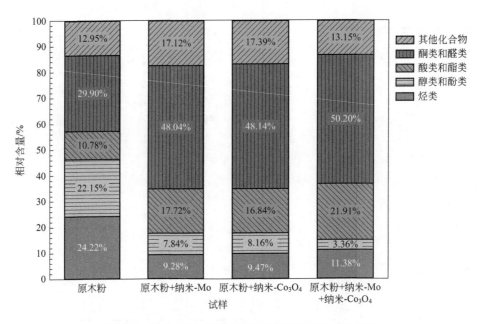

图 3-36　四种试样的热裂解-气相色谱-质谱结果的分布规律

$Co_3O_4$ 的催化效果促使更多的酮类和醛类成分产生，对其热裂解产物的影响最大，而纳米 Mo，纳米 $Co_3O_4$ 的催化效果相似。

### 3.5.3　分析讨论

灵宝杜鹃木材热失重规律、纳米催化特性及规律明显，具体结果如下：

经热重-红外检测分析，热失重大致可分为水分析出、快速热解和炭化三个阶段；加入三种纳米催化剂后，对试样本身的热解特性影响较小，而是对其反应速率影响较大，其中纳米 $Mo/Co_3O_4$ 的催化效果更强；热解生成的成分中可能含有 $H_2O$、$CO_2$、酯类、酸类、醛类和醇类等物质。

经热裂解-气相色谱-质谱检测分析，原木粉试样中共分离出 148 个峰，从中鉴定出 135 种化学成分；原木粉＋纳米 Mo 试样中共分离出 74 个峰，从中鉴定出 58 种化学成分；原木粉＋纳米 $Co_3O_4$ 试样中共分离出 84 个峰，从中鉴定出 61 种化学成分；原木粉＋纳米 Mo＋纳米 $Co_3O_4$ 试样中共分离出 84 个峰，从中鉴定出 69 种化学成分；当加入纳米催化剂后，酮类和醛类物质的含量显著增多，尤其在纳米 $Mo/Co_3O_4$ 的催化下，更多的酮类和醛类成分生成，对其热裂解产物的影响最大。

### 参考文献

[1]　韩军旺，张莹，袁志良，等．河南小秦岭国家级自然保护区野生灵宝杜鹃的引种及开发［J］．安徽农业科学，2008，36（34）：14954-14955.

[2]　刘永漋，傅丰永，谢晶曦，等．满山红化学成分的研究（第 I 报）．化学学报，1976，34（3）：210-221.

[3]　张兆琳，张承忠．甘肃大叶枇杷-凝毛杜鹃化学成分的研究［J］．兰州医学院学报，1980（1）：33-37.

[4]　戴胜军，陈若芸，于德泉．烈香杜鹃中的黄酮类成分研究［J］．中国中药杂志，2004，29（1）：44-47.

[5] 戴胜军，陈若芸，于德泉.烈香杜鹃中的黄酮类化合物Ⅱ[J].中国中药杂志，2005，30（23）：1830-1833.

[6] 付晓丽，张立伟，林文翰，等.满山红化学成分的研究[J].中草药，2010，41（5）：704-707.

[7] 夏德超，杨天明.羊踯躅的研究进展[J].中药材，2002，25（11）：828-831.

[8] 张继，马君义，杨永利，等.烈香杜鹃挥发性成分的分析研究[J].中草药，2003，34（4）：304-305.

[9] 戴胜军，于德泉.烈香杜鹃中的三萜类化合物[J].中国天然产物，2005，3（6）：347.

[10] 范一菲，王云海，张建华，等.杜鹃花总黄酮对在体大鼠心肌缺血再灌注损伤的保护作用及其机制[J].中草药，2008，39（2）：240-244.

[11] 田萍，付先龙，庄平，等.美容杜鹃花挥发油化学成分气相色谱-质谱分析[J].应用与环境生物学报，2010，16（5）：734-737.

[12] 常国栋.照山白的化学成分及生物活性研究[D].保定：河北大学，2011.

[13] 任茜，陈国联，李万波.30种杜鹃属植物抗菌作用的试验研究[J].中国园艺文摘，2012，28（3）：3-4.

[14] 刘菲，牛长山，李勇，等.鹿角杜鹃化学成分的研究[C].中国化学会全国天然有机化学学术会议，2016.

[15] 赵玺，车文实.满山红的化学成分和提取方法研究进展[J].安徽医科大学学报，2013，48（5）：580-582.

[16] 赵宝琴，高陆.满山红化学成分和药理学研究进展[J].人参研究，2015，27（1）：42-44.

[17] 梁俊玉，杨强，马小梅，等.甘肃三种杜鹃属植物挥发油含量及其抑菌活性研究[J].中国野生植物资源，2014，33（4）：9-10.

[18] 曾亚龙.杜鹃素对LPS诱发的帕金森病模型的神经保护作用及其机制[D].长春：吉林大学，2017.

[19] 郭肖.两种西藏杜鹃挥发油和多糖成分及其生物活性的分析[D].北京：中国农业科学院，2017.

[20] 曾红，钱慧琴，梁兆昌，等.云锦杜鹃枝叶化学成分研究[J].中草药，2013，44（22）：3123-3126.

[21] 周先礼，张钰，梁辉，等.鳞腺杜鹃化学成分的研究[J].中国中药杂志，2012，37（4）：483.

[22] 赵磊，吴定慧，余晓晖，等.秀雅杜鹃中的二氢黄酮类成分[J].中国中药杂志，2010，35（6）：722-724.

[23] 李干鹏，罗阳，李尚秀，等.小叶杜鹃花的化学成分研究[J].中草药，2014，45（12）：1668-1672.

[24] 杨鸣华，孔令义.露珠杜鹃的化学成分[J].药学与临床研究，2007，15（3）：199-201.

[25] Dosoky N S，Satyal P，Pokharel S，et al. Chemical Composition，Enantiomeric Distribution，and Biological Activities of Rhododendron anthopogon Leaf Essential Oil from Nepal[J]. Natural Product Communications，2016，11（12）：1895-1898.

[26] Innocenti G，Dall'Acqua S，Scialino G，et al. Chemical composition and biological properties of Rhododendron anthopogon essential oil[J]. Molecules，2010，15（4）：2326-2338.

[27] Jing L L，Ma H P，Fan P C，et al. Antioxidant potential，total phenolic and total flavonoid contents of Rhododendron anthopogonoides and its protective effect on hypoxia-induced injury in PC12 cells[J]. BMC Complementary and Alternative Medicine，2015，15（1）：1-12.

[28] Bai P H，Bai C Q，Liu Q Z，et al. Nematicidal Activity of the Essential Oil of Rhododendron anthopogonoides Aerial Parts and its Constituent Compounds against Meloidogyne incognita[J]. Zeitschrift für Naturforschung C，2013，68（7-8）：307-312.

[29] Yang K，Zhou Y X，Wang C F，et al. Toxicity of Rhododendron anthopogonoides essential oil and its constituent compounds towards Sitophilus zeamais.[J]. Molecules，2011，16（9）：7320-7330.

[30] Yutang T，Lin L C，Liu Y L，et al. Antioxidative phytochemicals from Rhododendron oldhamiiMaxim. leaf extracts reduce serum uric acid levels in potassium oxonate-induced hyperuricemic mice[J]. Bmc Complementary & Alternative Medicine，2015，15（1）：423.

[31] Liu Y L，Lin L C，Tung Y T，et al. Rhododendron oldhamii leaf extract improves fatty liver syndrome by increasing lipid oxidation and decreasing the lipogenesis pathway in mice[J]. International Journal of Medical Sciences，2017，14（9）：862.

[32] Löhr G，Beikler T，Hensel A. Inhibition of in vitro adhesion and virulence of Porphyromonas gingivalis by aqueous extract and polysaccharides from Rhododendron ferrugineum L. A new way for prophylaxis of periodontitis[J]. Fitoterapia，2015，107（3）：105-113.

[33] Louis A，Petereit F M，Deters A，et al. Phytochemical characterization of Rhododendron ferrugineum and in vitro assessment of an aqueous extract on cell toxicity[J]. Planta Medica，2010，76（14）：1550-1557.

[34] Way T D，Tsai S J，Wang C M，et al. mTOR and Activation of ERK1/2 in Non-Small-Cell Lung Carcinoma Cells[J]. Journal of Agricultural and Food Chemistry，2015，63（48）：10407-10417.

[35] Way T D，Tsai S J，Wang C M，et al. Chemical constituents of Rhododendron formosanum show pronounced growth inhibitory effect on non-small-cell lung carcinoma cells[J]. Journal of Agricultural & Food Chemistry，2014，62（4）：875-884.

[36] Wang C M, Hsu Y M, Jhan Y L, et al. Structure Elucidation of Procyanidins Isolated from Rhododendron formosanum and Their Anti-Oxidative and Anti-Bacterial Activities [J]. Molecules, 20 (7): 12787-12803.

[37] Wang C M, Li T C, Jhan Y L, et al. The Impact of Microbial Biotransformation of Catechin in Enhancing the Allelopathic Effects of Rhododendron formosanum [J]. Plos One, 2013, 8 (12): e85162.

[38] Lin C Y, Lin L C, Ho S T, et al. Antioxidant Activities and Phytochemicals of Leaf Extracts from 10 Native Rhododendron Species in Taiwan [J]. Evidence-Based Complementray and Alternative Medicine, 2014 (1): 1-9.

[39] Liang J Y, You C X, Guo S S, et al. Chemical constituents of the essential oil extracted from Rhododendron thymifolium, and their insecticidal activities against Liposcelis bostrychophila, or Tribolium castaneum [J]. Industrial Crops & Products, 2016, 79: 267-273.

[40] Eid H M, Ouchfoun M, Saleem A, et al. A combination of (＋)-catechin and (－)-epicatechin underlies the in vitro adipogenic action of Labrador tea (Rhododendron groenlandicum), an antidiabetic medicinal plant of the Eastern James Bay Cree pharmacopeia [J]. Journal of Ethnopharmacology, 2016, 178: 251-257.

[41] Li S, Brault A, Villavicencio M S, et al. Rhododendron groenlandicum (Labrador tea), an antidiabetic plant from the traditional pharmacopoeia of the Canadian Eastern James Bay Cree, improves renal integrity in the diet-induced obese mouse model [J]. Pharmaceutical Biology, 2016, 54 (10): 1998-2006.

[42] Liu Y, Wang C, Dong X, et al. Immunomodulatory effects of epicatechin-(2β→O→7,4β→8)-ent-epicatechin isolated from Rhododendron spiciferum in vitro [J]. Immunopharmacology & Immunotoxicology, 2015, 37 (6): 527-534.

[43] Lai Y, Zeng H, He M, et al. 6, 8-Di-C-methyl-flavonoids with neuroprotective activities from Rhododendron fortunei [J]. Fitoterapia, 2016, 112: 237-243.

[44] Demir S, Turan I, Aliyazicioglu Y. Selective cytotoxic effect of Rhododendron luteum extract on human colon and liver cancer cells [J]. Journal of Buon, 2016, 21 (4): 883-888.

[45] Jiang S, Ding Q, Wu Y, et al. Comparison of the Chemical Compounds and Antioxidant Activities of Essential Oil and Ethanol Extract from Rhododendron tomentosum Harmaja [J]. Journal of essential oil-bearing plants JEOP, 2017, 20 (4): 927-936.

[46] Raal A, Orav A, Gretchushnikova T. Composition of the essential oil of the Rhododendron tomentosum Harmaja from Estonia [J]. Natural Product Research, 2014, 28 (14): 1091-1098.

[47] Egigu M C, Ibrahim M A, Yahya A, et al. Cordeauxia edulis and Rhododendron tomentosum extracts disturb orientation and feeding behavior of Hylobius abietis and Phyllodecta laticollis [J]. Entomologia Experimentalis Et Applicata, 2011, 138 (2): 162-174.

[48] Yang J F, Kim M O, Kwon Y S, et al. Antioxidant activity, α-glucosidase inhibitory activity and chemoprotective properties of Rhododendron brachycarpum leaves extracts [J]. Current Pharmaceutical Biotechnology, 2017, 18 (10): 849-854.

[49] Ku S K, Zhou W, Lee W, et al. Anti-Inflammatory Effects of Hyperoside in Human Endothelial Cells and in Mice [J]. Inflammation, 2015, 38 (2): 784-799.

[50] Zhou W, Oh J, Lee W, et al. The first cyclomegastigmane rhododendroside A from Rhododendron brachycarpum alleviates HMGB1-induced sepsis [J]. Biochimica Et Biophysica Acta, 2014, 1840 (6): 2042-2049.

[51] Guo X, Shang X, Li B, et al. Acaricidal activities of the essential oil from Rhododendron nivale Hook. f. and its main compund, δ-cadinene against Psoroptes cuniculi [J]. Veterinary Parasitology, 2017, 236: 51-54.

[52] Ali S, Nisar M, Qaisar M, et al. Evaluation of the cytotoxic potential of a new pentacyclic triterpene from Rhododendron arboreum stem bark [J]. Pharmaceutical Biology, 2017, 55 (1): 1927.

[53] Nisar M, Ali S, Muhammad N, et al. Antinociceptive and anti-inflammatory potential of Rhododendron arboreum bark [J]. Toxicology & Industrial Health, 2016, 32 (7): 1254.

[54] Shrestha A, Rezk A, Said I H, et al. Comparison of the polyphenolic profile and antibacterial activity of the leaves, fruits and flowers of Rhododendron ambiguum and Rhododendron cinnabarinum [J]. Bmc Research Notes, 2017, 10 (1): 297.

[55] Peng G, Luo S Y, Chen Z W, et al. The Protective Effect of Total Flavones from Rhododendron simsiiPlanch. on Myocardial Ischemia/Reperfusion Injury and Its Underlying Mechanism [J]. Evidence-Based Complementray and Alternative Medicine, 2018 (1): 1-13.

[56] Li Y, Zhu Y X, Zhang Z X, et al. Diterpenoids from the fruits of Rhododendron molle, potent analgesics for

acute pain [J]. Tetrahedron, 2018, 74 (7): 693-699.

[57] Zou H Y, Luo J, Xu D R, et al. Tandem Solid-Phase Extraction Followed by HPLC-ESI/QTOF/MS/MS for Rapid Screening and Structural Identification of Trace Diterpenoids in Flowers of Rhododendron molle. [J]. Phytochemical Analysis, 2014, 25 (3): 255-265.

[58] Bilir E K, Tutun H, Sevin S, et al. Cytotoxic Effects of Rhododendron ponticum L. Extract on Prostate Carcinoma and Adenocarcinoma Cell Line (DU145, PC3) [J]. Kafkas Üniversitesi Veteriner Fakültesi Dergisi, 2018, 24 (3): 451-457.

[59] Zhu Y X, Zhang Z X, Yan H M, et al. Antinociceptive Diterpenoids from the Leaves and Twigs of Rhododendron decorum [J]. Journal of natural products, 2018, 81 (5): 1183-1192.

[60] Rateb M E, Hassan H M, Elsa A, et al. Decorosides A and B, cytotoxic flavonoid glycosides from the leaves of Rhododendron decorum. [J]. Natural Product Communications, 2014, 9 (4): 473-476.

[61] Park J W, Lee H S, Lim Y, et al. Rhododendron album Blume extract inhibits TNF-/IFN-induced chemokine production via blockade of NF-B and JAK/STAT activation in human epidermal keratinocytes [J]. International Journal of Molecular Medicine, 2018, 41 (6): 3642-3652.

[62] Park J W, Kwon O K, Kim J H, et al. Rhododendron album Blume inhibits iNOS and COX-2 expression in LPS-stimulated RAW264.7 cells through the downregulation of NF-κB signaling [J]. International Journal of Molecular Medicine, 2015, 35 (4): 987-994.

[63] 孙森凤, 姜雪. 金银花化学成分研究进展 [J]. 化工时刊, 2017, 31 (5): 24-27.

[64] 段婧. 鞣花酸对非小细胞肺癌的抑制作用及机制研究 [D]. 北京: 中国农业大学, 2018.

[65] 蔡晨晨, 叶丽霞, 朱将虎, 等. 鞣花酸通过降低自噬作用减轻缺氧缺血性脑损伤 [J]. 中国病理生理杂志, 2019, 35 (02): 311-319.

[66] 张劲, 彭天英, 张令君, 等. 茶多酚提取技术及其功能化研究进展 [J]. 广东化工, 2019 (04): 86-87.

[67] 高凯. 宁夏枸杞子的活性成分研究和应用开发 [D]. 西安: 第四军医大学, 2014.

[68] Young L C, Jong G P, Hyo J K, et al. Ginkgetin, a biflavone from Ginkgo biloba leaves, prevents adipogenesis through STAT5-mediated PPARγ and C/EBPα regulation [J]. Pharmacological Research, 2019, 139 (1): 325-336.

[69] 李劲松, 徐颖, 孙涛. 山楂叶总黄酮药理作用研究进展 [J]. 中药与临床, 2017, 8 (06): 64-65.

[70] 陈梦雨, 黄小丹, 王钊, 等. 植物原花青素的研究进展及其应用现状 [J]. 中国食物与营养, 2018, 24 (03): 54-58.

[71] 李琳, 杜岩. 中药有效成分石杉碱甲治疗阿尔茨海默病的研究进展 [J]. 实用老年医学, 2017, 31 (07): 613-616.

[72] 张滨旋, 于涛. 喜树碱类抗癌药物纳米制剂的研究进展 [J]. 现代农业科技, 2019 (05): 223-224, 228.

[73] 陈丽珍. 橡树叶提取物可用作除臭剂 [J]. 精细与专用化学品, 1992 (04): 25.

[74] 徐世才, 焦亚东, 薛皓, 等. 5种松柏类树叶提取物对小菜蛾拒食和产卵忌避作用的研究 [J]. 江苏农业科学, 2008 (03): 99-101.

[75] 陆志科, 冯雁, 苏泉, 等. 麻疯树叶提取物的抗菌作用研究 [J]. 西北林学院学报, 2012, 27 (04): 181-185.

[76] 刘晓军, 刘铀, 陈绍红, 等. 构树叶提取物对金黄色葡萄球菌的抑制作用及机理研究 [J]. 中国畜牧兽医, 2013, 40 (04): 159-162.

[77] 杜柏槐, 刘晓军, 陈绍红. 构树叶提取物体外抗病毒活性研究 [J]. 安徽农业科学, 2016, 44 (29): 144-146.

[78] 王芳芳, 胡琳, 李正涛, 等. 剑叶龙血树树叶化学成分及其改善 HepG-2 细胞胰岛素抵抗的作用 [J]. 云南民族大学学报 (自然科学版), 2015, 24 (05): 349-353.

[79] 扬振东, 蒋彦建. 乌饭树叶提取物抗氧化活性研究及组分分析 [J]. 食品与发酵工业, 2015, 41 (09): 144-147.

[80] 谢琼珺, 徐仙赟, 郑金荣, 等. 枫香树叶提取物对 K562 细胞的作用研究 [J]. 中药材, 2015, 38 (07): 1493-1495.

[81] 罗平, 周光华, 孙青青, 等. 枫香树叶提取物抑制角膜新生血管形成的作用机制研究 [J]. 现代诊断与治疗, 2016, 27 (13): 2431-2433.

[82] 赵亚琦, 吕言, 张文军, 等. 鹅掌楸树叶和树皮提取物的抑菌活性研究 [J]. 南京林业大学学报 (自然科学版), 2016, 40 (02): 76-80.

[83] 田红林, 宫海燕, 冯易, 等. 新疆沙枣树叶提取物对糖尿病小鼠血糖的影响 [J]. 湖北农业科学, 2017, 56

(01)：103-106.

[84] 李佳蔚，侯璐，高赛，等．红豆杉树叶提取物广谱抗菌功效的研究［J］．人参研究，2018，30（02）：16-18.

[85] 林恋竹，刘雪梅，赵谋明．神秘果树叶提取物降尿酸作用及其有效成分鉴定［J］．中国食品学报，2018，18（01）：270-277.

[86] 宋晓凯，曹志凌，郭雷，等．醉香含笑树皮提取物诱导 HepG2 细胞凋亡的作用机制［J］．中国现代应用药学，2014，31（07）：777-780.

[87] 葛军军，陈翩，黄依露，等．苦楝树皮提取物对斜纹夜蛾的毒杀和拒食作用［J］．温州医科大学学报，2015，45（08）：552-555.

[88] 张锦宏，冯冬茹，谢衡，等．马尾松树皮提取物体外诱导肺腺癌 GLC-82 细胞凋亡的机制［J］．中华中医药杂志，2015，30（11）：4134-4140.

[89] 寇智斌，徐凤玲，何林林，等．桦树皮甲醇提取物的体外抗氧化活性研究［J］．中国民族民间医药，2016，25（01）：26-28.

[90] 黄永林，陈月圆，颜小捷，等．栲树皮乙醇提取物中多酚类化学成分的鉴定［J］．林产化学与工业，2016，36（04）：135-139.

[91] 尚俊，冯秀云，王鑫，等．柠檬桉树皮单宁的提取纯化及抗氧化活性［J］．食品工业科技，2018，39（01）：62-69.

[92] 罗敏，杨彩虹，李鲜，等．羊脆木树皮提取物的镇痛作用及急性毒性［J］．昆明医科大学学报，2018，39（11）：20-23.

[93] 刘兰，刘燕芳，李宝才，等．白菊木树皮和枝叶甲醇提取物及化学成分的体外抗炎活性研究［J］．植物资源与环境学报，2018，27（04）：101-103.

[94] 邓志勇，骆海玉，陈超英，等．木荷树皮乙醇提取物抗炎镇痛作用研究［J］．广西师范大学学报（自然科学版），2019，37（01）：181-186.

[95] 石甜甜，李晶晶，林春凤，等．尾巨桉树皮提取物抗氧化活性及其成分分析［J］．食品工业科技，2019，40（01）：23-28.

[96] 秦向征，延光海，李莉，等．黄梅木提取物抑制哮喘小鼠炎症细胞增加［J］．医学信息（中旬刊），2011，24（05）：2088.

[97] 赵文娜，苏琪，何姣，等．苦木提取物对原发性高血压大鼠的降压作用研究［J］．中药药理与临床，2012，28（05）：108-111.

[98] 朱正日，刘婉露，陈爱东．苦木提取物对胃癌小鼠相关因子的研究［J］．国外医药（抗生素分册），2015，36（03）：126-127.

[99] 李玥，罗鑫，李玉凤，等．苦木提取物汤剂对肝癌患者治疗的效果观察［J］．中医临床研究，2017，9（20）：41-42.

[100] 苗新普，孙晓宁，崔路佳，等．海南萝芙木提取物对葡聚糖硫酸钠小鼠结肠炎作用研究［J］．中华临床医师杂志（电子版），2015，9（04）：612-616.

[101] 曹慧坤，王瀚扬，刘有平，等．功劳木提取物中三种生物碱类成分在大鼠体内的药动学研究［J］．沈阳药科大学学报，2017，34（12）：1060-1066.

[102] 谢家骏，张国明，乔正东，等．柘木提取物抗胃肠道肿瘤的免疫机制研究［J］．实验动物与比较医学，2017，37（04）：278-282.

[103] 杨倩，田雪梅，张晓文，等．辣木提取物降脂作用的研究［J］．食品安全质量检测学报，2017，8（03）：963-967.

[104] 蔡兴俊，黄奕江，郑亚妹．胆木提取物对哮喘小鼠肺泡灌洗液中炎性细胞及细胞因子的影响［J］．中国热带医学，2018，18（05）：427-429.

[105] Hui F C, Keiichi I, Hikaru O, et al. Time-Resolved FTIR Study of Light-Driven Sodium Pump Rhodopsins ［J］. Physical Chemistry Chemical Physics，2018；10.1039.C8CP02599A.

[106] Ge S, Peng W, Li D, et al. Study on antibacterial molecular drugs in Eucalyptus granlla wood extractives by GC-MS ［J］. Pakistan Journal of Pharmaceutical Sciences，2015，28（4(Suppl)）：1445-1448.

[107] Rojek B, Wesolowski M. FTIR and TG analyses coupled with factor analysis in a compatibility study of acetazolamide with excipients ［J］. Spectrochimica Acta Part A：Molecular and Biomolecular Spectroscopy，2019，208：285-293.

[108] 陈福欣，张军兴，李立，等．基于热裂解-气相色谱-质谱技术对沉香挥发性成分的研究［J］．现代食品科技，2018，34（02）：241-245.

[109] Mesías M，Francisco M. Effect of Different Flours on the Formation of Hydroxymethylfurfural，Furfural，and

Dicarbonyl Compounds in Heated Glucose/Flour Systems [J]．Foods，2017，6（2）：14.

[110] Altunay N，Gürkan，Ramazan，et al．Indirect determination of the flavor enhancer maltol in foods and beverages through flame atomic absorption spectrometry after ultrasound assisted-cloud point extraction [J]．Food Chemistry，2017，235：308-317.

[111] 彭恭，刘延波，李凌海，等．棕榈酸的组织吸收分布及对骨骼肌胰岛素抵抗的影响 [J]．生物物理学报，2012，28（01）：45-52.

[112] 王筱菁，李万根，苏杭，等．棕榈酸及亚油酸对人成骨肉瘤细胞 MG63 作用的研究 [J]．中国骨质疏松杂志，2007（08）：542-546.

[113] 叶仙蓉，吴克美．三尖杉碱和桥氧三尖杉碱衍生物的合成及抗肿瘤活性 [J]．药学学报，2003（12）：919-923.

[114] 陈章庭，汪侃晨，杨振宇，等．超高效液相色谱和液相串联质谱法检测美白化妆品中的杜鹃醇 [J]．香料香精化妆品，2014（02）：53-56.

[115] 徐振东，石建华，顾娟红，等．美白化妆品中杜鹃醇的超高效液相色谱荧光检测及质谱确证 [J]．分析测试学报，2014，33（07）：792-797.

[116] Jamilian M，Shojaei A，Samimi M，et al．The effects of omega-3 and vitamin E co-supplementation on parameters of mental health and gene expression related to insulin and inflammation in subjects with polycystic ovary syndrome [J]．J Affect Disord，2018，229：41-47.

[117] Tettamanti L，Caraffa A，Mastrangelo F，et al．Different signals induce mast cell inflammatory activity：inhibitory effect of Vitamin E [J]．Journal of biological regulators and homeostatic agents，2018，32（1）：13-19.

[118] 宋晓燕，杨天奎．天然维生素 E 的功能及应用 [J]．中国油脂，2000（06）：45-47.

[119] Li M M，Wu L Y，Zhao T，et al．The protective role of 5-HMF against hypoxic injury [J]．Cell Stress & Chaperones，2011，16（3）：267-273.

[120] Pedoeim L，Wang Y K，Saiyed R，et al．The Anti-Sickling Agent Aes-103 Decreases Sickle Erythrocyte Fragility，Hypoxia-Induced Sickling and Hemolysis In Vitro [J]．Blood，2013，122（21）：940.

[121] White L，Ma J，Liang S，et al．LC-MS/MS determination of d-mannose in human serum as a potential cancer biomarker [J]．Journal of Pharmaceutical and Biomedical Analysis，2017，137：54-59.

[122] 汪舒婷，张权，叶舟，等．D-甘露糖修饰聚合物胶束的制备及其在靶向药物输送中的应用 [J]．生物工程学报，2016，32（01）：84-94.

[123] Haensler J．Manufacture of Oil-in-Water Emulsion Adjuvants [J]．Vaccine Adjuvants．Springer New York，2017，1494：165-180.

[124] Hoang，Minh T，Hien，et al．Squalene promotes cholesterol homeostasis in macrophage and hepatocyte cells via activation of liver X receptor（lxr）α and β [J]．Biotechnology Letters，2017，39（8）：1-7.

[125] 邱春媚，殷光玲．角鲨烯软胶囊提高缺氧耐受力的研究 [J]．中国粮油学报，2013，28（02）：52-54.

[126] Warleta F，Maria Campos，Allouche Y，et al．Squalene protects against oxidative DNA damage in MCF10A human mammary epithelial cells but not in MCF7 and MDA-MB-231 human breast cancer cells [J]．Food & Chemical Toxicology，2010，48（4）：1092-1100.

[127] Tsivadze A Y，Gur' Yanov V V，Petukhova G A．Preparation of spherical activated carbon from furfural，its properties and prospective applications in medicine and the national economy [J]．Protection of Metals & Physical Chemistry of Surfaces，2011，47（5）：612-620.

[128] Samant B S．Synthesis of 3-hydroxypyrid-2-ones from furfural for treatment against iron overload and iron deficiency [J]．European Journal of Medicinal Chemistry，2008，43（9）：1978-1982.

[129] Juturu V．Polyphenols in the prevention and treatment of vascular and cardiac disease，and cancer [J]．Polyphenols Hum．Health Dis，2014，2：1067-1076.

[130] Xiao H H，Gao Q G，Zhang Y，et al．Vanillic acid exerts oestrogen-like activities in osteoblast-like UMR 106 cells through MAP kinase（MEK/ERK）-mediated ER signaling pathway [J]．The Journal of Steroid Biochemistry and Molecular Biology，2014，144：382-391.

[131] Kim M C，Kim S J，Kim D S，et al．Vanillic acid inhibits inflammatory mediators by suppressing NF-κB in lipopolysaccharide-stimulated mouse peritoneal macrophages [J]．Immunopharmacology and Immunotoxicology，2011，33（3）：525-532.

[132] Li D，Ma S，Ellis E M．Nrf2-mediated adaptive response to methyl glyoxal in HepG2 cells involves the induction of AKR7A2 [J]．Chemico-Biological Interactions，2015，234：366-371.

[133] Tai A，Sawano T，Yazama F，et al．Evaluation of antioxidant activity of vanillin by using multiple antioxidant

assays [J]. BBA-General Subjects, 2011, 1810 (2): 170-177.

[134] Gao D, Kawai N, Nakamura T, et al. Anti-inflammatory Effect of D-Allose in Cerebral Ischemia/Reperfusion Injury in Rats [J]. Neurologia medico-chirurgica, 2013, 53 (6): 365-374.

[135] Ishihara Y, Katayama K, Sakabe M, et al. Antioxidant properties of rare sugar D-allose: Effects on mitochondrial reactive oxygen species production in Neuro2A cells [J]. Journal of Bioscience & Bioengineering, 2011, 112 (6): 638-642.

[136] Malm S W, Hanke N T, Gill A, et al. The anti-tumor efficacy of 2-deoxyglucose and D-allose are enhanced with p38 inhibition in pancreatic and ovarian cell lines [J]. Journal of experimental & clinical cancer research: CR, 2015, 34 (1): 31.

[137] Elliott B E, De L C A. NMR of orientationally ordered short-chain hydrocarbons [J]. Liquid Crystals, 2019, 46 (1): 1953-1963.

[138] Parker J B, Bianchet M A, Krosky D J, et al. Enzymatic capture of an extrahelical thymine in the search for uracil in DNA [J]. Nature, 2007, 449 (7161): 433-437.

[139] Han X, Song X, Yu F, et al. A Ratiometric Near-Infrared Fluorescent Probe for Quantification and Evaluation of Selenocysteine-Protective Effects in Acute Inflammation [J]. Advanced Functional Materials, 2017: 1700769.

[140] Esty B E, Minnicozzi S, Chu E C, et al. Successful Rapid Oral Clindamycin Desensitization in a Pediatric Patient [J]. Journal of Allergy & Clinical Immunology in Practice, 2018, 6 (6): 2141-2142.

[141] Hien H T M, Ha N C, Thom L T, et al. Squalene promotes cholesterol homeostasis in macrophage and hepatocyte cells via activation of liver X receptor (LXR) $\alpha$ and $\beta$ [J]. Biotechnology Letters, 2017, 39 (8): 1101-1107.

[142] Lin I W, Sosso D, Chen L Q, et al. Nectar secretion requires sucrose phosphate synthases and the sugar transporter sweet9 [J]. Nature, 2014, 508 (7497): 546-549.

[143] Chen S, Oldham M L, Davidson A L, et al. Carbon catabolite repression of the maltose transporter revealed by X-ray crystallography [J]. Nature, 2013, 499 (7458): 364-368.

[144] 李超, 郑长征, 王晓红. 实验条件对煤热解特性影响的 DSC/TG-MS 分析 [J]. 应用化工, 2014 (S1): 41-44.

[145] Liu L, Wang Z, Che K, et al. Research on the release of gases during the bituminous coal combustion under low oxygen atmosphere by TG-FTIR [J]. Journal of the Energy Institute, 2017, 91 (3): 323-330.

[146] Xin S, Yang H, Chen Y, et al. Assessment of pyrolysis polygeneration of biomass based on major components: Product characterization and elucidation of degradation pathways [J]. Fuel, 2013, 113: 266-273.

[147] Wang S, Ru B, Dai G, et al. Pyrolysis mechanism study of minimally damaged hemicellulose polymers isolated from agricultural waste straw samples [J]. Bioresourc. Technol, 2015, 190: 211-218.

[148] Lehto J, Oasmaa A, Solantausta Y, et al. Review of fuel oil quality and combustion of fast pyrolysis bio-oils from lignocellulosic biomass [J]. Applied Energy, 2014, 116 (3): 178-190.

[149] Fang M X, Shen D K, Li Y X, et al. Kinetic study on pyrolysis and combustion of wood under different oxygen concentrations by using TG-FTIR analysis [J]. Journal of Analytical & Applied Pyrolysis, 2006, 77 (1): 22-27.

[150] Jin R. TG-ftir study of degradation mechanism and pyrolysis products of high molecular polyacrylonitrile with different oxidation degree [J]. Asian Journal of Chemistry, 2013, 25 (15): 8797-8802.

[151] Collard F X, Blin J. A review on pyrolysis of biomass constituents: Mechanisms and composition of the products obtained from the conversion of cellulose, hemicelluloses and lignin [J]. Renewable and Sustainable Energy Reviews, 2014, 38: 594-608.

第 **4** 章

# 七叶树果实资源化利用

# 4.1 七叶树果实资源化研究背景

## 4.1.1 七叶树果实资源化研究现状与趋势

### (1) 七叶树果实资源状况

七叶树（*Aesculus chinensis Bunge.*）为七叶树科（Hippocastanaceae）七叶树属，又名娑罗树、菩提树等，它属于落叶高大乔木，属于无明显变异的品种，简称原变种。还是世界公认的四大优美行道树之一，但仅仅只有秦岭地区深山处有野生分布[1,5]。关于七叶树属植物在全世界就有 30 多种，欧洲的南部和希腊北部等地是欧洲七叶树的原产地，日本是日本七叶树的原产地，其中，我国现存的有欧洲七叶树、日本七叶树、云南七叶树等16 个品种。

目前已在我国部分地区引种，常种植在海拔 1000~1500m 的湿叶林中，主要分布在黄河流域以北，江浙以东，粤北以南，这些地区都属于我国西南部的亚热带；另一些七叶树主要分布在海拔 1000~1800m 的阔叶林中，主要在河南省西南地区和湖北西部地区。七叶树的果实名叫七叶树果实（*Aesculus chinensis* seed），别名娑罗子、苏罗子等。王绪英[2,3]等对于七叶树果实的化学成分、七叶皂苷的药用价值、七叶树果实的资源状况及成分的临床反应做了一些研究。其实早在 1982 年《中国植物志》第三十一卷[4]就记载了，当时七叶树在我国只有少量分布，是重要的药用树种，被国家列为珍稀树木之一，但了解它的人少之又少。

事实上，七叶树的价格也是根据植物本身的形态特征来确定的。一般情况下直径为3cm 的七叶树幼树的价格不低于 10 元，而地径为 5cm 的树苗价格却上涨到 80 元。七叶树的价格与植物胸径的大小呈正态分布，但定价也必须考虑植物整体形态的问题。目前，如果购买大型七叶树的价格将会超过 5000 元每棵，该树非常受园林界人士的青睐。七叶树成树较为高大，能达 25~40m，树干是直的，树皮是灰褐色，在冬天会脱落成薄片。枝条交替对生且较粗壮，叶痕和冬芽呈三角形，顶芽肥厚且外层覆盖有许多鳞片。蒴果，果期 9~10 月，种子一般为 1~2 粒，圆形或扁球形，形如栗子，直径在 1~3cm 且顶端稍扁呈褐黄色，皮孔突出，表面润滑有光泽。花期通常在 5 月，到 11 月中下旬时开始落叶，树龄至少需要 10~20 年才能开花结果。因此种树应该选择地势较为平坦的地方，且树龄要长达 20~50 年之间，树体生长健康，无病虫害，选择结果较多的中年树进行采果。

### (2) 七叶树果实生物质资源化利用研究现状

陈西仓等[6]在研究七叶树的开发利用时有提到七叶树喜欢生长在年平均气温和年降水量适中的温暖湿润地区。唐凌凌等[7]、魏远新等[8]及李中岳[9]在研究七叶树的生物学特性中记录了七叶树是一种中性的深根树种，具有很强的发芽力，喜阳光但对阳光要求不长，不喜欢烈日，但对耐阴性有轻微的抵抗力，它生长的土壤必须肥沃、排水良好及湿润疏松，一般在酸性或中性土壤中生长良好。李鹏丽等[10]和郑人华等[11]在研究七叶树特性用途和育苗技术中提出七叶树的适应性较弱，但耐寒性较强，在稀薄的积水地上生长较差。另外，其在炎热的太阳下很容易遭到危害。七叶树生长速度较缓慢，但寿命长，在适宜条件下的生长速度更快。

研究表明近 20 多年来，Zhang 等[12]在研究七叶树的药理活性中提出七叶树中有效的化学成分主要包括七叶皂苷、异七叶皂苷、五环三萜皂苷和黄酮苷[13]类化学物质。在1985 年由张丽新等[14]在《娑罗子皂甙的药理研究》中就已经提出了七叶皂苷又称为娑罗子皂甙。1999 年杜向红等[15]在《娑罗子植物资源调查》中调查了娑罗子药材的来源，据统计，当时东亚，东北，西欧和欧洲分布共计有 12 种七叶树。在欧洲和美国已经分离出超过 210 种化合物，主要来自七叶树的果实或种子；其中三萜类化合物，黄酮类[16]Standardized 治疗提取物（STEs）都具有一定的药用疗效，常用的七叶皂苷是治疗血液循环紊乱和水肿的良药[17-19]。在医学上常用的有 A. hippocastanum 和 A. chinensis var. 两种，A. hippocastanum 可以用来治疗慢性静脉功能不全、痔疮、消化性水肿等疾病[20]。在中国，A. chinensis var. 已经被用作镇痛药来治疗胸腹胀痛、痢疾等。程春泉等[21]认为天然的五环三萜皂苷类化合物分布范围很广，但苷元上结合多个含氧取代基的则分布较狭窄，它主要集中在药用植物种子中。2004 年，杨秀伟等[22]发现七叶树皂苷具有显著的抗肿瘤、抗病毒、抗炎、抗胃酸分泌和抗血管生成作用，可用于研究人体肠道内细菌生物转化产物的抗肿瘤活性，并用于治疗慢性静脉功能不全。Aescin-Ia 是一种"前药"，人肠道细菌和短乳杆菌的粗酶可以转化七叶皂苷-aa，其中转化产物 deacyl aescinoid I 具有抗肿瘤活性，具有开发抗肿瘤候选药物的潜力。刘丽娟等[23]在探究七叶皂苷对 P-糖蛋白功能的影响中发现 $\beta$-七叶皂苷钠是从七叶树果实中得到的，现代研究表明 $\beta$-七叶皂苷钠具有治疗心脑血管疾病、软组织损伤和其他渗出性疾病的价值。Wei 等[24]在研究七叶树叶提取物抗氧化性中发现七叶皂苷具有防止皮肤老化的作用，因此可以制造化妆品。此外，它还具有修复、舒缓和保湿功效，降低皮肤敏感性，抑制毛细血管炎症反应，还可以避免血管损伤，避免急性炎症引起的病症。杨秀伟等[25]探究了七叶树皂苷和熊果酸类化合物可以很好地抑制 HIV-1 蛋白酶活性。洪缨和侯家玉[26]研究得出，七叶树果实（10g/kg）给药到胃内或十二指肠对切除双侧颈部迷走神经大鼠的胃酸分泌均有明显抑制作用。另外，七叶树果实给药到十二指肠还可明显拮抗组胺和五肽胃泌素诱导的胃酸分泌增加。2010 年边静静[27]等研究了七叶树果实的多糖提取、含量测定和生物学活性，提取七叶树果实多糖采用水煮沸醇沉法，去除了蛋白质、苯酚（多糖含量测定用硫酸法）的影响。结果表明，七叶树果实中多糖含量为 3.75%，以维生素 C 为对照，粗多糖和脱蛋白多糖清除自由基的活性比维生素 C 弱，但粗多糖强于脱蛋白多糖的活性。目前，开发的七叶树果实中的有效成分为七叶皂苷，其生产的产品规模达到 20 亿元。

**(3) 七叶树果实生物质资源化利用研究趋势**

笔者查阅了国内外七叶树属植物，特别是关于七叶树属植物的资源、化学成分、药理作用、临床应用和产业发展等研究文献，发现关于该属植物的生物质资源化相关的研究还是非常少的，都是基于最基本的七叶树果实的成分进行研究，对于新的化学成分有的还未曾发现及研究。石召华等[28]在《七叶树属药用植物资源及调查》中有提到，七叶树果实药材资源主要是野生的，随着人们对娑罗子药用价值的认识不断加深，对资源的需求也在不断增加，导致野生资源遭到破坏，产量不断下降，而且野生生产不稳定，不能满足市场需求。

至今为止，国内七叶树果实分布范围是比较广的，由于七叶树属于小树种，目前研究成果甚少，导致七叶树果实被遗弃在林区而造成严重的资源浪费。并且在国储林项目实施中，河南省已大面积种植七叶树混交林或纯林，每年需要大量经费用于抚育，但长期不产生效益，导致林场或企业经营困难。事实上七叶树果实含有丰富的活性成分，其本身就是一种中药，所以在今后应加强对七叶树属植物的综合研究，加强产业发展，对林业区域经济发展具有重要意义。

### 4.1.2 植物提取物的研究现状

近些年，植物提取物行业发展越来越快，提取物主要是有机溶剂和水提取物，例如乙醇、苯、甲醇等。植物抽提物中含有丰富的活性成分包括生物碱、有机酸、多酚类、黄酮类、萜类等。使用植物中的天然活性成分制作成药品或食品的应用越来越广泛，现在人们利用这些天然的活性成分也可以来治疗急性和慢性的疾病，可以对一些疾病起到预防的作用，如抗癌、抗肿瘤、抗菌和心血管等疾病。

天然的植物提取物不仅能应用在果蔬保鲜中，并且能有效地防止植物病原菌的抗药性及抗菌性，提高农业产业化的应用[29]。同样具有很强的抗氧化能力的还有油菜蜂花粉的提取物，清除 DPPH 自由基的能力比较强的包括银杏、蜂胶、竹叶、葛根等提取物，而且含有丰富的黄酮类化合物[30]。三种植物的提取物对小麦白粉病病菌都有良好的抑制作用，其中包括香樟叶、黄杨和刺槐的提取物，其中香樟叶的石油醚提取物抑菌效果可以达到 57.68%[31]。五倍子和诃子的天然提取物交联处理使海参本身的水分含量降低，从而可以提高海参胶原蛋白稳定性，使其口感更好，并有利于海参在市场中的销售[32]。公丁香的乙醇提取物有更强的抗氧化性和抑菌性，并且能减轻黄曲霉毒素的损伤，能成为有多功能的新绿色植物饲料添加剂的候选者[33]。天然的植物提取物还可以作为首选水果保鲜剂的材料，天然的保鲜剂不但经济环保而且无毒无害，并且对水果保鲜技术的提高和改善提供理论支撑[34]。葡萄籽提取物、黄芪提取物等也能成为新的植物抗生素，对于养殖业来说可以减少更多的化学药品的危害，有利于发展更加健康的养殖业[35]。

枸杞提取物、桑叶提取物和银杏叶提取物中分别含有多糖类和黄酮类化合物，这些化合物对高糖损伤的 HBZY-1 细胞增殖具有保护和抗炎的作用，并且抑制细胞分泌 LDH、ET-1、iNOS，促进 NO 的表达，它可以用作保健食品原料，以改善肾病患者的健康[36]。近年来，由于环境污染已破坏了臭氧层，导致紫外线变得更加强烈，从而引发人们的皮肤被晒黑、晒伤，紫外线加快老化甚至导致皮肤癌等一系列皮肤疾病，并且疾病率是逐年增高。但是，天然的植物提取物中的活性成分对抗氧化活性和抗紫外线具有很大的抵抗作用，有很强的保养皮肤的潜力[37]。添加马铃薯的水提取物可以增加香烟的烘烤香味[38]。治疗肺纤维化疾病可以利用植物提取物或天然活性化合物，并且在中国对它的使用已经有长达数十年的历史，并具有非常好的效果[39]。对维生素 $D_2$ 的稳定性具有很好保护作用的包括小米草、金银花和樱桃的天然植物提取物，并且维生素 $D_2$ 能保留 17.84％～22.39％[40]。天然植物提取物可确保食品在保质期内不会腐烂或变质，从而延长其保质期[41]。植物提取物对促进肠道健康、调节机体免疫、抗氧化、抗应激等方面具有良好的作用，没有药物残留且有耐药性特点。在养殖中还可以替代抗生素，使养殖更加的安全[42]。植物提取物可以抗菌、抗炎和抗真菌等[43]。

### 4.1.3 林木生物质资源化现状

森林具有可再生资源的特性，中国林木生物质资源丰富，生物量大、燃烧值高，具有重要的开发利用潜力[44,45]。林木是一种可再生的清洁能源，森林木材资源密度高、品种丰富、能一次种植并且受益多年，它是大规模能源化的理想生物资源。中国森林生物质资源潜力与开发机制研究小组在其研究报告（2006）[46]中指出，将太阳能转化并且生成生物质，然后经过林业经营活动产生的可以成为能源的物质就是林木生物质资源，是林木总生物资源量的重要组成部分。要想改善生态环境，实现资源可持续发展就要解决未来能源危机，对能源森林和森林资源的开发是非常必要的。2 亿吨标准煤相当于要开发林木生物质资源的生物量约为 3 亿吨，这些资源如果能全部被利用，至少可以减少 1/10 的化石能源的消耗，虽然林业生物质资源的发展在中国才刚刚起步，但是潜力巨大。现在我国有木本油料树种种植面积超过 400 万公顷，其果实的产量超过 500 万吨，并且油含量在 40％以上的有 154 种植物种子，其中大部分都可用作生物液体燃料的原料。中国拥有森林荒山荒地 5700 多万公顷，边际性土地有 1 亿公顷，所以培育林业生物质能源林的潜力和空间是非常大的。目前，河南省确定的木本油料植物分布广泛、含油量高、适应性强的乔灌木树种有 10 多种，它可以作为建立大规模生物质燃料油原料的基础，其中开发利用较成熟的物种是黄连木和桐油[47,48]。

在中国已经确定的油料植物中，油料和资源林大概有 30 多种乔灌木树种可以大量种植并进行培育，如文冠果、光皮树、油茶、乌桕、核桃、油桐、欧洲李子、黄连木等。薪炭林是木材能源林的主要来源，木材能源林林木面积有 304.44 亿公顷，蓄积量达到 5627万立方米。根据各薪炭林蓄积量计算可知，全国薪炭林总生物质产量为 0.66 亿吨。我国栎类树种的总面积为 0.18 亿公顷，其中内蒙古、吉林和黑龙江 3 个省（自治区）的现有森林面积超过了 670 万公顷。目前栎类树林所产的果实的年均产量就高达 1000 万吨，同时可以获得 500 多万吨淀粉，1t 燃料乙醇可以用 3.5～4t 栎类种子得到，可以看出开发生物燃料乙醇的前景非常广阔[49-51]。

自 20 世纪 90 年代以来，世界各国都利用各种不同的情景来评估不同地区范围和地区林木生物质资源的潜力。如 Yamamoto 等[52]、Malinen 等[53]、Smeets 等[54]、Bjørnstad[55]在全球生物质资源生产潜力的研究结果中得出，在 2050 年评估范围为 0～1135EJ/a，其中林木生物质资源潜力为 0～358EJ/a[56]（$1E=10^{18}$）。需开创林业资源工作新局面，加强领导，加强管理及加大森林生物质资源开发力度；制定政策和规范，能够确保和创造健康发展的林木生物质资源工作条件环境；调整开发战略，并制定详细全面的计划，努力改善林木生物质资源的地位和作用在中国经济发展中的状况；加强国内外的合作，并能从发展中进行创新，建立属于中国自己的特色林木生物质资源产业化的有效技术路线[57]。

### 4.1.4　研究目的与意义

七叶树外形美观，涵养水源，在国储林项目实施中河南省已大面积种植七叶树混交林或纯林，每年需要大量经费用于抚育，且长期不产生效益，导致林场或企业经营困难。七叶树每年盛产七叶树果实，七叶树果实别名娑罗子、苏罗子、棱罗子等，是七叶树的种子，由于七叶树属于小树种，目前研究成果甚少，导致七叶树果实被遗弃在林区，造成严重的资源浪费。

针对七叶树果实资源化困境，本节以七叶树果实为研究对象，采用气相色谱-质谱、傅里叶红外光谱解析七叶树果实外皮、果壳和果仁提取物的分子成分，确定活性成分；采用热重、热裂解-气相色谱-质谱研究七叶树果实外皮、果壳和果仁热解规律，解析热裂解产物的分子组成，确定活性成分；在此基础上，挖掘它的资源化应用前景，探索七叶树果实在医药、香料、化妆品等领域中的潜在应用途径，从而发挥出七叶树果实的最大效益。为七叶树果实高效资源化提供科学依据，对于促进河南生态建设、河南林业区域经济发展具有重要意义。

## 4.2　七叶树果实外皮资源化基础分析

果皮通常被认为是废物，会给废物管理带来麻烦[58]，但果皮中含有丰富的活性成分。例如芒果皮的提取物含有较高量的花青素和类胡萝卜素，并且在不同体系中表现出良好的抗氧化活性，因此可用于营养保健品和功能性食品中[59]。石榴皮的提取物中显示具有抗氧化和抗突变性能，可用作食品和营养保健品中的生物防腐剂[60]。柑橘的甲醇提取物表现出非常强的抗氧化活性。因此，使用柑橘皮提取物可以作为天然抗氧化剂来抑制油脂中酸败的发展[61]。洋葱皮提取物（OPE）有降血糖和胰岛素敏化能力，使用洋葱皮可以改善Ⅱ型糖尿病患者的胰岛素不敏感性[62]。七叶树果实外皮中含有丰富的功能活性成分，然而在加工过程中通常将其作为垃圾废弃物处理。若能充分利用这些天然活性成分，使其成为一种良好的资源进行进一步的开发与利用，这将有利于减少其对环境的污染，同时还能提高七叶树果实的加工附加值，产生良好的经济效益和环保效益。

因此，为探究七叶树果实外皮中的活性成分，实现其资源化利用。本节主要以七叶树果实的外皮为研究对象，采用傅里叶红外光谱和气相色谱-质谱联用对七叶树果实外皮的四种有机溶剂提取物的化学成分进行检测和分析，探索其外皮中的有效活性成分，采用热重和热裂解气相色谱-质谱联用技术对其热解行为进行分析，解析其热解特性和规律，为七叶树果实外皮的资源化利用提供数据支持和科学依据。

## 4.2.1 材料与方法

### 4.2.1.1 试验材料

七叶树果实，采集于河南省西峡县，由河南省西峡县林业局提供。从七叶树果实上剥出外皮、晾干，在使用植物粉碎机（型号：FW-400A，北京中兴伟业仪器有限公司生产）粉碎外皮成 20～60 目粉末，放置于干燥箱中备用。无水乙醇、甲醇及苯都是分析纯，产于天津市富宇精细化工有限公司；定性滤纸，采用苯/醇溶液浸泡 24h，晾干。苯/乙醇溶液是苯、乙醇按照体积比 1∶1 均匀混合而成；甲醇/乙醇溶液是甲醇、乙醇按照体积比 1∶1 均匀混合而成。

### 4.2.1.2 试验方法

**（1）提取方法**

按照表 4-1 工艺法进行提取，先分别用乙醇、甲醇、苯/乙醇（1∶1）和乙醇/甲醇（1∶1）进行有机溶剂提取，用仪表恒温水浴锅提取 4h 分别得到了乙醇提取物、甲醇提取物、苯/乙醇提取物和乙醇/甲醇提取物；然后在采用旋转蒸发浓缩至 10mL，乙醇、甲醇、苯/乙醇（1∶1）和乙醇/甲醇（1∶1）提取温度分别为 78℃、65℃、72℃ 和 68℃。

表 4-1　七叶树果实外皮的提取方法

| 溶剂 | 质量/g | 时间/min | 温度/℃ | 溶剂用量/mL |
|---|---|---|---|---|
| $C_2H_5OH$ | 15.80 | 4 | 78 | 300 |
| $CH_3OH$ | 15.63 | 4 | 65 | 300 |
| $C_6H_6/C_2H_5OH(1∶1)$ | 15.54 | 4 | 72 | 300 |
| $C_2H_5OH/CH_3OH(1∶1)$ | 15.66 | 4 | 68 | 300 |

按下式计算七叶树果实外皮的四种提取物气相色谱-质谱的醇/酚类百分比。

$$醇/酚类百分比 = \frac{四种提取物中的醇/酚类化合物相对含量}{四种提取物总的相对含量} \times 100\% \qquad (4-1)$$

注：醛酮类、酸类、生物碱和其他类的计算方法同式(4-1)。

**（2）傅里叶变换红外光谱检测**

使用含 1.00% 细磨样品的 KBR 圆盘，在傅里叶变换红外光谱分光光度计（IR100）上获得样品的 FT-IR 光谱[63]。

**（3）热重检测**

用热重分析仪（TG Q50 V20.8 Build 34）对七叶树果实外皮样品进行分析。氮气释放速率为 60mL/min，热重的温度程序从 30℃ 开始，以 5℃/min 的速率升温到 300℃[64]。

**（4）气相色谱-质谱检测**

7890B-5977A GC-MS。柱 HP5MS（30m×250μm×0.25μm）。弹性石英毛细管柱，用于高纯度氦载气，流速 1mL/min 的速率。分流比为 2∶1。GC 的温度程序起始于 50℃，以 8℃/min 的速率升温至 250℃，然后以 5℃/min 的速率升温至 300℃。MS 程序扫描质量范围 30～600amu 的，70eV 的电离电压，电子电离（EI）为 150μA 的电离电流。离子源和四极温度分别设定在 230℃ 和 150℃[65]。

**（5）热裂解-气相色谱-质谱检测**

采用热裂解-气相色谱-质谱法（CDS5000-Agilent 7890B-5977A ISQ）对催化样品和预处理样品进行分析。高纯氦气载气，热裂解温度 500℃，加热速率 20℃/ms，热裂解时间 15s，热裂解产物输送线和注入阀温度设定为 300℃；HP-5ms 柱；毛细管柱（60m×250μm×0.25μm）；并联方式，分液比 1∶60，分流速率 50mL/min，GC 程序温度从 40℃升高 2min，以 5℃/min 的速率升温到 120℃，然后以 10℃/min 的速率升温到 200℃，持续 15min。离子源（EI）温度 230℃，扫描范围 28～500amu[66]。

## 4.2.2 结果与分析

**（1）七叶树果实外皮傅里叶变换红外光谱分析**

傅里叶变换红外光谱用于研究七叶树果实外皮的结构基团。从图 4-1 中可以看出，四种提取物样品吸收峰主要集中在 3700～3000cm⁻¹、3000～2800cm⁻¹ 和 1655～881cm⁻¹。主要化学成分是酚类、脂肪酸、芳香族化合物等[67]。并且特征吸收峰减少，表明化学成分酚、醇、醚、烃和芳族化合物被部分提取。

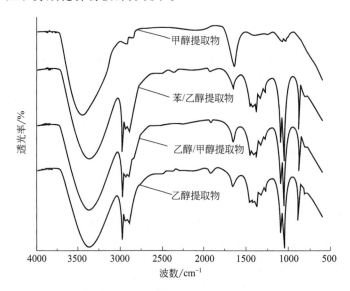

图 4-1　七叶树果实外皮的红外光谱

据观察，这些木质素的主要结构与官能团的特征带非常相似[68]。所有光谱都显示出典型的木质素模式，木质素特征吸收峰在 1654cm⁻¹、1456cm⁻¹、1421cm⁻¹、1382cm⁻¹、1327cm⁻¹、1277cm⁻¹、1089cm⁻¹ 和 881cm⁻¹ 处没有显著变化，与其他三条光谱相比甲醇提取物在 1648cm⁻¹ 处的吸收强度有增加，相比于其他峰都有所减弱，如 3000～2800cm⁻¹ 和 1655～881cm⁻¹ 之间。在纤维素 2924cm⁻¹ 处也有所减弱，表明和纤维素木质素在提取后部分水解[69,70]。在峰 3365cm⁻¹ 处主要是 O—H 拉伸，峰 2973cm⁻¹ 处是—C—H 拉伸，在 1655cm⁻¹ 属于 C═C 拉伸，在峰 1448cm⁻¹ 位置属于 C—H 拉伸，在 1275cm⁻¹ 是 C—C 拉伸震动，1047cm⁻¹ 是 C—O 拉伸[71]。七叶树果实外皮甲醇提取

物中除了 $1648cm^{-1}$ 处的峰，其他所有峰的透射强度都小于其他值，随着碳种类的变化，所有峰的透射强度逐渐减小，就表明了这些基团含碳较少。影响木材颜色的主要成分是酚类化合物，这就解释了在有机溶剂提取中为什么木材的颜色更浅[72]。

**（2）七叶树果实外皮热重分析**

七叶树果实外皮的热稳定性在很大程度上决定了其优良的阻燃性能，同时也决定了其工业化的广阔应用前景。因此，热稳定性分析也是评估七叶树果实外皮阻燃性和工业应用的有效方法，为了研究七叶树果实外皮的热稳定性，我们进行了热重测试。如图 4-2 所示，升温速率为 $20℃/min$ 时的 TG 和 DTG 曲线，TG 用于确定样品重量的变化，DTG 则表示质量损失率，其可用于估计热降解程度。$T_{5wt\%}$ 和 $T_{10wt\%}$ 的热损失分别为 5wt％ 和 10wt％，$T_{5wt\%}$ 和 $T_{10wt\%}$ 温度分别是 97℃ 和 247℃[73]。

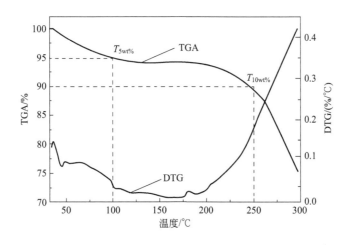

**图 4-2 七叶树果实外皮的热重曲线**

（注：TGA-热失重曲线图，DTG-热失重速率曲线图）

从图 4-2 中看出，热解失重过程可以分为三个阶段，第一阶段在 35～106℃ 之间，用于蒸发低沸点小分子有机物[74]，这一阶段的试样失重较小。第二阶段在 106～221℃ 之间，试样开始出现明显的失重，试样内部发生了少量高聚物解聚和重组引起的关系是其失重的主要原因[75]。热裂解产物成分较为复杂，一类是小分子气体包括 $CO_2$、CO、CH 和 $H_2O$ 等，另一类是典型的焦油类组分包括酚、醛、酸等。第三阶段在 221～300℃ 之间，其余部件的燃烧阶段几种轻质气体的析出含量明显增加，纤维素和半纤维素迅速热裂解生成大量的挥发气体而造成失重，可见此时七叶树果实外皮热解反应最为剧烈，这与图 4-2 中 DTG 曲线表现的规律相一致，这时失重速率最大。这三个阶段表现出不同的热解规律，具有不同的动力学参数和反应机理，最终残留质量为 75.2％[76,77]。在 20～250℃ 之间，七叶树果实外皮热重仅为 25％ 左右，热失重较少。热重测试表明七叶树果实外皮具有良好的热稳定性，具有良好的加工性能，高品位资源利用潜力巨大[78]。

**（3）七叶树果实外皮气相色谱-质谱分析**

图 4-3～图 4-6 显示了通过 GC-MS 分析的三种提取物的总离子色谱图。各组分含量的具体结果见表 4-2～表 4-5 中。

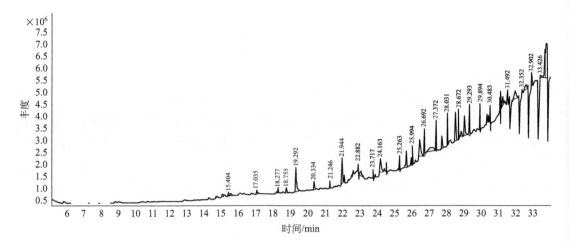

图 4-3  七叶树果实外皮乙醇提取物的总离子色谱图

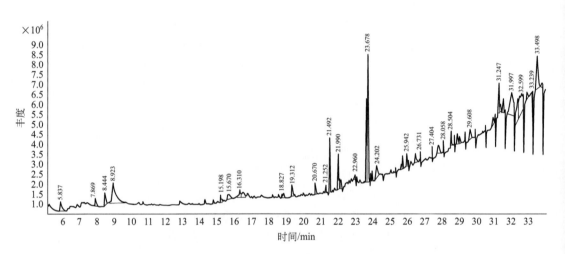

图 4-4  七叶树果实外皮甲醇提取物的总离子色谱图

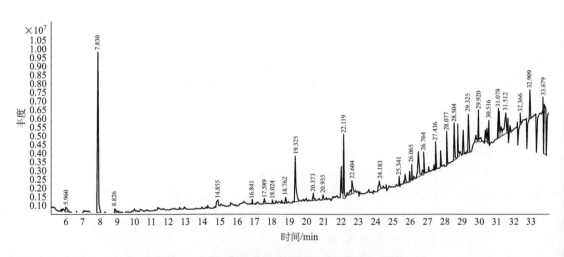

图 4-5  七叶树果实外皮苯/乙醇提取物的总离子色谱图

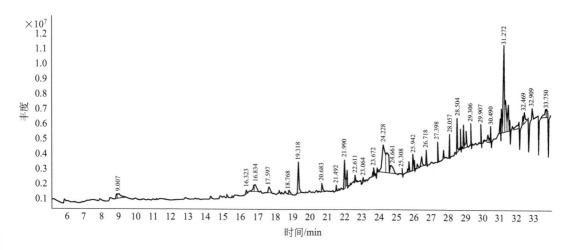

图 4-6　七叶树果实外皮乙醇/甲醇提取物的总离子色谱图

表 4-2　七叶树果实外皮乙醇提取物的气相色谱-质谱分析

| 序号 | 保留时间/min | 面积百分比/% | 物质名称 |
|---|---|---|---|
| 1 | 15.07 | 3.17 | N-甲基-N-[4-(3-羟基吡咯烷基)-2-丁烯基]-乙酰胺 |
| 2 | 15.40 | 1.93 | N-甲基-N-[4-(3-羟基吡咯烷基)-2-丁烯基]-乙酰胺 |
| 3 | 15.54 | 2.25 | 3-羟基月桂酸 |
| 4 | 17.03 | 1.70 | N-甲基-N-[4-(3-羟基吡咯烷基)-2-丁烯基]-乙酰胺 |
| 5 | 18.28 | 1.56 | N-甲基-N-[4-(3-羟基吡咯烷基)-2-丁烯基]-乙酰胺 |
| 6 | 18.76 | 3.14 | N-甲基-N-[4-(3-羟基吡咯烷基)-2-丁烯基]-乙酰胺 |
| 7 | 19.29 | 17.78 | N-甲基-N-[4-(3-羟基吡咯烷基)-2-丁烯基]-乙酰胺 |
| 8 | 21.25 | 1.53 | 11,13-二羟基十四碳-5-炔酸甲酯 |
| 9 | 21.94 | 10.08 | 1,3,5(10)-雌甾三烯-17β-醇 |
| 10 | 22.88 | 1.38 | 4-氨基丁酸-β-谷甾醇酯 |
| 11 | 23.04 | 4.18 | 4-氨基丁酸-β-谷甾醇酯 |
| 12 | 24.16 | 11.96 | 异胆酸乙酯 |
| 13 | 25.26 | 2.62 | 11,13-二羟基十四碳-5-炔酸甲酯 |
| 14 | 25.99 | 4.21 | 11,13-二羟基十四碳-5-炔酸甲酯 |
| 15 | 27.37 | 5.96 | 乙醇 |
| 16 | 28.03 | 6.83 | 乙醇 |
| 17 | 28.67 | 6.66 | 乙醇 |
| 18 | 29.29 | 6.45 | 1,4-二(三甲基硅烷基)苯 |
| 19 | 29.89 | 4.44 | 1,4-二(三甲基硅烷基)苯 |
| 20 | 30.48 | 2.19 | 1,4-二(三甲基硅烷基)苯 |

从表 4-2 和图 4-3 中可知，乙醇提取物中检测到 20 个峰，检测了 9 种化学成分，结果表明更多物质的含量如下：N-甲基-N-[4-(3-羟基吡咯烷基)-2-丁烯基]-乙酰胺（29.28%），乙醇（19.45%），1,4-二（三甲基硅烷基）苯（13.08%），异胆酸乙酯

（11.96％），1,3,5(10)-雌甾三烯-17β-醇（10.08％），11,13-二羟基十四碳-5-炔酸甲酯（8.36％），4-氨基丁酸-β-谷甾醇（5.56％），3-羟基月桂酸（2.25％）等。

表 4-3　七叶树果实外皮甲醇提取物的气相色谱-质谱分析

| 序号 | 保留时间/min | 面积百分比/% | 物质名称 |
|---|---|---|---|
| 1 | 5.84 | 3.75 | 反式 2-戊烯酸 |
| 2 | 7.87 | 2.02 | 9-癸烯酸 |
| 3 | 8.44 | 3.53 | 6-己内酯-2-酮 |
| 4 | 8.92 | 16.19 | Z-3-甲基-2-己烯酸 |
| 5 | 15.20 | 1.36 | N-甲基-N-[4-(3-羟基吡咯烷基)-2-丁烯基]-乙酰胺 |
| 6 | 15.67 | 2.82 | 3-羟基月桂酸 |
| 7 | 16.31 | 2.09 | N-甲基-N-[4-(3-羟基吡咯烷基)-2-丁烯基]-乙酰胺 |
| 8 | 16.49 | 3.06 | 肉豆蔻碱 |
| 9 | 18.83 | 0.85 | 肉豆蔻碱 |
| 10 | 19.31 | 2.91 | N-甲基-N-[4-(3-羟基吡咯烷基)-2-丁烯基]-乙酰胺 |
| 11 | 20.67 | 2.16 | 棕榈油酸 |
| 12 | 21.25 | 0.87 | 棕榈油酸 |
| 13 | 21.49 | 6.07 | 13-甲基十五烷酸甲酯 |
| 14 | 21.99 | 5.60 | 1,3,5(10)-雌甾三烯-17β-醇 |
| 15 | 22.06 | 1.76 | 异胆酸乙酯 |
| 16 | 22.13 | 1.71 | 异胆酸乙酯 |
| 17 | 22.96 | 1.15 | 异胆酸乙酯 |
| 18 | 23.63 | 9.04 | 8,11-十八碳二烯酸甲酯 |
| 19 | 23.68 | 18.22 | 10-十八碳烯酸甲酯 |
| 20 | 23.86 | 0.85 | 异胆酸乙酯 |
| 21 | 23.95 | 1.13 | 异胆酸乙酯 |
| 22 | 24.20 | 4.49 | 异胆酸乙酯 |
| 23 | 25.62 | 0.73 | 异胆酸乙酯 |
| 24 | 25.70 | 1.75 | 异胆酸乙酯 |
| 25 | 25.94 | 1.62 | 异胆酸乙酯 |
| 26 | 26.03 | 0.24 | 油酸 |
| 27 | 27.40 | 0.64 | (2R,3R,4AR,5S,8AS)-2-羟基-4a,5-二甲基-3-(丙-1-烯-2-基)八氢萘-1(2H)-酮 |
| 28 | 28.06 | 0.64 | (2R,3R,4AR,5S,8AS)-2-羟基-4a,5-二甲基-3-(丙-1-烯-2-基)八氢萘-1(2H)-酮 |
| 29 | 28.50 | 2.07 | 异胆酸乙酯 |
| 30 | 28.69 | 0.67 | (2R,3R,4AR,5S,8AS)-2-羟基-4a,5-二甲基-3-(丙-1-烯-2-基)八氢萘-1(2H)-酮 |

通过表 4-3 和图 4-4 分析结果可以得出，甲醇提取物中检测到 30 个峰，检测了 15 种化学成分，结果表明更多物质的含量如下：10-十八碳烯酸甲酯（18.22％），异胆酸乙酯（17.26％），Z-3-甲基-2-己烯酸（16.19％），8,11-十八碳烯酸甲酯（9.04％），N-甲基-N-[4-(3-羟基吡咯烷基)-2-丁烯基]-乙酰胺（6.36％），13-甲基十五烷酸甲酯（6.07％），

1,3,5(10)-雌甾三烯-17$\beta$-醇（5.60%），肉豆蔻碱（3.91%），反式 2-戊烯酸（3.75%），6-己内酯-2-酮（3.53%），9-癸烯酸（2.02%）等。

表 4-4　七叶树果实外皮苯/乙醇提取物的气相色谱-质谱分析

| 序号 | 保留时间/min | 面积百分比/% | 物质名称 |
|---|---|---|---|
| 1 | 5.96 | 1.65 | 12,15-十八碳二炔酸甲酯 |
| 2 | 7.83 | 21.87 | 2-乙基己醇 |
| 3 | 8.83 | 1.59 | 3-羟基月桂酸 |
| 4 | 14.86 | 1.82 | 3-羟基月桂酸 |
| 5 | 16.84 | 0.49 | N-甲基-N-[4-(3-羟基吡咯烷基)-2-丁烯基]-乙酰胺 |
| 6 | 17.54 | 1.01 | 肉豆蔻碱 |
| 7 | 18.02 | 0.44 | 肉豆蔻碱 |
| 8 | 18.76 | 1.04 | Z-7-甲基十四烯-1-醇乙酸酯 |
| 9 | 19.33 | 10.12 | 细胞色素同工酶 CYP2E1 |
| 10 | 20.37 | 1.05 | 棕榈油酸 |
| 11 | 20.94 | 0.66 | 4a-环氧-2h-环戊烷[3,4]环丙烷[8,9]环戊烯[1,2-b]环氧-5(1ah)-酮,2,7,9,10-四(乙酰氧基)十氢-3,6,8,8,10a-五甲基-1b |
| 12 | 21.98 | 4.48 | NA-2,4-二硝基苯-L-精氨酸 |
| 13 | 22.12 | 7.66 | 邻苯二甲酸二月桂酯 |
| 14 | 24.18 | 2.49 | 异胆酸乙酯 |
| 15 | 25.34 | 0.52 | 2,5-二氟-$\beta$,3,4-三羟基-N-甲基-苯甲酰胺 |
| 16 | 25.94 | 1.27 | 异胆酸乙酯 |
| 17 | 26.07 | 1.13 | 2,5-二氟-$\beta$,3,4-三羟基-N-甲基-苯甲酰胺 |
| 18 | 26.44 | 5.82 | 异胆酸乙酯 |
| 19 | 26.76 | 1.60 | 蝶呤-6-甲酸 |
| 20 | 27.44 | 2.35 | 乙醇 |
| 21 | 27.73 | 1.99 | 2-溴十八烷 |
| 22 | 28.08 | 2.83 | 乙醇 |
| 23 | 28.50 | 5.53 | 异胆酸乙酯 |
| 24 | 28.72 | 2.95 | 蝶呤-6-甲酸 |
| 25 | 29.03 | 3.74 | 异胆酸乙酯 |
| 26 | 29.33 | 5.03 | 1-甲酰基-3-乙基-6-$\beta$-D-呋喃核糖基-吡唑[4,5-b]咪唑 |
| 27 | 29.92 | 2.26 | 二羟基锡 |
| 28 | 30.52 | 1.22 | 乙醇 |
| 29 | 31.08 | 2.25 | 异胆酸乙酯 |
| 30 | 31.12 | 3.13 | 异胆酸乙酯 |

从表 4-4 和图 4-5 可知，苯/乙醇提取物中检测到 30 个峰，检测了 18 种化学成分，结果表明更多物质的含量如下：异胆酸乙酯（24.23%），2-乙基己醇（21.87%），细胞色素

同工酶 CYP2E1（10.12％），邻苯二甲酸二月桂酯（7.66％），乙醇（6.40％），1-甲酰基-3-乙基-6-$\beta$-D-呋喃核糖基-吡唑[4,5-$b$]咪唑（5.03％），NA-2,4-二硝基苯-L-精氨酸（4.48％），3-羟基月桂酸（3.41％），12,15-十八碳二炔酸，甲酯（1.65％），肉豆蔻碱（1.45％），棕榈油酸（1.05％），7-甲基-Z-十四烯-1-醇乙酸酯（1.04％）等。

表 4-5　七叶树果实外皮乙醇/甲醇提取物的气相色谱-质谱分析

| 序号 | 保留时间 /min | 面积百分比 /% | 物质名称 |
|---|---|---|---|
| 1 | 8.9 | 1.26 | 3-羟基月桂酸 |
| 2 | 9.0 | 3.76 | 3-羟基月桂酸 |
| 3 | 16.3 | 0.76 | $N$-甲基-$N$-[4-(3-羟基吡咯烷基)-2-丁烯基]-乙酰胺 |
| 4 | 16.8 | 2.37 | $N$-甲基-$N$-[4-(3-羟基吡咯烷基)-2-丁烯基]-乙酰胺 |
| 5 | 16.8 | 3.36 | 肉豆蔻碱 |
| 6 | 17.6 | 3.31 | 3-羟基月桂酸 |
| 7 | 18.8 | 1.28 | 棕榈油酸 |
| 8 | 19.3 | 7.10 | $N$-甲基-$N$-[4-(3-羟基吡咯烷基)-2-丁烯基]-乙酰胺 |
| 9 | 20.7 | 2.29 | 棕榈油酸 |
| 10 | 21.5 | 0.92 | 肉豆蔻碱 |
| 11 | 22.0 | 5.15 | 1,3,5(10)-雌甾三烯-17$\beta$-醇 |
| 12 | 22.1 | 1.21 | 肉豆蔻碱 |
| 13 | 22.1 | 2.72 | 2,3-二甲基-5-三氟甲基苯-1,4-二醇 |
| 14 | 24.2 | 18.84 | 3-(乙酰氧基)-(3.$\beta$)-乌索-12-烯-28 醇 |
| 15 | 24.4 | 13.59 | 3-(乙酰氧基)-(3.$\beta$)-乌索-12-烯-28 醇 |
| 16 | 25.3 | 0.29 | 11,13-二羟基十四碳-5-炔酸甲酯 |
| 17 | 25.7 | 1.78 | 异胆酸乙酯 |
| 18 | 25.9 | 2.50 | 异胆酸乙酯 |
| 19 | 26.0 | 0.54 | [1,1′-双环丙基]-2-辛酸,2′-己基甲酯 |
| 20 | 26.2 | 1.02 | 异胆酸乙酯 |
| 21 | 26.4 | 1.98 | 异胆酸乙酯 |
| 22 | 26.7 | 1.32 | 葫芦素 $B$ |
| 23 | 27.4 | 1.51 | 乙醇 |
| 24 | 28.1 | 1.85 | (2$R$,3$R$,4$AR$,5$S$,8$AS$)-2-羟基-4$a$,5-二甲基-3-(丙-1-烯-2-基)八氢萘-1(2$H$)-酮 |
| 25 | 28.5 | 5.77 | 异胆酸乙酯 |
| 26 | 28.7 | 1.63 | (2$R$,3$R$,4$AR$,5$S$,8$AS$)-2-羟基-4$a$,5-二甲基-3-(丙-1-烯-2-基)八氢萘-1(2$H$)-酮 |
| 27 | 28.9 | 4.31 | 异胆酸乙酯 |
| 28 | 30.3 | 1.70 | 葫芦素 $B$ |
| 29 | 33.7 | 2.89 | 3-羟基月桂酸 |
| 30 | 33.8 | 2.98 | 3-羟基月桂酸 |

通过表 4-5 和图 4-6 分析结果可以得出，乙醇/甲醇提取物中检测到 30 个峰，检测了 14 种个化学成分，结果表明更多物质的含量如下：3-(乙酰氧基)-(3,β)-乌索-12-烯-28 醇（32.43%），异胆酸乙酯（17.36%），3-羟基月桂酸（14.20%），肉豆蔻碱（5.49%），1,3,5(10)-雌甾三烯-17β-醇（5.15%），(2R,3R,4AR,5S,8AS)-2-羟基-4a,5-二甲基-3-(丙-1-烯-2-基)八氢萘-1(2H)-酮（348%），N-甲基-N-[4-(3-羟基吡咯烷基)-2-丁烯基]-乙酰胺（3.13%），2,3-二甲基-5-三氟甲基苯-1,4-二醇（2.72%）。

表 4-6　七叶树果实外皮四种提取物气相色谱-质谱的总化学成分分类表

| 类别 | 乙醇提取物 | | 甲醇提取物 | | 苯/乙醇提取物 | | 乙醇/甲醇提取物 | |
| --- | --- | --- | --- | --- | --- | --- | --- | --- |
| | 分子数量 | 相对含量/% | 分子数量 | 相对含量/% | 分子数量 | 相对含量/% | 分子数量 | 相对含量/% |
| 醇/酚类 | 3 | 35.09 | 1 | 5.60 | 3 | 29.31 | 3 | 9.37 |
| 醛酮类 | 0 | 0 | 2 | 5.47 | 1 | 0.66 | 1 | 3.48 |
| 酸类 | 1 | 2.25 | 6 | 28.05 | 4 | 13.50 | 2 | 7.78 |
| 生物碱 | 0 | 0 | 1 | 3.91 | 1 | 1.45 | 1 | 5.49 |
| 其他类 | 5 | 62.66 | 5 | 56.97 | 9 | 55.08 | 7 | 73.88 |

按照表 4-6 可得，通过气相色谱-质谱检测得出七叶树果实外皮在使用不同溶剂在提取物中存在 50 种化合物，其中醇/酚共有 10 种（R—OH）（≤19.84%），4 种醛/酮（R＝OH/R＝OR）（≤2.40%），13 种酸（R—OOH）（≤12.90%），3 种生物碱（RN）（≤2.71%）及其他 26 种化合物（≤62.15%）。在乙醇提取物种主要由 3 种醇/酚（R—OH）（≤35.09%），1 种酸（R—OOH）（≤2.25%）及其他 5（≤62.66%）。在甲醇提取物中由 1 种醇/酚（R—OH）（≤5.60%），2 种醛/酮（R＝OH/R＝OR）（≤5.47%），6 种酸（R—OOH）（≤28.05%），1 种生物碱（RN）（≤3.91%）及其他 5 种（≤56.97%）。苯/乙醇提取物由 3 种醇/酚（R—OH）（≤29.31%），1 种醛/酮（R＝OH/R＝OR）（≤0.66%），5 种酸（R—OOH）（≤13.50%），1 种生物碱（RN）（≤1.45%）及其他 9 种（≤55.08%）。乙醇/甲醇提取物由 3 种醇/酚（R—OH）（≤9.37%），1 种醛/酮（R＝OH/R＝OR）（≤3.48%），2 种酸（R—OOH）（≤7.78%），1 种生物碱（RN）（≤5.49%）及其他 7 种（≤73.88%）。

**（4）七叶树果实外皮热裂解-气相色谱-质谱分析**

根据表 4-7 和图 4-7 分析结果得出，在七叶树果实外皮中检测到 284 个峰，其中鉴定出 258 种化学成分，峰面积占总峰面积的 79.45%，其中含量较最高的是：醋酸（10.00%），DL-丙氨酸（3.67%），缩水甘油（3.13%），羟基丙酮（3.12%），愈创木酚（2.64%），2,6-二甲氧基苯酚（2.29%），邻苯二酚（2.15%），4-丙烯基-2-甲氧基苯酚（1.77%），反式-1,2 二苯乙烯（1.54%），细胞色素同工酶 CYP2E1（1.40%），2-甲氧基-4-甲基苯酚（1.32%），丙酮（1.22%），(E)-2,6-二甲氧基-4-(丙-1-烯-1-基)苯酚（1.18%），甲基环戊烯醇酮（1.00%），2-羟基-2-环戊烯-1-酮（0.92%），对苯二酚，TMS 衍生物（0.88%），3,5-二甲氧基-4-羟基甲苯（0.88%），糠醛（0.87%），4-乙基-2-甲氧基苯酚（0.84%），2(5H)-呋喃酮（0.81%），5-甲基-2-庚胺（0.78%），2-甲氧基-4-丙基-苯酚（0.77%），2-甲氧基-3-(2-丙烯基)-苯酚（0.67%），4-丙烯基-2-甲氧基苯酚（0.65%）等。

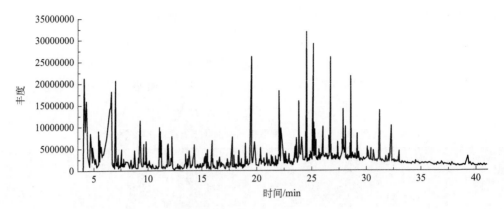

图 4-7 七叶树果实外皮的热裂解-气相色谱-质谱总离子色谱图

表 4-7 七叶树果实外皮的热裂解-气相色谱-质谱分析

| 序号 | 保留时间<br>/min | 面积百分比<br>/% | 物质名称 |
|---|---|---|---|
| 1 | 3.70 | 0.01 | N-十二烷基甲胺 |
| 2 | 4.07 | 3.67 | DL-丙氨酸 |
| 3 | 4.26 | 3.13 | 缩水甘油 |
| 4 | 4.68 | 1.22 | 丙酮 |
| 5 | 4.85 | 0.12 | 反-2-戊烯 |
| 6 | 4.92 | 0.35 | 乙酸甲酯 |
| 7 | 4.96 | 0.23 | 乙酸甲酯 |
| 8 | 5.02 | 0.26 | 1-氰基-2-丙烯基乙酸酯 |
| 9 | 5.16 | 0.50 | 甲基偶氮甲醇乙酸酯 |
| 10 | 5.38 | 0.09 | 2,3-二氢呋喃 |
| 11 | 5.47 | 0.69 | 2,3-丁二酮 |
| 12 | 5.56 | 0.89 | 正丙醇 |
| 13 | 5.68 | 0.65 | 2-甲基呋喃 |
| 14 | 5.81 | 0.41 | 醋酸 |
| 15 | 6.02 | 1.09 | 醋酸 |
| 16 | 6.48 | 5.55 | 醋酸 |
| 17 | 6.63 | 2.95 | 醋酸 |
| 18 | 6.84 | 0.12 | 环丙甲基酮 |
| 19 | 6.99 | 1.79 | 羟基丙酮 |
| 20 | 7.11 | 0.22 | 3-甲基-2-丁酮 |
| 21 | 7.23 | 0.26 | 2,3-戊二酮 |
| 22 | 7.39 | 0.18 | 正丁基缩水甘油醚 |
| 23 | 7.55 | 0.41 | 羟乙酸甲酯 |
| 24 | 7.68 | 0.12 | 乙醚 |

| 序号 | 保留时间 /min | 面积百分比 /% | 物质名称 |
|---|---|---|---|
| 25 | 7.76 | 0.19 | 丙基肼 |
| 26 | 7.94 | 0.34 | 乙醚 |
| 27 | 8.02 | 0.15 | 乙醚 |
| 28 | 8.08 | 0.24 | 丙酸 |
| 29 | 8.18 | 0.08 | 丙酸 |
| 30 | 8.23 | 0.09 | 丙烯酸 |
| 31 | 8.39 | 0.35 | N-甲基吡咯 |
| 32 | 8.56 | 0.06 | 3-乙氧基丙腈 |
| 33 | 8.63 | 0.10 | 2-甲基呋喃 |
| 34 | 8.76 | 0.58 | 吡咯 |
| 35 | 8.97 | 0.04 | 乙氧基乙酸 |
| 36 | 9.11 | 0.34 | 甲苯 |
| 37 | 9.24 | 1.33 | 羟基丙酮 |
| 38 | 9.51 | 0.06 | 正辛烷 |
| 39 | 9.60 | 0.52 | 丁二醛 |
| 40 | 9.71 | 0.06 | 丙氧基甲基环氧乙烷 |
| 41 | 9.79 | 0.52 | 丙酮酸甲酯 |
| 42 | 9.97 | 0.14 | 2-丁烯臭氧化物 |
| 43 | 10.02 | 0.06 | 正丁基缩水甘油醚 |
| 44 | 10.09 | 0.15 | 3-氨基-1,2,4-三氮唑 |
| 45 | 10.15 | 0.08 | 2-甲基-2-噻唑啉 |
| 46 | 10.25 | 0.13 | 己酸 |
| 47 | 10.41 | 0.10 | 糠醛 |
| 48 | 10.45 | 0.11 | 2-乙酰基呋喃 |
| 49 | 10.62 | 0.07 | 3,7-二乙酰氨基-7H-s-三唑[5,1-c]-s-三唑 |
| 50 | 10.73 | 0.04 | 乙酰脲 |
| 51 | 10.77 | 0.07 | 2-甲基吡啶 |
| 52 | 10.97 | 0.06 | 反式-1,4-环己二醇 |
| 53 | 11.08 | 0.87 | 糠醛 |
| 54 | 11.20 | 0.59 | 2-环戊烯酮 |
| 55 | 11.31 | 0.10 | 四氢吡啶 |
| 56 | 11.46 | 0.11 | (Z)-6-辛烯-2-酮 |

| 序号 | 保留时间<br>/min | 面积百分比<br>/% | 物质名称 |
|---|---|---|---|
| 57 | 11.72 | 0.17 | 1,6：2,3-二脱水-4-$O$-乙酰基-$\beta$-D-吡喃葡萄糖 |
| 58 | 11.87 | 0.67 | 糠醇 |
| 59 | 12.00 | 0.08 | 乙基苯 |
| 60 | 12.10 | 0.13 | 甲基-$\beta$-D-核糖核苷-3′-乙酸酯 |
| 61 | 12.21 | 0.51 | 乙二醇二乙酸酯 |
| 62 | 12.26 | 0.17 | 邻二甲苯 |
| 63 | 12.41 | 0.02 | 二仲丁胺 |
| 64 | 12.57 | 0.03 | 2-乙基呋喃 |
| 65 | 12.62 | 0.03 | 苯酚 |
| 66 | 12.73 | 0.07 | 4-环戊烯-1,3-二酮 |
| 67 | 12.78 | 0.06 | 4-环戊烯-1,3-二酮 |
| 68 | 12.86 | 0.04 | 1-辛烯 |
| 69 | 12.95 | 0.07 | 苯并环丁烯 |
| 70 | 13.06 | 0.05 | 间二甲苯 |
| 71 | 13.14 | 0.05 | 正壬烷 |
| 72 | 13.41 | 0.15 | ($E$)-2-丁烯酸甲酯 |
| 73 | 13.51 | 0.30 | 甲基环戊烯醇酮 |
| 74 | 13.65 | 0.20 | 2-乙酰基呋喃 |
| 75 | 13.84 | 0.81 | 2-丁烯酸-4-内酯 |
| 76 | 13.98 | 0.09 | 1-甲基-1-(2-丙炔基)-肼 |
| 77 | 14.10 | 0.09 | 糠醇 |
| 78 | 14.30 | 0.92 | 2-羟基-2-环戊烯-1-酮 |
| 79 | 14.40 | 0.05 | 2-环己烯-1-酮 |
| 80 | 14.53 | 0.08 | 1-甲基环己烯 |
| 81 | 14.61 | 0.13 | 5-甲基-2(5$H$)-呋喃酮 |
| 82 | 14.79 | 0.09 | 依替前列通 |
| 83 | 14.86 | 0.10 | 惕格酸 |
| 84 | 14.92 | 0.03 | 惕格酸 |
| 85 | 15.08 | 0.18 | 惕格酸 |
| 86 | 15.24 | 0.25 | 依替前列通 |
| 87 | 15.35 | 0.39 | 1,2,-丙二烯基苯 |
| 88 | 15.50 | 0.32 | 3-甲基-2-环戊烯-1-酮 |

| 序号 | 保留时间/min | 面积百分比/% | 物质名称 |
|---|---|---|---|
| 89 | 15.69 | 0.04 | 4-羟基吡啶 |
| 90 | 15.74 | 0.02 | 2-糠酸甲酯 |
| 91 | 15.94 | 0.63 | 苯酚 |
| 92 | 16.08 | 0.07 | 4-吡喃酮 |
| 93 | 16.15 | 0.05 | 乙基环戊烷 |
| 94 | 16.29 | 0.02 | 1,4-二甲基-5-氧杂二环[2.1.0]戊烷 |
| 95 | 16.40 | 0.16 | 联三甲苯 |
| 96 | 16.54 | 0.15 | 4-辛炔 |
| 97 | 16.63 | 0.27 | 3,4-二氢-2-甲氧基-2$H$-吡喃 |
| 98 | 16.78 | 0.13 | 2-己烯 |
| 99 | 16.91 | 0.18 | 2-羟基丁酸酮 |
| 100 | 16.99 | 0.06 | 1,2-二甲基环丙甲酸 |
| 101 | 17.05 | 0.04 | 二环亚丁基氧化物 |
| 102 | 17.25 | 0.17 | 2-环己烯硫酮 |
| 103 | 17.36 | 0.18 | 1,2,4-三甲基苯 |
| 104 | 17.44 | 0.04 | 4-甲基苯乙烯 |
| 105 | 17.52 | 0.11 | 双戊烯 |
| 106 | 17.76 | 1.00 | 甲基环戊烯醇酮 |
| 107 | 17.86 | 0.05 | 反式-2,4-己二烯-1-醇 |
| 108 | 17.93 | 0.19 | 2,3-二甲基-2-环戊烯-1-酮 |
| 109 | 18.04 | 0.08 | 苯乙醛 |
| 110 | 18.16 | 0.11 | 3-甲基-2-丁烯酸-4-内酯 |
| 111 | 18.22 | 0.07 | 2,3,4-三甲基正己烷 |
| 112 | 18.34 | 0.26 | 邻甲酚 |
| 113 | 18.46 | 0.17 | $\delta$-戊内酯 |
| 114 | 18.58 | 0.15 | 去氢胆红素 |
| 115 | 18.64 | 0.05 | 3,4,5-三甲基-2-环戊烯酮 |
| 116 | 18.77 | 0.06 | 苯乙酮 |
| 117 | 18.87 | 0.06 | 6-甲基双环[4.2.0]-7-辛醇 |
| 118 | 18.95 | 0.53 | 间甲苯酚 |
| 119 | 19.13 | 0.28 | 3-乙基-2-环戊烯-1-酮 |
| 120 | 19.20 | 0.03 | 庚酸 |

| 序号 | 保留时间 /min | 面积百分比 /% | 物质名称 |
|---|---|---|---|
| 121 | 19.24 | 0.09 | 丁酸叶醇酯 |
| 122 | 19.28 | 0.05 | (十)-环氧十九烷 |
| 123 | 19.49 | 2.64 | 愈创木酚 |
| 124 | 19.59 | 0.19 | 2-羟基-3,4-二甲基-2-环戊烯-1-酮 |
| 125 | 19.77 | 0.78 | 5-甲基-2-庚胺 |
| 126 | 19.83 | 0.52 | 对间羟胺 |
| 127 | 19.91 | 0.16 | 2,6-二甲基苯酚 |
| 128 | 19.99 | 0.09 | 2-甲基苯并呋喃 |
| 129 | 20.07 | 0.07 | 2,3-二甲基-2-丁烯酸-4-内酯 |
| 130 | 20.13 | 0.06 | N-甲基-8-氮杂双环[3,2,1]辛烷-3-甲腈 |
| 131 | 20.24 | 0.27 | 甲基麦芽酚 |
| 132 | 20.35 | 0.34 | 乙基环戊烯醇酮 |
| 133 | 20.44 | 0.14 | 3-甲基-2,4-四氢呋喃二酮 |
| 134 | 20.50 | 0.24 | 6-甲基-2,4-二氢-3-吡喃酮 |
| 135 | 20.63 | 0.18 | 2-乙基苯酚 |
| 136 | 20.71 | 0.04 | 4-甲基-3-环己烯-1-酮 |
| 137 | 20.77 | 0.07 | 1-环己烯-1-甲醇 |
| 138 | 20.92 | 0.40 | 3,5-二甲基苯酚 |
| 139 | 21.03 | 0.09 | 香豆酸 |
| 140 | 21.07 | 0.08 | 1-甲基茚 |
| 141 | 21.13 | 0.15 | 1,2,4,5-四甲苯 |
| 142 | 21.21 | 0.05 | 1-甲基茚 |
| 143 | 21.34 | 0.22 | 4-乙基苯酚 |
| 144 | 21.40 | 0.17 | 3,5-二甲基苯酚 |
| 145 | 21.47 | 0.16 | 2,3-二羟基苯甲醛 |
| 146 | 21.55 | 0.08 | 苯甲酸 |
| 147 | 21.64 | 0.09 | 2,3-二甲苯酚 |
| 148 | 21.71 | 0.16 | 3-甲基-2-甲氧基苯酚 |
| 149 | 21.78 | 0.04 | 6-亚甲基双环[3.1.0]己烷 |
| 150 | 21.82 | 0.04 | 十五烯 |
| 151 | 21.88 | 0.12 | 2-甲氧基-5-甲基苯酚 |
| 152 | 22.05 | 1.32 | 2-甲氧基-4-甲基苯酚 |

| 序号 | 保留时间/min | 面积百分比/% | 物质名称 |
|---|---|---|---|
| 153 | 22.21 | 0.83 | 邻苯二酚 |
| 154 | 22.26 | 1.32 | 邻苯二酚 |
| 155 | 22.52 | 0.25 | 2,3-二氢苯并呋喃 |
| 156 | 22.65 | 0.33 | 1,4:3,6-二脱水-α-D-吡喃葡萄糖 |
| 157 | 22.73 | 0.20 | 3-甲氧基苯酚 |
| 158 | 22.84 | 0.10 | N-[2-[1-哌啶基]环己基]尿素 |
| 159 | 22.93 | 0.43 | 3,4-二甲氧基甲苯 |
| 160 | 23.08 | 0.10 | 苯代丙腈 |
| 161 | 23.16 | 0.14 | 3-(乙酰氧基甲基)-2,2,4-三甲基环己醇 |
| 162 | 23.25 | 0.09 | (Z)-5-癸烯-1-醇乙酸酯 |
| 163 | 23.33 | 0.16 | 4-丙基苯酚 |
| 164 | 23.40 | 0.12 | 1a,2,7,7a-四氢-1H-环丙烷[b]萘 |
| 165 | 23.48 | 0.44 | 3-甲基邻苯二酚 |
| 166 | 23.58 | 0.62 | 3-甲氧基儿茶酚 |
| 167 | 23.73 | 0.10 | 人参总皂苷A |
| 168 | 23.81 | 0.84 | 4-乙基-2-甲氧基苯酚 |
| 169 | 23.86 | 0.23 | 2,6-二羟基苯乙酮 |
| 170 | 23.92 | 0.24 | 1,4-苯二酚 |
| 171 | 23.99 | 0.26 | 1-茚酮 |
| 172 | 24.06 | 0.90 | 3,4-二羟基甲苯 |
| 173 | 24.16 | 0.18 | 氰化苄 |
| 174 | 24.24 | 0.22 | 2,4,6-三甲酚 |
| 175 | 24.32 | 0.09 | 2-氟苯乙基异丙醚 |
| 176 | 24.39 | 0.19 | 对羟基苯甲醛 |
| 177 | 24.50 | 2.38 | 4-乙烯基-2-甲氧基苯酚 |
| 178 | 24.61 | 0.14 | 2,3,5-三甲基呋喃 |
| 179 | 24.69 | 0.20 | 2,3-二氢-1,1,5,6-四甲基-1H-茚 |
| 180 | 24.74 | 0.08 | 3,3,5-三甲基-6-苯硫基-3-环庚烯-1-醇 |
| 181 | 24.82 | 0.27 | 2-甲基-1,3-苯二酚 |
| 182 | 24.88 | 0.23 | 对烯丙基苯酚 |
| 183 | 24.94 | 0.30 | 4-乙基苯硫酚 |
| 184 | 25.13 | 2.29 | 2,6-二甲氧基苯酚 |

| 序号 | 保留时间<br>/min | 面积百分比<br>/% | 物质名称 |
|---|---|---|---|
| 185 | 25.21 | 0.67 | 2-甲氧基-3-(2-丙烯基)苯酚 |
| 186 | 25.36 | 0.77 | 2-甲氧基-4-丙基苯酚 |
| 187 | 25.48 | 0.23 | 2-异丁烯基-4-乙烯基-四氢呋喃 |
| 188 | 25.56 | 0.16 | 除草剂 |
| 189 | 25.65 | 0.54 | 2-氟-1,3,5-三甲基苯 |
| 190 | 25.77 | 0.19 | 3-甲基吲哚 |
| 191 | 25.81 | 0.10 | 邻异丙基苯丙酮 |
| 192 | 25.85 | 0.23 | 3-甲基-6-丙基苯酚 |
| 193 | 25.92 | 0.16 | 2-(1,1-二甲基乙基)-环丁酮 |
| 194 | 25.99 | 0.56 | 香兰素 |
| 195 | 26.02 | 0.65 | 4-丙烯基-2-甲氧基苯酚 |
| 196 | 26.15 | 0.29 | 1-茚酮-7-甲酸 |
| 197 | 26.24 | 0.19 | 2-乙基-2,3-二氢-1H-茚 |
| 198 | 26.28 | 0.41 | 1-苯硫基-3-乙酰氧基-2-丙酮 |
| 199 | 26.40 | 0.19 | 1,3-二甲基萘 |
| 200 | 26.47 | 0.20 | 1-(邻甲基苯基)-2-丙烯-1-酮 |
| 201 | 26.61 | 0.88 | 3,5-二甲氧基-4-羟基 |
| 202 | 26.69 | 1.77 | 4-丙烯基-2-甲氧基苯酚 |
| 203 | 26.86 | 0.36 | (E)-4-苯基-3-丁烯-2-酮 |
| 204 | 26.95 | 0.19 | 4-(2,2-二甲基-6-亚甲基环己基)-2-丁酮 |
| 205 | 27.00 | 0.15 | 4,6-二甲基-2-氧-2H-吡喃-5-甲酸乙酯 |
| 206 | 27.07 | 0.37 | 4-甲基-2-乙基-1-丙基-1H-咪唑 |
| 207 | 27.19 | 0.26 | 11-丁基二十二烷 |
| 208 | 27.34 | 0.70 | 4-羟基-3-甲氧基苯乙酮 |
| 209 | 27.47 | 0.19 | 3-氨基-4-甲氧基苯甲酰胺 |
| 210 | 27.52 | 0.14 | 反式-1-(4-甲氧基苯)-1-丁烯 |
| 211 | 27.64 | 0.28 | 苯氧乙酰胺 |
| 212 | 27.76 | 0.55 | 甲基-$\beta$-D-吡喃葡萄糖苷 |
| 213 | 27.84 | 0.88 | 对苯二酚,TMS 衍生物 |
| 214 | 27.91 | 0.43 | 1,6-脱水-$\beta$-D-葡萄糖 |
| 215 | 27.99 | 0.21 | 6,7-二氢-3,6-二甲基-(R)-4(5H)苯并呋喃酮 |
| 216 | 28.05 | 0.62 | 1-(4-羟基-3-甲氧基苯基)-2-丙酮 |

| 序号 | 保留时间/min | 面积百分比/% | 物质名称 |
|---|---|---|---|
| 217 | 28.14 | 0.23 | 2$H$-茚-2-酮,八氢肟 |
| 218 | 28.21 | 0.22 | 月桂酸 |
| 219 | 28.40 | 0.55 | 2-甲基-9-次黄嘌呤-$\beta$-D-呋喃核苷 |
| 220 | 28.54 | 1.54 | 反式-1,2 二苯乙烯 |
| 221 | 28.68 | 0.36 | 1,4,6-三甲基萘 |
| 222 | 28.72 | 0.28 | 2,3,6-三甲基萘 |
| 223 | 28.81 | 0.19 | 1-(3,4-亚甲二氧苯基)-丙烷-1-醇 |
| 224 | 28.92 | 0.37 | 7-甲基噻唑并[5,4-$d$]嘧啶 |
| 225 | 28.98 | 0.34 | 3,5-二甲基苯甲醇 |
| 226 | 29.15 | 0.50 | 4-烯丙基-2,6-二甲氧基苯酚 |
| 227 | 29.27 | 0.38 | 4-正丙基联苯 |
| 228 | 29.33 | 0.19 | 2,2-二甲基-1-(3-氧代-丁-1-烯基)-环戊基甲醛 |
| 229 | 29.47 | 0.21 | 苯-1,4-二羧基亚氨酸二乙酯 |
| 230 | 29.56 | 0.25 | 乙酸-2-甲基-1-萘酯 |
| 231 | 29.70 | 0.25 | 1,4-二氢-1-甲基-1,4-环氧萘 |
| 232 | 29.75 | 0.14 | 5,7-二甲基-1,3-二氮杂金刚烷-6-酮腙 |
| 233 | 29.85 | 0.20 | 1,1'-(5-羟基-2,2-二甲基双环[4.1.0]庚烷-1,7-二基)双,(1-$\alpha$,5-$\beta$,6-$\alpha$,7-$\alpha$)-乙酮 |
| 234 | 30.03 | 0.46 | (1S-顺式)-1,6-二甲基-4-异丙基-1,2,3,4-四氢萘 |
| 235 | 30.10 | 0.34 | ($E$)-2,6-二甲氧基-4-丙烯基苯酚 |
| 236 | 30.16 | 0.39 | 4-羟基-3-甲氧基-苯丙醇 |
| 237 | 30.40 | 0.50 | 1,4,6-三甲基萘 |
| 238 | 30.65 | 0.48 | 细胞色素同工酶 CYP2E1 |
| 239 | 30.75 | 0.18 | 溴代十二烷 |
| 240 | 30.88 | 0.27 | 乙酰-2-(4-乙酰基-5-羟基-2-甲氧苯基)乙胺 |
| 241 | 31.05 | 0.21 | 4$a$,7,7,10$a$-四甲基十二氢苯并[$f$]铬-3-基胺 |
| 242 | 31.18 | 1.18 | ($E$)-2,6-二甲氧基-4-丙烯基苯酚 |
| 243 | 31.32 | 0.35 | 2-溴苯乙基异丙醚 |
| 244 | 31.48 | 0.24 | 1,4-二乙酰基-3-乙酰氧基甲基-2,5-亚甲基-1-鼠李糖醇 |
| 245 | 31.77 | 0.30 | 4-羟基-3,5-二甲基苯甲醛 |
| 246 | 31.83 | 0.14 | 5,7-二甲基-1-萘酚 |
| 247 | 32.03 | 0.47 | 乙酰丁香酮 |
| 248 | 32.25 | 1.40 | 细胞色素同工酶 CYP2E1 |

| 序号 | 保留时间/min | 面积百分比/% | 物质名称 |
|---|---|---|---|
| 249 | 32.42 | 0.18 | 1,2-二氢-1-亚萘基-2-丙醇 |
| 250 | 32.55 | 0.25 | (E)-15,16-二氯-8(17)-11-二烯-13-酮 |
| 251 | 32.70 | 0.17 | 4-甲基环亚丙基甲基苯 |
| 252 | 32.83 | 0.19 | 香树烯 |
| 253 | 32.97 | 0.46 | 1-(2,4,6-三羟基-3-甲基苯基)-1-丁酮 |
| 254 | 33.21 | 0.13 | 二丁基二氟锡 |
| 255 | 33.33 | 0.24 | 3-苯氧基苯酚 |
| 256 | 33.54 | 0.22 | 2-乙基-3-亚甲基-1-茚满酮 |
| 257 | 33.76 | 0.17 | 9-[2-(二乙基乙酰基)-1-乙基-1-丁烯基]-(Z)-9-硼双环[3.3.1]壬烷 |
| 258 | 34.18 | 0.10 | 1,8-二甲基-4-异丙基-8,9-环氧螺环[4.5]-7-癸酮 |
| 259 | 34.27 | 0.20 | 4-(2,2,6-三甲基-7-氧杂双环[4.1.0]-4-庚烯-1-基)-3-戊烯-2-酮 |
| 260 | 34.51 | 0.22 | 6-氨基-5,7-二甲基-1,3-二氮烷 |
| 261 | 34.61 | 0.09 | 3-苯氧基苄醇 |
| 262 | 34.74 | 0.23 | 1,4,6-三甲基萘 |
| 263 | 35.07 | 0.17 | 十五烷酸 |
| 264 | 35.38 | 0.19 | 硬脂酸 |
| 265 | 35.41 | 0.12 | 硬脂酸 |
| 266 | 35.57 | 0.14 | 2-戊基-2-壬烯醛 |
| 267 | 35.76 | 0.20 | 1,2,3a,4,5,9b-六氢-2,2-二甲苯-萘并[2,1-b]呋喃 |
| 268 | 36.26 | 0.10 | 顺式-9-二十三烯 |
| 269 | 36.49 | 0.16 | 1,2,3,5,6,7-六氢-4,8-二甲基-s-并二苯 |
| 270 | 36.61 | 0.04 | 2,3,3a,4,6,7-六氢-2-乙酰基-6,6-二甲基-3-苯基-吡唑并[4,3-c]吡喃 |
| 271 | 36.72 | 0.07 | 16-烯-(8β,13β)-考尔 |
| 272 | 36.88 | 0.19 | 5-(3-羟基丙基)-2,3-二甲氧基苯酚 |
| 273 | 37.12 | 0.10 | 1,4-二羟基-2-萘基乙酮 |
| 274 | 37.59 | 0.08 | 棕榈酸甲酯 |
| 275 | 37.82 | 0.17 | 反式芥子醇 |
| 276 | 37.99 | 0.08 | 二亚苄叉丙酮 DBA |
| 277 | 38.35 | 0.11 | N(1)-[(2-乙氧基-3-甲氧基苯基)甲基]-1H-1,2,3,4-四唑-1,5-二胺 |
| 278 | 38.80 | 0.06 | (Z)-14-甲基-8-十六烯醛 |
| 279 | 39.22 | 0.50 | 棕榈酸 |
| 280 | 39.45 | 0.13 | 2-亚甲基环戊醇 |

| 序号 | 保留时间/min | 面积百分比/% | 物质名称 |
|---|---|---|---|
| 281 | 39.69 | 0.08 | 邻苯二甲酸二丁酯 |
| 282 | 40.19 | 0.03 | 2,6-二羟基苯乙酮肟 |
| 283 | 40.43 | 0.07 | (+)-1,2,3,4-四氢异喹啉-6-醇-1-羧酸,7-甲氧基-1-甲基-甲基(酯) |
| 284 | 40.72 | 0.02 | 顺式-1-氯-9-十八碳烯 |

从表4-8可得,通过热裂解-气相色谱-质谱检测得出七叶树果实外皮在使用不同溶剂在提取物中存在多达258种化合物,主要由52种醇/酚(R—OH)(≤28.94%),58种醛/酮(R=OH/R=OR)(≤20.53%),15种酸(R—OOH)(≤16.02%)及其他133种(≤34.51%)。

表 4-8　七叶树果实外皮热裂解-气相色谱-质谱的总化学成分分类表

| 部位 | 醇/酚类 | | 醛酮类 | | 酸类 | | 生物碱 | | 其他类 | |
|---|---|---|---|---|---|---|---|---|---|---|
| | 分子数量 | 相对含量/% | 分子数量 | 相对含量/% | 分子数量 | 相对含量/% | 分子数量 | 相对含量/% | 分子数量 | 相对含量/% |
| 七叶树果实外皮 | 52 | 28.94 | 58 | 20.53 | 15 | 16.02 | 0 | 0 | 133 | 34.51 |

### 4.2.3　资源化途径分析

七叶树果实外皮产品具有一定的人体健康功能,采用气相色谱-质谱联用和热裂解-气相色谱-质谱联用技术对七叶树果实外皮分析得到了相关的化合物,并且通过查阅相关资料和文献,我们获得了已被证实的对人体健康有益的成分。硬脂酸的多元醇酯用于化妆品、稳定剂、防水剂、硬脂酸甘油酯的乳化剂、药品和其他有机化学品,已成为一种具有润滑、增塑和稳定功能的添加剂,用于填充改性母料;它也是制造肥皂的主要成分,可溶于水。其他金属盐可用作杀菌剂、涂料添加剂和 PVC 稳定剂;硬脂酸可有效提高无机粉末涂料的活化效果,增加材料的流动性,当硬脂酸的含量适当地增加就会增加材料的熔体流动速率,从而加大了无机粉末材料所需要的熔体流动速率[79,80]。

2-甲基呋喃用于制备维生素 B₁ 和磷酸伯氨喹等,是一种良好的溶剂,用于合成拟除虫菊酯类农药和香料,也是丙炔的中间体,还是一种有机合成中间体,具有麻醉作用,可用作有机溶剂[81]。庚酸主要用于生产庚酸酯,它能作为一种香料和抗真菌药物的原料,该产品可用于生产安全玻璃聚乙烯醇缩丁醛增塑剂酯,也能作为醇酸树脂稳定剂的中间体以及润滑剂的多元醇酯的有机合成[82]。苯甲酸属于酸型食品防腐剂,在酸性条件下只抑制霉菌和细菌,对酸菌的抑制影响并不大;它还在制造药物、香水和食品防腐剂中具有抗真菌、消毒和防腐作用;可用作制备香料的药物,染料的中间体及钢铁设备的防锈剂[83]。糠醛用作有机合成的原料,例如用于合成清漆、杀虫剂、药物和涂料等;也是一种重要的有机化工原料,例如制备乙二酸、糠醇等;用于合成糠醛树脂、橡胶防老剂、防腐剂等,还涉及医药、农药和食品等行业[84,85]。

## 4.3 七叶树果实果壳资源化基础分析

七叶树果实果壳是一种资源丰富的副产物，其主要含有纤维素、多糖、单宁、植物酚、黄酮类等多种活性成分，具有良好的开发利用价值。如从 *Myracrodruon urundeuva Fr* 的树皮中提取的单宁具有显著的抗伤害作用。这种抑制作用可对抗腹部收缩，抵抗血栓形成，抑制水肿，抑制出血性膀胱炎[86]。多糖对啤酒胶体颗粒黏度更具特异性和稳定性，有助于提高对过滤流量预测的准确性[87]。植物细胞壁在生长和发育中，细胞壁多糖可以使细胞易于分化，多糖包括果胶、木葡聚糖、甘露聚糖等，它们在植物生长和发育的不同阶段发挥不同的作用[88]。类黄酮途径不仅可以产生多种具有紫外线保护功能的植物化合物，而且黄酮类化合物在根-根际信号传导中的作用可以改善植物-微生物的相互作用[89]。黄酮类化合物被认为是强大的抗炎药，可以提高调节性 T 细胞并刺激抗炎细胞因子的表达[90]。目前在七叶树果实的加工中，对其果实的利用较多，而果壳常作为垃圾或低附加值的废物材料进行处理。为提高七叶树果实的附加值，对其果壳进行深入研究，充分利用其化学成分，实现七叶树果实果壳资源化高效利用，具有重要的意义。

因此，为探究七叶树果实果壳中的活性成分，实现其资源化利用。本节主要以七叶树果实的果壳为研究对象，采用傅里叶红外光谱、气相色谱-质谱等现代仪器对七叶树果实果壳的有机溶剂提取物的化学成分进行检测和分析，探索其果壳中的有效活性成分，通过热重和热裂解气相色谱-质谱联用技术对其热解行为进行分析，解析其热解特性和规律，为七叶树果实果壳的资源化利用提供数据支持和理论支撑。

### 4.3.1 材料与方法

#### 4.3.1.1 试验材料

七叶树果实采集于河南省西峡县，由河南省西峡县林业局提供。从七叶树果实上剥出果壳、晾干，在使用植物粉碎机（型号：FW-400A，北京中兴伟业仪器有限公司生产）粉碎果壳成 20～60 目粉末，放置于干燥箱中备用。无水乙醇、甲醇及苯都是分析纯，产于天津市富宇精细化工有限公司；定性滤纸，采用苯/醇溶液浸泡 24h，晾干。苯/乙醇溶液是苯、乙醇按照体积比 1∶1 均匀混合而成；甲醇/乙醇溶液是甲醇、乙醇按照体积比 1∶1 均匀混合而成。

#### 4.3.1.2 试验方法

**（1）提取方法**

按照表 4-9 工艺法进行提取，先分别用乙醇、甲醇、苯/乙醇（1∶1）和乙醇/甲醇（1∶1）进行有机溶剂提取，用仪表恒温水浴锅提取 4h，分别得到乙醇提取物、甲醇提取物、苯/乙醇提取物和乙醇/甲醇提取物；然后采用旋转蒸发浓缩至 10mL，乙醇、甲醇、苯/乙醇和乙醇/甲醇提取温度分别为 78℃、65℃、72℃ 和 68℃（提取时间均为 4min）。

表 4-9　七叶树果实果壳的提取方法

| 溶剂 | 质量/g | 时间/min | 温度/℃ | 溶剂用量/mL |
|---|---|---|---|---|
| $C_2H_5OH$ | 15.33 | 4 | 78 | 300 |
| $CH_3OH$ | 15.17 | 4 | 65 | 300 |
| $C_6H_6/C_2H_5OH(1:1)$ | 15.24 | 4 | 72 | 300 |
| $C_2H_5OH/CH_3OH(1:1)$ | 15.47 | 4 | 68 | 300 |

**（2）计算方法**

按下式计算七叶树果实果壳的四种提取物气相色谱-质谱的醇/酚类百分比。

$$醇/酚类百分比 = \frac{四种提取物中的醇/酚类化合物相对含量}{四种提取物总的相对含量} \times 100\% \qquad (4-2)$$

注：醛酮类、酸类、生物碱和其他类的计算方法同式 4-2。

## 4.3.2　结果与分析

**（1）七叶树果实果壳傅里叶变换红外光谱分析**

傅里叶变换红外光谱用于研究样本的结构基团，为了进行比较同时列出了 4 条样品的光谱，见图 4-8。

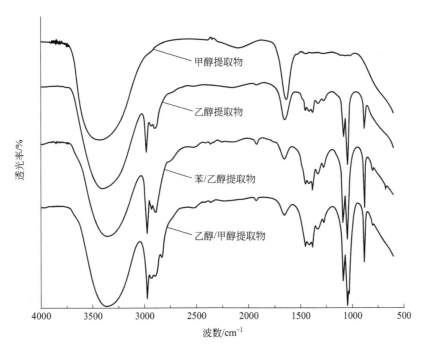

图 4-8　七叶树果实果壳的红外光谱

四种提取物样品吸收峰主要集中在 $3700 \sim 2976cm^{-1}$、$2976 \sim 2833cm^{-1}$ 和 $1655 \sim$

$883\mathrm{cm}^{-1}$。主要有机化学成分是醇类、脂肪酸、酚类、醚类、烃类化合物和芳香族化合物等[67,68]。并且特征吸收峰减少，表明化学成分醇、醚、酚、烃和芳族化合物被部分提取。在峰 $3363\mathrm{cm}^{-1}$ 处主要是 O—H 拉伸，峰 $2976\mathrm{cm}^{-1}$ 处是—C—H 拉伸，在 $1655\mathrm{cm}^{-1}$ 属于 C=C 拉伸，在峰 $1449\mathrm{cm}^{-1}$ 位置属于 C—H 拉伸，在 $1276\mathrm{cm}^{-1}$ 处是 C—C 拉伸震动，$1049\mathrm{cm}^{-1}$ 处是 C—O 拉伸[71]。根据图 4-8 分析可知，这些木质素的主要结构与官能团的特征带非常相似，所有光谱都显示出典型的木质素模式，木质素特征吸收峰在 $1655\mathrm{cm}^{-1}$、$1449\mathrm{cm}^{-1}$、$1409\mathrm{cm}^{-1}$、$1383\mathrm{cm}^{-1}$、$1331\mathrm{cm}^{-1}$、$1276\mathrm{cm}^{-1}$、$1090\mathrm{cm}^{-1}$、$1049\mathrm{cm}^{-1}$ 和 $883\mathrm{cm}^{-1}$ 处没有显著变化。和其他三条光谱相比甲醇提取物在 $1655\mathrm{cm}^{-1}$ 处的吸收强度有增加，相比于其他峰都有所减弱，例如在 $2976\sim2833\mathrm{cm}^{-1}$ 和 $1655\sim883\mathrm{cm}^{-1}$ 之间。但乙醇提取物和甲醇提取物样品在 $1655\mathrm{cm}^{-1}$ 处的吸收强度有增加，在其他峰处减弱，乙醇提取物和甲醇提取物在纤维素 $2976\mathrm{cm}^{-1}$ 处也有所减弱，表明纤维素和木质素在提取后部分水解[69,70]。甲醇提取物中除了峰 $3363\mathrm{cm}^{-1}$ 和 $1655\mathrm{cm}^{-1}$ 处，所有峰的透射强度都小于其他值，随着碳种类的变化，所有峰的透射强度逐渐减小，这表明这些基团含碳较少[72]。

**（2）七叶树果实果壳热重分析**

图 4-9 是在升温速率为 20℃/min 时的 TG 和 DTG 曲线，TG 用于确定样品质量的变化，DTG 曲线表示质量损失率并可用于估计热降解程度。因此，为了研究七叶树果实果壳的质量变化及变化的速率，我们进行了 TG 测试。$T_{1\mathrm{wt}\%}$、$T_{7\mathrm{wt}\%}$ 和 $T_{9\mathrm{wt}\%}$ 的热失重分别为 1wt%、7wt% 和 9wt%，$T_{1\mathrm{wt}\%}$、$T_{7\mathrm{wt}\%}$ 和 $T_{9\mathrm{wt}\%}$ 温度分别为 48℃、108℃ 和 206℃[75]。从图 4-9 中看出，热解失重过程可以分为三个阶段：第一阶段在 20～102℃ 之间，为水分蒸发阶段失重较小，失重主要是由生物质失水引起的[73]；第二阶段在 102～206℃ 之间，对于预热解过渡阶段，该阶段的曲线相对平坦，表明热解速率相对稳定，并且样品开始显示出显著的质量损失。质量损失主要是由样品内的少量聚合物解聚和重组引

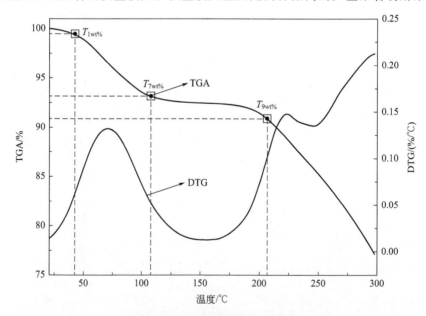

图 4-9 七叶树果实果壳的热重曲线

（注：TGA-热失重曲线图，DTG-热失重速率曲线图）

起的[76,77]；第三阶段在 206～300℃之间，在剩余组分的燃烧阶段，随着温度升高，该阶段挥发量占整个温度范围的质量损失的 80%～90%，由 DTG 曲线看出，七叶树果实果壳的失重速率存在 1 个峰，七叶树果实果壳中纤维素和半纤维素迅速热裂解生成大量的挥发气体而造成失重[74]。三个阶段表现出不同的热解规律，具有不同的动力学参数和反应机理，最终残留质量为 77.13%[78]。在 20～300℃之间，七叶树果实果壳的热重损失仅为12%左右，热失重较少。

**（3）七叶树果实果壳气相色谱-质谱分析**

图 4-10～图 4-13 显示了通过 GC-MS 分析的三种提取物的总离子色谱图。各组分含量的具体结果示于表 4-10～表 4-13 中。

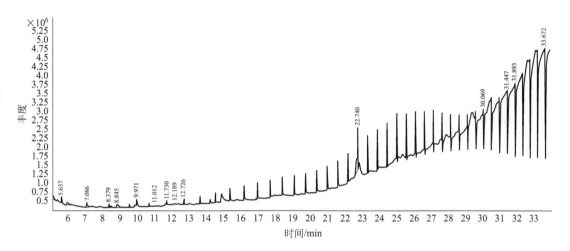

图 4-10 七叶树果实果壳乙醇提取物的总离子色谱图

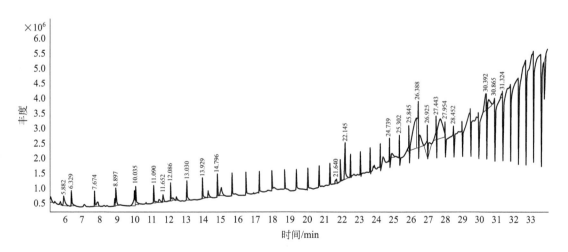

图 4-11 七叶树果实果壳甲醇提取物的总离子色谱图

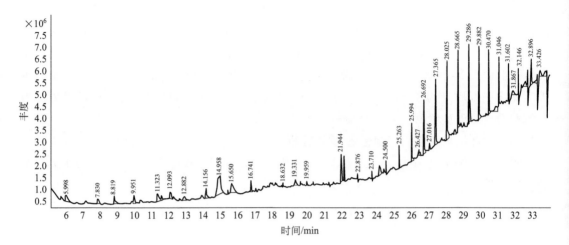

图 4-12　七叶树果实果壳苯/乙醇提取物的总离子色谱图

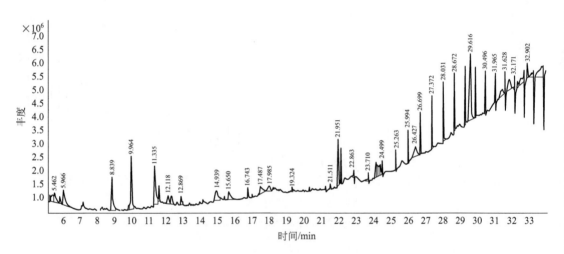

图 4-13　七叶树果实果壳乙醇/甲醇提取物的总离子色谱图

表 4-10　七叶树果实果壳乙醇提取物的气相色谱-质谱分析

| 序号 | 保留时间/min | 面积百分比/% | 物质名称 |
|---|---|---|---|
| 1 | 5.14 | 1.37 | 阿拉伯糖 |
| 2 | 5.39 | 0.56 | [1,1'-双环丙基]-2-辛酸-2'-己基-甲酯 |
| 3 | 5.64 | 1.10 | 乙醇酸乙酯 |
| 4 | 5.95 | 1.89 | 阿拉伯糖 |
| 5 | 7.09 | 1.83 | 阿拉伯糖 |
| 6 | 8.38 | 0.63 | 阿拉伯糖 |
| 7 | 8.48 | 0.63 | 2-氨基-5-[（2-羧基）乙烯基]-咪唑-3-(2-氨基-5-咪唑)丙烯酸 |
| 8 | 8.85 | 1.92 | 2-氨基-5-[（2-羧基）乙烯基]-咪唑-3-(2-氨基-5-咪唑)丙烯酸 |
| 9 | 9.97 | 1.85 | D-甘露糖 |
| 10 | 11.01 | 0.50 | 异戊二烯 |

| 序号 | 保留时间/min | 面积百分比/% | 物质名称 |
|---|---|---|---|
| 11 | 11.73 | 0.63 | 异戊二烯 |
| 12 | 12.19 | 0.63 | 4-乙酰基 D-木聚糖腈 |
| 13 | 14.25 | 0.97 | (Z)-7-甲基-Z-十四烯-1-醇乙酸酯 |
| 14 | 14.91 | 6.69 | [1,1′-双环丙基]-2-辛酸-2′-己基-甲酯 |
| 15 | 15.79 | 0.95 | 5,6,7,8,9,10-六氢-9-甲基-螺[2H-1,3-苯并噁嗪 4,1′环己烷]-2-硫酮 |
| 16 | 16.96 | 2.66 | 氨基脲 |
| 17 | 17.70 | 2.50 | 氨基脲 |
| 18 | 17.97 | 1.24 | N-甲基-N-[4-(3-羟基吡咯烷基)-2-丁烯基]-乙酰胺 |
| 19 | 18.41 | 2.37 | 氨基脲 |
| 20 | 19.09 | 3.04 | 氨基脲 |
| 21 | 19.75 | 2.86 | 氨基脲 |
| 22 | 20.39 | 2.97 | 氨基脲 |
| 23 | 21.00 | 3.58 | 氨基脲 |
| 24 | 21.60 | 3.85 | 氨基脲 |
| 25 | 22.18 | 3.63 | 乙醇酸 |
| 26 | 22.74 | 11.29 | 2,3,5,5,8a-五甲基-6,7,8,8a-四氢-5H-苯并[b]吡喃-8-醇 |
| 27 | 22.83 | 0.61 | 2-[4-甲基-6-(2,6,6-三甲基环己-1-烯基)六-1,3,5-三烯基]环己-1-烯-1-甲醛 |
| 28 | 23.32 | 4.91 | 乙醇酸 |
| 29 | 23.89 | 5.30 | 乙醇酸 |
| 30 | 24.46 | 5.68 | 乙醇 |
| 31 | 25.02 | 5.45 | 乙醇 |
| 32 | 25.56 | 5.66 | 乙醇 |
| 33 | 26.09 | 5.77 | 乙醇 |
| 34 | 26.62 | 4.48 | 乙醇 |

从表 4-10 和图 4-10 可知，通过乙醇提取物的气相色谱-质谱分析结果中检测到 34 个峰，检测了 15 种化学成分。结果表明更多物质的含量如下：乙醇（27.04%），氨基脲（23.83%），乙醇酸（13.84%），2,3,5,5,8a-五甲基-6,7,8,8a-四氢-5H-苯并[b]吡喃-8-醇（11.29%），[1,1′-双环丙基]-2-辛酸-2′-己基-甲酯（7.25%），阿拉伯糖（5.72%），2-氨基-5-[（2-羧基）乙烯基]-咪唑-3-（2-氨基-5-咪唑）丙烯酸（2.55%），D-甘露糖（1.85%），双戊烯（1.13%），乙醇酸乙酯（1.10%）等。

表 4-11　七叶树果实果壳甲醇提取物的气相色谱-质谱分析

| 序号 | 保留时间/min | 面积百分比/% | 物质名称 |
|---|---|---|---|
| 1 | 5.12 | 1.72 | 阿拉伯糖 |
| 2 | 5.69 | 1.05 | 阿拉伯糖 |
| 3 | 5.88 | 4.35 | 阿拉伯糖 |
| 4 | 6.33 | 2.92 | 氨基脲 |

| 序号 | 保留时间/min | 面积百分比/% | 物质名称 |
|---|---|---|---|
| 5 | 7.67 | 2.83 | 乙酰肼 |
| 6 | 7.84 | 2.34 | 3-氟乙十二酯 |
| 7 | 8.84 | 1.34 | 依斯美林 |
| 8 | 8.90 | 3.59 | 2-氨基-4-羟基氨基嘧啶 |
| 9 | 9.96 | 5.00 | 蜜二糖 |
| 10 | 10.04 | 4.06 | 阿拉伯糖 |
| 11 | 11.42 | 1.69 | 双戊烯 |
| 12 | 11.65 | 1.55 | 双戊烯 |
| 13 | 12.21 | 1.08 | 双戊烯 |
| 14 | 12.42 | 1.23 | 双戊烯 |
| 15 | 14.27 | 1.67 | N2-(3-吲哚基亚甲基)-呋喃-2-碳酰肼 |
| 16 | 15.02 | 3.89 | 4-(1,1-二甲基乙基)-二甲酯(1.$\alpha$,2.$\beta$,4.$\beta$)-1,2-环戊二羧酸 |
| 17 | 17.95 | 2.05 | 氧 |
| 18 | 18.08 | 1.37 | N-甲基-N-[4-(3-羟基吡咯烷基)-2-丁烯基]-乙酰胺 |
| 19 | 18.67 | 2.22 | 氧 |
| 20 | 20.02 | 1.96 | 氧 |
| 21 | 20.66 | 2.37 | 氧 |
| 22 | 21.28 | 2.34 | 氧 |
| 23 | 21.64 | 1.34 | 2-[4-甲基-6-(2,6,6-三甲基环己-1-烯基)六-1,3,5-三烯基]环己-1-烯-1-甲醛 |
| 24 | 21.88 | 2.28 | 氧 |
| 25 | 22.15 | 8.45 | 1,3,5(10)-雌甾三烯-17$\beta$-醇 |
| 26 | 22.46 | 2.34 | 氧 |
| 27 | 23.03 | 2.13 | 氨基脲 |
| 28 | 23.61 | 2.22 | 氨基脲 |
| 29 | 23.79 | 0.76 | 2-[4-甲基-6-(2,6,6-三甲基环己-1-烯基)六-1,3,5-三烯基]环己-1-烯-1-甲醛 |
| 30 | 23.85 | 1.20 | 2-[4-甲基-6-(2,6,6-三甲基环己-1-烯基)六-1,3,5-三烯基]环己-1-烯-1-甲醛 |
| 31 | 24.20 | 2.25 | 甲醇 |
| 32 | 25.30 | 1.75 | 甲醇 |
| 33 | 25.85 | 2.51 | Cedran 二醇(8S,14) |
| 34 | 26.39 | 10.96 | 2-[4-甲基-6-(2,6,6-三甲基环己-1-烯基)六-1,3,5-三烯基]环己-1-烯-1-甲醛 |
| 35 | 26.93 | 8.07 | 2-[4-甲基-6-(2,6,6-三甲基环己-1-烯基)六-1,3,5-三烯基]环己-1-烯-1-甲醛 |
| 36 | 27.95 | 0.79 | 2-[4-甲基-6-(2,6,6-三甲基环己-1-烯基)六-1,3,5-三烯基]环己-1-烯-1-甲醛 |
| 37 | 28.45 | 0.32 | 维甲酰酚胺 |

按照表 4-11 和图 4-11 可得，通过甲醇提取物的气相色谱-质谱分析结果中检测到 37 个峰，检测了 17 种化学成分。结果表明更多物质的含量如下：2-[4-甲基-6-(2,6,6-三甲

基环己-1-烯基)六-1,3,5-三烯基]环己-1-烯-1-甲醛（23.12%），氧（15.56%），阿拉伯糖（11.18%），氨基脲（7.27%），双戊烯（5.55%），蜜二糖（5.05%），甲醇（4.0%），4-(1,1-二甲基乙基)-二甲基(1,a,2,β,4,β)-1,2-环戊二羟酸（3.89%），2-氨基-4-羟基氨基嘧啶（3.59%），乙酰肼（2.83%），3-三氟乙酰氧基十二烷（2.34%），依斯美林（1.34%）等。

表 4-12　七叶树果实果壳苯/乙醇提取物的气相色谱-质谱分析

| 序号 | 保留时间/min | 面积百分比/% | 物质名称 |
|---|---|---|---|
| 1 | 5.99 | 2.58 | 6-甲基-3-苯乙基磺胺基-[1,2,4]三嗪-5-醇 |
| 2 | 7.83 | 1.46 | 3-三氟乙酰氧基戊烷 |
| 3 | 8.82 | 2.07 | 乙酸,6-吗啉-4-基-9-氧代双环[3.3.1]壬-3-酯 |
| 4 | 9.95 | 1.47 | β-乳糖 |
| 5 | 11.32 | 2.96 | 松三糖水合物 |
| 6 | 11.57 | 0.94 | 松三糖水合物 |
| 7 | 12.09 | 1.97 | 松三糖水合物 |
| 8 | 12.88 | 1.25 | 松三糖水合物 |
| 9 | 14.16 | 1.93 | N2-(3-吲哚甲基)-呋喃-2-碳酰肼 |
| 10 | 14.96 | 11.27 | 松三糖水合物 |
| 11 | 15.42 | 0.34 | [1,1′-双环丙基]-2-辛酸-2′-己基甲酯 |
| 12 | 15.65 | 4.87 | 松三糖水合物 |
| 13 | 16.74 | 1.50 | (3,3-二甲基-5-甲硫基-3,4-(2H)-3-二氢吡咯-2-亚基)乙腈 |
| 14 | 18.63 | 0.48 | 1,1,4,6-四甲基-杂环戊烯-4,5,6-三醇 |
| 15 | 19.33 | 1.59 | 4a-环氧-2h-环戊烷[3,4]环丙烷[8,9]环戊烯[1,2-b]环氧-5(1ah)-酮,2,7,9,10-四(乙酰氧基)十氢-3,6,8,8,10a-五甲基-1b |
| 16 | 19.96 | 0.46 | 4a-环氧-2h-环戊烷[3,4]环丙烷[8,9]环戊烯[1,2-b]环氧-5(1ah)-酮,2,7,9,10-四(乙酰氧基)十氢-3,6,8,8,10a-五甲基-1b |
| 17 | 21.94 | 3.11 | 异胆酸乙酯 |
| 18 | 22.13 | 2.15 | 邻苯二甲酸正丁异辛酯 |
| 19 | 24.50 | 0.66 | 1-甲酰基-3-乙基-6-β-D-呋喃核糖基-吡唑[4,5-b]咪唑 |
| 20 | 25.26 | 1.59 | 2,5-二氟-β-3,4-三羟基-N-甲基-苯乙胺 |
| 21 | 25.99 | 3.17 | 乙醇 |
| 22 | 26.69 | 4.78 | 乙醇 |
| 23 | 27.37 | 5.97 | 乙醇 |
| 24 | 28.03 | 7.25 | 乙醇 |
| 25 | 28.67 | 6.36 | 乙醇 |
| 26 | 29.29 | 6.53 | 乙醇 |
| 27 | 29.35 | 3.12 | 1-甲酰基-3-乙基-6-β-D-呋喃核糖基-吡唑[4,5-b]咪唑 |
| 28 | 29.88 | 6.37 | 乙醇 |
| 29 | 30.47 | 5.19 | 乙醇 |
| 30 | 31.05 | 3.36 | 乙醇 |
| 31 | 31.60 | 2.14 | 乙醇 |
| 32 | 32.15 | 1.09 | 1,4-二(三甲基硅烷基)苯 |

按照表 4-12 和图 4-12 可得，通过苯/乙醇提取物的气相色谱-质谱分析结果检测到 32 个峰，检测了 16 种化学成分。结果表明更多物质的含量如下：乙醇（51.12％），松三糖水合物（23.26％），1-甲酰基-3-乙基-6-β-D-呋喃核糖基-吡唑[4,5-b]咪唑（3.78％），6-甲基-3-苯乙基磺胺基-[1,2,4]三嗪-5-醇（2.58％），乙酸-6-吗啉-4-基-9-氧代双环[3.3.1]壬-3-酯（2.07％），β-乳糖（1.47％），3-三氟乙酰氧基戊烷（1.46％）等。

表 4-13　七叶树果实果壳乙醇/甲醇提取物的气相色谱-质谱分析

| 序号 | 保留时间 /min | 面积百分比 /% | 物质名称 |
| --- | --- | --- | --- |
| 1 | 5.20 | 0.66 | 阿拉伯糖 |
| 2 | 5.33 | 2.23 | 阿拉伯糖 |
| 3 | 5.46 | 2.62 | 左旋葡萄糖酮 |
| 4 | 5.77 | 0.96 | O-乙酰丝氨酸 |
| 5 | 5.97 | 5.72 | 阿拉伯糖 |
| 6 | 8.84 | 5.58 | 克林霉素 |
| 7 | 9.82 | 0.70 | 松三糖水合物 |
| 8 | 9.96 | 7.91 | 6-甲基-3,5 二羟基-2,3-二氢-4-吡喃酮 |
| 9 | 11.34 | 8.35 | 5-羟甲基糠醛 |
| 10 | 11.58 | 1.77 | 松三糖水合物 |
| 11 | 12.12 | 2.16 | 松三糖水合物 |
| 12 | 12.31 | 1.46 | 松三糖水合物 |
| 13 | 12.87 | 1.32 | 松三糖水合物 |
| 14 | 14.94 | 3.61 | 松三糖水合物 |
| 15 | 15.65 | 2.84 | 松三糖水合物 |
| 16 | 16.74 | 1.14 | N-甲基-N-[4-(3-羟基吡咯烷基)-2-丁烯基]-乙酰胺 |
| 17 | 17.49 | 3.00 | N-甲基-N-[4-(3-羟基吡咯烷基)-2-丁烯基]-乙酰胺 |
| 18 | 17.99 | 1.87 | N-甲基-N-[4-(3-羟基吡咯烷基)-2-丁烯基]-乙酰胺 |
| 19 | 19.32 | 0.49 | 4a-环氧-2h-环戊烷[3,4]环丙烷[8,9]环戊烯[1,2-b]环氧-5(1ah)-酮,2,7,9,10-四(乙酰氧基)十氢-3,6,8,8,10a-五甲基-1b |
| 20 | 21.95 | 4.20 | 1,3,5(10)-雌甾三烯-17β-醇 |
| 21 | 22.13 | 2.58 | 邻苯二甲酸正丁异辛酯 |
| 22 | 25.26 | 0.84 | 1-甲酰基-3-乙基-6-β-D-呋喃核糖基-吡唑[4,5-b]咪唑 |
| 23 | 25.99 | 1.64 | 乙醇 |
| 24 | 26.70 | 2.27 | 乙醇 |
| 25 | 27.37 | 3.12 | 乙醇 |
| 26 | 28.03 | 3.64 | 乙醇 |
| 27 | 28.67 | 3.16 | 乙醇 |
| 28 | 29.30 | 3.14 | 乙醇 |
| 29 | 29.62 | 16.62 | 维生素 E |
| 30 | 29.90 | 2.59 | 乙醇 |
| 31 | 30.50 | 1.81 | 乙醇 |

按照表 4-13 和图 4-13 可得，通过乙醇/甲醇提取物的气相色谱-质谱分析结果检测到 31 个峰，检测了 14 种化学成分。结果表明更多物质的含量如下：乙醇（21.37％），维生素 E（16.62％），松三糖水合物（13.86％），阿拉伯糖（8.61％），5-羟甲基糠醛（8.35％），6-甲基-3,5 二羟基-2,3-二氢-4-吡喃酮（7.91％），$N$-甲基-$N$-[4-(3-羟基吡啶烷基)-2-丁烯基]-乙酰胺（6.01％），克林霉素（5.58％），1,3,5(10)-雌甾三烯-17β 醇（4.28％），左旋葡萄糖酮（2.62％）等。

从表 4-14 可知，通过气相色谱-质谱检测得出七叶树果实果壳在使用不同溶剂在提取物中存在 62 种化合物，其中醇/酚共有 9 种（R—OH）（≤32.64％），8 种醛/酮（R＝OH/R＝OR）（≤11.53％），3 种酸（R—OOH）（≤4.67％），3 种生物碱（RN）（≤2.15％）及其他 39 种（≤49.01％）。在乙醇提取物主要由 2 种醇/酚（R—OH）（≤38.33％），2 种酸（R—OOH）（≤1.56％），1 种酸（R—OOH）（≤13.84％），1 种生物碱（RN）（≤1.24％）及其他 9 种（≤45.03％）。在甲醇提取物中由 2 种醇/酚（R—OH）（≤12.45％），1 种醛/酮（R＝OH/R＝OR）（≤23.12％），1 种酸（R—OOH）（≤3.89％），1 种生物碱（RN）（≤1.37％）及其他 12 种（≤59.17％）。苯/乙醇提取物由 3 种醇/酚（R—OH）（≤54.20％），1 种醛/酮（R＝OH/R＝OR）（≤2.05％），及其他 12 种（≤43.75％）。乙醇/甲醇提取物由 2 种醇/酚（R—OH）（≤25.57％），4 种醛/酮（R＝OH/R＝OR）（≤19.37％），1 种酸（R—OOH）（≤0.96％），1 种生物碱（RN）（≤6.00％）及其他 6 种（≤49.06％）。

表 4-14　七叶树果实果壳四种提取物乙醇提取物的气相色谱-质谱的总化学成分分类表

| 类别 | 乙醇提取物 | | 甲醇提取物 | | 苯/乙醇提取物 | | 乙醇/甲醇提取物 | |
|---|---|---|---|---|---|---|---|---|
| | 分子数量 | 相对含量/% | 分子数量 | 相对含量/% | 分子数量 | 相对含量/% | 分子数量 | 相对含量/% |
| 醇/酚类 | 2 | 38.33 | 2 | 12.45 | 3 | 54.20 | 2 | 25.57 |
| 醛酮类 | 2 | 1.56 | 1 | 23.12 | 1 | 2.05 | 4 | 19.37 |
| 酸类 | 1 | 13.84 | 1 | 3.89 | 0 | 0 | 1 | 0.96 |
| 生物碱 | 1 | 1.24 | 1 | 1.37 | 0 | 0 | 1 | 6.00 |
| 其他类 | 9 | 45.03 | 12 | 59.17 | 12 | 43.75 | 6 | 49.06 |

**（4）七叶树果实果壳热裂解-气相色谱-质谱分析**

按照表 4-15 和图 4-14 可得，根据热裂解-气相色谱-质谱分析结果得出在七叶树果实

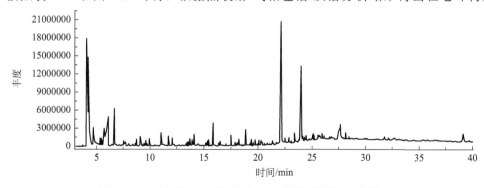

图 4-14　七叶树果实果壳的热裂解-气相色谱-质谱总离子色谱图

果壳中检测到 192 个峰，其中鉴定出 174 种化学成分，其中含量最高的是：邻苯二酚（15.15%），7-羟基-3-(1,1-二甲基-2-丙烯基)香豆素（14.19%），二氧化碳（7.10%），醋酸（6.26%），4-甲基-1,2-苯二酚（5.89%），环癸酮肟（3.81%），丙酮（2.73%），羟基丙酮（2.03%），3-甲基呋喃（1.75%），环丁醇（1.59%），苯酚（1.41%），对甲酚（1.19%），棕榈酸（1.10%），甲苯（0.97%），11-溴十一酸（0.83%），3-甲基苯噻吩（0.74%），糠醛（0.67%），2,3-丁二酮（0.57%），2,3-二甲基氢醌（0.56%），月桂酸（0.53%），3-异丙氧基-5-甲基苯酚（0.51%）等。

表 4-15　七叶树果实果壳的热裂解-气相色谱-质谱分析

| 序号 | 保留时间<br>/min | 面积百分比<br>/% | 物质名称 |
|---|---|---|---|
| 1 | 3.70 | 0.07 | 6-氨基-2-甲基-2-庚醇 |
| 2 | 4.07 | 14.19 | 7-羟基-3-(1,1-二甲基-2-丙烯基)香豆素 |
| 3 | 4.24 | 7.10 | 二氧化碳 |
| 4 | 4.36 | 1.59 | 环丁醇 |
| 5 | 4.67 | 0.80 | 丙酮 |
| 6 | 4.70 | 1.93 | 丙酮 |
| 7 | 4.90 | 0.22 | 乙酸甲酯 |
| 8 | 5.17 | 0.13 | 甲基烯丙基醚 |
| 9 | 5.32 | 0.44 | 羟乙醛 |
| 10 | 5.45 | 0.57 | 2,3-丁二酮 |
| 11 | 5.61 | 0.38 | 2-丁酮 |
| 12 | 5.68 | 1.75 | 3-甲基呋喃 |
| 13 | 6.07 | 6.26 | 醋酸 |
| 14 | 6.41 | 0.05 | 巴豆醛 |
| 15 | 6.45 | 0.10 | 异戊醛 |
| 16 | 6.65 | 2.03 | 羟基丙酮 |
| 17 | 6.82 | 0.10 | 3-甲基-3-丁烯-2-酮 |
| 18 | 7.10 | 0.09 | 2-戊酮 |
| 19 | 7.21 | 0.08 | 2,3-戊二酮 |
| 20 | 7.39 | 0.14 | 2-乙基呋喃 |
| 21 | 7.54 | 0.52 | 2,5-二甲基呋喃 |
| 22 | 7.73 | 0.39 | 丙酸 |
| 23 | 7.93 | 0.05 | 3-甲基哒嗪 |
| 24 | 8.00 | 0.10 | 丙酮酸甲酯 |
| 25 | 8.33 | 0.06 | 反式-3-戊烯-2-酮 |
| 26 | 8.39 | 0.12 | N-甲基吡咯 |
| 27 | 8.62 | 0.15 | 吡啶 |
| 28 | 8.74 | 0.46 | 吡咯 |

| 序号 | 保留时间<br>/min | 面积百分比<br>/% | 物质名称 |
|---|---|---|---|
| 29 | 9.10 | 0.97 | 甲苯 |
| 30 | 9.27 | 0.09 | 顺-2-甲基-2-丁醛 |
| 31 | 9.44 | 0.16 | 乙酰丙酮 |
| 32 | 9.62 | 0.31 | 丙酮酸甲酯 |
| 33 | 9.76 | 0.10 | 环戊酮 |
| 34 | 9.94 | 0.41 | 3-氨基-1,2,4-三氮唑 |
| 35 | 10.02 | 0.07 | 5-甲基-2-乙基呋喃 |
| 36 | 10.39 | 0.06 | 3-糠醛 |
| 37 | 10.46 | 0.05 | 5-甲基-2-乙基呋喃 |
| 38 | 10.92 | 0.07 | 炔丙胺 |
| 39 | 11.02 | 0.67 | 糠醛 |
| 40 | 11.08 | 0.51 | 2-环戊烯酮 |
| 41 | 11.22 | 0.14 | 3-甲基吡咯 |
| 42 | 11.53 | 0.12 | 2-乙基吡咯 |
| 43 | 11.71 | 0.51 | 糠醇 |
| 44 | 11.78 | 0.11 | $(E,E)$-6,10-二甲基-5,9-十二碳二烯-2-酮 |
| 45 | 12.00 | 0.08 | 乙基苯 |
| 46 | 12.09 | 0.37 | 过氧化乙酰丙酮 |
| 47 | 12.19 | 0.09 | 当归内酯 |
| 48 | 12.24 | 0.13 | 对二甲苯 |
| 49 | 12.70 | 0.10 | 4-环戊烯-1,3-二酮 |
| 50 | 12.95 | 0.09 | 环辛四烯 |
| 51 | 13.05 | 0.05 | 间二甲苯 |
| 52 | 13.28 | 0.07 | 依替前列通 |
| 53 | 13.33 | 0.14 | 反式-2-甲基-2-丁烯酸 |
| 54 | 13.39 | 0.07 | 依替前列通 |
| 55 | 13.45 | 0.20 | 甲基环戊烯醇酮 |
| 56 | 13.58 | 0.19 | 2-乙酰基呋喃 |
| 57 | 13.70 | 0.63 | 2-丁烯酸-4-内酯 |
| 58 | 13.92 | 0.48 | 4-甲基-3-乙基庚烷 |
| 59 | 14.00 | 0.10 | 3,3-二甲基氨基-2-丙烯酸甲酯 |
| 60 | 14.09 | 0.75 | 2-羟基-2-环戊烯-1-酮 |
| 61 | 14.37 | 0.20 | 反式-2,3-二甲基丙烯酸 |
| 62 | 14.49 | 0.19 | 反式-2,3-二甲基丙烯酸 |
| 63 | 14.52 | 0.07 | 2-戊烯酸-4-内酯 |
| 64 | 14.79 | 0.07 | 1-甲基-2-吡咯烷基甲胺 |

| 序号 | 保留时间/min | 面积百分比/% | 物质名称 |
|------|------|------|------|
| 65 | 15.17 | 0.15 | 2-甲基-3-戊酮 |
| 66 | 15.31 | 0.34 | 5-甲基糠醛 |
| 67 | 15.42 | 0.33 | 3-甲基-2-环戊烯-1-酮 |
| 68 | 15.63 | 0.04 | 3-氟邻二甲苯 |
| 69 | 15.84 | 1.37 | 苯酚 |
| 70 | 15.94 | 0.04 | 苯酚 |
| 71 | 16.38 | 0.22 | 均三甲苯 |
| 72 | 16.50 | 0.26 | 2-甲基亚氨基二氢-1,3-噁嗪 |
| 73 | 16.58 | 0.14 | 3-甲基-2-戊烯酸-4-内酯 |
| 74 | 17.04 | 0.13 | 4,6-二羟基嘧啶 |
| 75 | 17.37 | 0.04 | 邻二异丙基苯 |
| 76 | 17.51 | 0.49 | 3-甲基环戊烷-1,2-二酮 |
| 77 | 17.88 | 0.16 | 2,3-二甲基-2-环戊烯-1-酮 |
| 78 | 18.03 | 0.08 | 3-甲基-2-丁烯酸-4-内酯 |
| 79 | 18.10 | 0.17 | 5-甲基海因 |
| 80 | 18.23 | 0.36 | 邻甲酚 |
| 81 | 18.56 | 0.02 | 2-乙酰基吡咯 |
| 82 | 18.62 | 0.06 | 呋喃酮 |
| 83 | 18.74 | 0.07 | 苯乙酮 |
| 84 | 18.84 | 1.19 | 对甲酚 |
| 85 | 19.01 | 0.08 | 3-乙基-2-环戊烯-1-酮 |
| 86 | 19.11 | 0.08 | 环戊基乙酮 |
| 87 | 19.21 | 0.07 | 2-糠酸甲酯 |
| 88 | 19.28 | 0.12 | 2,5-二甲基呋喃-3,4-二酮 |
| 89 | 19.38 | 0.29 | 愈创木酚 |
| 90 | 19.54 | 0.23 | 2-甲酰组胺 |
| 91 | 19.74 | 0.44 | 2-甲酰组胺 |
| 92 | 19.85 | 0.09 | 2-甲基苯并呋喃 |
| 93 | 19.98 | 0.07 | 2-甲基苯并呋喃 |
| 94 | 20.09 | 0.25 | 甲基麦芽酚 |
| 95 | 20.26 | 0.23 | 5-肼羰基咪唑 |
| 96 | 20.28 | 0.29 | 4-羟基吡啶 |
| 97 | 20.35 | 0.15 | 3-甲基-4,5-二氢异噁唑-5甲胺 |
| 98 | 20.59 | 0.15 | 3-甲基-5-叔丁基-5-羟基-2-吡唑啉-1-甲醛 |
| 99 | 20.73 | 0.04 | 氰化苄 |
| 100 | 20.76 | 0.06 | 2-羟基-3-甲基吡啶 |

| 序号 | 保留时间/min | 面积百分比/% | 物质名称 |
|---|---|---|---|
| 101 | 20.86 | 0.13 | 3,5-二甲基苯酚 |
| 102 | 20.88 | 0.10 | 2,5-二甲基苯酚 |
| 103 | 21.07 | 0.12 | 1,3-二硝基-咪唑啉 |
| 104 | 21.28 | 0.10 | 4-乙基苯酚 |
| 105 | 21.34 | 0.20 | 3,5-二甲基苯酚 |
| 106 | 21.41 | 0.14 | 4-丙基噻唑 |
| 107 | 21.60 | 0.05 | 2,3-二甲酚 |
| 108 | 21.69 | 0.11 | 2-脱氧-D-核糖 |
| 109 | 21.71 | 0.20 | 三羟甲基丙烷 |
| 110 | 21.85 | 0.15 | 2-甲氧基-4-甲基苯酚 |
| 111 | 21.93 | 0.12 | 2-乙基苯酚 |
| 112 | 22.13 | 14.56 | 邻苯二酚 |
| 113 | 22.26 | 0.16 | 邻苯二酚 |
| 114 | 22.31 | 0.14 | 邻苯二酚 |
| 115 | 22.38 | 0.19 | 邻苯二酚 |
| 116 | 22.46 | 0.13 | 2,3-二氢苯并呋喃 |
| 117 | 22.50 | 0.44 | 1,4∶3,6-二脱水-$\alpha$-D-吡喃葡萄糖 |
| 118 | 22.73 | 0.10 | 邻苯二酚 |
| 119 | 22.85 | 0.44 | 2-异丙氧基苯酚 |
| 120 | 22.91 | 0.08 | 苯基-1-硫基-$\alpha$-D-呋喃糖苷 |
| 121 | 22.96 | 0.14 | 2-氯杀鼠灵酮 |
| 122 | 23.07 | 0.15 | 间苯二甲醛 |
| 123 | 23.15 | 0.06 | 1-甲氧基双环[2,2,2]-5-辛烯-2-甲基酮 |
| 124 | 23.31 | 0.10 | 2,3-二甲基苯甲醚 |
| 125 | 23.37 | 0.48 | 3-甲基苯邻二酚 |
| 126 | 23.44 | 0.14 | 2,7-二叔丁基萘 |
| 127 | 23.51 | 0.21 | 3-甲氧基苯硫酚 |
| 128 | 23.58 | 0.14 | N-[2-(2-羟基-1-萘基亚甲氨基)-4-甲氧基苯基]乙酰胺 |
| 129 | 23.78 | 0.33 | 苯基异丙基硫醚 |
| 130 | 23.82 | 0.28 | 5-甲氧基-2-乙氧基苯甲醛 |
| 131 | 23.96 | 5.89 | 4-甲基-1,2-苯二酚 |
| 132 | 24.12 | 0.37 | 吲嗪 |
| 133 | 24.29 | 0.37 | 3,4-二氢-1H-苯并吡喃 |
| 134 | 24.37 | 0.19 | 2,6-二羟基甲苯 |
| 135 | 24.44 | 0.43 | 4-乙烯基-2-甲氧基苯酚 |
| 136 | 24.55 | 0.18 | (2-甲基丙基)硫苯 |

| 序号 | 保留时间 /min | 面积百分比 /% | 物质名称 |
|---|---|---|---|
| 137 | 24.75 | 0.51 | 5-甲基-3-异丙氧基苯酚 |
| 138 | 24.85 | 0.16 | (1s,3ar,4r,8r,8as)-1-异丙基-3a-甲基-7-亚甲基十氢-4,8-表硫蓝 |
| 139 | 24.89 | 0.11 | 3,5-二甲基苯甲醛 |
| 140 | 24.96 | 0.32 | 3-羟基苯甲醇 |
| 141 | 25.06 | 0.56 | 2,3-二甲基氢醌 |
| 142 | 25.16 | 0.46 | 2-肼基-1H-1,3-苯并咪唑 |
| 143 | 25.32 | 0.25 | 1H-1,3-苯并咪唑-2-甲醇 |
| 144 | 25.47 | 0.23 | 反式-2-甲基十氢喹啉-4-酮 |
| 145 | 25.56 | 0.74 | 2-(2-甲基环丙基)噻吩 |
| 146 | 25.66 | 0.50 | 11-溴十一酸 |
| 147 | 25.73 | 0.33 | 3-甲基吲哚 |
| 148 | 25.77 | 0.18 | (2Z)-2-(3,3-二甲基环己亚基)-乙醇 |
| 149 | 25.95 | 0.74 | 3-甲基苯噻吩 |
| 150 | 26.13 | 0.45 | 3,4-二甲基-5-甲酰基-2-吡咯甲腈 |
| 151 | 26.21 | 0.19 | 肉豆蔻酸丁酯 |
| 152 | 26.44 | 0.14 | 2-甲氧基-4,6-二甲基-3-吡啶甲腈 |
| 153 | 26.55 | 0.17 | 4-羟基亚氨基-4,5,6,7-四氢苯并呋喃 |
| 154 | 26.64 | 0.21 | 3-烯丙基-6-甲氧基苯酚 |
| 155 | 26.68 | 0.24 | 氟乙炔 |
| 156 | 26.80 | 0.22 | 2-甲基-4-(甲硫基)-2,3-二氢噻吩 |
| 157 | 26.83 | 0.26 | 2-甲基-4-(甲硫基)-2,3-二氢噻吩 |
| 158 | 26.91 | 0.28 | 4-甲氧基苯乙二醛双肟 |
| 159 | 27.19 | 0.10 | 溴代十四烷 |
| 160 | 27.25 | 0.08 | (S)-(−)-香茅酸 |
| 161 | 27.35 | 0.11 | 1-(2-甲氧基-1-丙烯基)-4-甲基苯 |
| 162 | 27.67 | 3.81 | 环癸酮肟 |
| 163 | 27.80 | 0.16 | 11-溴十一酸 |
| 164 | 27.84 | 0.15 | 氯乙酸-1-萘酯 |
| 165 | 27.92 | 0.17 | 11-溴十一酸 |
| 166 | 28.18 | 0.53 | 月桂酸 |
| 167 | 28.47 | 0.14 | 4-甲基-2,5-二甲氧基苯甲醛 |
| 168 | 28.70 | 0.09 | 7-甲基-6-硝基-[1,2,4]三唑并[1,5-a]嘧啶-5-醇 |
| 169 | 28.79 | 0.13 | β-D-别吡喃糖 |
| 170 | 28.98 | 0.07 | 5,8-二羟基-2,7-二甲氧基-1,4-萘醌 |
| 171 | 29.06 | 0.01 | (Z)-9-十六烯酸十四烷基酯 |
| 172 | 29.82 | 0.04 | 烯丙基异丙氧基-2-甲基苯氧基硅烷 |

| 序号 | 保留时间/min | 面积百分比/% | 物质名称 |
|---|---|---|---|
| 173 | 29.85 | 0.04 | 十氢-6,10-二甲基-3-亚甲基-环十[b]呋喃-2(3H)-酮 |
| 174 | 30.09 | 0.08 | 2,7-二甲基-1,8-萘啶 |
| 175 | 31.11 | 0.05 | 5-异戊氧基亚甲基-3,3-二甲基环己酮 |
| 176 | 31.58 | 0.11 | 5-氟-2-(4-哌啶)-1H-吲唑 |
| 177 | 31.73 | 0.30 | 2,2′-二羟基联苯 |
| 178 | 32.12 | 0.17 | 肉豆蔻酸 |
| 179 | 32.55 | 0.15 | 2,3,7,8,9,9a-六氢-1-苯基-5-醇 |
| 180 | 32.71 | 0.43 | 顺式-9-十六烯醛 |
| 181 | 33.09 | 0.09 | 5-环十六烯-1-酮 |
| 182 | 33.73 | 0.09 | 5α-雄甾-17 酮肟 |
| 183 | 33.77 | 0.13 | 3,4-二甲氧基肉桂酸乙酯 |
| 184 | 34.48 | 0.00 | 反-11-十六碳烯醛 |
| 185 | 35.35 | 0.11 | 二十二酸 |
| 186 | 35.40 | 0.16 | 硬脂酸 |
| 187 | 36.43 | 0.08 | (1S,15S)-二环[13.1.0]十六烷-2-酮 |
| 188 | 36.47 | 0.02 | 3,4-二甲氧基肉桂酸乙酯 |
| 189 | 37.91 | 0.07 | 1,5-二(4-羟基-2-甲氧苯基)-3-戊酮 |
| 190 | 39.13 | 1.10 | 棕榈酸 |
| 191 | 39.23 | 0.09 | 油酸 |
| 192 | 39.63 | 0.14 | 邻苯二甲酸二丁酯 |

从表 4-16 可以得知，通过热裂解-气相色谱-质谱检测得出七叶树果实果壳在使用不同溶剂在提取物中存在多达 174 种化合物，主要由 26 种醇/酚（R—OH）（≤24.94%），50 种醛/酮（R=OH/R=OR）（≤14.56%），11 种酸（R—OOH）（≤10.25%）及其他 87 种（≤50.25%）组成。

表 4-16 七叶树果实果壳热裂解-气相色谱-质谱的总化学成分分类表

| 部位 | 醇/酚类 | | 醛酮类 | | 酸类 | | 生物碱 | | 其他类 | |
|---|---|---|---|---|---|---|---|---|---|---|
| | 分子数量 | 相对含量/% | 分子数量 | 相对含量/% | 分子数量 | 相对含量/% | 分子数量 | 相对含量/% | 分子数量 | 相对含量/% |
| 七叶树果实果壳 | 26 | 24.94 | 50 | 14.56 | 11 | 10.25 | 0 | 0 | 87 | 50.25 |

### 4.3.3 资源化途径分析

七叶树果实果壳产品具有一定的保健功能，采用气相色谱-质谱联用和热裂解-气相色谱-质谱联用技术对七叶树果实果壳进行分析得到了相关的化合物，通过查阅相关文献资料得知了已经被证实有利于人体健康的有效化学成分。依斯美林能作为抗高血压药，用于治疗重度或顽固性高血压，不单独用于轻度或者中度高血压[91]。溴苄胺和依斯美林抑制循环［3H］-去肾上腺素的心脏摄取，溴苄胺阻断了自发和利血平诱导的［3H］-去肾上腺素的释放，而依斯美林引起释放并部分拮抗利血平诱导的释放[92]。它可以对于原发性纤维肌痛的骨骼肌有阻断交感神经的作用，还能抑制乙酰胆碱的释放[93]。克林霉素属于林可霉素抗菌剂，临床上用于由敏感菌株引起的以下感染：中耳炎、鼻窦炎、肺炎等，抗菌活性比林可霉素强 4～8 倍；腹部感染、盆腔感染、脓胸等重大疾病也可以用克林霉素治疗，首先静脉给予克林霉素，病情稳定后再口服，它们还可以单独使用或与其他抗菌剂联合使用[94]。在孕早期手术前用 2％克林霉素阴道膏治疗流产，可以减少术后感染的现象[95]。月桂酸用于制备醇酸树脂、润湿剂和杀虫剂等，同样可以应用在食品添加剂、香水工业和制药工业中[96]。月桂酸价格便宜且易于获得（用作食品），其体积变化小且不易熔化，可在数百个热循环中稳定，使其成为有前景的热能储存的相变材料[97]。硬脂酸广泛用于化妆品、医药品及其他有机化学品等，也是肥皂的主要成分之一[98]。棕榈酸对磷脂酶 A2 的抑制作用，有助于利用磷脂酶 A2 的特异性抑制剂作为抗炎剂，并且在传统的印度医疗系统阿育吠陀中可使用富含棕榈酸的药用油来治疗风湿性症状[99]。它的衍生物用于监测和捕获 *Caryedon serratus* 的昆虫引诱剂和增强产卵活性[100]。糠醛在生物化学中发挥着重要作用，并为木质纤维素生物燃料提供一个很有前途的平台[84,85]。

### 4.3.4　结论与讨论

七叶树果实和果壳的不同浓度有机溶剂的提取物，红外光谱的红外透过率都有不同程度的变化。根据傅里叶变换红外光谱结果得知，七叶树果实果壳的主要吸收峰在 $3700\sim2976cm^{-1}$、$2796\sim2833cm^{-1}$ 和 $1655\sim883cm^{-1}$。另外吸收峰减少，也表明醚、酚、醇、脂肪酸等化合物被部分提取。

热重检测分为三个阶段：第一阶段（20～48℃）是低温蒸发水的过程；第二阶段（48～206℃）为内部发生了少量高聚物解聚、重组；第三阶段（206～300℃）主要是高温阶段发生焦炭通过有氧燃烧的阶段。

气相色谱-质谱检测分析，七叶树果实果壳乙醇提取物从 34 个峰中鉴定出 15 种化学成分，主要含有阿拉伯糖、D-甘露糖、氨基脲等；甲醇提取物从 37 个峰中鉴定出 17 种化学成分，主要含有乙酰肼、依斯美林、蜜二糖等；乙醇/苯提取物从 32 个峰中鉴定出 16 种化合物，主要含有 $\beta$-乳糖、松三糖，水合物、异胆酸乙酯等；乙醇/甲醇提取物从 31 个峰中鉴定出 14 种化学成分，主要含有左旋葡萄糖酮、克林霉素、维生素 E 等。其中醇/酚共有 9 种（R—OH）（≤32.64％），8 种醛/酮（R＝OH/R＝OR）（≤11.53％），3 种酸（R—OOH）（≤4.67％），3 种生物碱（RN）（≤2.15％）及其他 39 种（≤49.01％）。

在热裂解-气相色谱-质谱中检测了一共测出了 192 个峰，鉴定出 174 种热裂解物，主要有 26 种醇/酚（R—OH）（≤24.94％），50 种醛/酮（R＝OH/R＝OR）（≤14.56％），11种酸（R—OOH）（≤10.25％）及其他 87 种（≤50.25％），其热裂解产物主要含有愈创木酚、糠醛、依替前列通等。

# 4.4 七叶树果实果仁资源化基础分析

植物果实主要化学成分包含纤维素、糖类、淀粉等，其中有一些活性成分和营养元素具有很多功效，例如果仁辽五味子能提取挥发油[101]；苦瓜提取物能治疗糖尿病[102]；刺五加含有一定活性的内源抑制物质[103]；枸杞含有苷萜多糖、生物碱、甾醇等活性成分[104]；土荆芥果实抑制了 HepG2 细胞的增殖，具有良好的抗菌活性[105]；忍冬果挥发油主要成分包括酸、萜类和醇组成并具有良好的抗氧化活性[106]。正安野木瓜果实乙醇提取物具有抗菌活性，稳定性好[107]；枸橼果实含有香豆素和黄酮类化合物[108]；天山花楸果实及枝叶的提取物有很好的医疗功效包括抗哮喘、祛痰和免疫调节等作用[109]；红葡萄柚中的苷元黄酮具有抗炎、抗癌、抗脂质过氧化和肝保护作用，并具有抑制肥胖的作用[110,111]；桃金娘可减少妇女子宫出血[112]；花椒中含有黄酮类和萜类化合物[113]；苹果对肠球菌和变形链球菌有显著的抗菌作用[114]；臭椿叶片和果实甲醇提取物具有显著的抗腹泻活性[115]；茄的黄酮提取物可以作为天然抗氧化剂来源[116]。

以七叶树果实果仁为研究对象，探究七叶树果实果仁中的活性成分，实现其资源化利用。采用傅里叶红外光谱和气相色谱-质谱对七叶树果实果仁的四种有机溶剂提取物的化学成分进行检测和分析，确定果仁中的活性成分，采用热重和热裂解气相色谱-质谱解析其热解特性和规律，为七叶树果实果仁的资源化利用提供科学依据。

## 4.4.1 材料与方法

### 4.4.1.1 试验材料

七叶树果实采集于河南省西峡县，由河南省西峡县林业局提供。从七叶树果实上挖出果仁、晾干，在使用植物粉碎机（型号：FW-400A，北京中兴伟业仪器有限公司生产）粉碎果仁成 20～60 目粉末，放置于干燥箱中备用。无水乙醇、甲醇及苯都是分析纯，产于天津市富宇精细化工有限公司；定性滤纸，采用苯/醇溶液浸泡 24h，晾干。苯/乙醇溶液是苯、乙醇按照体积比 1∶1 均匀混合而成；甲醇/乙醇溶液是甲醇、乙醇按照体积比 1∶1 均匀混合而成。

### 4.4.1.2 试验方法

**（1）提取方法**

按照表 4-17 工艺法进行提取，先分别用乙醇、甲醇和苯/乙醇（1∶1）进行有机溶剂提取，用仪表恒温水浴锅提取 4h，分别得到了乙醇提取物、甲醇提取物和苯/乙醇提取物。然后在采用旋转蒸发浓缩至 10mL，乙醇、甲醇和苯/乙醇提取温度分别为 78℃、65℃和 72℃。其中对照组用 $NaHCO_3$（1%）进行预处理并浸泡 2h，再用乙醇有机溶剂进行提取。

表 4-17　七叶树果实果仁的提取方法

| 溶剂 | 质量/g | 时间/min | 温度/℃ | 溶剂用量/mL |
|---|---|---|---|---|
| $C_2H_5OH$ | 15.38 | 4 | 78 | 300 |
| $C_2H_5OH$(预处理) | 15.46 | 4 | 78 | 300 |
| $CH_3OH$ | 15.76 | 4 | 65 | 300 |
| $C_6H_6/C_2H_5OH$(1:1) | 15.47 | 4 | 72 | 300 |
| $C_2H_5OH/CH_3OH$(1:1) | 15.52 | 4 | 68 | 300 |

**（2）计算方法**

按下式计算七叶树果实果壳的四种提取物气相色谱-质谱的醇/酚类百分比。

$$醇/酚类百分比 = \frac{四种提取物中的醇/酚类化合物相对含量}{四种提取物总的相对含量} \times 100\% \qquad (4\text{-}3)$$

注：醛酮类，酸类，生物碱和其他类的计算方法同式 4-3。

### 4.4.2　结果与分析

**（1）七叶树果实果仁傅里叶变换红外光谱分析**

用傅里叶变换红外光谱研究了样品的结构基团。如图 4-15 所示，列出了 5 个样品的光谱进行比较。

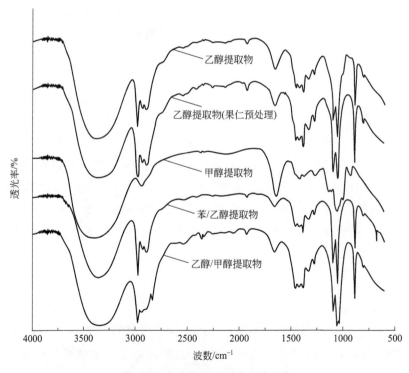

图 4-15　七叶树果实果仁的红外光谱

5 种提取物样品的吸收峰主要集中在 $3700 \sim 2974 cm^{-1}$、$2974 \sim 2885 cm^{-1}$ 和 $1658 \sim 881 cm^{-1}$，主要有机化学成分为醇类、脂肪酸、酚类、醚类、碳氢化合物和芳香族化合物[67]，特征吸收峰降低，表明化学部分萃取醇、醚、酚、烃和芳香族化合物。从图4-15中分析，这些木质素的主要结构与官能团的特征带非常相似，所有的光谱都显示出典型的木质素模式，在1658cm$^{-1}$、1456cm$^{-1}$、1413cm$^{-1}$、1380cm$^{-1}$、1329cm$^{-1}$、1277cm$^{-1}$、1089cm$^{-1}$、1049cm$^{-1}$和881cm$^{-1}$时，木质素特征吸收峰没有明显变化[68,69]。主要表现为峰的—OH拉伸3358cm$^{-1}$、—CH拉伸2974cm$^{-1}$、C═C拉伸1658cm$^{-1}$、C—H拉伸1456cm$^{-1}$、C—C拉伸振动1277cm$^{-1}$，1049cm$^{-1}$为C—O拉伸[71]。甲醇提取物和其他四条光谱相比在1658cm$^{-1}$处的吸收强度有增加，相比于其他峰都有所减弱，比如在2974～2885cm$^{-1}$和1658～881cm$^{-1}$之间。甲醇提取物和乙醇/甲醇提取物在2974cm$^{-1}$和1089cm$^{-1}$处有所减弱，表明提取后纤维素木质素部分水解[70]。从图4-15中可以看出，与乙醇提取物（对照组）相比，添加碳酸氢钠的乙醇提取物与乙醇提取物主要结构和功能组分布范围非常相似。乙醇提取物与乙醇提取物（对照组）相比，后者的吸收峰更强一些，例如在2974cm$^{-1}$、1658cm$^{-1}$和1277cm$^{-1}$等。在甲醇提取物中，除峰3358cm$^{-1}$和1658cm$^{-1}$外，所有峰的透射强度均小于其他值，证明随着碳种的变化，各峰的透射强度逐渐降低，说明这些组碳含量较低[72]。

**（2）七叶树果实果仁热重分析**

图4-16是TG和DTG曲线，TG用于测定样品重量的变化，DTG曲线显示了质量损失率和热降解的估计程度。

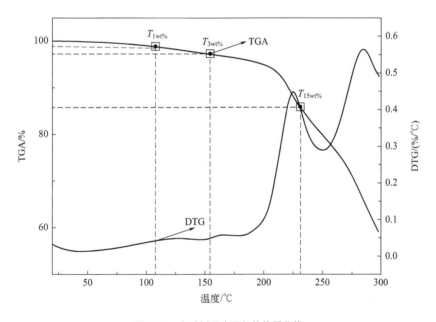

**图4-16　七叶树果实果仁的热重曲线**

（注：TGA-热失重曲线图，DTG-热失重速率曲线图）

因此，为了研究七叶树果实果仁的质量变化和变化率，我们进行了TG试验。从图4-16中可以看出，热解失重过程可分为三个阶段：第一阶段在20～104℃之间，这一阶段是水分蒸发阶段失重幅度比较小，失重主要原因是生物质失水[73]；第二阶段在104～230℃之间，该阶段的微分曲线相对平坦，它表明热解速率相对稳定，样品开始显著减重，失重主要是样品中少量的聚合物解聚和重组造成的[76,77]；第三阶段在 230～300℃ 之间，这一段为主要热解失重阶段，在该温度区间，随着温度的升高，七叶树果实果仁中纤维素和半纤维素迅速热裂解生成大量的挥发气体而造成失重，使 TG 曲线急剧下降，该阶段的挥发分析量占整个温度范围重量损失约 80%。剩余组分的燃烧阶段随着温度的升高七叶树果实迅速分解纤维素和半纤维素，形成大量的挥发性气体，导致体重下降[74]。$T_{1wt\%}$，$T_{3wt\%}$ 和 $T_{15wt\%}$ 的热失重分别为 1wt%、3wt% 和 15wt%，$T_{1wt\%}$、$T_{3wt\%}$ 和 $T_{15wt\%}$ 温度分别为 104℃、155℃ 和 230℃。最终整个过程中，七叶树果实果仁的质量损失为 39% 左右失重较多，说明了这三个阶段在不同的动力学参数和反应机理下表现出不同的热解性质[75,78]。

**（3）七叶树果实果仁气相色谱-质谱分析**

图 4-17～图 4-20 显示了通过 GC-MS 分析的三种提取物的总离子色谱图。各组分含量的具体结果示于表 4-18～表 4-21 中。

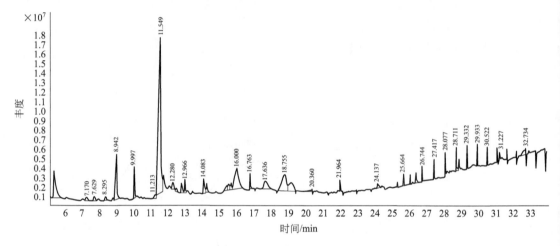

图 4-17　七叶树果实果仁乙醇的总离子色谱图

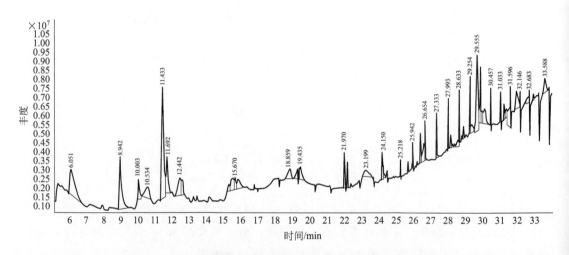

图 4-18　七叶树果实果仁乙醇提取物（果仁预处理）的总离子色谱图

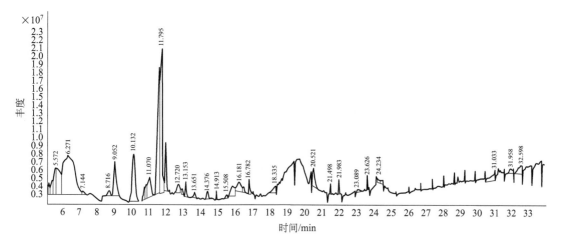

图 4-19　七叶树果实果仁甲醇提取物的总离子色谱图

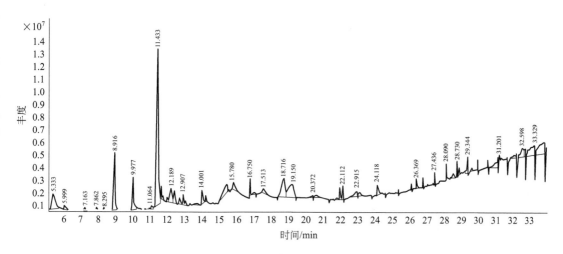

图 4-20　七叶树果实果仁苯/乙醇提取物的总离子色谱图

表 4-18　七叶树果实果仁乙醇提取物的气相色谱-质谱分析

| 序号 | 保留时间/min | 面积百分比/% | 物质名称 |
| --- | --- | --- | --- |
| 1 | 5.28 | 7.08 | 糠醛 |
| 2 | 7.17 | 0.58 | 蜜二糖 |
| 3 | 7.63 | 0.84 | 松三糖水合物 |
| 4 | 8.30 | 0.46 | $\beta$-D-乳糖 |
| 5 | 8.94 | 6.88 | D-($N$-炔丙氧基碳基)丙氨酸异己酯 |
| 6 | 10.00 | 2.52 | 2,3-二氢-6-甲基-3,5 二羟基-4-吡喃酮 |
| 7 | 11.21 | 0.59 | 松三糖水合物 |
| 8 | 11.55 | 39.68 | 5-羟甲基糠醛 |
| 9 | 11.72 | 1.50 | 5-羟甲基糠醛 |
| 10 | 12.28 | 1.10 | 松三糖水合物 |

| 序号 | 保留时间/min | 面积百分比/% | 物质名称 |
|---|---|---|---|
| 11 | 12.47 | 0.43 | 松三糖水合物 |
| 12 | 12.77 | 1.24 | 6-乙酰基-$\beta$-D-甘露糖 |
| 13 | 12.97 | 1.22 | 松三糖水合物 |
| 14 | 14.08 | 2.23 | 松三糖水合物 |
| 15 | 14.26 | 0.98 | 1-乙基-2,3-二甲基-2-羟基环戊烷羧酸乙酯 |
| 16 | 15.42 | 0.65 | 松三糖水合物 |
| 17 | 15.52 | 1.19 | 松三糖水合物 |
| 18 | 15.67 | 0.59 | 松三糖水合物 |
| 19 | 16.00 | 8.82 | 松三糖,水合物 |
| 20 | 16.76 | 1.02 | 3,3-二甲基-5-甲硫基四氢吡咯-2-丙烯腈 |
| 21 | 17.64 | 3.00 | 松三糖水合物 |
| 22 | 18.76 | 6.78 | 松三糖水合物 |
| 23 | 19.13 | 3.84 | 松三糖水合物 |
| 24 | 20.36 | 0.43 | 肉豆蔻碱 |
| 25 | 21.96 | 0.71 | 1,3,5(10)-雌甾三烯-17$\beta$-醇 |
| 26 | 24.14 | 0.75 | 异胆酸乙酯 |
| 27 | 25.66 | 0.65 | 佛波醇 |
| 28 | 26.38 | 0.89 | 4$a$-环氧-2$h$-环戊烷[3,4]环丙烷[8,9]环戊烯[1,2-$b$]环氧-5(1ah)-酮,2,7,9,10-四(乙酰氧基)十氢-3,6,8,8,10$a$-五甲基-1$b$ |
| 29 | 26.74 | 0.59 | 乙醇 |
| 30 | 27.42 | 0.89 | 乙醇 |
| 31 | 28.08 | 0.78 | 乙醇 |
| 32 | 28.71 | 1.08 | 1,4-二(三甲基硅烷基)苯 |

按照图 4-17 和表 4-18 可得，通过乙醇提取物的气相色谱-质谱分析结果中检测到 32 个峰，检测了 17 种化学成分。结果表明更多物质的含量如下：5-羟甲基糠醛（41.18%），松三糖水合物（31.28%），糠醛（7.08%），D-($N$-炔丙氧基碳基)丙氨酸异己酯（6.88%），2,3-二氢-6-甲基-3,5-二羟基-4-吡喃酮（2.52%），乙醇（2.26%），1,4-二(三甲基硅烷基)苯（1.08%），异胆酸乙酯（0.75%），蜜二糖（0.58%），$\beta$-乳糖（0.46%）等。

表 4-19 七叶树果实果仁乙醇提取物（果仁预处理） 的气相色谱-质谱分析

| 序号 | 保留时间/min | 面积百分比/% | 物质名称 |
|---|---|---|---|
| 1 | 6.05 | 9.85 | 1,3-二羟基丙酮 |
| 2 | 8.94 | 10.39 | 甲基麦芽酚 |
| 3 | 10.00 | 2.27 | 2,3-二氢-6-甲基-3,5-二羟基-4-吡喃酮 |
| 4 | 10.53 | 3.86 | 阿拉伯糖 |
| 5 | 11.43 | 18.88 | 5-羟甲基糠醛 |
| 6 | 11.69 | 5.75 | 6-乙酰基-$\beta$-D-甘露糖 |

| 序号 | 保留时间/min | 面积百分比/% | 物质名称 |
|---|---|---|---|
| 7 | 12.44 | 4.91 | 松三糖水合物 |
| 8 | 12.58 | 1.74 | 松三糖水合物 |
| 9 | 15.33 | 0.83 | 松三糖水合物 |
| 10 | 15.53 | 3.30 | 松三糖水合物 |
| 11 | 15.67 | 1.38 | 松三糖水合物 |
| 12 | 15.84 | 2.39 | 松三糖水合物 |
| 13 | 18.86 | 2.99 | $\beta$-D-乳糖 |
| 14 | 19.44 | 1.74 | $\beta$-D-乳糖 |
| 15 | 21.97 | 1.90 | 1,3,5(10)-雌甾三烯-17$\beta$-醇 |
| 16 | 22.15 | 1.15 | 2,3-二甲基-5-三氟甲基-1,4-苯二酚 |
| 17 | 23.20 | 2.70 | 4-氨基丁酸-$\beta$-谷甾醇 |
| 18 | 24.15 | 2.22 | 异胆酸乙酯 |
| 19 | 24.23 | 0.95 | 异胆酸乙酯 |
| 20 | 25.22 | 0.41 | 葫芦素 B |
| 21 | 25.94 | 0.72 | 2,5-二氟-$\beta$-3,4-三羟基-N-甲基-苯乙胺 |
| 22 | 26.39 | 1.82 | 异胆酸乙酯 |
| 23 | 26.65 | 1.27 | 葫芦素 B |
| 24 | 27.33 | 1.55 | 乙醇 |
| 25 | 27.99 | 1.39 | 乙醇 |
| 26 | 28.63 | 1.55 | 乙醇 |
| 27 | 29.25 | 1.78 | 乙醇 |
| 28 | 29.66 | 10.35 | 维生素 E |

按照图 4-18 和表 4-19 可得，通过乙醇提取物的气相色谱-质谱分析结果中检测到 28 个峰，检测了 16 种化学成分。结果表明更多物质的含量如下：5-羟甲基糠醛（18.88%），松三糖水合物（14.55%），甲基麦芽酚（10.39%），维生素 E（10.35%），1,3-二羟基丙酮（9.85%），乙醇（6.27%），6-乙酰基-$\beta$-D-甘露糖（5.75%），异胆酸酯（4.99%），$\beta$-D-乳糖（4.73%），阿拉伯糖（3.86%），2,3-二氢-6-甲基-3,5 二羟基-4-吡喃酮（2.27%）等。

表 4-20　七叶树果实果仁甲醇提取物的气相色谱-质谱分析

| 序号 | 保留时间/min | 面积百分比/% | 物质名称 |
|---|---|---|---|
| 1 | 5.18 | 0.67 | 缩水甘油 |
| 2 | 5.39 | 1.43 | 阿拉伯糖 |
| 3 | 5.57 | 3.38 | 左旋葡萄糖酮 |
| 4 | 5.67 | 5.48 | 左旋葡萄糖酮 |
| 5 | 6.27 | 22.32 | 阿拉伯糖 |
| 6 | 7.14 | 0.44 | 阿拉伯糖 |

| 序号 | 保留时间/min | 面积百分比/% | 物质名称 |
|------|--------------|--------------|----------|
| 7 | 8.72 | 0.81 | 呋喃酮 |
| 8 | 9.05 | 4.27 | 甲基麦芽酚 |
| 9 | 10.13 | 8.17 | 2,3-二氢-6-甲基-3,5-二羟基-4-吡喃酮 |
| 10 | 10.76 | 0.85 | $\beta$-D-乳糖 |
| 11 | 10.88 | 1.24 | 2-乙酰胺基-2-脱氧-D-半乳糖 |
| 12 | 11.07 | 3.10 | $\beta$-D-乳糖 |
| 13 | 11.64 | 13.85 | 5-羟甲基糠醛 |
| 14 | 11.80 | 16.76 | 5-羟甲基糠醛 |
| 15 | 12.00 | 3.29 | 6-乙酰基-$\beta$-D甘露糖 |
| 16 | 12.72 | 1.05 | 松三糖水合物 |
| 17 | 12.95 | 0.36 | 松三糖水合物 |
| 18 | 13.15 | 0.80 | 松三糖水合物 |
| 19 | 13.65 | 0.42 | 松三糖水合物 |
| 20 | 14.38 | 0.62 | 松三糖水合物 |
| 21 | 14.91 | 0.36 | 尿酸 |
| 22 | 15.51 | 0.32 | 松三糖水合物 |
| 23 | 15.84 | 2.21 | 松三糖水合物 |
| 24 | 16.18 | 2.06 | 松三糖水合物 |
| 25 | 16.46 | 0.47 | 松三糖水合物 |
| 26 | 16.78 | 0.78 | 3-羟基月桂酸 |
| 27 | 18.34 | 1.02 | 3-羟基月桂酸 |
| 28 | 20.39 | 0.29 | $\beta$-D-乳糖 |
| 29 | 20.52 | 2.05 | $\beta$-D-乳糖 |
| 30 | 21.50 | 0.32 | 肉豆蔻碱 |
| 31 | 21.98 | 0.46 | 肉豆蔻碱 |
| 32 | 23.09 | 0.36 | 异胆酸乙酯 |

从图 4-19 和表 4-20 分析结果可以得出，通过甲醇提取物的气相色谱-质谱分析结果中检测到 32 个峰，检测了 15 种化学成分。结果表明更多物质的含量如下：5-羟甲基糠醛（30.61%），阿拉伯糖（23.89%），左旋葡萄糖酮（8.86%），松三糖水合物（8.31%），2,3-二氢-6-甲基-3,5 二羟基-4-吡喃酮（8.17%），$\beta$-D-乳糖（6.29%），甲基麦芽酚（4.27%），6-乙酰基-$\beta$-D-甘露糖（3.29%），3-羟基月桂酸（1.80%），呋喃酮（0.81%），肉豆蔻碱（0.78%），缩水甘油（0.67%）等。

表 4-21　七叶树果实果仁苯/乙醇提取物的气相色谱-质谱分析

| 序号 | 保留时间/min | 面积百分比/% | 物质名称 |
|------|--------------|--------------|----------|
| 1 | 5.33 | 5.92 | 3,5-二甲基吡唑 |
| 2 | 6.00 | 0.89 | 阿拉伯糖 |

| 序号 | 保留时间<br>/min | 面积百分比<br>/% | 物质名称 |
| --- | --- | --- | --- |
| 3 | 7.16 | 0.66 | 蜜二糖 |
| 4 | 7.86 | 0.74 | 3-羟基月桂酸 |
| 5 | 8.30 | 0.75 | $\beta$-D-乳糖 |
| 6 | 8.92 | 8.87 | D-($N$-炔丙氧基羰基)丙氨酸异己酯 |
| 7 | 9.98 | 4.48 | 2,3-二氢-6-甲基-3,5-二羟基-4-吡喃酮 |
| 8 | 11.06 | 0.74 | 松三糖水合物 |
| 9 | 11.43 | 31.24 | 5-羟甲基糠醛 |
| 10 | 11.63 | 1.16 | 5-羟甲基糠醛 |
| 11 | 11.73 | 0.43 | 5-羟甲基糠醛 |
| 12 | 11.98 | 0.70 | 松三糖水合物 |
| 13 | 12.19 | 3.63 | 松三糖水合物 |
| 14 | 12.40 | 2.08 | 松三糖水合物 |
| 15 | 12.70 | 1.02 | 松三糖水合物 |
| 16 | 12.91 | 1.11 | 松三糖水合物 |
| 17 | 13.04 | 0.80 | 松三糖水合物 |
| 18 | 13.75 | 0.53 | 松三糖水合物 |
| 19 | 14.00 | 1.81 | 松三糖水合物 |
| 20 | 14.21 | 0.58 | 2,3-二甲基-1-乙基-2-羟基环戊烷羧酸乙酯 |
| 21 | 15.44 | 3.77 | 松三糖水合物 |
| 22 | 15.78 | 2.50 | 松三糖水合物 |
| 23 | 16.75 | 1.02 | 3,3-二甲基-5-甲硫基四氢吡咯-2-丙烯腈 |
| 24 | 16.96 | 0.53 | 松三糖水合物 |
| 25 | 17.51 | 1.54 | 松三糖水合物 |
| 26 | 18.72 | 7.50 | $\beta$-D-乳糖 |
| 27 | 19.15 | 7.87 | $\beta$-D-乳糖 |
| 28 | 20.56 | 0.84 | $\alpha$-D-吡喃葡萄糖苷-2-(乙酰氨基)-2-脱氧-3-$O$-(三甲基甲硅烷基)-甲基硼酸甲酯 |
| 29 | 21.78 | 0.40 | 4$a$-环氧-2$h$-环戊烷[3,4]环丙烷[8,9]环戊烯[1,2-$b$]环氧-5(1ah)-酮,2,7,9,10-四(乙酰氧基)十氢-3,6,8,8,10$a$-五甲基-1$b$ |
| 30 | 21.94 | 1.15 | 异胆酸乙酯 |
| 31 | 22.11 | 0.89 | 2,3-二甲基-5-三氟甲基-1,4-苯二酚 |
| 32 | 22.92 | 1.69 | 异胆酸乙酯 |
| 33 | 23.14 | 1.11 | 异胆酸乙酯 |
| 34 | 27.44 | 0.41 | 2,5-二氟-$\beta$,3,4-三羟基-$N$-甲基苯乙胺 |
| 35 | 28.09 | 0.67 | 2-氨基-4,6-二氢-4,4,6,6-四甲基-噻吩并[2,3-$c$]呋喃-3-腈 |

由图 4-20 和表 4-21 分析结果可以得出，通过苯/乙醇提取物的气相色谱-质谱分析结果中检测到 35 个峰，检测了 17 种化学成分。结果表明更多物质的含量如下：5-羟甲基糖醛（32.83%），松三糖水合物（20.76%），$\beta$-D-乳糖（16.12%），D-($N$-炔丙氧基羰基）丙氨酸异己酯（8.87%），3,5-二甲基吡唑（5.92%），2,3-二氢-6-甲基-3,5-二羟基-4-吡喃酮（4.48%），异胆酸乙酯（3.95%），阿拉伯糖（0.89%）等。

按照表 4-22 可以得知，通过气相色谱-质谱检测得出七叶树果实果仁在使用不同溶剂在提取物中存在 65 种化合物，其中醇/酚共有 10 种（R—OH）（≤7.79%），14 种醛/酮（R—OH/R—OR）（≤42.21%），3 种酸（R—OOH）（≤0.73%），2 种生物碱（RN）（≤0.30%）及其他 36 种（≤48.97%）。在乙醇提取物种主要由 3 种醇/酚（R—OH）（≤3.62%），4 种醛/酮（R—OH/R—OR）（≤51.68%），1 种生物碱（RN）（≤0.43%）及其他 9 种（≤44.27%）。在乙醇提取物（对照组）中由 5 种醇/酚（R—OH）（≤22.39%），3 种醛/酮（R—OH/R—OR）（≤31.00%），及其他 8 种（≤46.61%）。甲醇提取物由 1 种醇/酚（R—OH）（≤4.27%），4 种醛/酮（R—OH/R—OR）（≤48.45%），2 种酸（R—OOH）（≤2.16%），1 种生物碱（RN）（≤0.78%）及其他 7 种（≤44.34%）。苯/乙醇提取物由 1 种醇/酚（R—OH）（≤0.89%），3 种醛/酮（R—OH/R—OR）（≤37.71%），1 种酸（R—OOH）（≤0.74%）及其他 12 种（≤60.66%）。其中乙醇提取物和它的对照组检测出来的活性物质种类基本无太大差异，乙醇提取物比对照组多了一种生物碱活性成分。

表 4-22　七叶树果实果仁四种提取物气相色谱-质谱的总化学成分分类表

| 类别 | 乙醇提取物 | | 乙醇提取物（对照组） | | 甲醇提取物 | | 苯/乙醇提取物 | |
|---|---|---|---|---|---|---|---|---|
| | 分子数量 | 相对含量/% | 分子数量 | 相对含量/% | 分子数量 | 相对含量/% | 分子数量 | 相对含量/% |
| 醇/酚类 | 3 | 3.62 | 5 | 22.39 | 1 | 4.27 | 1 | 0.89 |
| 醛酮类 | 4 | 51.68 | 3 | 31.00 | 4 | 48.45 | 3 | 37.71 |
| 酸类 | 0 | 0 | 0 | 0 | 2 | 2.16 | 1 | 0.74 |
| 生物碱 | 1 | 0.43 | 0 | 0 | 1 | 0.78 | 0 | 0 |
| 其他类 | 9 | 44.27 | 8 | 46.61 | 7 | 44.34 | 12 | 60.66 |

**（4）七叶树果实热裂解-气相色谱-质谱分析**

从图 4-21 和表 4-23 可以得知，根据热裂解-气相色谱-质谱分析结果得出，在七叶树果实果仁中检测到 265 个峰，其中鉴定出 234 种化学成分，其中含量最高的是：醋酸（8.58%），羟基丙酮（4.43%），1,6-脱水-$\beta$-D-葡萄糖（3.66%），DL-丙氨酸（3.59%），糠醇（2.86%），1,5-二甲基己胺(2-氨基-6-甲基庚烷)（2.64%），5-羟甲基糠醛（2.23%），2-羟基-2-环戊烯-1-酮（1.70%），1,2-二甲基丙胺（1.66%），2,3-丁二酮（1.43%），丙酮（1.40%），邻苯二酚（1.32%），苯酚（1.32%），2-羟基-2-环戊烯-1-酮（1.22%），甲酸甲酯（1.13%），糠醛（1.08%），顺式-乙酰胺-$N$-(4-羟基环己基)（1.04%），2-环戊烯酮（1.03%），乙氧基乙酸（1.01%），乙烯基甲醚（0.93%），甲基环戊烯醇酮（0.93%），丙酮酸甲酯（0.88%），2-甲基呋喃（0.86%），E-5-甲氧基-1-丁烯（0.85%），

2,5-二甲基呋喃（0.81％），5-乙酰基-2-呋喃甲醇（0.81％），N-甲基吡咯（0.75％），过氧化乙酰丙酮（0.72％），4-乙酰氨基吡咯（0.72％）等。

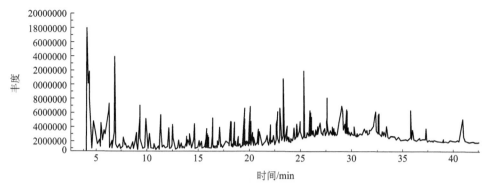

图 4-21　七叶树果实果仁的热裂解-气相色谱-质谱总离子色谱图

表 4-23　七叶树果实果仁的热裂解-气相色谱-质谱分析

| 序号 | 保留时间<br>/min | 面积百分比<br>/% | 物质名称 |
|---|---|---|---|
| 1 | 3.70 | 0.01 | 1,5-二甲基己胺(2-氨基-6-甲基庚烷) |
| 2 | 4.07 | 3.59 | DL-丙氨酸 |
| 3 | 4.22 | 2.63 | 1,5-二甲基己胺(2-氨基-6-甲基庚烷) |
| 4 | 4.69 | 1.40 | 丙酮 |
| 5 | 4.84 | 0.40 | 氯代异戊烷 |
| 6 | 5.02 | 0.17 | 环戊二烯 |
| 7 | 5.18 | 0.18 | 异丁醛 |
| 8 | 5.27 | 0.16 | 丙酮醛 |
| 9 | 5.33 | 0.80 | 甲酸 |
| 10 | 5.46 | 1.43 | 2,3-丁二酮 |
| 11 | 5.59 | 0.39 | 2-丁酮 |
| 12 | 5.67 | 0.86 | 2-甲基呋喃 |
| 13 | 5.83 | 0.50 | 甲酸甲酯 |
| 14 | 5.87 | 0.13 | 乙氧基乙酸 |
| 15 | 5.93 | 0.88 | 乙氧基乙酸 |
| 16 | 6.03 | 0.63 | 甲酸甲酯 |
| 17 | 6.11 | 0.22 | 醋酸 |
| 18 | 6.15 | 0.23 | 醋酸 |
| 19 | 6.27 | 0.86 | 醋酸 |
| 20 | 6.42 | 1.10 | 醋酸 |
| 21 | 6.46 | 0.79 | 醋酸 |
| 22 | 6.65 | 1.67 | 醋酸 |
| 23 | 6.88 | 3.71 | 醋酸 |
| 24 | 6.95 | 0.25 | 乙醇酸 |

| 序号 | 保留时间<br>/min | 面积百分比<br>/% | 物质名称 |
|---|---|---|---|
| 25 | 7.10 | 0.21 | 甲酸丙酯 |
| 26 | 7.30 | 4.43 | 羟基丙酮 |
| 27 | 7.53 | 0.81 | 2,5-二甲基呋喃 |
| 28 | 7.66 | 0.22 | 甲酸乙酯 |
| 29 | 7.74 | 0.31 | 乙醚 |
| 30 | 7.98 | 0.45 | 甲基异丁基醚 |
| 31 | 8.10 | 0.21 | 甲酸乙酯 |
| 32 | 8.22 | 0.19 | 丙酸 |
| 33 | 8.38 | 0.75 | N-甲基吡咯 |
| 34 | 8.56 | 0.18 | 3-乙基乙酰乙酸 |
| 35 | 8.63 | 0.18 | 2,2-二氟乙醇 |
| 36 | 8.77 | 0.71 | 吡咯 |
| 37 | 9.02 | 0.21 | 吡啶 |
| 38 | 9.11 | 0.46 | 甲苯 |
| 39 | 9.29 | 0.20 | (S)-2-丙基哌啶 |
| 40 | 9.40 | 0.53 | 1-羟基-2-丁酮 |
| 41 | 9.51 | 0.24 | 乙酰肼 |
| 42 | 9.67 | 0.38 | (R,R)-2,3-二乙酰氧基丁二酸 |
| 43 | 9.76 | 0.93 | 乙烯基甲醚 |
| 44 | 9.99 | 0.88 | 丙酮酸甲酯 |
| 45 | 10.03 | 0.24 | 4-羟基吡啶 |
| 46 | 10.15 | 0.17 | 丁二醛 |
| 47 | 10.27 | 0.50 | 3-氨基-1,2,4-三氮唑 |
| 48 | 10.45 | 0.36 | 氯甲基甲氧基胺 |
| 49 | 10.60 | 0.07 | 3-丁烯酸 |
| 50 | 10.62 | 0.11 | 三正丙基铝 |
| 51 | 10.79 | 0.20 | 2-甲基吡嗪 |
| 52 | 10.86 | 0.06 | 5-甲基-2-庚酮 |
| 53 | 10.98 | 0.26 | 5-氯戊腈 |
| 54 | 11.09 | 1.08 | 糠醛 |
| 55 | 11.19 | 0.53 | 2-环戊烯酮 |
| 56 | 11.32 | 0.50 | 2-环戊烯酮 |
| 57 | 11.45 | 0.10 | 2,3-戊二酮 |
| 58 | 11.53 | 0.06 | 1,4-二甲基哌嗪 |
| 59 | 11.60 | 0.09 | 丙氧基甲基环氧乙烷 |
| 60 | 11.82 | 0.24 | 糠醇 |

| 序号 | 保留时间/min | 面积百分比/% | 物质名称 |
|---|---|---|---|
| 61 | 12.01 | 0.98 | 糠醇 |
| 62 | 12.08 | 1.64 | 糠醇 |
| 63 | 12.26 | 0.45 | 对二甲苯 |
| 64 | 12.34 | 0.72 | 过氧化乙酰丙酮 |
| 65 | 12.54 | 0.12 | N-甲基-7-氮杂双环(2,2,1)-2-庚烯 |
| 66 | 12.64 | 0.04 | 2-甲基-1-丁烯-3-炔 |
| 67 | 12.73 | 0.19 | 1-氰基吡咯烷 |
| 68 | 12.88 | 0.07 | 4-环戊烯-1,3-二酮 |
| 69 | 12.96 | 0.07 | 苯并环丁烯 |
| 70 | 13.05 | 0.06 | 对二甲苯 |
| 71 | 13.13 | 0.04 | 乙酸,[氨基(硝基氨基)亚甲基]酰肼 |
| 72 | 13.25 | 0.02 | (R)-(+)-3-甲基环己酮 |
| 73 | 13.34 | 0.03 | 甲酸糠酯 |
| 74 | 13.39 | 0.01 | 1,1-二甲基-1-硅环-2,4-己二烯 |
| 75 | 13.51 | 0.40 | 甲基环戊烯醇酮 |
| 76 | 13.60 | 0.44 | 反式-环戊烷,1,2-二甲基-3-亚甲基 |
| 77 | 13.73 | 0.25 | 4,4-二甲基-2-环戊烯-1-酮 |
| 78 | 14.08 | 1.64 | 2-丁烯酸-4-内酯 |
| 79 | 14.28 | 0.70 | 依替前列通 |
| 80 | 14.35 | 0.33 | 环己酮 |
| 81 | 14.42 | 0.48 | 2-羟基-2-环戊烯-1-酮 |
| 82 | 14.54 | 1.22 | 2-羟基-2-环戊烯-1-酮 |
| 83 | 14.67 | 0.16 | 3-甲基-4-甲氧基-1-丁烯 |
| 84 | 14.80 | 0.64 | E-5-甲氧基-2-戊烯 |
| 85 | 14.97 | 0.21 | E-5-甲氧基-2-戊烯 |
| 86 | 15.10 | 0.15 | 惕格酸 |
| 87 | 15.23 | 0.30 | 反式 2-戊烯酸 |
| 88 | 15.33 | 0.55 | 3-己酮 |
| 89 | 15.44 | 0.37 | 5-甲基糠醛 |
| 90 | 15.62 | 0.76 | 3-甲基-2-环戊烯-1-酮 |
| 91 | 15.83 | 0.19 | 反式-2-甲基-2-丁烯酸 |
| 92 | 16.05 | 1.32 | 苯酚 |
| 93 | 16.23 | 0.04 | 4-环戊烯-1,3-二酮 |
| 94 | 16.29 | 0.04 | 溴化乙酰胆碱 |
| 95 | 16.39 | 0.21 | 均三甲苯 |
| 96 | 16.48 | 0.07 | 3,4-二甲基-2-环戊烯酮 |

| 序号 | 保留时间<br>/min | 面积百分比<br>/% | 物质名称 |
|---|---|---|---|
| 97 | 16.54 | 0.05 | 4-辛炔 |
| 98 | 16.60 | 0.06 | 4-溴-3,5-二甲基异噁唑 |
| 99 | 16.72 | 0.27 | 3-甲基-2,3-二氢呋喃 |
| 100 | 16.99 | 0.01 | 5-甲氧基-2-戊酮 |
| 101 | 17.13 | 0.17 | 甲酸烯丙酯 |
| 102 | 17.30 | 0.14 | 甲酸烯丙酯 |
| 103 | 17.37 | 0.51 | 联三甲苯 |
| 104 | 17.52 | 0.28 | 2-羟基丁酸酮 |
| 105 | 17.61 | 0.04 | 3-甲基-2-环己烯-1-酮 |
| 106 | 17.84 | 0.51 | 3-甲基-1,2-环戊二酮 |
| 107 | 17.94 | 0.93 | 甲基环戊烯醇酮 |
| 108 | 18.00 | 0.24 | 2,3-二甲基-2-环戊烯-1-酮 |
| 109 | 18.07 | 0.13 | 4,4-二甲基-6-庚-2-酮 |
| 110 | 18.26 | 0.17 | 2-戊烯-4-内酯 |
| 111 | 18.42 | 0.25 | 邻甲苯酚 |
| 112 | 18.56 | 0.12 | N-亚乙基-1-丁胺 |
| 113 | 18.69 | 0.30 | 2-羟基-3,4-二甲基-2-环戊烯-1-酮 |
| 114 | 18.82 | 0.11 | 硝酸异山梨酯 |
| 115 | 18.88 | 0.18 | 丁酰肼 |
| 116 | 19.04 | 0.65 | 间甲苯酚 |
| 117 | 19.15 | 0.41 | 2,5-二甲基-3,4-(2H,5H)-二酮 |
| 118 | 19.25 | 0.37 | 2,5-二甲基-3,4-(2H,5H)-二酮 |
| 119 | 19.29 | 0.25 | 2,5-二甲基-3,4-(2H,5H)-二酮 |
| 120 | 19.42 | 0.61 | 2-(1-氧代-2-羟乙基)呋喃 |
| 121 | 19.52 | 0.09 | 1-乙酰基环己烯 |
| 122 | 19.60 | 0.09 | 2-乙酰基环戊酮 |
| 123 | 19.82 | 0.28 | 2-[4-(1-甲基吡唑)]乙基胺 |
| 124 | 19.87 | 0.16 | L-胍基琥珀酰亚胺 |
| 125 | 20.09 | 1.66 | 1,2-二甲基丙胺 |
| 126 | 20.17 | 0.13 | 1,2-二甲基环丙烯 |
| 127 | 20.29 | 0.09 | 1,2,4,5-四甲苯 |
| 128 | 20.47 | 0.73 | 乙基环戊烯醇酮 |
| 129 | 20.62 | 0.07 | 3-甲基-4,5-二氢异噁唑-5-甲胺 |
| 130 | 20.67 | 0.09 | 3-甲基-1-异丙基环戊烯 |
| 131 | 20.71 | 0.10 | 2-乙基苯酚 |
| 132 | 20.82 | 0.06 | 氰化苄 |

| 序号 | 保留时间/min | 面积百分比/% | 物质名称 |
|---|---|---|---|
| 133 | 20.99 | 0.50 | 2,4-二甲基苯酚 |
| 134 | 21.09 | 0.26 | 3-甲基哒嗪 |
| 135 | 21.13 | 0.23 | 1,2,3,4-四甲基苯 |
| 136 | 21.24 | 0.31 | 2,3-二氢-6-甲基-3,5-二羟基-4-吡喃酮 |
| 137 | 21.34 | 0.03 | (6ci)-2-氨基-2-甲基氨基-4(1H)-嘧啶酮 |
| 138 | 21.41 | 0.11 | 3-乙基苯酚 |
| 139 | 21.46 | 0.13 | 2,3-二甲苯酚 |
| 140 | 21.54 | 0.12 | 2,3-二羟基苯甲醛 |
| 141 | 21.63 | 0.07 | 4-甲基苯乙酮 |
| 142 | 21.70 | 0.09 | 2,6-二甲基苯酚 |
| 143 | 21.76 | 0.04 | 乙酸糠酯 |
| 144 | 21.84 | 0.13 | 5-甲基-2-乙酰基呋喃 |
| 145 | 21.92 | 0.06 | 3-甲基苯乙酮 |
| 146 | 21.96 | 0.04 | 三环[4.2.2.0(1,5)]-2-癸醇 |
| 147 | 22.07 | 0.41 | 1,2-环戊二醇 |
| 148 | 22.21 | 0.12 | 2-甲基-3,5-二羟基-4-吡喃酮 |
| 149 | 22.31 | 0.07 | 3,4-二甲基茴香醚 |
| 150 | 22.41 | 1.32 | 邻苯二酚 |
| 151 | 22.71 | 1.90 | (S)-(+)-2',3'-二脱氧核糖醇酮 |
| 152 | 22.83 | 0.12 | 5-氨基-2H-吡唑-3-甲酰胺 |
| 153 | 22.88 | 0.27 | 1-甲酰吡咯烷 |
| 154 | 23.02 | 0.55 | 5-羟甲基糠醛 |
| 155 | 23.11 | 1.19 | 5-羟甲基糠醛 |
| 156 | 23.19 | 0.49 | 5-羟甲基糠醛 |
| 157 | 23.29 | 0.15 | 1,2-环己二醇 |
| 158 | 23.39 | 0.18 | 1,1-二甲基茚 |
| 159 | 23.47 | 0.18 | 反式-3-甲基-6-异丙基环己烯 |
| 160 | 23.59 | 0.25 | 4-甲基-1,2-苯二酚 |
| 161 | 23.67 | 0.18 | 6-异亚丙基-1-甲基-双环[3.1.0]己烷 |
| 162 | 23.73 | 0.07 | 1,1-二甲基茚 |
| 163 | 23.79 | 0.13 | 1-甲基吡唑-4-甲醛 |
| 164 | 23.89 | 0.29 | 2,5-二羟基苯乙酮 |
| 165 | 24.00 | 0.38 | 1-茚酮 |
| 166 | 24.19 | 0.72 | 4-乙酰氨基吡咯 |
| 167 | 24.24 | 0.24 | 4-甲基-1,2-苯二酚 |
| 168 | 24.31 | 0.30 | 3-甲基-2-糠酸 |

| 序号 | 保留时间<br>/min | 面积百分比<br>/% | 物质名称 |
|---|---|---|---|
| 169 | 24.39 | 0.12 | 4,4-二甲基-2,3-二氧呋喃-2-酮 |
| 170 | 24.45 | 0.20 | 3-甲基丁-2-烯基苯 |
| 171 | 24.54 | 0.25 | 吡嗪,甲基,1-氧化物 |
| 172 | 24.62 | 0.25 | 格奥三民 |
| 173 | 24.70 | 0.11 | 1,6,8-三甲基-1,2,3,4-四氢萘 |
| 174 | 24.77 | 0.24 | (一)-宁酮 |
| 175 | 24.88 | 0.10 | 2-氟苯乙醇异丙醚 |
| 176 | 24.97 | 0.36 | 10-甲基十一烷-4-内酯 |
| 177 | 25.11 | 0.30 | 2,6-二甲氧基苯酚 |
| 178 | 25.24 | 0.74 | 2-甲基-1,4-苯二酚 |
| 179 | 25.35 | 0.35 | 2-甲基-1,3-苯二酚 |
| 180 | 25.47 | 0.19 | (2-乙氧基)乙酸,TBDMS 衍生物 |
| 181 | 25.52 | 0.19 | 6-甲基-5-庚烯-2-醇 |
| 182 | 25.56 | 0.14 | 1,3,5-三甲基-2-(1,2-丙二烯基)苯 |
| 183 | 25.62 | 0.14 | 乙酸-1-甲基-3-(2,2,6-三甲基-双环[4.1.0]庚-1-基)丙烯酯 |
| 184 | 25.67 | 0.20 | 2-(十八氧基)乙醇 |
| 185 | 25.71 | 0.23 | 2-(1-甲基环丙基)噻吩 |
| 186 | 25.79 | 0.38 | 3-甲基吲哚 |
| 187 | 25.92 | 0.46 | N,N-二甲基间苯二胺 |
| 188 | 26.03 | 0.81 | 2-乙酰基-5-羟甲基呋喃 |
| 189 | 26.24 | 0.42 | 反式-β-甲基苯乙烯 |
| 190 | 26.33 | 0.21 | 2-甲基-5-羟基苯 |
| 191 | 26.41 | 0.46 | 2,6-二甲基萘 |
| 192 | 26.50 | 0.13 | 1-甲基-1,3,5-三硅环己烷 |
| 193 | 26.54 | 0.19 | 1,6,6-三甲基-8-氧杂双环[3.2.1]-2-辛酮 |
| 194 | 26.59 | 0.21 | (1AR,4S,7R,7AS,7BR)-1,1,4,7 四甲基 1a 中,2,3,4,6,7,7a,7B 八氢-1H-环丙并[e]薁-4-OL |
| 195 | 26.67 | 0.13 | 1-(2-吡嗪基)丁酮 |
| 196 | 26.70 | 0.12 | 6-硝基-[1,2,4]三唑并[1,5-A]吡啶-2-胺 |
| 197 | 26.75 | 0.10 | 1,2,2-三氰基环丙烷甲酰胺 |
| 198 | 26.86 | 0.30 | 1,1,6,8-四甲基-1,2-二氢萘 |
| 199 | 26.96 | 0.17 | 4,6,10,10-四甲基-5-氧杂三环[4.4.0.0(1,4)]-2-癸烯-7-醇 |
| 200 | 27.08 | 0.21 | 乙酸-1-甲基-3-(2,2,6-三甲基-双环[4.1.0]庚-1-基)丙烯基酯 |
| 201 | 27.19 | 0.27 | 正十五烷 |
| 202 | 27.27 | 0.21 | 3-(3-吲哚)丙胺 |

| 序号 | 保留时间 /min | 面积百分比 /% | 物质名称 |
|---|---|---|---|
| 203 | 27.32 | 0.10 | 3,3,6,6,9,9,12,12-八甲基-五环[9.1.0.0(2,4).0(5,7).0(8,10)]十二烷 |
| 204 | 27.39 | 0.34 | 2,2,5,7-四甲基四啉 |
| 205 | 27.52 | 0.28 | 间甲苯酚 |
| 206 | 27.61 | 0.15 | 三甲基乙酸盐-3-(乙酰氧基)-2-硝基环己基 |
| 207 | 27.68 | 0.21 | 溴代十四烷 |
| 208 | 27.78 | 0.44 | 1-溴十七烷 |
| 209 | 28.04 | 1.04 | 顺式-乙酰胺-$N$-(4-羟基环己基) |
| 210 | 28.15 | 0.50 | 1,6-脱水-$\beta$-D-葡萄糖 |
| 211 | 28.25 | 0.69 | 1,6-脱水-$\beta$-D-葡萄糖 |
| 212 | 28.44 | 1.31 | 1,6-脱水-$\beta$-D-葡萄糖 |
| 213 | 28.53 | 1.16 | 1,6-脱水-$\beta$-D-葡萄糖 |
| 214 | 28.73 | 0.33 | 4,6,8-三甲基甘菊蓝 |
| 215 | 28.81 | 0.34 | 2,3,5-三甲基萘 |
| 216 | 28.94 | 0.16 | 2,3-二羟基喹喔啉 |
| 217 | 29.00 | 0.20 | 八氢-1,7$a$-二甲基-4-(1-甲基乙烯基)-[1$s$-(1.$\alpha$,3$a$.$\beta$,4.$\alpha$,7$a$.$\beta$.)]-1,4-甲基-1$H$-茚 |
| 218 | 29.12 | 0.13 | 戊二酸-2-降冰片基-4-炔-3-酯 |
| 219 | 29.16 | 0.13 | 2-(3,8,8-三甲基-1,2,3,4,5,6,7,8-八氢萘)乙酸甲酯 |
| 220 | 29.25 | 0.29 | 2,3,5-三甲基萘 |
| 221 | 29.40 | 0.22 | 六氯化萘 |
| 222 | 29.47 | 0.15 | 4-(2,6,6-三甲基-1-环己烯基)-3-丁烯-2-醇乙酸酯 |
| 223 | 29.52 | 0.11 | 母菊萸 |
| 224 | 29.58 | 0.09 | 2-[氟-(2-氧代丙基硫烷基)-亚甲基]-丙二酸二甲酯 |
| 225 | 29.62 | 0.15 | 3,3$a$,4,5,6,7-六氢-2-茚二酮二甲基腙 |
| 226 | 29.76 | 0.09 | 人参皂甙元 |
| 227 | 29.82 | 0.18 | ($Z$)-3-(4-氟苯基)丙烯腈 |
| 228 | 29.95 | 0.10 | 碳酸2,5-二氯苯基新戊酯 |
| 229 | 30.05 | 0.18 | 1,1,6-三甲基-1,2,3,4-四氢萘 |
| 230 | 30.17 | 0.16 | 2-羟基-2,4,4-三甲基-3-异戊二烯基环己酮 |
| 231 | 30.27 | 0.19 | 5-氟-3-乙酰氨基-2-吲哚甲酸甲酯 |
| 232 | 30.46 | 0.27 | 6,10-二甲基-9-十一烯-2-酮 |
| 233 | 30.67 | 0.39 | 丙酸橙花苷 |
| 234 | 30.75 | 0.23 | 2-(2-十七烷基氧基)四氢-2$H$-吡喃 |
| 235 | 30.88 | 0.37 | 人参炔E |
| 236 | 31.16 | 0.39 | 4,4-二甲基-3-戊酮酸丙酯 |
| 237 | 31.23 | 0.17 | ($E$)-3,7-二甲基-7-乙氧基-2-辛烯-1-醇 |
| 238 | 31.32 | 0.33 | 1,4,5,8-四甲基萘 |

| 序号 | 保留时间 /min | 面积百分比 /% | 物质名称 |
|---|---|---|---|
| 239 | 31.47 | 0.12 | α-甲基呋喃甘露糖苷 |
| 240 | 31.55 | 0.36 | 乙酸-4-甲基-2-戊酯 |
| 241 | 31.77 | 0.37 | 3-[5-(2-氰基乙基)-吡嗪-2-基]-丙腈 |
| 242 | 31.88 | 0.43 | 硼酸三丙酯 |
| 243 | 32.22 | 0.11 | 二十二酸 |
| 244 | 32.27 | 0.09 | 2,7-二甲基-5-异丙烯基-1,8-壬二烯 |
| 245 | 32.43 | 0.09 | 3-(1,2-二氢-1-亚萘基)-2-丙醇 |
| 246 | 32.72 | 0.01 | 3'-甲基苯乙酮 |
| 247 | 33.02 | 0.02 | δ-硫代乳酸 |
| 248 | 33.44 | 0.04 | 4a(2H)-萘羧酸八氢甲酯 |
| 249 | 33.88 | 0.00 | 2,4,6-三异丙基苯磺酰氯 |
| 250 | 34.75 | 0.01 | δ-硫代乳酸 |
| 251 | 34.97 | 0.01 | 异瑟模环烯醇 |
| 252 | 35.37 | 0.02 | 十二烯基丁二酸酐 |
| 253 | 35.51 | 0.05 | 硬脂酸 |
| 254 | 35.64 | 0.08 | (Z)-8-甲基-9-十四烯-1-醇乙酸酯 |
| 255 | 36.55 | 0.09 | 1,2,3,5,6,7-六氢-4,8-二甲基-s-并二苯 |
| 256 | 36.74 | 0.04 | 2-十六烷酮 |
| 257 | 37.18 | 0.02 | 1,2,3,4,4a,5,6,8a-八氢-α,α,4a,8-四甲基-[2R-(2.α.,4a.α.,8a.β.)]-萘甲醇 |
| 258 | 37.31 | 0.02 | 4-乙酰基-3-氨基-5-丁基-2,4-环戊二烯-1,1,2-三碳腈 |
| 259 | 38.07 | 0.02 | 7-乙酰基-1,3：2,5：4,6-三甲基-D-甘油-D-甘露庚醇 |
| 260 | 38.41 | 0.06 | (Z)-13,14-环氧十四碳-11-烯-1-醇乙酸酯 |
| 261 | 38.53 | 0.01 | 2-氯丙酸十六烷酯 |
| 262 | 38.62 | 0.01 | 环十五酮 |
| 263 | 39.34 | 0.52 | 棕榈酸 |
| 264 | 39.70 | 0.07 | 2-甲基-3-(N,N-二乙基氨基)-2-戊烯腈 |
| 265 | 40.58 | 0.02 | 美托咪定 |

从表 4-24 得知，通过热裂解-气相色谱-质谱检测得出七叶树果实果仁在使用不同溶剂在提取物中存在多达 234 种化合物，主要由 25 种醇/酚（R—OH）（≤9.66%），53 种醛/酮（R=OH/R=OR）（≤27.78%），19 种酸（R—OOH）（≤16.89%），1 种生物碱

（RN）（≤0.04%）及其他 136 种（≤45.54%）。

表 4-24  七叶树果实果仁热裂解-气相色谱-质谱的总化学成分分类表

| 部位 | 醇/酚类 | | 醛酮类 | | 酸类 | | 生物碱 | | 其他类 | |
|---|---|---|---|---|---|---|---|---|---|---|
| | 分子数量 | 相对含量/% | 分子数量 | 相对含量/% | 分子数量 | 相对含量/% | 分子数量 | 相对含量/% | 分子数量 | 相对含量/% |
| 七叶树果实果仁 | 25 | 9.66 | 53 | 27.87 | 19 | 16.89 | 1 | 0.04 | 136 | 45.54 |

## 4.4.3  资源化途径分析

七叶树果实果仁产品具有一定的保健功能，分别采用傅里叶红外光谱分析（FTIR），热重分析（TG），气相色谱-质谱联用和热裂解-气相色谱-质谱联用技术对七叶树果实进行分析，得到了有利于人体健康的有效成分。糠醛是天然存在的呋喃醛，具有许多商业用途，例如工业制造、食用香料、个人护理香料、杀虫剂和脱乙酰壳多糖衍生物等[117]。硝酸异戊酯是一种快速且长效的硝酸盐抗心绞痛药物，主要用于预防心绞痛和冠状动脉扩张剂治疗心绞痛[118]。邻苯二甲酸是一种重要的药物中间体，可用于制造止咳剂、丁香酚、小檗碱和异丙肾上腺素[119]。3，4-二羟基甲苯用于合成抗菌剂和抗氧化剂并且两种新型合成甲基苯二醇衍生物具有抗氧化活性[120]。3-氨基-1，2，4-三唑可用作药物中间体、抗菌、潜在的抗菌剂和生物膜活性的衍生物等[121]。2，3-二羟基喹喔啉合成抗肿瘤、抗真菌、中枢神经系统镇静剂，并且衍生物可用作 AMPK 活化蛋白激酶的激活剂[122]。二十二酸是有机化合物，并且可以用作药用杀真菌剂、农业杀虫剂和化妆品添加剂等[123]。美托咪啶选择性迷走神经激活可能有益于心力衰竭患者的迷走神经激活，它在腹腔镜胆囊切除术中具有显著的麻醉作用，可以有效地维持血液动力学稳定性并可诱导老年患者进行喉镜检查[124]。

七叶树果实果仁的不同有机溶剂提取后的，根据傅里叶变换红外光谱结果，七叶树果实果仁的主要吸收峰在 3700～2974cm$^{-1}$、2974～2885cm$^{-1}$ 和 1658～881cm$^{-1}$。另外吸收峰减少，也表明醇、醚、烃、酚、芳族化合物等被部分提取。

热重检测分为三个阶段：第一阶段 20～104℃水分蒸发阶段失重较小；第二阶段 104～230℃是内部发生了少量高聚物解聚、重组引起的；第三阶段 230～300℃剩余组分的燃烧阶段随着温度的升高，迅速分解纤维素和半纤维素，发生明显失重。

气相色谱-质谱检测分析，七叶树果实果仁乙醇提取物从 32 个峰中鉴定出 17 种化学成分，主要含有蜜二糖、松三糖水合物、β-乳糖等；甲醇提取物从 28 个峰中鉴定出 16 种化学成分，主要含有甲基麦芽酚、阿拉伯糖、松三糖水合物等；乙醇/苯提取物从 32 个峰中鉴定出 15 种化合物，主要含有缩水甘油、肉豆蔻碱、左旋葡萄糖酮等；乙醇/甲醇提取物从 35 个峰中鉴定出 17 种化学成分，主要含有松三糖水合物、左旋葡萄糖酮、阿拉伯糖等。其中醇/酚共有 10 种（R—OH）（≤7.79%），14 种醛/酮（R＝OH/R＝OR）（≤42.21%），3 种酸（R—OOH）（≤0.73%），2 种生物碱（RN）（≤0.30%）及其他 36

种（≤48.97%）。

在热裂解-气相色谱-质谱中检测了一共测出了265个峰，鉴定出234种热裂解产物，主要由25种醇/酚（R—OH）（≤9.66%），53种醛/酮（R═OH/R═OR）（≤27.78%），19种酸（R—OOH）（≤16.89%），1种生物碱（RN）（≤0.04%）及其他136种（≤45.54%），其热裂解产物主要含有糠醇、依替前列通、美托咪定等。

综上所述，七叶树果实果仁提取物、热裂解产物中富含的生物活性成分，主要有甲基麦芽酚、阿拉伯糖、松三糖水合物、左旋葡萄糖酮、阿拉伯糖、糠醇、依替前列通、美托咪定等，具有广阔的应用范围和良好的发展前景，尤其在食品添加剂方面开发潜力巨大，应作为重点进行开发。本章为七叶树果实果仁提取物在生物能源、生物医学农药、化妆品、香料等高端资源的综合利用提供了科学依据。

## 参考文献

[1] 路强强，石新卫，胡浩，等．中华七叶树种子化学成分及生物活性研究进展 [J]．西北药学杂志，2016，31 (6)：651-654.

[2] 王绪英，赵永芳．中药娑罗子的化学组分及七叶皂苷药用价值的研究 [J]．唐山师范学院学报，2001，23 (5)：7-11.

[3] 王绪英，赵永芳．中药娑罗子的资源状况及临床应用 [J]．六盘水师范学院学报，2001，13 (4)：23-25.

[4] 中国科学院中国植物志委员会．中国植物志：第三十一卷 [M]．北京：科学出版社，1982.

[5] 边静静．不同产地娑罗子主要成分分析比较研究 [D]．兰州：甘肃农业大学，2010.

[6] 陈西仓，张振纲．七叶树的开发利用 [J]．特种经济动植物，2003，6 (4)：25-26.

[7] 唐凌凌，李卫国，教忠意，等．我国木兰科植物研究现状与展望 [J]．安徽农业科学，2008，36 (5)：1808-1809.

[8] 魏远新，郭莉．七叶树的生物学特性及其发展利用 [J]．现代农业科技，2007 (22)：48.

[9] 李中岳．世界著名观赏树七叶树 [J]．中国林业，2001 (16)：35.

[10] 李鹏丽，时明芝，王绍文．珍稀观赏树种七叶树的研究现状与展望 [J]．北方园艺，2009 (9)：115-118.

[11] 郑人华，黄锐，岳静．七叶树特性用途及育苗技术 [J]．汉中科技，2015 (3)：48-50.

[12] Zhang Z，Li S，Lian X. An Overview of Genus Aesculus L.：Ethnobotany，Phytochemistry，and Pharmacological Activities [J]．Pharmaceutical Crops，2010，1 (1).

[13] 刘顺良，陈敬然，王文森．娑罗子的化学成分药理及临床研究进展 [J]．时珍国医国药，2004，15 (8)：528-529.

[14] 张丽新，吴建设，张涛．娑罗子皂甙的药理研究 [J]．中药药理与临床，1985.

[15] 杜向红，雷留成．娑罗子植物资源调查 [J]．中药材，1999 (4)：172-173.

[16] 刘顺良，王文森，康跃展．七叶皂苷钠的药效学与临床应用研究进展 [J]．中国临床药学杂志，2003，12 (6)：386-387.

[17] Yong Z，Xuhui H，Ni L，et al. Saponins from Chinese Buckeye Seed reduce cerebral edema：metaanalysis of randomized controlled trials [J]．Planta Medica，2005，71 (11)：993-998.

[18] Liu Z. Research Progress and Exploitation of Aesculus chinensis Bunge [J]．Journal of Anhui Agricultural Sciences，2012，40 (10)：5986-5988

[19] Guo J，Yang X W. Studies on Triterpenoid Saponins of Seeds of Aesculus chinensis Bunge var. chekiangensis (Hu et Fang) Fang [J]．Journal of Chinese Pharmaceutical Sciences，2004，13 (2)：87-91.

[20] Zhihong Y，Ping S. Effect of beta-aescin extract from Chinese buckeye seed on chronic venous insufficiency [J]．Pharmazie，2013，68 (6)：428-430.

[21] 程春泉，徐佳洁，杨晓蕾，等．激光联合表皮营养液及七叶树皂苷修护敷料治疗面部毛细血管扩张症疗效分析 [J]．中国美容医学杂志，2017，26 (9)：61-64.

[22] 杨秀伟，赵静，崔景荣，等．七叶树皂苷-Ia的人肠内细菌生物转化产物及其抗肿瘤活性研究 [J]，北京大学学报（医学版）．2004，36 (1)：31-35.

[23] 刘丽娟，胡东莉，李汇娟，等．七叶皂苷对 P-糖蛋白功能的影响 [J]．现代生物医学进展，2010，10（7）：1208-1212.

[24] Wei Q，Xi-Han M A，Zhang L. A study on oxidation resistance of the extracts from the leaves of *Aesculus Chinensis Bunge* [J]．Journal of Northwest Sci-Tech University of Agriculture and Forestry，2001，29（3）：41-44.

[25] 杨秀伟，赵静，马超美，等．七叶树皂苷和熊果酸类化合物对 HIV-1 蛋白酶活性抑制作用的初步研究 [J]．中国新药杂志，2007，16（5）：366-369.

[26] 洪缨，侯家玉．娑罗子抑酸作用机理研究 [J]．北京中医药大学学报，1999，22（3）：45-47.

[27] 边静静，付娟，赵桦．娑罗子多糖的提取、含量测定及生物学活性研究 [J]．食品工业科技，2010，31（10）：72-74.

[28] 石召华，吕志江，关小羽，等．七叶树属药用植物资源调查 [J]．世界科学技术-中医药现代化，2013（1）：115-119.

[29] 关文强，李淑芬．天然植物提取物在果蔬保鲜中应用研究进展 [J]．农业工程学报，2006，22（7）：200-204.

[30] 孙丽萍，王大仟，张智武．11 种天然植物提取物对 DPPH 自由基的清除作用 [J]．食品科学，2009，30（1）：45-47.

[31] 郭松，陈义娟，刘艺，等．8 种植物提取物对小麦白粉病病菌抑制活性研究 [J]．中国植保导刊，2016（2）：13-17.

[32] 赵园园，薛勇，董军，等．两种植物提取物对即食海参体壁胶原蛋白稳定性的影响 [J]．现代食品科技，2015（11）：113-119.

[33] 张馨如，黄琰，杨蕾，等．十种中草药提取物用作新型多功能天然植物饲料添加剂初探 [J]．南方农业，2015，9（9）：1-2.

[34] 单显阳，杨林聪．天然植物提取物在水果保鲜中的应用研究进展 [J]．食品工业，2016（12）：233-236.

[35] 乔利敏，关文怡，雷莉辉，等．浅谈新型植物抗生素—几种天然植物提取物（一）[J]．山东畜牧兽医，2016，37（2）：50-53.

[36] 孙文佳，杜方岭，刘玮，等．对高糖损伤 HBZY-1 细胞具有保护作用的天然植物提取物的筛选及其抗炎活性研究 [J]．现代食品科技，2017（05）：39-44.

[37] 章玲玲，许爱娥．天然植物提取物抗紫外线损伤的作用 [J]．中国中西医结合皮肤性病学杂志，2015，14（6）：400-402.

[38] 杨金初，孙世豪，胡军，等．以天然植物水提取物为美拉德反应原料制备天然香料 [J]．烟草科技，2017，50（12）：44-54.

[39] 陈雁，王玉敏．以天然植物水提取物为美拉德反应原料制备天然香料 [J]．中国老年学杂志，2018，38（1）：230-232.

[40] 胡代花．6 种天然植物提取物对维生素 D2 稳定性的保护作用 [J]．江苏农业学报，2017，33（4）：927-931.

[41] 包志碧，陈仁伟，刘旺景，等．植物提取物的防腐作用及其机理研究进展 [J]．饲料工业，2018（12）：58-64.

[42] 彭密军，王翔，彭胜．植物提取物在健康养殖中替代抗生素作用研究进展 [J]．天然产物研究与开发，2017（10）：1797-1804.

[43] 陈国营，Hunger Christine．植物提取物：促生长药物的天然替代品 [J]．国外畜牧学（猪与禽），2015，35（8）：77-78.

[44] 邱尧荣．林木生物质能源产业规划的现状、问题与对策 [J]．华东森林经理，2009，23（3）：1-5.

[45] 蔡飞，张兰，张彩虹．我国林木生物质能源资源潜力与可利用性探析 [J]．北京林业大学学报（社会科学版），2012，11（4）：103-107.

[46] 中国林木生物质能源发展潜力研究课题组．中国林木生物质能源发展潜力研究报告 [J]．中国林业产业，2006（1）：5-11.

[47] 索延星，王华庚，刘子雷，等．河南林木生物质能源发展浅谈 [J]．河南林业科技，2008，28（2）：29-30.

[48] 霍宝民，张磊，吕朝晖，等．河南林木生物质能源现状与发展战略研究 [C]．第二届中国林业学术大会——S11 木材及生物质资源高效增值利用与木材安全论文集，2009.

[49] 孙凤莲，王忠吉，叶慧．林木生物质能源产业发展现状、可能影响与对策分析 [J]．经济问题探索，2012（3）：149-153.

[50] 徐学勤，齐涛．林木生物质能源开发和利用 [J]．四川林业科技，2007，28（1）：106-108.

[51] 黄晓霖，彭晓娟．林木生物质能源发展现状与对策 [J]．乡村科技，2017（26）：85-86.

[52] Yamamoto H，Fujino J，Yamaji K. Evaluation of bioenergy potential with a multi-regional global-land-use-and-

energy model [J]．Biomass & Bioenergy，2001，21（3）：185-203.

[53] Malinen J，Pesonen M，Määttä T，et al．Potential harvest for wood fuels（energy wood）from logging residues and first thinnings in Southern Finland [J]．Biomass & Bioenergy，2001，20（3）：189-196.

[54] Smeets E M W，Faaij A P C．Bioenergy potentials from forestry in 2050：An assessment of the drivers that determine the potentials [J]．Climatic Change，2007，81（3-4）：353-390.

[55] Bjørnstad E．An engineering economics approach to the estimation of forest fuel supply in North-Trøndelag county，Norway [J]．Journal of Forest Economics，2005，10（4）：161-188.

[56] Hoogwijk M，Faaij A，Broek R V D，et al．Exploration of the ranges of the global potential of biomass for energy [J]．Biomass & Bioenergy，2003，25（2）：119-133.

[57] 曹永建，吕建雄．林木生物质能源利用现状及展望 [C]．全国生物质材料科学与技术学术研讨会，2007.

[58] Gupta U，Solanki H A．Quantification of ash and selected primary metabolites from non-edible parts of several fruits [J]．International Journal of Pharmacy & Pharmaceutical Sciences，2015，7（12）：288-290.

[59] Ajila C M，Naidu K A，Bhat S G，et al．Bioactive compounds and antioxidant potential of mango peel extract [J]．Food Chemistry，2007，105（3）：982-988.

[60] Negi P S，Jayaprakasha G K，Jena B S．Antioxidant and antimutagenic activities of pomegranate peel extracts [J]．Food Chemistry，2003，80（3）：393-397.

[61] Zia-Ur-Rehman．Citrus peel extract-A natural source of antioxidant [J]．Food Chemistry，2006，99（3）：450-454.

[62] Young J J，Yeni L，Sun M M，et al．Onion peel extracts ameliorate hyperglycemia and insulin resistance in high fat diet/streptozotocin-induced diabetic rats [J]．Nutrition & Metabolism，2011，8（1）：18.

[63] Peng W，Maleki A，Rosen M A，et al．Optimization of a hybrid system for solar-wind-based water desalination by reverse osmosis：Comparison of approaches [J]．Desalination，2018，442：16-31.

[64] Peng W，Li D，Zhang M，et al．Characteristics of antibacterial molecular activities in poplar wood extractives [J]．Saudi Journal of Biological Sciences，2017，24（2）：399.

[65] Min D，Liu Z，Yan D，et al．Application of LSSVM algorithm for estimating higher heating value of biomass based on ultimate analysis [J]．Energy Sources Part A Recovery Utilization & Environmental Effects，2018，40（6）：1-7.

[66] Xu K，He G，Qin J，et al．High-efficient extraction of principal medicinal components from fresh Phellodendron bark（cortex phellodendri）[J]．Saudi Journal of Biological Sciences，2017

[67] Balitskyv S，Bondarenkog V，Balitskayao V，et al．IR spectroscopy of natural and synthetic amethysts in the 3000-3700 cm-1 region and problem of their identification [J]．Doklady Earth Sciences，2004，394（1）：120-123.

[68] Jing Z，Zhao W，Kai T，et al．Seismic performance of square，thin-walled steel tube/bamboo plywood composite hollow columns with binding bars [J]．Soil Dynamics & Earthquake Engineering，2016，89：152-162.

[69] Xu G，Wang L，Liu J，et al．FTIR and XPS analysis of the changes in bamboo chemical structure decayed by white-rot and brown-rot fungi [J]，Applied Surface Science，2013，280（8）：799-805.

[70] Lourençon T V，Hansel F A，Silva T A D，et al．Hardwood and softwood kraft lignins fractionation by simple sequential acid precipitation [J]．Separation & Purification Technology，2015，154：82-88.

[71] Shaowei H，Takanori S，Zhaomin H．Carbon-carbon bond cleavage and rearrangement of benzene by a trinuclear titanium hydride [J]．Nature，2014，512（7515）：413-415.

[72] Min D，Liu Z，Yan D，et al．Application of LSSVM algorithm for estimating higher heating value of biomass based on ultimate analysis [J]．Energy Sources Part A Recovery Utilization & Environmental Effects，2018，40（6）：1-7.

[73] Tomak E D，Topaloglu E，Gumuskaya E，et al．An FT-IR study of the changes in chemical composition of bamboo degraded by brown-rot fungi [J]．International Biodeterioration & Biodegradation，2013，85（85）：131-138.

[74] Peng W，Lin Z，Wang L，et al．Molecular characteristics of Illicium verum extractives to activate acquired immune response [J]．Saudi Journal of Biological Sciences，2016，23（3）：348.

[75] Munshi P N，Martin L，Bertino J R．6-thioguanine：a drug with unrealized potential for cancer therapy [J]．Oncologist，2014，19（7）：760-765.

[76] Ge S，Chen X，Li D，et al．Hemicellulose structural changes during steam pretreatment and biogradation of

Lentinus Edodes [J]. Arabian Journal of Chemistry, 2018 (11): 771-781.

[77] Peng W X, Ge S B, Ebadi A G, et al. Syngas production by catalytic co-gasification of coal-biomass blends in a circulating fluidized bed gasifier [J]. Journal of Cleaner Production, 2017 (168): 1513-1517.

[78] Meng L, Cannesson M, Alexander B S, et al. Effect of phenylephrine and ephedrine bolus treatment on cerebral oxygenation in anaesthetized patients [J]. British Journal of Anaesthesia, 2011, 107 (2): 209-217.

[79] Guízargonzález C, Monfortegonzález M, Vázquezflota F. Yeast extract induction of sanguinarine biosynthesis is partially dependent on the℃ tadecanoic acid pathway in cell cultures of Argemone mexicana L. , the Mexican poppy [J]. Biotechnology Letters, 2016, 38 (7): 1237-1242.

[80] Du Y H, Li J L, Jia R Y, et al. Acaricidal activity of four fractions and℃ tadecanoic acid-tetrahydrofuran-3,4-diyl ester isolated from chloroform extracts of neem (Azadirachta indica) oil against Sarcoptes scabiei var. cuniculi larvae in vitro [J]. Veterinary Parasitology, 2009, 163 (1-2): 175-178.

[81] Joseph D, Huang G J, Nura M, et al. 4-(3′alpha15′beta-dihydroxy-5′beta-estran-17′beta-yl) furan-2-methyl alcohol: an anti-digoxin agent with a novel mechanism of action [J]. Journal of Medicinal Chemistry, 2006, 49 (2): 600-606.

[82] 高企秀, 陈正英, 唐仲雄, 等. 新的取代庚酸衍生物治疗支气管哮喘和慢性阻塞性肺病: 中国, 1120596.2 [P]. 2003-02-26.

[83] Auler T, Bieringer H, Rosinger C, et al. Acylsulfamoyl benzoic acid amides, plant protection agents containing said acylsulfamoyl benzoic acid amides, and method for producing the same [J], 2003.

[84] Mamman A S, Jongmin L, Yeongcheol K, et al. Furfural: hemicellulose/xylose-derived biochemical. [J]. Biofuels Bioproducts & Biorefining, 2010, 2 (5): 438-454.

[85] Lange J P, Van D H E, Van B J, et al. Furfural--a promising platform for lignocellulosic biofuels [J]. Chemsuschem, 2012, 5 (1): 150-166.

[86] Viana G S B, Bandeira M A M, Moura L C, et al. Analgesic and Antiinflammatory Effects of the Tannin Fraction from Myracrodruon urundeuva Fr. All. [J]. Phytotherapy Research, 2015, 11 (2): 118-122.

[87] Amezaga N M J M, Benítez E I, Sosa G L, et al. The role of polysaccharides on the stability of colloidal particles of beer [J]. International Journal of Food Science & Technology, 2016, 51 (5): 1284-1290.

[88] Tucker M R, Lou H, Aubert M K, et al. Exploring the Role of Cell Wall-Related Genes and Polysaccharides during Plant Development [J]. Plants, 2018, 7 (2): 42.

[89] Hassan S, Mathesius U. The role of flavonoids in root-rhizosphere signalling: opportunities and challenges for improving plant-microbe interactions [J]. Journal of Experimental Botany, 2012, 63 (9): 3429-3444.

[90] Kelepouri D, Mavropoulos A, Bogdanos D P, et al. The Role of Flavonoids in Inhibiting Th17 Responses in Inflammatory Arthritis [J]. Journal of Immunology Research, 2018, 2018 (13): 1-11.

[91] Seward K P. Treatment of hypertension by renal vascular delivery of guanethidine [J]. Mercator Medsystems, 2013.

[92] Hertting G, Axelrod J, Patrick R W. Actions of bretylium and guanethidine on the uptake and release of [3H]-noradrenaline [J]. Br J Pharmacol Chemother, 2012, 18 (1): 161-166.

[93] Vizi E S, Knoll J. The effects of sympathetic nerve stimulation and guanethidine on parasympathetic neuroeffector transmission: the inhibition of acetylcholine release [J]. Journal of Pharmacy & Pharmacology, 2011, 23 (12): 918-925.

[94] Zhang Y. Clinical value of clindamycin [J]. Shanghai Medical & Pharmaceutical Journal, 2015.

[95] Larsson P G, Platz-Christensen J J, Dalaker K, et al. Treatment with 2% clindamycin vaginal cream prior to first trimester surgical abortion to reduce signs of postoperative infection: a prospective, double-blinded, placebo-controlled, multicenter study [J]. Acta Obstetricia Et Gynecologica Scandinavica, 2015, 79 (5): 390-396.

[96] Gibson R W, Rice A D, Pickett J A, et al. The effects of the repellents dodecanoic acid and polygodial on the acquisition of non-, semi-and persistent plant viruses by the aphid Myzus persicae [J]. Annals of Applied Biology, 2010, 100 (1): 55-59.

[97] Desgrosseilliers, Louis, Whitman, et al. Dodecanoic acid as a promising phase-change material for thermal energy storage [J]. Applied Thermal Engineering, 2013, 53 (1): 37-41.

[98] Guízargonzález C, Monfortegonzález M, Vázquezflota F. Yeast extract induction of sanguinarine biosynthesis is partially dependent on the℃ tadecanoic acid pathway in cell cultures of Argemone mexicana L. , the Mexican poppy [J]. Biotechnology Letters, 2016, 38 (7): 1237-1242.

[99] Vasudevan A, Dileep K V, Mandal P K, et al. Anti-inflammatory property of n-hexadecanoic acid: structural

evidence and kinetic assessment [J] . Chemical Biology & Drug Design, 2012, 80 (3): 434-439.

[100] Tewari H, Jyothi K N, Kasana V K, et al. Insect attractant and oviposition enhancing activity of hexadecanoic acid ester derivatives for monitoring and trapping Caryedon serratus [J] . Journal of Stored Products Research, 2015, 61: 32-38.

[101] 李晓宁, 崔卉, 宋又群, 等. 辽五味子果实挥发油成分的鉴定 [J] . 药学学报, 2001, 36 (3): 215-219.

[102] Gunjan M, Jha A K, Jana G K, et al. An antidiabetic study of Momordica charantia fruit [J] . Journal of Pharmacy Research, 2010 (3): 1223.

[103] 赵敏, 王炎, 康莉. 刺五加果实及种子内源萌发抑制物质活性的研究 [J] . 中国中药杂志, 2001, 26 (8): 534-538.

[104] 何进, 阎淳泰, 梁运祥. 枸杞果实化学成分研究概况 [J] . 中国野生植物资源, 1997 (1): 8-11.

[105] 李植飞, 唐祖年, 戴支凯. 土荆芥果实挥发油 GC-MS 分析及其生物活性研究 [J] . 中国实验方剂学杂志, 2013, 19 (5): 265-269.

[106] 毕淑峰, 任慧芳, 陈文静, 等. 忍冬果实挥发油的化学成分分析及其体外抗氧化活性 [J] . 中成药, 2015, 37 (5): 1021-1025.

[107] 邱顺华, 金李芬, 钱民章. 正安野木瓜果实乙醇粗提物的抗菌性能及其稳定性研究 [J] . 时珍国医国药, 2013, 24 (3): 588-590.

[108] 李建绪, 王红程, 高美华, 等. 枸橼果实的香豆素和黄酮类成分研究 [J] . 药学研究, 2013, 32 (4): 187-189.

[109] 马迪, 向阳, 王丹, 等. 天山花楸果实和枝叶提取物的药效比较研究 [J] . 西北药学杂志, 2015 (1): 43-47.

[110] Khan A W, Kotta S, Ansari S H, et al. Enhanced dissolution and bioavailability of grapefruit flavonoid Naringenin by solid dispersion utilizing fourth generation carrier [J] . Drug Development & Industrial Pharmacy, 2015, 41 (5): 772.

[111] Hadir F, Sawsan S M, Bahia A E S, et al. Effect of grapefruit juice and sibutramine on body weight loss in obese rats [J] . African Journal of Pharmacy and Pharmacology, 2015, 9 (8) .

[112] Qaraaty M, Kamali S H, Dabaghian F H, et al. Effect of myrtle fruit syrup on abnormal uterine bleeding: a randomized double-blind, placebo-controlled pilot study [J] . Daru-journal of Faculty of Pharmacy, 2014, 22 (1): 1-7.

[113] Mehta D K, Das R, Bhandari A. Phytochemical screening and HPLC analysis of flavonoid and anthraquinone glycoside in *Zanthoxylum* armatum fruit [J] . International Journal of Pharmacy & Pharmaceutical Sciences, 2013, 5: 190-193.

[114] Behera S, Khetrapal P, Punia S K, et al. Evaluation of Antibacterial Activity of Three Selected Fruit Juices on Clinical Endodontic Bacterial Strains [J] . Journal of Pharmacy & Bioallied Sciences, 2017, 9 (Suppl 1): S217-S221.

[115] Rahman M K, Islam M F, Barua S, et al. Comparative study of antidiarrheal activity of methanol extracts from leaf and fruit of *Pandanus odoratissimus Linn* [J] . Oriental Pharmacy & Experimental Medicine, 2014, 14 (4): 363-367.

[116] Satam N K, Parab L S, Bhoir S I. HPTLC finger print analysis and antioxidant activity of flavonoid fraction of *Solanum melongena Linn* fruit [J] . International Journal of Pharmacy & Pharmaceutical Sciences, 2013, 5 (3): 734-740.

[117] Reed N R, Kwok E S C. Furfural [J] . Encyclopedia of Toxicology, 2014, 100 (7-8): 685-688.

[118] Kekeç Z, Yilmaz U, Sözüer E. The effectiveness of tenoxicam vs isosorbide dinitrate plus tenoxicam in the treatment of acute renal colic [J] . Bju International, 2015, 85 (7): 783-785.

[119] Yves D, Mehdi T, Peter L H. Catechol-O-methyltransferase, dopamine, and sleep-wake regulation [J] . Sleep Medicine Reviews, 2015, 22: 47-53.

[120] Yan H, Jiang Z W, Liao X Y, et al. Antioxidant activities of two novel synthetic methylbenzenediol derivatives [J] . Czech Journal of Food Sciences, 2014, 32 (4): 348-353.

[121] Le D Y, Licsandru E, Vullo D, et al. Carbonic anhydrases activation with 3-amino-1H-1,2,4-triazole-1-carboxamides: Discovery of subnanomolar isoform II activators [J] . Bioorganic & Medicinal Chemistry, 2017, 25 (5): 1681-1686.

[122] Cravo D, Hallakou-Bozec S, Lepifre F. Quinoxalinedione derivatives useful as activators of AMPK-activated protein kinase: Germany, 13/593722 [P] . 2014-3-18.

［123］ Xie S，Yang F，Tao Y，et al. Enhanced intracellular delivery and antibacterial efficacy of enrofloxacin-loaded docosanoic acid solid lipid nanoparticles against intracellular Salmonella ［J］. Scientific Reports，2017 (7)：41104.

［124］ Shimizu S，Akiyama T，Kawada T，et al. Medetomidine can selectively activate cardiac vagal nerve without vagal activation in gastrointestinal tract ［J］. European Heart Journal，2013，34 (suppl 1)：P575.